▪数据库技术丛书▪

U0223242

数据库
原理与应用

（MySQL 8版本）

邓立国　邓淇文　苏　畅　林庆发　著

清华大学出版社
北京

内 容 简 介

数据库技术是现代信息科学与技术领域的重要组成部分，是计算机数据处理与信息管理系统的基础。本书结合MySQL数据库，详细讲解数据库的原理和设计。本书配套PPT课件、习题与答案、教学大纲、数据库操作实验手册。

本书分为4篇，共22章，内容包括数据库基础知识、关系数据库、关系数据库标准语言SQL、数据库安全、关系查询处理和查询优化、数据库恢复技术、并发控制、MySQL安装和配置、MySQL数据库基本操作、MySQL数据库中的存储引擎和数据类型、MySQL数据库表操作、MySQL索引与视图操作、MySQL触发器操作、MySQL数据操作、MySQL单表与多表数据查询操作、MySQL运算符与常用函数、MySQL存储过程与函数操作、MySQL事务与安全机制、MySQL日志管理与数据库维护、数据库设计、数据库编程、MySQL图书管理系统设计。

本书内容翔实、知识结构合理、语言简洁流畅、案例丰富，适合希望从事数据库系统研究、开发和应用的研究人员和工程技术人员阅读，也可作为高等院校或高职高专院校计算机科学与技术、软件工程、信息技术等专业的数据库课程的教材。

图书在版编目（CIP）数据

数据库原理与应用：MySQL 8 版本 / 邓立国等著.

北京 ：清华大学出版社，2024. 11. -- （数据库技术丛书）.

ISBN 978-7-302-67519-8

Ⅰ．TP311.13

中国国家版本馆 CIP 数据核字第 2024UK7391 号

责任编辑： 夏毓彦
封面设计： 王　翔
责任校对： 闫秀华
责任印制： 宋　林

出版发行： 清华大学出版社
　　　　　网　　址：https://www.tup.com.cn，https://www.wqxuetang.com
　　　　　地　　址：北京清华大学学研大厦 A 座　　　　　　邮　　编：100084
　　　　　社 总 机：010-83470000　　　　　　　　　　　邮　　购：010-62786544
　　　　　投稿与读者服务：010-62776969，c-service@tup.tsinghua.edu.cn
　　　　　质量反馈：010-62772015，zhiliang@tup.tsinghua.edu.cn
印 装 者： 三河市天利华印刷装订有限公司
经　　销： 全国新华书店
开　　本： 190mm×260mm　　　　　**印　　张：** 28.75　　　　　**字　　数：** 776 千字
版　　次： 2024 年 11 月第 1 版　　　　　**印　　次：** 2024 年 11 月第 1 次印刷
定　　价： 129.00 元

产品编号：103904-01

前　言

数据库技术是现代信息科学与技术的重要组成部分,是计算机数据处理与信息管理系统的基础。数据库技术研究和解决了计算机信息处理过程中大量数据有效地组织和存储的问题,在系统数据库中能够减少数据存储冗余、实现数据共享、保障数据安全以及高效地检索和处理数据。数据库技术是计算机科学技术发展的基础之一,也是应用广泛的技术之一。数据库管理系统作为国家信息基础设施的重要组成部分,不仅是社会进步的助推器,也是提高生产力和生产效率、改变民生、推动国家经济发展的重要技术工具。

MySQL是一种流行的开源数据库软件,广泛用于管理关系数据库。它以其强大的功能、速度、可扩展性以及易用性而闻名。在企业中,业务数据通常存储在关系数据库中,而MySQL是其中的主流选择。此外,学习Hive、Spark SQL和Flink SQL等技术时,SQL语法是它们共同的基础。因此,我们应通过学习MySQL来掌握SQL语法的使用,熟练地执行基本的增删改查操作以及多表查询操作,为学习Hive、Spark SQL和Flink SQL等技术打下坚实的基础。

本书特点

- 数据库原理与应用充分融合。
- 理论和实践结构安排合理,先理论后实践。
- 示例经典且丰富。
- 系统开发软件升级到最新版本。
- 给出了较系统的数据库设计典型案例。
- 结合每章的内容安排给出习题与答案,并提供 MySQL 操作实验方案。

本书内容

本书分为4篇,共22章。

第1篇(第1~4章)是基础理论篇,介绍数据库基础知识、关系数据库、关系数据库标准语言SQL和数据库安全。

第2篇(第5~7章)是数据库系统篇,介绍查询处理和查询优化、数据库恢复技术和并发控制。

第3篇(第8~19章)是MySQL数据库操作、管理与应用篇,介绍MySQL的安装和配置、数据库基本操作、存储引擎和数据类型、数据表操作、索引与视图操作、触发器操作、数据操作、单表与多表数据查询操作、运算符与常用函数、存储过程与函数操作、事务与安全机制、日志管理与数据库维护等内容。

第4篇（第20~22章）是设计与应用开发篇，介绍数据库设计、数据库编程和MySQL图书管理系统设计。

配套资源

本书配套 PPT 课件、习题与答案、教学大纲、数据库操作实验手册，请读者用微信扫描下面的二维码获取。如果在阅读过程中发现问题或疑问，请联系配套资源中给出的相关联系人。

本书作者

本书作者为邓立国、邓淇文、苏畅、林庆发。虽然作者在创作本书的过程中倾尽全力，但由于水平有限、时间仓促，书中难免有疏漏之处，欢迎各位读者批评指正。

作者
2024年8月

目　　录

第 1 篇　基础理论篇

第 2 篇　数据库系统篇

第 3 篇　MySQL 数据库操作、管理与应用篇

第 4 篇　设计与应用开发篇

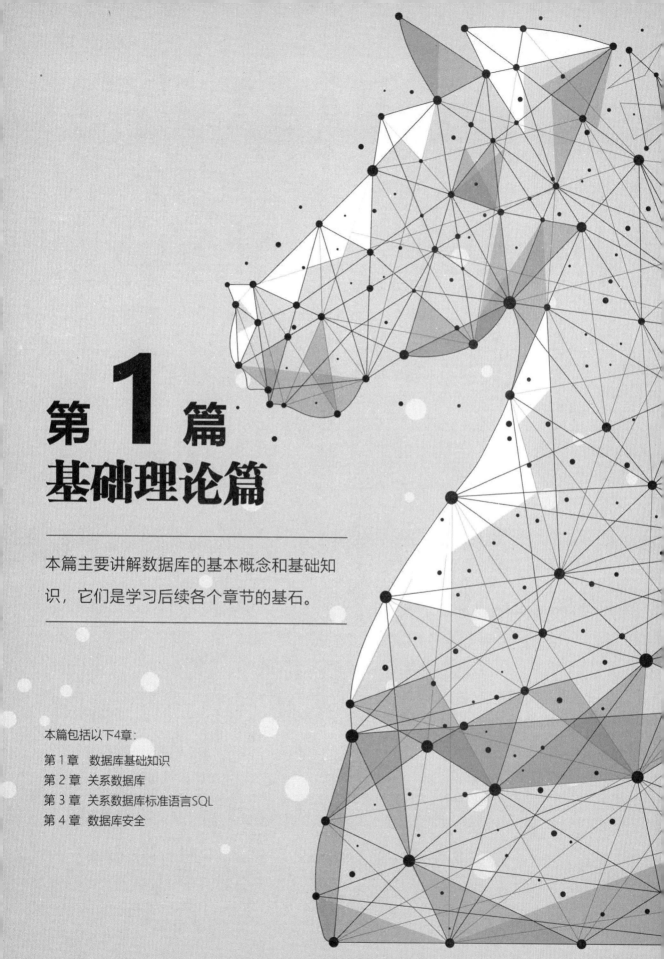

第 1 篇
基础理论篇

本篇主要讲解数据库的基本概念和基础知识，它们是学习后续各个章节的基石。

本篇包括以下4章：

第 1 章

数据库基础知识

数据库（data base，DB）作为数据管理领域中的现代技术，同时也是计算机科学的一个重要分支。本章主要介绍数据库的基础知识，包括数据库系统（data base system，DBS）的基本概论、数据模型、数据库系统模式与结构，以及数据库系统的组成。

1.1　数据库系统概论

数据库技术产生于20世纪60年代，是数据管理的核心技术。数据库管理系统是大型复杂基础软件，是现代信息系统的核心和基础。

1.1.1　数据库系统的基本概念

数据库系统主要涉及数据、数据库、数据库管理系统（data base management system，DBMS）和数据库系统4个基本概念。

- 数据：指能输入计算机并能被计算机程序处理的所有符号，是数据库中存储的基本对象。数据的种类很多，如数字、文本、图形、图像、音频、视频、学生的档案记录、货物的运输情况等都属于数据。必须赋予一定的含义才能使数据具有意义，这种含义称为数据的语义，数据与语义不可分。例如，63是一个数据，它可以代表一个学生的某科成绩、某个人的年龄、某系的学生人数等，只有把63赋予语义后，才能表示确定的意义。

- 数据库：是指在计算机存储设备上建立起来的用于存储数据的仓库，其中存放的数据是可以长期保留的、有组织的、可共享的数据集合。也就是按照一定的数学模型组织、描述和存储数据，使得数据库中的数据具有尽可能小的冗余度、较高的数据独立性和易扩展性的特点，并可在一定范围内共享给多个用户。

- 数据库管理系统：是位于用户和操作系统之间的数据管理软件。用它实现数据的定义、组织、存储、管理、操作以及数据库的建立、维护、事务管理、运行管理等功能。

- 数据库系统:是指带有数据库并利用数据库技术对计算机中的数据进行管理的计算机系统。它可以有组织地、动态地存储大量相关数据，并提供数据处理和信息资源等共享服务。数据库系统一般由满足数据库系统要求的计算机硬件和包括数据库、数据库管理系统、数据库应用开发系统在内的计算机软件，以及数据库系统中的人员组成，如图1.1所示。

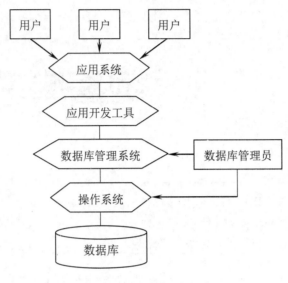

图 1.1　数据库系统

在不引起混淆的情况下，数据库系统也简称为数据库。

1.1.2　数据库技术的产生与特点

截至目前，数据的管理经历了三个阶段：人工管理、文件系统管理和数据库系统管理。

（1）20世纪50年代中期以前属于人工管理数据的阶段。当时，计算机主要用于科学计算，数据采用批处理的方式，计算机硬件中没有磁盘外部存储设备，软件没有操作系统，因此只能采用人工的方式对数据进行管理。

人工管理数据的特点：数据不方便保存，应用程序管理数据，数据不能共享，数据不具有独立性。人工管理阶段应用程序与数据之间的对应关系如图1.2所示。

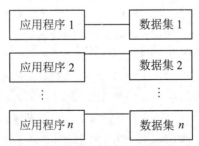

图 1.2　人工管理阶段应用程序与数据之间的对应关系

（2）20世纪50年代后期到60年代中期属于文件系统阶段。此时，计算机硬件中已经配置了磁盘、磁鼓等外部存储设备，软件操作系统中已经具备专门进行数据管理的系统，即文件系统。

文件系统的特点：数据可以长期保留，有文件系统管理数据，数据的共享性和独立性差、冗余度大。文件系统阶段应用程序与数据之间的对应关系如图1.3所示。

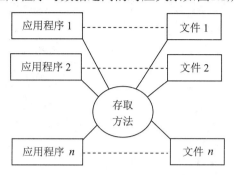

图 1.3 文件系统阶段应用程序与数据之间的对应关系

（3）从20世纪60年代后期至今属于数据库系统阶段。随着计算机硬件和软件技术的发展，计算机管理对象的规模越来越大，应用范围越来越广，文件系统已经不能满足应用的需求。为了解决多用户、多应用共享数据的问题，使数据尽可能多地为应用服务，一种新的数据管理技术——数据库技术应运而生。此时，专门用于统一管理数据的软件——数据库管理系统成为用户与数据的接口。

数据库系统的特点：数据结构化，数据共享性和独立性高、冗余度低，易扩充，并且数据由数据库管理系统统一管理和控制。

数据库系统阶段应用程序与数据之间的对应关系如图1.4所示。

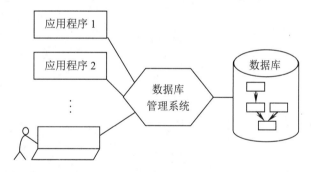

图 1.4 数据库系统阶段应用程序与数据之间的对应关系

1.2 数 据 模 型

由于计算机不能直接处理现实世界中的具体事务，因此人们必须事先把要处理的事物特征进行抽象化，转换成计算机能够处理的数据。这个过程使用的工具就是数据模型。从客观世界到计算机世界，包括现实世界→信息世界→计算机世界的抽象过程，这个过程所对应的数据模型分别为概念模型、逻辑模型和物理模型。本节主要介绍数据模型的组成要素和3种不同抽象层次的数据模型（概念模型、逻辑模型和物理模型）等有关内容。

1.2.1　数据模型的组成要素

数据模型是对现实世界中某个对象的特征进行的模拟与抽象，是数据库系统的核心和基础。数据模型的严格定义是一组概念的集合。这些概念精确地描述了系统的静态特性、动态特性和完整性约束条件。因此，数据模型通常由数据结构、数据操作和完整性约束条件3部分组成。

- 数据结构：是数据对象的集合。它描述数据对象的类型、内容、属性以及数据对象之间的关系，是对系统静态特性的描述。
- 数据操作：是数据库中数据能够执行的操作的集合，包括操作及有关的操作规则，主要有检索（查询）和更新（插入、删除和修改）两类操作，是对系统动态特性的描述。
- 数据完整性约束条件：是数据完整性规则的集合。它是对数据与数据之间的关系制约以及关系依存的规则，用以保证数据的完整性和一致性。

1.2.2　数据的概念模型

概念模型是现实世界到计算机世界的第一个中间层次，用于实现现实世界到信息世界的抽象化。它用符号记录现实世界的信息和联系，用规范化的数据库定义语言表示对现实世界的抽象化与描述，与具体的计算机系统无关。概念模型既是数据库设计人员对数据库进行设计的有力工具，也是数据库设计人员与用户交流的有力工具。概念模型涉及如下内容。

1. 概念模型中的基本概念

1）实体

客观世界存在并可相互区别的事物称为实体。实体可以是具体的人、事、物，也可以是抽象的概念或联系。例如，一个学生、一个部门、一门课程、学生的一次选课、部门的一次订货、老师与院系之间的工作关系等都是实体。

2）属性

实体所具有的某一特性称为属性。一个实体可以由多个属性来刻画。例如，学生实体可以由学号、姓名、性别、出生年月、所在院系、入学时间等属性组成。这些属性组合起来表示一个学生的特征。

3）码

唯一标识实体的属性集合称为码。例如，学号是学生实体的码。

4）域

属性的取值范围称为该属性的域，它是具有相同数据类型的数据集合。例如，学号的域为8位整数，姓名域为字符串集合，性别域为{男，女}。

5）实体型

由于具有相同属性的实体必然具有共同的特征和性质，因此，用实体名及描述实体的各个属性名就完全可以刻画出全部同质实体的共同特征和性质。我们把形式为"实体名（属性名

1，属性名2，…，属性名n）"的表示形式称为实体型，用它刻画实体的共同特征和性质。例如，学生（学号，姓名，性别，年龄，所在院系，入学时间）就是一个实体型，而（20160016，李明，男，19，计算机，2016）是该实体型的一个值。

6）实体集

同一类型实体的集合称为实体集。例如，全体学生就是一个实体集。

7）联系

在现实世界中，事物内部以及事物之间是有联系的，这些联系在信息世界中反映为实体型内部的联系和实体型之间的联系。实体型内部的联系通常指组成实体的各个属性之间的联系，实体型之间的联系通常指不同实体集之间的联系。

2. 概念模型中实体型之间的联系

1）两个实体型之间的联系

两个实体型之间的联系可以分为3种，即一对一联系、一对多联系和多对多联系。

➲　一对一联系（1:1）

如果对于实体集A中的每一个实体，实体集B中至多有一个（也可以没有）实体与之联系，反之亦然，就称实体集A中的实体型A与实体集B中的实体型B具有一对一联系，记为1:1。

例如，在学校的班级实体集和班长实体集中，一个班级只有一个正班长，一个班长只在一个班中任职，班级实体型与班长实体型是一对一的联系。

➲　一对多联系（1:n）

如果对于实体集A中的每一个实体，实体集B中有n个实体（$n≥0$）与之联系；反之，对于实体集B中的每一个实体，实体集A中至多有一个实体与之联系，就称实体型A与实体型B有一对多的联系，记为1:n。

例如，在班级实体集与学生实体集中，一个班级中有若干名学生，每个学生只在一个班级中学习，班级实体型与学生实体型之间就具有一对多的联系。

➲　多对多联系（$m:n$）

如果对于实体集A中的每一个实体，实体集B中有n个实体（$n≥0$）与之联系；反之，对于实体集B中的每一个实体，实体集A中有m个实体（$m≥0$）与之联系，就称实体型A与实体型B之间具有多对多的联系，记为$m:n$。

例如，在课程实体集和学生实体集中，一门课程同时有若干个学生选修，一个学生可以同时选修多门课程，课程实体型与学生实体型之间就具有多对多的联系。

2）两个以上实体型之间的联系

两个以上实体型之间也存在一对一、一对多和多对多的联系。

对于n（$n>2$）个实体型 $E_1, E_2, \cdots, E_n$，若存在实体型 E_i 与其余 $n-1$ 个实体型 $E_1, \cdots, E_{i-1}$，$E_{i+1}, \cdots, E_n$ 之间均存在一对一（一对多或多对多）的联系，而这 $n-1$ 个实体型 $E_1, \cdots, E_{i-1}$，$E_{i+1}, \cdots, E_n$ 之间没有任何联系，则称n个实体型 $E_1, E_2, \cdots, E_n$ 之间存在一对一（一对多或多对多）的联系。

例如，有课程、教师和参考书3个实体集，如果一门课程可以由若干个教师讲授，使用若干本参考书，而每个教师只讲授一门课程，每一本参考书只供一门课程使用，则课程与教师、参考书之间的联系就是一对多的联系。

又如，有供应商、项目、零件3个实体集，如果一个供应商可以供应多个项目的多种零件，每个项目可以使用多个供应商供应的零件，每种零件可以由不同供应商提供，则供应商、项目和零件之间存在多对多的联系。

3）单个实体型内的联系

同一个实体集内的各个实体之间也可以存在一对一、一对多和多对多的联系。这属于实体型属性之间的联系。例如，职工实体集内部具有领导与被领导的联系，如果某一职工（干部）领导若干名职工，一个职工仅被另一个职工（干部）直接领导，这就是一对多的联系。

显然，一对一联系是一对多联系的特例，而一对多联系是多对多联系的特例。

3. 概念模型的E-R图表示方法

概念模型的表示方法有很多，其中最著名、最常用的是P.P.S.Chen于1976年提出的实体-联系方法（entity-relationship approach）。该方法用E-R图描述对现实世界进行抽象的概念模型，E-R方法也称为E-R模型。

E-R图提供了表示实体型、属性和联系的方法。在E-R图中，用矩形表示实体型，矩形内写明实体名称；用椭圆表示属性，并用无向边与相应的实体型相连；用菱形表示联系，菱形内写明联系名，并用无向边分别与有关实体型相连，同时在无向边旁标上联系的类型（1:1、1:n或m:n）。

用E-R图表示两个实体型之间的一对一、一对多和多对多的联系，如图1.5所示。

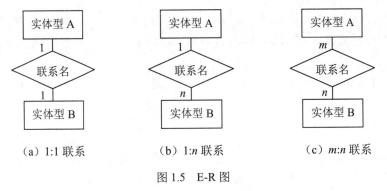

（a）1:1 联系　　　　　（b）1:n 联系　　　　　（c）m:n 联系

图 1.5　E-R 图

E-R图也可以表示两个以上实体型以及单个实体型内的联系，如课程、教师和参考书3个实体型之间的一对多联系，供应商、项目、零件3个实体型之间的多对多联系，以及职工实体型内部具有领导与被领导的一对多联系，分别如图1.6（a）、图1.6（b）和图1.7所示。

用E-R图表示具有学号、姓名、性别、出生年月、所在院系和入学时间等属性的学生实体，如图1.8所示。

4. 一个用E-R图表示概念模型的具体实例

假设有一物资管理处，需要进行物资管理的对象有仓库、零件、供应商、项目和职工，它们是E-R模型中的实体，并具有如下属性：

图 1.6　三个实体型之间的联系

图 1.7　单个实体型之间一对多的联系

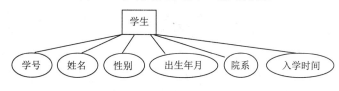

图 1.8　学生实体及属性

（1）仓库的属性：包括仓库号、仓库面积、仓库电话号码。

（2）零件的属性：包括零件号、零件名称、零件规格、零件单价、零件描述。

（3）供应商的属性：包括供应商号、供应商姓名、供应商地址、供应商电话号码、供应商账号。

（4）项目的属性：包括项目号、项目预算、开工日期。

（5）职工的属性：包括职工号、职工姓名、职工年龄、职称。

这些实体之间的联系如下：

- 仓库和零件之间具有多对多的联系：因为一个仓库可以存放多种零件，同时一种零件也可以被存放在多个仓库中。现用库存量来表示某种零件在某个仓库中的数量。
- 仓库和职工之间具有一对多的联系：因为在实际工作中，一个仓库可能需要多名仓库管理员（职工），而一名仓库管理员（职工）只能在一个仓库工作。
- 职工实体型中领导与被领导的职工具有一对多的联系：在仓库管理员的职工实体型中，一个仓库只有一名主任，该主任领导若干名管理员，主任与管理员之间具有领导与被领导关系。因此，职工实体型中具有一对多的联系。
- 供应商、项目和零件三者之间具有多对多的联系：因为一个供应商可以为多个项目提供多种零件，每个项目可以使用不同供应商提供的零件，每种零件可由不同供应商供给。因此，供应商、项目和零件三者之间具有多对多的联系。

满足上述条件的实体及其属性图如图1.9（a）所示，实体及其联系图如图1.9（b）所示，物资管理的E-R图如图1.9（c）所示。

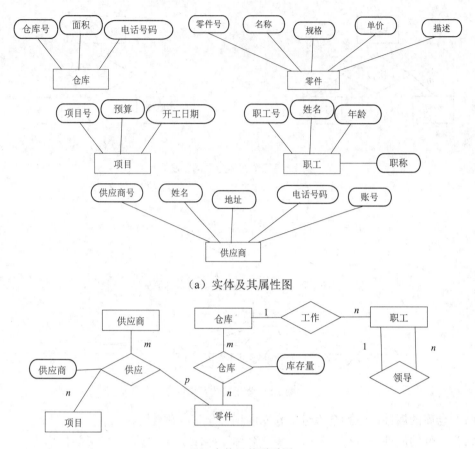

（a）实体及其属性图

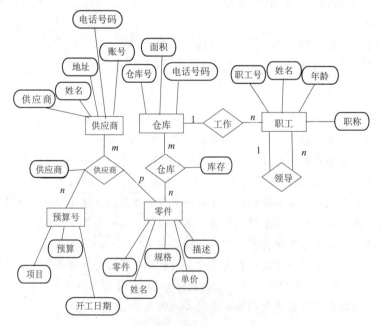

（b）实体及其联系图

（c）完整的实体–联系图

图 1.9　一个用 E-R 图表示概念模型的具体实例

1.2.3 数据的逻辑模型

逻辑模型是信息世界到计算机世界的抽象。将信息世界中的概念模型进一步转换成便于计算机处理的数据模型，即为逻辑模型。逻辑模型主要用于DBMS的实现。目前比较成熟地应用在数据库系统中的逻辑模型有层次模型、网状模型和关系模型。它们之间的根本区别在于数据之间联系的表示方式不同（即记录型之间的联系方式不同）。层次模型以"树结构"表示数据之间的联系，网状模型以"图结构"表示数据之间的联系，关系模型用"二维表"（或称为关系）表示数据之间的联系。

1. 层次模型

层次模型是数据库中最早出现的数据模型，它将现实世界的实体之间抽象成一种自上而下的层次关系，用树形结构表示各类实体以及实体间的联系。层次模型的结构特点如下：

（1）有且只有一个节点没有双亲节点，这个节点称为根节点。

（2）根以外的其他节点有且只有一个双亲节点。

（3）上下层节点之间表示一对多的联系。

层次模型本身虽然只能表示一对多的联系，但多对多联系的概念模型可以通过冗余节点法和虚拟节点法分解为一对多的联系，然后使用层次模型来表示。

层次模型的优点是数据结构比较简单、清晰、提供良好的完整性支持，数据库查询效率高。但由于层次模型受文件系统的影响较大，模型受限很多，物理成分复杂，因此不适用于表示非层次性的联系。

2. 网状模型

网状模型是一种非层次模型，它去掉了层次模型的两个限制，与层次模型相比，可以更直接地描述现实世界。网状模型的结构特点如下：

（1）允许一个以上的节点没有双亲节点。

（2）一个节点可以有多个双亲节点。

（3）节点之间表示多对多的联系。

网状模型优于层次模型，具有良好的性能和高效率的存储方式。但其数据结构比较复杂，数据模式和系统实现均不理想。

3. 关系模型

关系模型是目前最重要的一种数据模型。从用户观点看，关系模型由一组关系组成，每个关系的数据结构是一张规范化的二维表。实体与实体之间的联系都用关系来表示。

关系模型的优点如下：

● 建立在严格的数学概念的基础上。

● 关系模型的概念单一，数据结构简单、清晰，用户易懂易用。

● 关系模型的存储路径对用户透明，从而具有更高的数据独立性、更好的安全保密性，简化了程序员的工作和数据库开发建立的工作，但也因此使得查找效率不如层次模型和网状模型。

在此，我们仅对层次模型、网状模型和关系模型的数据结构进行简单的介绍，关于层次模型和网状模型的操作和完整性约束条件的内容可查阅其他参考文献。关系数据模型的详细内容将在本书的第2章介绍。

1.2.4 数据的物理模型

物理模型指逻辑模型在计算机中的存储结构。数据库中的数据存储由DBMS完成，它既存储数据，又存储数据之间的联系。层次模型通常采用邻接法和链接法来存储数据及数据之间的联系。网状模型通常采用链接法。关系模型实体与实体之间都用表表示。在关系数据库的物理组织中，有的DBMS中的一张表对应一个操作系统文件，有的DBMS从操作系统中获得若干个大的文件，自己设计表、索引等存储结构。

1.3 数据库系统模式与结构

数据库系统根据不同的层次和不同的角度划分为不同的结构。

从用户使用数据库的角度来划分，数据库系统结构分为单用户结构、主从式结构、分布式结构、客户/服务器、浏览器/应用服务器/数据库服务器等多层结构。这种结构称为数据库系统的外部体系结构。

从数据库管理系统的角度来划分，数据库系统通常采用多级模式结构。这种模式结构是数据库系统的一个总体框架，也是数据库管理系统的内部系统结构，能够满足用户方便存储数据和系统高效组织数据的需求。目前，数据库系统采用三级模式和二级映像的系统结构。本节主要介绍数据库系统内部结构这部分内容。

1.3.1 数据库系统的三级模式结构

数据库系统的三级模式结构是指数据库系统由外模式、模式和内模式三级构成，如图1.10所示。

1. 模式

模式也称为逻辑模式或概念模式。它是由数据库设计者在统一考虑所有用户需求的基础上，用某种数据模型对数据库中的全部数据的逻辑结构和特征进行的总体描述，是所有用户的公共数据视图。一个数据库只有一种模式，可以用数据库管理系统提供的数据模式描述语言来定义数据的逻辑结构、数据之间的联系以及与数据有关的安全性和完整性的要求。

在数据模型中有型和值的概念。型是指对某一类数据的结构和属性的描述，值是型的一个具体赋值。模式属于型，模式的一个具体值也称为模式的一个实例。同一个模式可以有很多实例。由于模式反映的是数据的结构及其联系，而实例反映的是数据库中的数据在某一时刻的状态，随着数据的更新，实例在不断变化。因此，模式是相对稳定的，实例则是相对变动的。

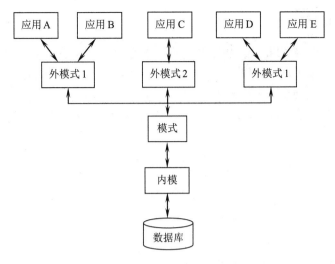

图 1.10　数据库系统的三级模式结构

2. 外模式

外模式也称为子模型或用户模式。它是数据库用户能够看到和使用的局部数据的逻辑结构和特征的描述，是数据库用户的数据视图，也是与某一应用有关的数据逻辑表示。应用程序的编写依赖于数据的外模式。外模式通常是模式的一个子集，一个数据库可以有多个外模式。一个外模式可以被某一用户的多个应用系统所使用，但一个应用程序只能使用一个外模式。用户可以通过外模式描述语言来描述、定义数据记录（外模式），也可以利用数据操作语言对这些数据记录进行处理。外模式是保证数据库安全性的一个有力措施。

3. 内模式

内模式也称为物理模式或存储模式。它是数据库中全体数据的内部表示或底层描述，描述了数据在存储介质上的存储方式及物理结构，对应着实际存储在外存储介质上的数据库。一个数据库只有一个内模式。内模式由内模式描述语言来描述和定义。

1.3.2　数据库系统的二级映像功能

数据库系统的三级模式是对数据进行抽象的3个级别，为了在数据库系统中实现这3个抽象层次的联系与转换，数据库管理系统在这三级模式之间提供了外模式/模式和模式/内模式的二级映像。这两层映像保证了数据库系统中的数据具有较高的逻辑独立性和物理独立性。

1. 外模式/模式映像

模式描述了数据的全局逻辑结构，外模式描述了数据的局部逻辑结构。对于一个模式，可以定义多个外模式。对于每个外模式，数据库系统都有一个外模式/模式映像，它定义了该外模式与模式之间的对应关系。当模式发生变化时，只要数据库管理员对各个外模式/模式之间的映像做出相应的改变，就可以保持外模式不变，从而对应的应用程序也就无须修改。在数据库中，把用户的应用程序与数据库的逻辑结构相互独立的性质称为数据的逻辑独立性，即当数据的逻辑结构改变时，用户程序也可以不变。

2. 模式/内模式映像

数据库中只有一个模式和一个内模式，所以模式/内模式映像是唯一的。模式/内模式的映像定义了数据的全局逻辑结构（模式）与存储结构（内模式）之间的对应关系。当数据的存储结构发生变化时，只要数据库管理员对模式/内模式映射做出相应的改变，就能使模式保持不变，从而应用程序就无须改变。这种存储结构发生变化而应用程序不用改变的性质称为数据的物理独立性。

1.4 数据库系统的组成

由1.1.1节可知，数据库系统一般由满足数据库系统要求的计算机硬件和包含数据库、数据库管理系统、数据库应用开发系统等在内的计算机软件以及数据库系统中的人员组成。

1.4.1 计算机硬件

在数据库系统中，由于数据库中存放的数据量和DBMS的规模都很大，因此整个数据库系统对硬件资源提出了较高的要求。这些要求是：

- 要有足够大的内存存放操作系统、DBMS核心模块、数据缓冲区和应用程序。
- 要有足够大容量的磁盘或磁盘阵列等设备存放数据库，有足够大容量的磁带（或光盘）做数据备份。
- 系统要有较高的通道能力，以提高数据的传输速率。

满足上述配置的个人计算机、中大型计算机和网络环境下的多台计算机都可以用来支撑数据库系统。

1.4.2 计算机软件

数据库系统需要的软件主要包括：

- 建立、使用和维护配置数据库的DBMS。
- 支撑DBMS运行的操作系统。
- 具有与数据库接口的高级语言及其编译系统，便于开发应用程序。
- 以DBMS为核心的为应用开发人员和最终用户提供高效率、多功能的应用程序开发工具。
- 为特定应用环境开发的数据库应用系统。

1.4.3 数据库系统中的人员

开发、管理和使用数据库系统的人员包括系统分析员和数据库设计人员、应用程序员、最终用户、数据库管理员（data base administrator，DBA）4类。

- 第1类为系统分析员和数据库设计人员。系统分析员负责应用系统的需求分析和规范说明，他们和用户及数据库管理员一起确定系统的硬件配置，并参与数据库系统的概要设计。数据库设计人员负责数据库中数据的确定和数据库各级模式的设计。
- 第2类为应用程序员，负责编写使用数据库的应用程序。这些应用程序可对数据进行检索、建立、删除或修改。
- 第3类为最终用户，他们利用系统的接口或查询语言访问数据库。
- 第4类是数据库管理员，负责数据库的总体信息控制。DBA的具体职责包括决定数据库中的信息内容和结构；决定数据库的存储结构和存取策略；定义数据库的安全性要求和完整性约束条件；监控数据库的使用和运行；负责数据库的性能改进、数据库的重组和重构，以提高系统的性能。

上述4类不同的人员涉及不同的数据抽象级别，具有不同的数据视图，如图1.11所示。

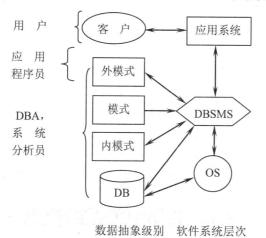

图 1.11　数据库中各类成员的数据视图

第 2 章

关系数据库

关系数据库是指采用了关系模型来组织数据的数据库，它以行和列的形式存储数据，以便于用户理解。关系数据库中一系列的行和列被称为表，一组表组成了数据库。用户通过查询来检索数据库中的数据，而查询是一个用于限定数据库中某些区域的执行代码。关系模型可以简单理解为二维表格模型，而一个关系数据库就是由二维表及其之间的关系组成的一个数据组织。

2.1 数学中关系的概念

在数学领域中，关系是代数集合中的一个基本概念，分为二元关系和多元关系。二元关系是多元关系的特例，多元关系是二元关系的推广。关系实际上是笛卡儿积的一个子集，在此先给出笛卡儿积的定义，然后给出多元关系的定义和相关的性质。

定义2.1： 设 $D_1 \times D_2 \times \cdots \times D_n$ 是 n（$n>1$ 的自然数）个集合 $D_1, D_2, \cdots, D_n$ 的 n 阶笛卡儿积，记作 $D_1 \times D_2 \times \cdots \times D_n$，并定义为：

$$D_1 \times D_2 \times \cdots \times D_n = \{(x_1, x_2, \cdots, x_n) \mid x_1 \in D_1, x_2 \in D_2, \cdots, x_n \in D_n\}$$

其中，每个元素（$x_1, x_2, \cdots, x_n$）称为一个 n 元组，$x_i \in D_i$ 称为元组的一个分量，集合 D_i 的取值范围称为域。

由上述定义可以看出，n 阶笛卡儿积实际上是由 n 元组构成的集合，它既可以是有限集合，也可以是无限集合。当笛卡儿积为有限集合时，可以用元素的列举法来表示。

【例2.1】 假设集合 D_1={张清玫, 刘逸}，D_2={计算机专业, 信息专业}，D_3={李勇, 刘晨, 王敏}，则集合 D_1、D_2、D_3 的笛卡儿积为：

$D_1 \times D_2 \times D_3$ ={(张清玫, 计算机专业, 李勇), (张清玫, 计算机专业, 刘晨), (张清玫, 计算机专业, 王敏), (张清玫, 信息专业, 李勇), (张清玫, 信息专业, 刘晨), (张清玫, 信息专业, 王敏), (刘逸, 计算机专业, 李勇), (刘逸, 计算机专业, 刘晨), (刘逸, 计算机专业, 王敏), (刘逸, 信息专业, 李勇), (刘逸, 信息专业, 刘晨), (刘逸, 信息专业, 王敏)}。

当把集合 D_1, D_2, D_3 的笛卡儿积的每个元组作为一张二维表的每一行时, D_1, D_2, D_3 的笛卡儿积又可以用一张二维表来表示, 如表2.1所示。

表 2.1　D_1, D_2, D_3 的笛卡儿积

集合 D_1	集合 D_2	集合 D_3
张清玫	计算机专业	李勇
张清玫	计算机专业	刘晨
张清玫	计算机专业	王敏
张清玫	信息专业	李勇
张清玫	信息专业	刘晨
张清玫	信息专业	王敏
刘逸	计算机专业	李勇
刘逸	计算机专业	刘晨
刘逸	计算机专业	王敏
刘逸	信息专业	李勇
刘逸	信息专业	刘晨
刘逸	信息专业	王敏

从上述具体实例可以看出, D_1, D_2, D_3 的笛卡儿积只是数学意义上的一个集合, 它通常无法表达实际的语义。但是笛卡儿积的一个子集通常具有表达某种实际语义的功能, 即关系具有某种具体的语义。

定义2.2: 假设 $D_1,D_2,\cdots,D_n$ 是 n ($n>1$的自然数) 个集合, 则 $D_1,D_2,\cdots,D_n$ 的 n 阶笛卡儿积 $D_1 \times D_2 \times \cdots \times D_n$ 的一个子集称为集合 $D_1,D_2,\cdots,D_n$ 上的一个 n 阶关系, 记作 R ($D_1,D_2,\cdots,D_n$)。

【例2.2】假设【例2.1】中的集合D_1=导师集合={张清玫, 刘逸}, D_2=专业集合={计算机专业, 信息专业}, D_3=研究生集合={李勇, 刘晨, 王敏}, 则集合D_1, D_2, D_3上的关系R(D_1, D_2, D_3)={（张清玫, 计算机专业, 李勇）, （张清玫, 计算机专业, 刘晨）, （刘逸, 信息专业, 王敏）}有着明确的语义, 即表示导师张清玫属于计算机专业, 指导李勇和刘晨2名研究生; 导师刘逸属于信息专业, 指导王敏1名研究生。此关系的二维表如表2.2所示。

表 2.2　导师与研究生的关系表

导　　师	专　　业	研　究　生
张清玫	计算机专业	李勇
张清玫	计算机专业	刘晨
刘逸	信息专业	王敏

由于D_1, D_2, D_3的笛卡儿积包含所有的元组, 因此没有明确的语义。例如, 在D_1, D_2,

D_3的笛卡儿积中，同时出现元组（张清玫，计算机专业，李勇）和（刘逸，信息专业，李勇），这两个元组分别表示李勇既是计算机专业张清玫导师的研究生，又是信息专业刘逸导师的研究生，这种情况与实际不符，所以笛卡儿积通常没有实际语义。

从关系的定义中可以得出，关系具有如下3条性质：

性质1：关系不满足交换律，即$R（D_1，D_2）\neq R（D_2，D_1）$。这可以解释为关系中元组分量的排列顺序是有序的，当分量排列顺序发生改变时，关系也会发生变化，表现了元组的有序性。

性质2：关系可以是有限集合，也可以是无限集合。

性质3：元组的分量不可以是2阶以上的元组。

2.2　关系数据模型

关系数据库是建立在关系数据模型上的数据库。本节主要介绍组成关系数据模型的两个要素，即关系数据结构和关系操作集合。

2.2.1　关系数据结构

在用关系描述关系模型的数据结构时，需要对2.1节中关系的3个性质进行限制和扩充，以满足数据库的需要。在关系数据模型中要求：

（1）关系是有限集合。

（2）关系的元组是无序的。

（3）元组的分量不能是2阶以上的元组，只能是单个的元素。

满足这3个条件的关系构成的关系模型中的数据结构可以用一个规范化的二维表（表中不能再有表）来表示。

关系数据结构涉及如下概念：

- 属性：若给关系中的每个D_i（$i=1,2,\cdots,n$）赋予一个有语义的名字，则把这个名字称为属性，属性的名不能相同。通过给关系集合附加属性名的方法取消关系元组的有序性。
- 域：属性的取值范围称为域，不同属性的域可以相同，也可以不同。
- 候选码：若关系中的某个属性组的值能唯一地标识一个元组，且不包含更多属性，则称该属性组为候选码。候选码的各个属性称为主属性，不包含在任何候选码中的属性称为非主属性或非码属性。在最简单的情况下，候选码只包含一种属性。在最极端的情况下，候选码包含所有属性，此时称为全码。
- 主码：当前使用的候选码或选定的候选码称为主码。用属性加下画线表示主码。
- 外码：若关系R中某个属性组是其他关系的主码，则该属性组称为关系R的外码。
- 关系模型：对关系模型的描述一般表示为：关系名（属性1，属性2，$\cdots$，属性n）。

例如，【例2.2】导师与研究生之间的关系就是关系数据库的一个数据结构，可以用规范化的二维表（表2.2）来表示。此时的关系可以表示为导师与研究生（导师，专业，研究生），该关系包含导师、专业和研究生3个属性，属性的域值分别为{张清玫，刘逸}、{计算机专业、信息专业}、{李勇、刘晨、王敏}。若研究生没有重名，则研究生属性为主码，否则候选码为全码。这是一个基本关系。表2.3给出了非规范化的二维关系，它不能用来表示关系模型的数据结构。

表 2.3 非规范化的二维关系

导　师	专　业	研　究　生	
		研究生1	研究生2
张清玫	计算机专业	李勇	刘晨
刘逸	信息专业	王敏	

在关系模型中，实体及其之间的联系都用关系来表示。例如，学生实体、课程实体和学生与课程之间多对多的联系可以用关系表示如下：

学生实体：学生 (学号, 姓名, 年龄, 性别, 系名, 年级)
课程实体：课程 (课程号, 课程名, 学分)
学生实体与课程实体之间的联系：选修 (学号, 课程号, 成绩)

通过增加一个包含学号和课程号属性的选修关系，将学生实体和课程实体之间的多对多联系表示出来。其中，"学号"和"课程号"分别是选修关系的外码，"学号，课程号"组是选修关系的主码。

以上表示的关系都称为基本关系或基本表，它是实际存在的表，是实际存储数据的逻辑表示。除此之外，还有查询表和视图表两种表：查询表是查询结果对应的表；视图表是由基本表或其他视图导出的虚表，不对应实际的存储数据。

2.2.2 关系操作

关系数据模型中常用的关系操作包括查询操作和更新操作两大部分。其中，更新操作又分为插入操作、删除操作和修改操作。

查询操作是关系数据库的一个主要功能。用来描述查询操作功能的方式有很多，早期主要使用关系代数和关系演算描述查询功能，现在使用结构化查询语言（structured query language，SQL）来描述。

关系代数和关系演算分别使用关系运算和谓词运算来描述查询功能，它们都是抽象的查询语言，且具有完全相同的查询描述能力。虽然抽象的关系代数和关系演算语言与具体关系数据库管理系统中实现的实际语言并不完全一致，但它们是评估实际系统中查询语言能力的标准或基础。关系数据库管理系统的查询语言除了提供关系代数或关系演算的功能外，还提供许多附加的功能，如聚集函数、关系赋值、算术运算等，这使得应用程序具备强大的查询功能。

SQL是介于关系代数和关系演算之间的结构化查询语言，不仅具有查询功能，还具有数据定义、数据更新和数据控制功能，是集数据定义、数据操作和数据控制于一体的关系数据语言。SQL充分体现了关系数据语言的特点和优点，是关系数据库的标准语言。

在关系数据语言中，关系操作采用集合操作的方式，即操作的对象是集合，操作的结果也是集合。这种方式称为一次一集合的方式。相应地，非关系数据模型的操作方式为一次一记录的方式。数据存储路径的选择完全由关系数据库管理系统优化机制来完成，不必向数据库管理员申请为其建立特殊的存储路径。因此，关系数据语言是高度非过程化的集合操作语言，具有完备的表达能力，功能强大，能够嵌入高级语言中使用。

2.3　数据库完整性

数据库的完整性（integrity）是指数据的正确性（correctness）和相容性（compatibility）。数据的正确性是指数据是符合现实世界语义、反映当前实际状况的；数据的相容性是指数据库同一对象在不同关系表中的数据是符合逻辑的。

数据库的完整性与安全性的区别：

- 数据的完整性：是为了防止数据库中存在不符合语义的数据，也就是防止数据库中存在不正确的数据。完整性检查和控制的防范对象是不合语义的、不正确的数据，防止它们进入数据库。

- 数据的安全性：是保护数据库，防止恶意破坏和非法存取。安全性控制的防范对象是非法用户和非法操作，防止他们对数据库数据进行非法存取。

为维护数据库的完整性，数据库管理系统必须实现如下功能：

1. 提供定义完整性约束条件的机制

完整性约束条件也称为完整性规则，是数据库中的数据必须满足的语义约束条件。SQL标准使用了一系列概念来描述完整性，包括关系模型的实体完整性、参照完整性和用户定义完整性。这些完整性一般由SQL的数据定义语言（data definition language，DDL）语句来实现。

2. 提供完整性检查的方法

数据库管理系统中检查数据是否满足完整性约束条件的机制称为完整性检查。一般在INSERT、UPDATE、DELETE语句执行后开始检查，也可以在事务提交时检查。

3. 进行违约处理

数据库管理系统若发现用户的操作违背了完整性约束条件，将采取一定的动作，如拒绝（NO ACTION）执行该操作或级联（CASCADE）执行其他操作，进行违约处理，以保证数据的完整性。

关系的完整性指关系的完整性规则，即对关系的某种约束条件。实体完整性和参照完整性是关系模型必须满足的完整性约束条件，被称为关系的两个不变性，由关系系统自动支持。用户定义的完整性是应用领域应遵循的约束条件，体现在具体领域中语义的约束。

2.3.1　实体完整性

1. 定义实体完整性

规则2-1：实体完整性规则：

若属性（一个或一组）*A*是基本关系*R*的主属性，则所有元组对应主属性*A*的分量都不能取空值，也称属性*A*不能取空值。

按照实体完整性规则的规定，基本关系主码不能取空值。例如，在选修关系"选修（学号，课程号，成绩）"中，若"学号，课程号"组为主码，则"学号"和"课程号"两个属性都不能取空值。

对实体完整性规则的说明如下：

（1）实体完整性规则是针对基本关系而言的。一个基本关系通常对应现实世界的一个实体集。

（2）现实世界中的实体是可区分的，即具有某种唯一性的标识，这个标识在关系数据模型中用主码表示。若主码为空，则说明存在某个不可标识的实体，这与现实世界的情况相矛盾。

关系模型的实体完整性在CREATE TABLE中用PRIMARY KEY定义。对于单属性构成的码，有两种说明方法：一种是定义为列级约束条件，另一种是定义为表级约束条件。对于多个属性构成的码，只有一种说明方法，即定义为表级约束条件。

【例2.3】将Student表中的Sno属性定义为码，语句如下：

```
CREATE TABLE Student
    (Sno CHAR(9) PRIMARY KEY,   /* 在列级定义主码 */
    Sname CHAR(20) NOT NULL,
    Ssex CHAR(2),
    Sage SMALLINT,
    Sdept CHAR(20)
    );
```

或者

```
CREATE TABLE Student
    (Sno CHAR(9),
    Sname CHAR(20) NOT NULL,
    Ssex CHAR(2),
    Sage SMALLINT,
    Sdept CHAR(20),
    PRIMARY KEY(Sno)    /* 在表级定义主码 */
    );
```

【例2.4】将SC表中的Sno、Cno属性组定义为码，语句如下：

```
CREATE TABLE SC
    (Sno CHAR(9) NOT NULL,
    Cno CHAR(4) NOT NULL,
```

```
Grade SMALLINT,
PRIMARY KEY (Sno,Cno)  /*只能在表级定义主码*/
);
```

2. 实体完整性检查和违约处理

用PRIMARY KEY短语定义了关系的主码后，每当用户程序向基本表中插入一条记录或对主码列进行更新操作时，关系数据库管理系统按照实体完整性规则自动进行检查，包括：

（1）检查主码值是否唯一，如果不唯一，则拒绝插入或修改。

（2）检查主码的各个属性是否为空，只要有一个为空就拒绝插入或修改。

检查记录中主码值是否唯一的一种方法是进行全表扫描，依次判断表中每一条记录的主码值与将要插入的记录的主码值（或者要修改的新主码值）是否相同，如图2.1所示。

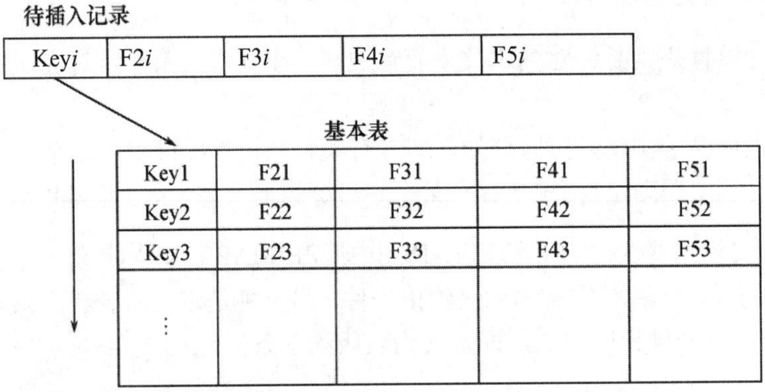

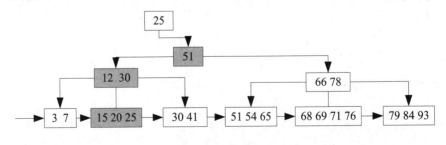

图 2.1　用全表扫描方法检查主码唯一性

全表扫描的缺点是十分耗时。为了避免对基本表进行全表扫描，关系数据库管理系统一般都在主码上自动建立一个索引。如图2.2所示的B+树索引，通过索引查找基本表中是否已经存在新的主码值时不需要查看全部值，而是看特定的几个结点即可，大大提高了查找效率。

图 2.2　使用索引检查主码唯一

新记录的主码值是25，通过主码索引，从B+树的根结点开始查找和读取3个结点：根结点（51）、中间结点（12 30）、叶结点（15 20 25）。该主码值已经存在，因此不能插入这条记录。

2.3.2　参照完整性

在现实世界中，实体与实体之间往往存在某种联系，而这种联系在关系模型中都用关系来表示，这就存在关系与关系之间的引用问题。通过定义外码和主码将不同的关系联系起来，外码与主码之间的引用规则称为参照完整性规则。

规则2-2：参照完整性规则：

若属性（或属性组）F是基本关系R的外码，它与基本关系S的主码K_s相对应（基本关系R与S可以是相同的关系），则对于R中每个元组在F上的值，要么取空值，要么等于S中某个元组的主码。其中，关系R称为参照关系，关系S称为被参照关系（目标关系）。显然，参照关系R的外码F和被参照关系S的主码K_s必须取自同一个域。

【例2.5】学生实体和专业实体可以用下面的关系来表示：

学生(学号，姓名，性别，专业号，年龄)
专业(专业号，专业名)

在这两个关系中，"专业号"是学生关系的外码，专业关系的主码，用于描述学生实体与专业实体之间的一对一的联系。学生关系中的元组在"专业号"属性上的取值只能是空值或非空值：当取空值时，表示该学生还没分配专业；当取非空值时，这个值必须是专业关系中某个元组在"专业号"属性上的分量，表示该学生必须被分配到一个已存在的专业中，否则没有意义。

【例2.6】若为学生关系再加一个"班长"属性，则可表示如下：

学生-班长(学号，姓名，性别，专业号，年龄，班长)

在此关系中，"学号"是主码，"班长"是外码。虽然"学号"和"班长"的属性名不同，但是它们必须取自同一个"学号"的属性域。当"班长"属性值为空值时，表示该班还没选班长；当"班长"属性值非空时，此值必须是某元组在"学号"属性上的分量。"学号"主码和"班长"外码用于描述学生-班长实体内部之间的联系。

1. 定义参照完整性

要定义关系模型的参照完整性，在CREATE TABLE中用FOREIGN KEY短语定义哪些列为外码，用REFERENCES短语指明这些外码参照哪些表的主码。

例如，关系SC中一个元组表示一个学生选修的某门课程的成绩，（Sno，Cno）是主码，Sno、Cno分别参照Student表的主码和Course表的主码。

【例2.7】定义SC中的参照完整性，语句如下：

```
CREATE TABLE SC
    (Sno CHAR(9) NOT NULL,
    Cno CHAR(4) NOT NULL,
    Grade SMALLINT,
    PRIMARY KEY (Sno, Cno),    /*在表级定义实体完整性*/
    FOREIGN KEY (Sno) REFERENCES Student(Sno), /*在表级定义参照完整性*/
    FOREIGN KEY (Cno) REFERENCES Course(Cno)    /*在表级定义参照完整性*/
    );
```

2. 参照完整性检查和违约处理

参照完整性将两张表中的相应元组联系起来。因此，对被参照表和参照表进行增、删、改操作，有可能破坏参照完整性，必须进行检查以保证两张表的相容性。

例如，对于表SC和Student，有4种可能破坏参照完整性的情况：

（1）在表SC中增加一个元组，该元组的Sno属性值在表Student中找不到一个元组，其Sno属性值与之相等。

（2）修改表SC中的一个元组，修改后该元组的Sno属性值在表Student中找不到一个元组，其Sno属性值与之相等。

（3）从表Student中删除一个元组，造成表SC中某些元组的Sno属性值在表Student中找不到一个元组，其Sno属性值与之相等。

（4）修改表Student中一个元组的Sno属性，造成表SC中某些元组的Sno属性值在表 Student中找不到一个元组，其Sno属性值与之相等。

当上述的不一致发生时，系统可以采用以下策略加以处理：

（1）拒绝（NO ACTION）执行：不允许该操作执行。该策略一般设置为默认策略。

（2）级联（CASCADE）操作：当删除或修改被参照表（Student）的一个元组导致与参照表（SC）的不一致时，删除或修改参照表中的所有导致不一致的元组。

（3）设置为空值：当删除或修改被参照表的一个元组时造成了不一致，则将参照表中的所有造成不一致的元组的对应属性设置为空值。

可能破坏参照完整性的情况及违约处理，如表2.4所示。

表 2.4　可能破坏参照完整性的情况及违约处理

被参照表（例如表Student）	参照表（例如表SC）	违约处理
可能破坏参照完整性	插入元组	拒绝
可能破坏参照完整性	修改外码值	拒绝
删除元组	可能破坏参照完整性	拒绝/级联删除/设置为空值
修改主码值	可能破坏参照完整性	拒绝/级联修改/设置为空值

对于参照完整性，除了应该定义外码之外，还应定义外码列是否允许空值。

一般地，当对参照表和被参照表的操作违反了参照完整性时，系统选用默认策略，即拒绝执行。如果想让系统采用其他策略，则必须在创建参照表时显示地加以说明。

【例2.8】显式说明参照完整性的违约处理示例。

```
CREATE TABLE SC
    (Sno CHAR(9) NOT NULL,
    Cno CHAR(4) NOT NULL,
    Grade SMALLINT,
    PRIMARY KEY(Sno,Cno),                    /*在表级定义实体完整性，Sno和Cno都不能取空值*/
    FOREIGN KEY (Sno) REFERENCES Student(Sno)   /*在表级定义参照完整性*/
    ON DELETE CASCADE                        /*级联删除SC表中相应的元组*/
    ON UPDATE CASCADE,                       /*级联更新SC表中相应的元组*/
```

```
FOREIGN KEY (Cno) REFERENCES Course(Cno)      /*在表级定义参照完整性*/
ON DELETE NO ACTION      /*当删除course 表中的元组造成与SC表不一致时拒绝删除*/
ON UPDATE CASCADE      /*当更新course表中的cno时，级联更新SC表中相应的元组*/
);
```

关系数据库管理系统在实现参照完整性时，除了要提供定义主码、外码的机制外，还需要提供不同的策略供用户选择。具体选择哪种策略，要根据应用环境的要求来决定。

2.3.3　用户定义完整性

用户定义的完整性是指针对某一具体关系数据库的约束条件。它反映某一具体应用所涉及的数据必须满足的语义要求。例如，某个属性必须取唯一的值、某个非主属性不能取空值、某个属性的取值为0~100等。

关系模型应提供定义和检验这类完整性的机制，以便用统一的系统方法处理它们，而不由应用程序承担这种功能。

1. 属性上的约束条件

1）属性上约束条件的定义

在CREATE TABLE中定义属性的同时，可根据应用要求定义属性上的约束条件，即属性值限制。包括：

- 列值非空（NOT NULL）。
- 列值唯一（UNIQUE）。
- 检查列值是否满足一个条件表达式（CHECK短语）。

（1）不允许取空值：

【例2.9】在定义SC表时，说明 Sno、Cno、Grade属性不允许取空值，语句如下：

```
CREATE TABLE SC
    (Sno CHAR(9) NOT NULL,
    Cno CHAR(4) NOT NULL,
    Grade SMALLINT NOT NULL,
    PRIMARY KEY (Sno, Cno),      /*在表级定义实体完整性，隐含了Sno,Cno不允许
                                    取空值，在列级不允许取空值的定义可不写 */
    );
```

（2）列值唯一：

【例2.10】建立部门表DEPT，要求部门名称Dname列取值唯一，部门编号Deptno列为主码，语句如下：

```
CREATE TABLE DEPT
    (Deptno NUMERIC(2),
    Dname CHAR(9) UNIQUE NOT NULL,      /*要求Dname列值唯一，并且不能取空值*/
    Location CHAR(10),
    PRIMARY KEY (Deptno)
    );
```

（3）用 CHECK 短语指定列值应该满足的条件：

【例2.11】 表Student的Ssex只允许取"男"或"女"，语句如下：

```
CREATE TABLE Student
    (Sno CHAR(9) PRIMARY KEY,
     Sname CHAR(8) NOT NULL,
     Ssex CHAR(2) CHECK (Ssex IN ('男', '女')), /*性别属性Ssex只允许取'男'或'女' */
     Sage SMALLINT,
     Sdept CHAR(20)
    );
```

【例2.12】 表SC的Grade的值应该在0和100之间，语句如下：

```
CREATE TABLE SC
    (Sno CHAR(9),
     Cno CHAR(4),
     Grade SMALLINT CHECK (Grade>=0 AND Grade<=100), /*Grade取值范围是0到100*/
     PRIMARY KEY (Sno,Cno),
     FOREIGN KEY (Sno) REFERENCES Student(Sno),
     FOREIGN KEY (Cno) REFERENCES Course(Cno)
    );
```

2）属性上约束条件的检查和违约处理

当往表中插入元组或修改属性的值时，关系数据库管理系统将检查属性上的约束条件是否被满足，如果不被满足，则拒绝执行操作。

2. 元组上的约束条件

1）元组上约束条件的定义

与属性上约束条件的定义类似，在CREATE TABLE语句中可以用CHECK短语定义元组上的约束条件，即元组级的限制。同属性值限制相比，元组级的限制可以设置不同属性之间的取值的相互约束条件。

【例2.13】 当学生的性别是男时，其名字不能以"Ms."开头。

```
CREATE TABLE Student
    (Sno CHAR(9),
     Sname CHAR(8) NOT NULL,
     Ssex CHAR(2),
     Sage SMALLINT,
     Sdept CHAR(20),
     PRIMARY KEY (Sno),
     CHECK (Ssex='女' OR Sname NOT LIKE 'Ms.%')
    );        /*定义了元组中Sname和Ssex两个属性值之间的约束条件*/
```

性别是女性的元组都能通过该项检查，因为Ssex='女'成立；当性别是男性时，要通过检查则名字一定不能以"MS."开头，因为Ssex='男'时，条件要想为真值，Sname NOT LIKE 'Ms.%'必须为真值。

2）元组上约束条件的检查和违约处理

当往表中插入元组或修改属性的值时，关系数据库管理系统将检查元组上的约束条件是否被满足，如果不被满足，则拒绝执行操作。

2.3.4 完整性约束命名子句

以上讲解的完整性约束条件都在CREATE TABLE语句中定义，SQL还在CREATE TABLE语句中提供了完整性约束命名子句CONSTRAINT，用来对完整性约束条件命名，从而可以灵活地增加、删除一个完整性约束条件。

1. 完整性约束命名子句

完整性约束命名子句的语法如下：

```
CONSTRAINT <完整性约束条件名> <完整性约束条件>
```

<完整性约束条件>包括NOT NULL、UNIQUE、PRIMARY KEY、FOREIGN KEY、CHECK短语等。

【例2.14】建立学生登记表Student，要求学号在90000和99999之间，姓名不能取空值，年龄小于30岁，性别只能是"男"或"女"，语句如下：

```
CREATE TABLE Student
    (Sno NUMERIC(6)
    CONSTRAINT C1 CHECK (Sno BETWEEN 90000 AND 99999),
    Sname CHAR(20)
    CONSTRAINT C2 NOT NULL,
    Sage NUMERIC(3)
    CONSTRAINT C3 CHECK (Sage<30),
    Ssex CHAR(2)
    CONSTRAINT C4 CHECK (Ssex IN ('男','女')),
    CONSTRAINT StudentKey PRIMARY KEY(Sno)
    );
```

【例2.15】建立教师表TEACHER，要求每个教师的应发工资不低于3000元，应发工资是工资列Sal与扣除项Deduct之和，语句如下：

```
CREATE TABLE TEACHER
    (Eno NUMERIC(4) PRIMARY KEY      /*在列级定义主码*/
    Ename CHAR(10),
    Job CHAR(8),
    Sal NUMERIC(7,2),
    Deduct NUMERIC(7,2),
    Deptno NUMERIC(2),
    CONSTRAINT TEACHERFKey FOREIGN KEY(Deptno)
    REFERENCES DEPT(Deptno),
    CONSTRAINT C1 CHECK (Sal + Deduct >= 3000)
    );
```

2. 修改表中的完整性限制

使用ALTER TABLE语句可以修改表中的完整性限制。

【例2.16】去掉【例2.14】的表Student中的对性别的限制，语句如下：

```
ALTER TABLE Student DROP CONSTRAINT C4;
```

【例2.17】修改表Student中的约束条件，要求学号改为在900000和999999之间，年龄由小于30岁改为小于40岁，语句如下：

```
/* 可以先删除原来的约束条件，再增加新的约束条件。 */
ALTER TABLE Student
    DROP CONSTRAINT C1;
ALTER TABLE Student
    ADD CONSTRAINT C1 CHECK (Sno BETWEEN 900000 AND 999999);
ALTER TABLE Student
    DROP CONSTRAINT C3;
ALTER TABLE Student
    ADD CONSTRAINT C3 CHECK(Sage < 40);
```

2.3.5　域中的完整性限制

一般地，域是一组具有相同数据类型的值的集合。SQL支持域的概念，并可以用CREATE DOMAIN语句建立一个域以及该域应该满足的完整性约束条件，然后就可以用域来定义属性。数据库中不同的属性可以来自同一个域，当域上的完整性约束条件改变时，只需修改域的定义即可，而不用一一修改域上的各个属性。MySQL不支持域中的完整性限制。

【例2.18】建立一个性别域，并声明性别域的取值范围，语句如下：

```
CREATE DOMAIN GenderDomain CHAR(2)
    CHECK(VALUE IN('男','女'));
```

【例2.19】建立一个性别域GenderDomain，并对其中的限制命名，语句如下：

```
CREATE DOMAIN GenderDomain CHAR(2)
    CONSTRAINT GD CHECK(VALUE IN('男','女'));
```

【例2.20】删除域GenderDomain的限制条件GD，语句如下：

```
ALTER DOMAIN GenderDomain
    DROP  CONSTRAINT GD;
```

【例2.21】在域GenderDomain上增加性别的限制条件GDD，语句如下：

```
ALTER DOMAIN GenderDomain
    ADD CONSTRAINT GDD CHECK(VALUE IN('1','0'));
```

2.3.6　断言

在SQL中，数据定义语言允许使用CREATE ASSERTION语句，通过声明式断言定义更为一般的约束条件。这些断言能够定义跨多张表或包含聚合操作的复杂完整性约束。一旦断言被创建，关系数据库管理系统将在任何影响断言所涉及关系的数据库操作之前进行断言检查，任何使断言不为真值的操作都会被拒绝执行。

1. 创建断言的语句格式

创建断言的语句格式如下：

```
CREATE ASSERTION <断言名> <CHECK子句>
```

每个断言都被赋予一个名字，<CHECK子句>中的约束条件与WHERE子句的条件表达式类似。

【例2.22】限制数据库课程最多60名学生选修，语句如下：

```
CREATE ASSERTIONASSE_SC_DB_NUM
    CHECK (60>=(SELECT COUNT(*) /*此断言的谓词涉及聚集操作count的SQL语句*/
            FROM Course,SC
            WHERE SC.Cno=Course.Cno AND Course.Cname='数据库')
        );
```

【例2.23】限制每一门课程最多60名学生选修，语句如下：

```
CREATE ASSERTION ASSE_SC_CNUM1
    CHECK(60>=ALL (SELECT COUNT(*)    /* 此断言的谓词，涉及聚集操作 count */
            FROM SC          /* 和分组函数group by的SQL语句 */
            GROUP BY CNO)
        );
```

【例2.24】限制每个学期每一门课程最多60名学生选修，语句如下：

```
/* 首先修改SC表的模式，增加一个"学期(TERM)"属性。*/
ALTER TABLE SC ADD TERM DATE;
/* 然后定义断言 */
CREATE ASSERTION ASSE_SC_CNUM2
    CHECK (60 >= ALL (SELECT COUNT(*) FROM SC GROUP BY CNO,TERM) );
```

2. 删除断言的语句格式

删除断言的语句格式如下：

```
DROP ASSERTION <断言名>;
```

如果断言很复杂，则系统在检测和维护断言上的开销就比较高。这是在使用断言时应该注意的。

2.3.7 触发器

触发器（trigger）是用户定义在关系表上的一类由事件驱动的特殊过程。触发器保存在数据库服务器中。任何用户对表的增、删、改操作，均由服务器自动激活相应的触发器，在关系数据库管理系统核心层进行集中的完整性控制。触发器类似于约束，但比约束更加灵活，可以实施更为复杂的检查和操作，具有更精细和更强大的数据控制能力。

注意 不同的关系数据库管理系统实现触发器的语法各不相同、互不兼容。

1. 定义触发器

触发器又叫作事件-条件-动作（event-condition-action）规则。当特定的系统事件（如一张表的增、删、改操作，事务的结束等）发生时，对规则的条件进行检查，如果条件成立，则执行规则中的动作，否则不执行该动作。规则中的动作体可以很复杂，涉及其他表和其他数据库对象，通常是一段SQL存储过程。

定义触发器的一般格式如下：

```
CREATE TRIGGER <触发器名>                /*每当触发事件发生时，该触发器被激活*/
{BEFORE|AFTER}<触发事件>ON<表名>        /*指明触发器激活的时间是在执行触发事件前或后*/
REFERENCING NEW|OLD ROWAS<变量>         /* REFERENCING 指出引用的变量*/
FOR EACH {ROW|STATEMENT}               /*定义触发器的类型，指明动作体执行的频率*/
[WHEN <触发条件>] <触发动作体>          /*仅当触发条件为真时才执行触发动作体*/
```

定义触发器的语法说明如下：

（1）只有表的拥有者，即创建表的用户才可以在表上创建触发器，并且一张表上只能创建一定数量的触发器。

（2）触发器名可以包含模式名，也可以不包含模式名。同一模式下，触发器名必须是唯一的，且触发器名和表名必须在同一模式下。

（3）触发器只能定义在基本表上，不能定义在视图上。当基本表的数据发生变化时，将激活定义在该表上相应触发事件的触发器。

（4）触发事件可以是INSERT、DELETE或UPDATE，也可以是这几个事件的组合，还可以是UPDATE OF<触发列，...>，即进一步指明修改哪些列时激活触发器。

AFTER/BEFORE是触发的时机，AFTER表示在触发事件的操作执行之后激活触发器，BEFORE表示在触发事件的操作执行之前激活触发器。

（5）触发器类型包括行级触发器（FOR EACH ROW）和语句级触发器（FOR EACH STATEMENT）。

例如，在TEACHER表上创建一个AFTER UPDATE触发器，触发事件是UPDATE语句：

```
UPDATE TEACHER SET Deptno=5;
```

假设表TEACHER有1000行，如果定义的触发器为语句级触发器，那么执行完该语句后触发动作只发生一次；如果是行级触发器，则触发动作将执行1000次。

（6）触发条件。触发器被激活时，只有当触发条件为真时，触发动作体才执行，否则触发动作体不执行。如果省略WHEN触发条件，则触发动作体在触发器激活后立即执行。

（7）触发动作体。触发动作体可以是一个匿名PL/SQL过程块，也可以是对已创建存储过程的调用。如果是行级触发器，用户可以在过程体中使用NEW和OLD引用UPDATE/INSERT事件之后的新值和UPDATE/DELETE事件之前的旧值；如果是语句级触发器，则不能在触发动作体中使用NEW或OLD进行引用。

如果触发动作体执行失败，激活触发器的事件就会终止执行，触发器的目标表或触发器可能影响的其他对象不发生任何变化。

【例2.25】当对表SC的Grade属性进行修改时，若分数增加了10%，则将此次操作记录到另一张表的SC_U（Sno,Cno,Oldgrade,Newgrade）中，其中Oldgrade是修改前的分数，Newgrade是修改后的分数。

```
CREATE TRIGGER SC_T                      /* SC_T是触发器的名字*/
AFTER UPDATE OF Grade ON SC              /* UPDATE OF Grade ON SC是触发事件 */
/* AFTER是触发的时机，表示对SC的Grade属性修改完后再触发下面的规则*/
REFERENCING
    OLDROW AS OldTuple,
    NEWROW AS NewTuple
FOR EACH ROW               /*行级触发器，即每执行一次Grade的更新，下面的规则就执行一次*/
WHEN (NewTuple.Grade >=1.1*OldTuple.Grade)    /*触发条件，只有该条件为真时才执行*/
    INSERT INTO SC_U(Sno,Cno,OldGrade,NewGrade) /* 下面的 INSERT 语句 */
    VALUES(OldTuple.Sno,OldTuple.Cno,OldTuple.Grade,NewTuple.Grade)
```

例子中REFERENCING指出引用的变量，如果触发事件是UPDATE操作并且有FOR EACH ROW子句，则可以引用的变量有OLDROW和NEWROW，分别表示修改之前的元组和修改之后的元组；若没有FOR EACH ROW子句，则可以引用的变量有OLDTABLE和NEWTABLE，OLDTABLE表示表中原来的内容，NEWTABLE表示表中变化后的部分。

【例2.26】将每次对表Student进行插入操作所增加的学生个数记录到表StudentInsertLog中。

```
CREATE TRIGGER Student_Count
AFTER INSERT ON Student      /*指明触发器激活的时间是在执行INSERT后 */
REFERENCING
    NEW TABLE AS DELTA
FOR EACH STATEMENT      /*语句级触发器，即执行完INSERT语句后下面的触发动作体才执行一次 */
    INSERT INTO StudentInsertLog (Numbers)
    SELECT COUNT(*) FROM DELTA
```

例子中出现的FOR EACH STATEMENT，表示触发事件INSERT语句执行完成后才执行一次触发器中的动作，这种触发器叫作语句级触发器。而【例2.25】中的触发器是行级触发器。默认的触发器是语句级触发器。DELTA是一个关系名，其模式与Student相同，包含的元组是INSERT语句增加的元组。

【例2.27】定义一个BEFORE行级触发器，为教师表Teacher定义完整性规则"教授的工资不得低于4000元，如果低于4000元，则自动改为4000元"。

```
CREATE TRIGGER Insert_Or_Update_Sal  /* 对教师表进行插入或更新操作时激活触发器 */
BEFORE INSERT OR UPDATE ON Teacher   /* BEFORE触发事件*/
REFERENCING NEWrow AS NewTuple FOR EACH ROW /* 行级触发器 */
BEGIN                        /* 定义触发动作体，这是一个PL/SQL过程块 */
    IF (newtuple.Job='教授') AND (newtuple.Sal < 4000)
        THEN newtuple.Sal=4000;
    END IF;
END;                         /* 触发动作体结束 */
```

因为是BEFORE触发器，所以在插入和更新教师记录前就可以按照触发器的规则调整教授的工资，不必等插入后再检查和调整。

2. 激活触发器

触发器的执行是由触发事件激活，并由数据库服务器自动执行的。一张数据表上可能定义了多个触发器，如多个BEFORE触发器、多个AFTER触发器等，同一张表上的多个触发器在激活时遵循如下的执行顺序：

- 执行该表上的BEFORE触发器。
- 激活触发器的SQL语句。
- 执行该表上的AFTER触发器。

对于同一张表上的多个BEFORE(AFTER)触发器，遵循"谁先创建谁先执行"的原则，即按照触发器创建的时间先后顺序执行。注意，有些关系数据库管理系统是按照触发器名称的字母排序顺序执行触发器的。

默认情况下，触发器在创建后将自动启用，如果不需要触发器起作用，则可以禁用它，然后在需要的时候再次启用。

1）禁用触发器

禁用触发器的语法如下：

```
DISABLE TRIGGER { [schema_name. ] trigger_name [,... n ] | ALL}
ON { object_name | DATABASE |ALL SERVER}
```

语法说明如下：

- Schema_name：触发器所属架构名称，只针对数据操作语言（data manipulation language，DML）触发器。
- trigger_name：触发器名称。
- ALL：指示禁用在ON子句作用域中定义的所有触发器。
- Object_name：触发器所在的表或视图名称。
- DATABASE：对于DDL触发器，指示所创建或修改的trigger_name将在数据库作用域内执行。
- ALL SERVER：适用于SQL Server 2008 (10.0.x)及更高版本。

也适用于登录触发器。

禁用触发器不会删除触发器，该触发器仍然作为对象存在于当前数据库中。但是，当执行编写触发器程序所用的任何Transact-SQL语句时，不会激活该触发器。可以使用ENABLE TRIGGER重新启用触发器。还可以通过使用ALTER TABLE来禁用或启用为表定义的DML触发器。

【例2.28】禁用DML触发器a_student，语句如下：

```
DISABLE TRIGGER a_student ON student
```

【例2.29】禁用DDL触发器a_table，语句如下：

```
DISABLE TRIGGER a_table ON DATASASE
```

2）启用触发器

启用触发器的语法如下：

```
ENABLE TRIGGER { [ scheme_name.] trigger_name [ ,… n] | ALL}
ON {object_name|DATABASE |ALL SERVER}
```

启用触发器的语法和禁用触发器的语法大致相同，只是一个使用DISABLE关键字，另一个使用ENABLE关键字。

3. 删除触发器

删除触发器的语法如下：

```
DROP TRIGGER <触发器名> ON <表名>;
```

触发器必须是一个已经创建的触发器，并且只能由具有相应权限的用户删除。触发器是一种功能强大的工具，在使用时要慎重，因为每次访问表时都可能触发一个触发器，这样会影响系统的性能。

1）删除DML触发器

删除DML触发器的语法如下：

```
DROP TRIGGER trigger_name [ ,...n]
```

【例2.30】删除DML触发器a_student，语句如下：

```
DROP TRIGGER a_student
```

2）删除DDL触发器

删除DDL触发器的语法如下：

```
DROP TRIGGER trigger_name [ ,... n ]
ON {DATABASE|ALL SERVER}
```

其中，DATABASE表示如果在创建或修改触发器时指定了DATABASE，删除时就必须指定DATABASE；ALL SERVER同理。

【例2.31】删除DDL触发器a_table，语句如下：

```
DROP TRIGGER a_table ON DATABASE
```

2.4 关 系 代 数

关系代数是一种抽象的查询语言，用对关系的运算来表达查询，是研究关系数据语言的数学工具。关系代数的运算对象是关系，运算结果亦为关系。关系代数用到的运算符包括4类：集合运算符、专门的关系运算符、算术比较符和逻辑运算符。算术比较运算符和逻辑运算符是用来辅助专门的关系运算符进行操作的。因此，按照运算符的不同，关系代数主要分为传统的集合运算和专门的关系运算两类。

2.4.1 传统的集合运算

在数据库系统中，用到的集合运算仅包括集合的并、差、交和笛卡儿积 4 种。

假设有 n 阶关系 R 和 S，若 R 和 S 对应的属性取自相同的域，则 R 与 S 的并、差和交分别定义为：

- 并：

$$R \cup S = \{t \mid t \in R \lor t \in S\}$$

其运算结果仍为 n 阶关系，由属于关系 R 或 S 的元组组成。

- 差：

$$R - S = \{t \mid t \in R \land t \notin S\}$$

其运算结果仍为 n 阶关系，由属于关系 R 而不属于 S 的元组组成。

- 交：

$$R \cap S = \{t \mid t \in R \land t \in S\}$$

其运算结果仍为 n 阶关系，由既属于关系 R 又属于 S 的元组组成。

- 笛卡儿积：

假设有 n 阶关系 R 和 m 阶关系 S，则关系 R 和 S 的笛卡儿积为：

$$R \times S = \{t_r t_s \mid t_r \in R \land t_s \in S\}$$

其运算结果是 $n+m$ 阶关系。元组的前 n 列是关系 R 的一个元组，后 m 列是关系 S 的一个元组。

【例2.32】若关系 R 和 S 分别如图2.3中的（a）和（b）所示，则关系 R 和 S 的并、交、差和笛卡儿积分别如图2.3中的（c）、（d）、（e）和（f）所示。

R

A	B	C
a_1	b_1	c_1
a_1	b_2	c_2
a_2	b_2	c_1

（a）

S

A	B	C
a_1	b_2	c_2
a_1	b_3	c_2
a_2	b_2	c_1

（b）

$R \cup S$

A	B	C
a_1	b_1	c_1
a_1	b_2	c_2
a_2	b_2	c_1
a_1	b_3	c_2

（c）

$R \cap S$

A	B	C
a_1	b_2	c_2
a_2	b_2	c_1

（d）

$R-S$

A	B	C
a_1	b_1	c_1

（e）

图 2.3 传统集合运算举例

$R \times S$

R.A	R.B	R.C	S.A	S.B	S.C
a_1	b_1	c_1	a_1	b_2	c_2
a_1	b_1	c_1	a_1	b_3	c_2
a_1	b_1	c_1	a_2	b_2	c_1
a_1	b_2	c_2	a_1	b_2	c_2
a_1	b_2	c_2	a_1	b_3	c_2
a_1	b_2	c_2	a_2	b_2	c_1
a_2	b_2	c_1	a_1	b_2	c_2
a_2	b_2	c_1	a_1	b_3	c_2
a_2	b_2	c_1	a_2	b_2	c_1

（f）

图 2.3 传统集合运算举例（续）

2.4.2 专门的关系运算

专门的关系代数运算包括选择（selecting）、投影（projection）、连接（join）、除运算（division）等，现分别介绍如下：

1. 选择

关系 R 的选择运算又称限制运算，它把关系 R 上满足某种关系或逻辑表达式 F 的元组选择出来，并组成一个新的关系，记作：

$$\sigma_F(R) = \{t \mid t \in R \wedge F(t) = '真'\}$$

其中，t 为元组，F 为取值为真或假的关系表达式或逻辑表达式。选择运算实际上是选择关系 R 上某些行的运算。

【例2.33】假设有一个学生－课程数据库，包括学生关系Student、课程关系Course和选课关系SC，如图2.4所示。现要查询信息系的全体学生和年龄小于20岁的学生。

查询信息系的全体学生可以表示为：

$$\sigma_{Sdept}='IS'(Student) \quad 或 \quad \sigma_5='IS'(Student)$$

其中，下标5为Sdept属性的序号，查询结果如图2.5（a）所示。

查询年龄小于20岁的学生可以表示为：

$$\sigma_{Sage}<20(Student) \quad 或 \quad \sigma_4<20(Student)$$

查询结果如图 2.5（b）所示。

Student

学　　号	姓　　名	性　　别	年　　龄	所　在　系
Sno	Sname	Ssex	Sage	Sdept
20160001	李勇	男	19	CS
20160002	刘晨	女	20	IS
20160003	王敏	女	18	MA
20160004	张立	男	19	IS
20160005	刘阳露	女	17	CS

（a）

Course

课　程　号	课　程　名	先　行　课	学　　分
Cno	Cname	Cpno	Ccredit
1	数据库	5	4
2	数学	NULL	2
3	信息系统	1	4
4	操作系统	6	3
5	数据结构	7	4
6	数据处理	NULL	2
7	程序设计语言_C	6	4
8	程序设计语言_Pascal	6	3

（b）

SC

学　　号	课　程　号	成　　绩
Sno	Cno	Grade
20160001	1	52
20160001	2	85
20160001	3	58
20160002	2	90
20160002	3	80
20160003	5	NULL
20160004	2	95
20160004	4	60

（c）

图 2.4　学生-课程数据库

Sno	Sname	Ssex	Sage	Sdept
20160002	刘晨	女	19	IS
20160004	张立	男	19	IS

（a）

图 2.5　选择运算结果

Sno	Sname	Ssex	Sage	Sdept
20160001	李勇	男	19	CS
20160003	王敏	女	18	MA
20160004	张立	男	19	IS
20160005	刘阳露	女	17	CS

（b）

图 2.5　选择运算结果（续）

2. 投影

关系 R 的投影是从 R 中选择出若干个属性列组成新关系，记作：

$$\pi_A(R) = \{t[A] \mid t \in R\}$$

其中，A 为 R 中的属性列，$t[A]$ 为由属性列是 A 的分量组成的元组。投影运算实际是选择关系 R 上某些列的运算。

【例2.34】在【例2.33】的学生-课程数据库中，要查询学生的姓名和所在的系或查询有哪些系。

查询学生的姓名和所在的系实际上是求关系中学生姓名和所在系两个属性的投影，可以表示为：

$$\pi_{Sname,Sdept}(Student) \quad 或 \quad \pi_{2,5}(Student)$$

查询结果如图2.6（a）所示。

查询有哪些系，即求Student关系所在系属性的投影，可以表示为：

$$\pi_{Sdept}(Student) \quad 或 \quad \pi_5(Student)$$

查询结果如图2.6（b）所示。

Sname	Sdept
李勇	CS
刘晨	IS
王敏	MA
张立	IS
刘阳露	CS

（a）

Sdept
CS
IS
MA

（b）

图 2.6　投影运算结果

3. 连接

假设有关系 R 和 S，A 和 B 分别为与关系 R 和 S 阶数相等且可以进行比较的属性组，θ 是比较运算符，则关系 R 和 S 的连接运算可以表示为如下形式：

$$R \underset{A\theta B}{\infty} S = \{t_r t_s \mid t_r \in R \wedge t_s \in S \wedge t_r[A]\theta t_s[B]\}$$

即连接运算是从关系R和S的笛卡儿积$R \times S$中选取属性组A和B上的分量满足比较关系θ（=、<、<=、>、>=、!=）的元组。

连接分为等值连接和非等值连接。等值连接是比较运算符取"="的连接，其他连接都称为非等值连接。等值连接又分为自然连接和外连接。将两个关系中具有相同属性且按该属性进行等值连接，并去掉结果中的重复属性列的连接称为自然连接。自然连接是等值连接的一种特殊形式。等值连接和自然连接的形式可分别表示如下：

$$R \underset{R.A=S.B}{\infty} S = \{t_r t_s \mid t_r \in R \wedge t_s \in S \wedge t_r[A] = t_s[B]\}$$

$$R \infty S = \{t_r t_s \mid t_r \in R \wedge t_s \in S \wedge t_r[A] = t_s[B]\}$$

一般的连接操作是从行的角度进行运算的，但自然连接需要取消重复列，因此自然连接是从行和列的角度进行运算的。

【例2.35】 假设关系R和S分别如图2.7中的（a）和（b）所示，对关系R和S分别进行一般连接$R \underset{C<E}{\infty} S$、等值连接$R \underset{R.B=S.B}{\infty} S$和自然连接$R \infty S$，其连接结果分别如图2.7中的（c）、（d）和（e）所示。

R

A	B	C
a_1	b_1	5
a_1	b_2	6
a_2	b_3	8
a_2	b_4	12

（a）关系R

S

B	E
b_1	3
b_2	7
b_3	10
b_3	2
b_5	2

（b）关系S

$R \infty S$ ($C<E$)

A	$R.B$	C	$S.B$	E
a_1	b_1	5	b_2	7
a_1	b_1	5	b_3	10
a_1	b_2	6	b_2	7
a_1	b_2	6	b_3	10
a_2	b_3	8	b_3	10

（c）一般连接

A	$R.B$	C	$S.B$	E
a_1	b_1	5	b_1	3
a_1	b_2	6	b_2	7
a_2	b_3	8	b_3	10
a_2	b_3	8	b_3	2

（d）等值连接

A	B	C	E
a_1	b_1	5	3
a_1	b_2	6	7
a_2	b_3	8	10
a_2	b_3	8	2

（e）自然连接

图2.7 连接运算

在自然连接中，选择两个关系中在公共属性上值相等的元组构成新的关系。如果把舍弃的元组保留在结果关系中，而在其他属性上填空值，这种连接就称为外连接，如图2.8（a）所示；如果只保留关系R中左边要舍弃的元组，就叫左外连接，如图2.8（b）所示；如果只保留关系S中右边要舍弃的元组，就叫右外连接，如图2.8（c）所示。

A	B	C	E
a_1	b_1	5	3
a_1	b_2	6	7
a_2	b_3	8	10
a_2	b_3	8	2
a_2	b_4	8	NULL
NULL	b_5	NULL	2

（a）外连接

A	B	C	E
a_1	b_1	5	3
a_1	b_2	6	7
a_2	b_3	8	10
a_2	b_3	8	2
a_2	b_4	8	NULL

（b）左外连接

A	B	C	E
a_1	b_1	5	3
a_1	b_2	6	7
a_2	b_3	8	10
a_2	b_3	8	2
NULL	b_5	NULL	2

（c）右外连接

图 2.8 外连接运算

4. 除运算

给定关系 R（X, Y）和 S（Y, Z），其中 X、Y、Z 为属性组。R 中的 Y 和 S 中的 Y 可以有不同的属性名，但必须取自相同的域。

R 与 S 的除运算是 R 中满足下列条件的元组在 X 属性上的投影，即元组在 X 上的分量值 x 的象集 Y_x 包含 S 在 Y 上投影的集合，记作：

$$R \div S = \{t_r[X] \mid t_r \in R \land \pi_Y(S) \subseteq Y_x\}$$

【例2.36】假设关系 R（A, B, C）和 S（B, C, D）分别如图2.9（a）和图2.9（b）所示，则 $R \div S$ 的结果如图2.9（c）所示。

R

A	B	C
a_1	b_1	c_2
a_2	b_3	c_7
a_3	b_4	c_6
a_1	b_2	c_3
a_4	b_6	c_6
a_2	b_2	c_3
a_1	b_2	c_1

（a）

S

B	C	D
b_1	c_2	d_1
b_2	c_1	d_1
b_2	c_3	d_3

（b）

$R \div S$

A
a_1

（c）

图 2.9 除运算

在关系 R 和 S 中，属性 $X=A$，属性 $Y=\{B, C\}$，属性 X 的分量就是 A 的分量，因此可以取 $\{a_1, a_2, a_3, a_4\}$ 4 个值。

- a_1 的象集 $Y_{a1}=\{(b_1,c_2),(b_2,c_3),(b_2,c_1)\}$。
- a_2 的象集 $Y_{a2}=\{(b_3,c_7),(b_2,c_3)\}$。
- a_3 的象集 $Y_{a3}=\{(b_4,c_6)\}$。
- a_1 的象集 $Y_{a4}=\{(b_6,c_6)\}$。

S 在 $Y=(B, C)$ 上的投影 $\pi_Y(S)=\{(b_1,c_2),(b_2,c_1),(b_2,c_3)\}$。显然，只有 a_1 的象集 Y_{a1} 包含 S 在 Y 属性组的投影 $\pi_Y(S)$，所以 $R \div S=\{a_1\}$。

下面以学生-课程库为例，给出几个综合应用多种代数运算进行查询的实例。

【例2.37】查询至少选修1号课程和3号课程的学生号码。

首先建立一个临时关系K：

$$K$$

Cno
1
3

然后求$\pi_{\text{Sno,Cno}}(SC) \div K$。查询结果为{20160001}。

求解过程为，先对SC关系在(Sno,Cno)属性上进行投影，然后逐一求出每一个学生(Sno)的象集是否包含K。

【例2.38】查询选修了2号课程的学生学号。

$$\pi_{\text{Sno}}(\sigma_{\text{Cno}='2'}(SC)) = \{20160001, 20160002, 20160004\}$$

【例2.39】查询至少选修了一门并且直接先修课是5号课程的学生姓名。

$$\pi_{\text{Sname}}(\sigma_{\text{Cpno}='5'}(\text{Course}) \infty SC \infty \pi_{\text{Sno,Sname}}(\text{Student}))$$

或

$$\pi_{\text{Sname}}(\pi_{\text{Sno}}(\sigma_{\text{Cpno}='5'}(\text{Course}) \infty SC) \infty \pi_{\text{Sno,Sname}}(\text{Student}))$$

【例2.40】查询选修了全部课程的学生的学号和姓名。

$$\pi_{\text{Sno,Cno}}(SC) \div \sigma_{\text{Cno}}(\text{Course}) \infty \pi_{\text{Sno,Sname}}(\text{Student})$$

关于关系演算的内容，请读者参考其他资料。

2.5 关系模式和范式理论

本节在1.3节模式概念的基础上，介绍在关系数据库中设计关系模式应遵守的规则，包括关系模式的形式定义、决定关系模式属性的依赖关系、范式理论、数据依赖的公理系统和模式分解等内容。

2.5.1 关系模式与属性依赖

在关系数据库中，关系和关系模式是两个非常重要的概念。关系是元组的集合，用一张二维表来表示。而关系模式是对关系元组逻辑结构和特征的描述，用于描述元组的属性、属性的域值、属性与域值之间的映像以及属性之间的依赖关系。因此，关系模式是型，关系则是关系模式的一个值，即实例。关系模式与关系是型与值之间的关系。关系模式的形式化定义如下：

定义2.3：关系模式是一个4元组，记作：

$$R(U, D, DOM, F)$$

其中：

- R为关系名。
- U为组成关系R的属性集。当属性集为$A_1, A_2, \cdots, A_n$时，$U = \{A_1, A_2, \cdots, A_n\}$。
- D为属性集U中属性$A_1, A_2, \cdots, A_n$的域。
- DOM为属性到域的映射。
- F为属性U上的一组数据之间的依赖关系。

在关系模式设计中，由于数据之间的依赖关系F决定了一个关系数据库中关系模式的个数和结构，因此先把关系模式看作二元组$R(U, F)$。

数据依赖实际上是一个关系的内部属性与属性之间的约束关系。这种约束关系是通过属性间值的相等与否体现出来的数据间相关的联系。它是现实世界属性间相互联系的抽象化，是数据内在的性质，是语义的体现。数据依赖主要有函数依赖和多值依赖。

定义2.4：设$R(U)$是属性集U上的关系模式。X，Y是U的子集。若对于$R(U)$的任意一个可能的关系r，不可能存在两个元组在X上的属性值相等，而在Y上的属性值不等的情况，则称X函数确定Y或Y函数依赖于X，记作$X \rightarrow Y$。

函数依赖是语义范畴的概念。只能根据语义来确定一个函数的依赖。例如，姓名→年龄这个函数依赖只有在没有同名人的条件下成立，否则年龄就不再函数依赖于姓名。

> **注意** 函数依赖不是指关系模式R的某个或某些关系满足的约束条件，而是指R的一切关系均要满足的约束条件。

下面介绍一些术语和记号：

- 若$X \rightarrow Y$，但$Y \not\subseteq X$，则称$X \rightarrow Y$是非平凡的函数依赖。
- 若$X \rightarrow Y$，但$Y \subseteq X$，则称$X \rightarrow Y$是平凡的函数依赖。对于任意一种关系模式，平凡函数依赖都是必然成立的，它不反映新的语义。若不特别声明，则讨论的是非平凡的函数依赖。
- 若$X \rightarrow Y$，则X被称为这个函数依赖的决定属性组，也被称为决定因素。
- 若$X \rightarrow Y$，$Y \rightarrow X$，则记作$Y \longrightarrow X$。
- 若Y不依赖于X，则记作$Y \not\leftarrow X$。

【例2.41】假设有Student(Sno, Sname, Ssex, Sage, Sdept)，若不允许重名，则有：

Sno → Ssex,   Sno → Sage

Sno → Sdept,   Sno ←→ Sname

Sname → Ssex,   Sname → Sage

Sname → Sdept

但Ssex ↛ Sage, Ssex ↛ Sdept

定义2.5：在 $R(U)$ 中，如果 $X \rightarrow Y$，并且对于 X 的任何一个真子集 X'，都有 $X' \rightarrow Y$，则称 Y 对 X 完全函数依赖，记作：

$$X \xrightarrow{\ F\ } Y$$

若 $X \rightarrow Y$，但 Y 不完全函数依赖于 X，则称 Y 对 X 部分函数依赖，记作：

$$X \xrightarrow{\ P\ } Y$$

定义2.6：在 $R(U)$ 中，如果 $X \rightarrow Y$，$(Y \nsubseteq X)$，$Y \nrightarrow X$，$Y \rightarrow Z$，$Z \nsubseteq Y$，则称 Z 对 X 传递函数依赖，记作：

$$X \xrightarrow{\ 传递\ } Y$$

候选码是关系模式中一个重要的概念。之前已经给出了有关候选码的定义，这里用函数依赖的概念定义等价的候选码。

定义2.7：假设 K 为 $R(U, F)$ 中的一个或一组属性，若 $K \xrightarrow{\ F\ } U$，则 K 为 R 的候选码。主码、外码的定义不变。

2.5.2 范式理论

在关系数据库设计中，所有数据的逻辑结构及其相互联系都由关系模式来表达，因此关系模式的结构是否合理直接影响关系数据库性能的好坏。

在数据库设计中，首先需要解决的问题是如何根据实际问题的需要来构造合适的数据模式，即需要设计关系模式的个数和每个关系模式的属性等，也就是关系数据库的逻辑设计问题。为了满足实际问题的需求，在任何数据库设计中都要遵循一定的规则，这些规则在关系数据库中被称为范式。范式实际上是关系数据库中的关系必须满足的条件。根据满足不同层次的条件，目前范式可以分为8种，依次为第一范式（1NF）、第二范式（2NF）、第三范式（3NF）、BCNF、第四范式（4NF）、第五范式（5NF）、DKNF、第六范式（6NF）。满足最低要求的范式是1NF，在1NF的基础上进一步满足更多要求的范式是2NF，以此类推。各个范式之间的关系为 $6NF \subset DKNF \subset 5NF \subset 4NF \subset BCNF \subset 3NF \subset 2NF \subset 1NF$。本节主要介绍函数依赖的前4个范式和多值依赖的4NF，其他范式可以参考相关文献。

一个低一级范式的关系模式，通过模式分解（schema decomposition）可以转换为若干个高一级范式的关系模式的集合，这个过程就叫作规范化（normalization）。

1. 1NF

在一个关系模式中，关系对应一张二维表，如果表中的每个分量都是不可分的数据项，就称这个关系模式为第一范式。

【例2.42】有关系模式：联系人（姓名，性别，电话）。在实际应用中，如果一个联系人有家庭电话和公司电话，这种表结构设计就不符合1NF的要求。要符合1NF的要求，只需把电话属性拆分为家庭电话和公司电话两个属性即可，关系模式为：联系人（姓名，性别，家庭电话，公司电话）。

2. 2NF

定义2.8：若 $R \in 1NF$，且每一个非主属性完全函数依赖于任何一个候选码，则 $R \in 2NF$。

【例2.43】有关系模式：S-L-G（Sno，Sdept，Sloc，Cno，Grade）。其中，Sloc为学生的住处，并且每个系的学生住在同一个地方；（Sno，Cno）为S-L-G的主码。函数依赖关系有：

- （Sno，Cno）$\xrightarrow{F}$ Grade
- Sno→Sdept，（Sno，Cno）$\xrightarrow{P}$ Sdept
- Sno→Sloc，（Sno，Cno）$\xrightarrow{P}$ Sloc

上述依赖关系如图2.10所示，虚线表示部分函数依赖。此例中非主属性Sdept和Sloc并不完全依赖于主码，所以S-L-G（Sno，Sdept，Sloc，Cno，Grade）不满足2NF的条件。

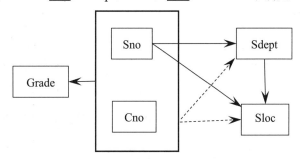

图 2.10　函数依赖实例

一个关系模式 R 不属于2NF，就会产生以下几个问题：

1）插入异常

假如要在S-L-G（Sno，Sdept，Sloc，Cno，Grade）中插入一个学生Sno=S7，Sdept=PHY，Sloc=BLD2，但该学生还未选课（这个学生的主属性Cno值为空），这样的元组就无法插入S-L-C中。因为插入元组时主码不能为空值，而这时主码值的一部分为空，所以学生的固有信息无法插入。

2）删除异常

假如某个学生只选一门课，如 S_4 就选择了一门 C_3 课程。现在他不选 C_3 这门课程了，那么 C_3 这个数据项就要被删除。而 C_3 是主属性，如果删除了 C_3，整个元组就必须被删除，这使得 S_4 的其他信息也会被删除，进而造成删除异常，即不应删除的信息也被删除了。

3）修改复杂

假如某个学生从数学系（MA）转到计算机科学系（CS），这本来只需修改此学生元组中的Sdept分量，但因为关系模式S-L-C中还含有系的住处Sloe属性，学生转系的同时将改变住处，所以还必须修改元组中的Sloc分量。另外，如果这个学生选修了 k 门课，则Sdept、Sloc重复存储 k 次，这样不仅存储冗余度大，还必须无遗漏地修改 k 个元组中全部Sdept、Sloc的信息，从而造成修改的复杂化。

分析上面的例子，可以发现问题在于有两种非主属性：一种如Grade，对主码是完全函数依赖；另一种如Sdept、Sloc，对主码不是完全函数依赖。解决的办法是用投影分解把关系模式S-L-C分解为两个关系模式。

- SC（Sno，Cno，Grade）
- S-L（Sno，Sdept，Sloc）

关系模式SC与S-L中的函数依赖分别用图2.11和图2.12表示。

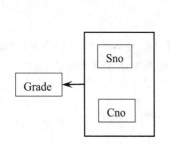

图2.11　SC 中的函数依赖

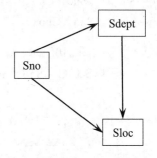

图2.12　S-L 中的函数依赖

关系模式SC的主码为（Sno，Cno），关系S-L的主码为Sno，这样使得非主属性对主码都是完全函数依赖。

3. 3NF

定义2.9：关系模式 $R(U,F) \in 1NF$，若R中不存在这样的码X，属性组Y及非主属性$Z(Z \nsubseteq Y)$，使得$X \rightarrow Y$、$Y \rightarrow Z$成立，$Y \nrightarrow X$，则称 $R(U,F) \in 3NF$。

由定义2.9可以证明，若 $R \in 3NF$，则每一个非主属性既不部分依赖于主码，也不传递依赖于主码。

在图2.11的关系模式SC中没有传递依赖，而图2.12的关系模式S-L中存在非主属性对主码的传递依赖。在S-L中，由Sno→Sdept、（Sdept $\nrightarrow$ Sno）、Sdept→Sloc可得，Sdept $\xrightarrow{\text{传递}}$ Sloc。因此，$SC \in 3NF$而S-L $\notin 3NF$。

一个关系模式R若不是3NF，则会产生与2NF相类似的问题。解决的办法同样是将S-L分解为：

- S-D（Sno，Sdept）
- D-L（Sdept，Sloc）

分解后的关系模式为S-D和D-L中不再存在传递依赖。

4. BCNF

BCNF是由Boyce与Codd提出的比3NF进一步的范式，通常被认为是修正的第三范式，有时也称为扩充的第三范式。

定义2.10：假设关系模式 $R(U,F) \in 1NF$，若$X \rightarrow Y$且 $Y \nsubseteq X$ 时X必含有主码，则 $R(U,F) \in BCNF$。

也就是说，在关系模式 $R(U,F)$ 中，若每一个决定因素都包含主码，则 $R(U,F) \in BCNF$。

由BCNF的定义可知，一个满足BCNF的关系模式有如下特点：

- 所有非主属性对每一个主码都是完全函数依赖。
- 所有主属性对每一个不包含它的主码也是完全函数依赖。
- 没有任何属性完全函数依赖于非主码的任何一组属性。

由于$R \in$ BCNF，按定义排除了任何属性对主码的传递依赖与部分依赖，因此$R \in$ 3NF。但若$R \in$ 3NF，则R未必属于BCNF。

【例2.44】有关系模式S（Sno，Sname，Sdept，Sage），若Sname也具有唯一性，则$S \in$ 3NF，同时$S \in$ BCNF。

在S模式中，因为Sno和Sname都是码，且是单个属性，彼此互不相交，其他属性不存在对主码的传递依赖与部分依赖，所以$S \in$ 3NF。同时，在S中，除了Sno和Sname外没有其他决定因素，所以$S \in$ BCNF。

【例2.45】在关系模式SJP（S，J，P）中，S表示学生，J表示课程，P表示名次。每一个学生选修的每门课程的成绩都有一定的名次，每门课程中每一个名次只有一个学生（没有并列名次）。由语义可得到下面的函数依赖：

$$(S, J) \rightarrow P; \quad (J, P) \rightarrow S$$

因此，（S，J）与（J，P）都可以作为候选码。这两个码各由两个属性组成，而且它们是相交的。这个关系模式中显然没有属性对码的传递依赖或部分依赖，SJP $\in$ 3NF，而且除了（S，J）与（J，P）外没有其他决定因素，所以SJP $\in$ BCNF。

【例2.46】在关系模式STJ(S，T，J)中，S表示学生，T表示教师，J表示课程。每一名教师只教一门课，每门课有若干名教师，某一个学生选定某门课就对应一个固定的教师。由语义可得到函数依赖：（S，J）→T；（S，T）→J；T→J，如图2.13所示。其中，（S，J）和（S，T）都是候选码。

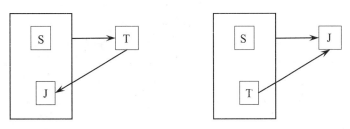

图 2.13　STJ 中的函数依赖

STJ是3NF，因为没有任何非主属性对码传递依赖或部分依赖。但STJ不属于BCNF关系，因为T是决定因素，且T不包含码。

对于不属于BCNF的关系模式，仍然存在不合适的地方。对于非BCNF的关系模式，可以通过分解的方法将其分成几个符合BCNF的模式。例如，STJ可分解为ST（S，T）与TJ（T，J），它们都是BCNF。

3NF和BCNF是在函数依赖条件下对模式分解所能达到的分离程度的一种测度。一个模式中的关系模式如果都属于BCNF，那么它在函数依赖范畴内已经实现了彻底分离，消除了插入和删除的异常。3NF的"不彻底"性表现在可能存在主属性对码部分依赖和传递依赖。

5. 多值依赖

定义2.11：假设$R(U)$是属性集U上的一个关系模式。X，Y，Z是U的子集，并且$Z=U-X-Y$。关系模式$R(U)$中多值依赖$X \rightarrow \rightarrow Y$成立，当且仅当对$R(U)$的任一关系$r$给定的一对$(x, y)$值有一组$Y$的值，这组值仅决定于$x$值而与$z$值无关。

若$X \rightarrow \rightarrow Y$，而$Z=\phi$，即$Z$为空，则称$X \rightarrow \rightarrow Y$为平凡的多值依赖。即对于$R(X, Y)$，如果$X \rightarrow \rightarrow Y$成立，则$X \rightarrow \rightarrow Y$为平凡的多值依赖。

举例，有这样一个关系<仓库管理员，仓库号，库存产品号>，假设一个产品只能放到一个仓库中，但是一个仓库可以有若干管理员，那么对于一个<仓库管理员，库存产品号>，有一个仓库号，而实际上，这个仓库号只与库存产品号有关，与管理员无关，就说这是多值依赖。

6. 4NF

定义2.12：关系模式$R(U, F) \in 1NF$，如果对于R的每个非平凡多值依赖$X \rightarrow \rightarrow Y(Y \nsubseteq X)$，$X$都含有码，则称$R(U, F) > \in 4NF$。

4NF就是限制关系模式的属性之间不允许有非平凡且非函数依赖的多值依赖。因为根据定义，对于每一个非平凡的多值依赖$X \rightarrow \rightarrow Y$，$X$都含有候选码，于是就有$X \rightarrow Y$，所以4NF所允许的非平凡的多值依赖实际上是函数依赖。显然，如果一个关系模式是4NF，则必为BCNF。

【例2.47】假设有关系模式WSC(W, S, C)，W表示仓库，S表示管理员，C表示商品。假设每个仓库有若干名管理员和若干种商品，每个管理员保管所在仓库的所有商品，每种商品被所有管理员保管，关系如表2.5所示。

表2.5　WSC 的关系表

W	S	C
W_1	S_1	C_1
W_1	S_1	C_2
W_1	S_1	C_3
W_1	S_2	C_1
W_1	S_2	C_2
W_1	S_2	C_3
W_2	S_3	C_4
W_2	S_3	C_5
W_2	S_4	C_4
W_2	S_4	C_5

按照语义，对于W的每一个值W_i，无论C取何值，S都有一个完整的集合与之对应，所以$W \rightarrow \rightarrow S$。因为每个管理员保管所有商品，同时每种商品被所有管理员保管，所以若$W \rightarrow \rightarrow S$，则必然有$W \rightarrow \rightarrow C$。

因为 W→→S 和 W→→C 都是非平凡的多值依赖，而 W 不是码，关系模式 WSC 的码是（W，S，C），所以 WSC ∉ 4NF。

WSC 是一个 BCNF，但不是 4NF 关系模式，它仍然有一些不好的性质。若某个仓库 W_i 有 n 个管理员，存放 m 件物品，则关系中分量为 W_i 的元组数目一定有 $m×n$ 个。每个管理员重复存储 m 次，每种物品重复存储 n 次，数据的冗余度太大，因此还应该继续规范化，使关系模式 WSC 达到 4NF。

可以用投影分解的方法消去非平凡且非函数依赖的多值依赖。例如，可以把 WSC 分解为 WS（W，S），WC（W，C）。在 WS 中虽然有 W→→S，但这是平凡的多值依赖。WS 中已不存在非平凡的非函数依赖的多值依赖，所以 WS ∈ 4NF，同理 WC ∈ 4NF。

函数依赖和多值依赖是两种最重要的数据依赖。如果只考虑函数依赖，则属于 BCNF 的关系模式规范化程度已经是最高的了；如果考虑多值依赖，则属于 4NF 的关系模式规范化程度是最高的。事实上，数据依赖中除函数依赖和多值依赖之外，还有其他数据依赖，例如连接依赖。函数依赖是多值依赖的一种特殊情况，而多值依赖实际上又是连接依赖的一种特殊情况。但连接依赖不像函数依赖和多值依赖那样可由语义直接导出，而是在关系的连接运算时才反映出来。存在连接依赖的关系模式仍可能遇到数据冗余及插入、修改、删除异常等问题。如果消除了属于 4NF 的关系模式中存在的连接依赖，则可以进一步达到 5NF 的关系模式。这里不再讨论连接依赖和 5NF，有兴趣的读者可以参阅有关书籍。

2.5.3　数据依赖的公理系统

数据依赖的公理系统是模式分解算法的理论基础。下面首先讨论函数依赖的一个有效而完备的公理系统——Armstrong 公理系统（Armstrong's axiom）。

定义 2.13：对于满足一组函数依赖 F 的关系模式 $R(U, F)$，其任何一个关系 r，若函数依赖 $X→Y$ 都成立（即 r 中任意两元组 t、s，若 $t[X]=s[X]$，则 $t[Y]=s[Y]$），则称 F 逻辑蕴涵 $X→Y$。

为了从一组函数依赖求得蕴涵的函数依赖，例如已知函数依赖集 F，要问 $X→Y$ 是否为 F 所蕴涵，就需要一套推理规则，这组推理规则是 1974 年首先由 Armstrong 提出来的。

Armstrong 公理系统设 U 为属性集总体，F 是 U 上的一组函数依赖，于是有关系模式 $R(U, F)$，对 $R(U, F)$ 来说，有以下公理：

- 自反律（reflexivity rule）：若 $Y \subseteq X \subseteq U$，则 $X→Y$ 为 F 所蕴涵。
- 增广律（augmentation rule）：若 $X→Y$ 为 F 所蕴涵，且 $Z \subseteq U$，则 $XZ→YZ$ 为 F 所蕴涵。
- 传递律（transitivity rule）：若 $X→Y$ 及 $Y→Z$ 为 F 所蕴涵，则 $X→Z$ 为 F 所蕴涵。

> **注意**　由自反律所得到的函数依赖均是平凡的函数依赖，自反律的使用并不依赖于 F。为了简单起见，用 XZ 代表 $X \cup Z$，YZ 代表 $Y \cup Z$。

定理 2.1：Armstrong 推理规则是正确的。

下面从定义出发证明推理规则的正确性。

证明：

（1）设 $Y \subseteq X \subseteq U$。

对 $R(U, F)$ 的任一关系 r 中的任意两个元组 t、s：若 $t[X]=s[X]$，由于 $Y \subseteq X$，有 $t[Y]=s[Y]$，因此 $X \to Y$ 成立，自反律得证（$t[X]$ 表示元组 t 在属性（组）X 上的分量，等价于 $t.X$）。

（2）设 $X \to Y$ 为 F 所蕴涵，且 $Z \subseteq U$。

对 $R(U, F)$ 的任一关系 r 中的任意两个元组 t、s：若 $t[XZ]=s[XZ]$，则有 $t[X]=s[X]$ 和 $t[Z]=s[Z]$；由于 $X \to Y$，于是有 $t[Y]=s[Y]$，因此 $t[YZ]=s[YZ]$，$XZ \to YZ$ 为 F 所蕴涵，增广律得证。

（3）设 $X \to Y$ 及 $Y \to Z$ 为 F 所蕴涵。

对 $R(U, F)$ 的任一关系 r 中的任意两个元组 t、s：若 $t[X]=s[X]$，由于 $X \to Y$，有 $t[Y]=s[Y]$；再由于 $Y \to Z$，有 $t[Z]=s[Z]$，因此 $X \to Z$ 为 F 所蕴涵，传递律得证。

根据上述这3条公理可以得到下面3条很有用的推理规则。

- 合并规则（unionrule）：由 $X \to Y$，$X \to Z$，有 $X \to YZ$。
- 伪传递规则（pseudo transitivity rule）：由 $X \to Y$，$WY \to Z$，有 $XW \to Z$。
- 分解规则（decomposition rule）：由 $X \to Y$ 及 $Z \subseteq Y$，有 $X \to Z$。

根据合并规则和分解规则，很容易得到这样一个重要事实：

引理2.1： $X \to A_1 A_2 \cdots A_k$ 成立的充分必要条件是 $X \to A_i$ 成立 $i=1,2,\cdots,k$。

定义2.14： 在关系模式 $R(U, F)$ 中为 F 所逻辑蕴涵的函数依赖的全体叫作 F 的闭包（closure），记为 F^+。

人们把自反律、增广律和传递律称为 Armstrong 公理系统。Armstrong 公理系统是有效且完备的。Armstrong 公理的有效性指的是由 F 出发根据 Armstrong 公理推导出来的一个函数依赖一定在 F^+ 中；完备性指的是 F 中的每一个函数依赖，必定可以由 F 出发根据 Armstrong 公理推导出来。

要证明完备性，首先就要判定一个函数依赖是否属于由 F 根据 Armstrong 公理推导出来的函数依赖的集合。当然，如果能求出这个集合，问题就解决了。但不幸的是，这是一个 NP 完全问题。例如，从 $F=\{X \to A_1, \cdots, X \to A_n\}$ 出发，至少可以推导出 2^n 个不同的函数依赖。为此引入了下面的概念：

定义2.15： 设 F 为属性集 U 上的一组函数依赖，X、$Y \subseteq U$，$X_F^+=\{A|X \to A$ 能由 F 根据 Armstrong 公理导出$\}$，X_F^+ 称为属性集 X 关于函数依赖集 F 的闭包。

由引理2.1容易得出引理2.2。

引理2.2： 设 F 为属性集 U 上的一组函数依赖，X、$Y \subseteq U$，$X \to Y$ 能由 F 根据 Armstrong 公理导出的充分必要条件是 $Y \subseteq X_F^+$。

于是，判定 $X \to Y$ 是否能由 F 根据 Armstrong 公理导出的问题就转换为求出 X_F^+，判定 Y 是否为 X_F^+ 的子集的问题。这个问题由算法2.1解决了。

算法2.1：求属性集X（$X \subseteq U$）关于U上的函数依赖集F的闭包X_F^+。

输入：X、F

输出：X_F^+

步骤：

步骤 01 令$X^{(0)} = X$，$i = 0$。

步骤 02 求B，这里$B = \{A \mid (\exists V)(\exists W)(V \rightarrow W \in F \wedge V \subseteq X^{(i)} \wedge A \in W)\}$。

步骤 03 $X^{(i+1)} = B \cup X^{(i)}$。

步骤 04 判断$X^{(i+1)} = X^{(i)}$。

步骤 05 若$X^{(i+1)}$与$X^{(i)}$相等或$X^{(i)} = U$，则它就是X_F^+，算法终止。

步骤 06 若$X^{(i+1)} \neq X^{(i)}$或$X^{(i)} \neq U$，则$i = i+1$，返回 **步骤 02**。

【例2.48】已知关系模式$R(U, F)$，其中

$$U = \{A, B, C, D, E\}, \quad F = \{AB \rightarrow C, B \rightarrow D, C \rightarrow E, EC \rightarrow B, AC \rightarrow B\}。$$

求：$(AB)_F^+$。

解：由算法2.1，设$X^{(0)} = AB$。

计算$X^{(1)}$：逐一扫描F集合中各个函数依赖，找左部为A、B或AB的函数依赖。得到两个：$AB \rightarrow C$，$B \rightarrow D$。于是$X^{(1)} = AB \cup CD = ABCD$。

因为$X^{(0)} \neq X^{(1)}$，所以再找出左部为$ABCD$子集的那些函数依赖，又得到$C \rightarrow E$，$AC \rightarrow B$，于是$X^{(2)} = X^{(1)} \cup BE = ABCDE$。

因为$X^{(2)}$已等于全部属性集合，所以$(AB)_F^+ \rightarrow ABCDE$。

对于算法2.1，令$a_i = |X^{(i)}|$，$\{a_i\}$形成一个步长大于1的严格递增的序列，序列的上界是$|U|$，因此该算法最多进行$|U| - |X|$次循环就会终止。

定理2.2：Armstrong公理系统是有效且完备的。

Armstrong公理系统的有效性可由定理2.1得到证明。下面给出完备性的证明。证明完备性的逆否命题，即若函数依赖$X \rightarrow Y$不能由F从Armstrong公理导出，那么它必然不为F所蕴涵。它的证明分为以下3步。

证明：

（1）若$V \rightarrow W$成立，且$V \subseteq X_F^+$，则$W \subseteq X_F^+$。

因为$V \subseteq X_F^+$，所以$X \rightarrow V$成立，于是$X \rightarrow W$成立（因为$X \rightarrow V$，$V \rightarrow W$），因此$W \subseteq X_F^+$。

（2）构造一张二维表r，它由下列两个元组构成，可以证明r必是$R(U, F)$的一个关系，即F中的全部函数依赖在r上成立。

$$X_F^+ = \{11\ldots1, 11\ldots1\}; \quad U - X_F^+ = \{00\ldots1, 11\ldots1\}$$

若r不是$R(U, F)$的关系，则必由于F中有某一个函数依赖$V \rightarrow W$在r上不成立所致。由r的构

成可知，V必定是X_F^+的子集，而W不是X_F^+的子集，可是这与第一步中的$W \subseteq X_F^+$矛盾。因此，r必是$R(U,F)$的一个关系。

（3）若$X \to Y$不能由F从Armstrong公理导出，则Y不是X_F^+的子集，因此必有Y的子集Y'满足$Y' \subseteq U - X_F^+$，则$X \to Y$在r中不成立，即$X \to Y$必不为$R(U,F)$蕴涵。

Armstrong公理的完备性及有效性说明了"导出"与"蕴涵"是两个完全等价的概念。于是F^+也可以说是由F出发借助Armstrong公理导出的函数依赖的集合。

从蕴涵（或导出）的概念出发，又引出了两个函数依赖集等价和最小依赖集的概念。

定义2.16：如果$G^+ = F^+$，就说函数依赖集F覆盖G（F是G的覆盖或G是F的覆盖），或F与G等价。

引理2.3：$F \to G$的充分必要条件是$F^+ \subseteq G^+$和$G \subseteq F^+$。

证明：必要性很明显，这里只证明充分性。

（1）若$F \subseteq G^+$，则$X_F^+ \subseteq X_{G^+}^+$。

（2）任取$X \to Y \in F^+$，则有$Y \subseteq X_F^+ \subseteq X_{G^+}^+$，所以$X \to Y \in (G^+)^+ = G^+$，即$F^+ \subseteq G^+$。

（3）同理可证$G^+ \subseteq F^+$，所以$F^+ = G^+$。

而要判定$F \subseteq G^+$，只需逐一对F中的函数依赖$X \to Y$考察Y是否属于$X_{G^+}^+$即可。因此引理2.3给出了判断两个函数依赖集等价的可行算法。

定义2.17：如果函数依赖集F满足下列条件，则称F为一个极小函数依赖集，亦称为最小依赖集或最小覆盖（minimal cover）。

（1）F中任一函数依赖的右部仅含有一个属性。
（2）F中不存在这样的函数依赖$X \to A$，使得F与$F - \{X \to A\}$等价。
（3）F中不存在这样的函数依赖$X \to A$，X有真子集Z使得$F - \{X \to A\} \cup \{Z \to A\}$与$F$等价。

定义2.17（3）的含义是对于F中的每个函数依赖，它的左部要尽可能简。

【例2.49】有关系模式$S(U,F)$，其中：

$$U = \{\text{Sno, Sdept, Mname, Cno, Grade}\},$$

$$F = \{\text{Sno} \to \text{Sdept, Sdept} \to \text{Mname, (Sno,Cno)} \to \text{Grade}\}$$

设$F' = \{\text{Sno} \to \text{Sdept,Sno} \to \text{Mname,Sdept} \to \text{Mname,(Sno,Cno)} \to \text{Grade,(Sno,Sdept)} \to \text{Sdept}\}$。

根据定义2.17可以验证F是最小覆盖，而F'不是。因为$F' - \{\text{Sno} \to \text{Mname})$与$F'$等价$F' - \{(\text{Sno,Sdept}) \to \text{Sdept}\}$也与$F'$等价。

定理2.3：每一个函数依赖集F均等价于一个极小函数依赖集F_m。此F_m称为F的最小依赖集。

证明：这是一个构造性的证明，分3步对F进行"极小化处理"，找出F的一个最小依赖集来。

（1）逐一检查 F 中各函数依赖 FD_i：$X \rightarrow Y$，若 $Y=A_1A_2 \cdots A_k$，$k>2$，则用 $\{X \rightarrow A_j | j=1,2,\cdots,k\}$ 来取代 $X \rightarrow Y$。

（2）逐一检查 F 中各函数依赖 FD_i：$X \rightarrow A$，令 $G=F-\{X \rightarrow A\}$，若 $A \in X_G^+$，则从 F 中去掉此函数依赖（因为 F 与 G 等价的充要条件是 $A \in X_G^+$）。

（3）逐一取出 F 中各函数依赖 FD_i：$X \rightarrow A$，设 $X=B_1B_2 \cdots B_m$，$m \geqslant 2$，逐一考查 $B_i (i=1,2,\cdots,m)$，若 $A \in (X-B_i)_F^+$，则以 $X-B_i$ 取代 X（因为 F 与 $F-\{X-A\} \cup \{Z-A\}$ 等价的充要条件是 $A \in Z_F^+$，其中 $Z=X-B_i$）。

最后剩下的 F 就一定是极小依赖集，并且与原来的 F 等价。因为对 F 的每一次"改造"都保证了改造前后的两个函数依赖集等价。这些证明很简单，请读者自行补上。需要注意，F 的最小依赖集 F_m 不一定是唯一的，它与对各函数依赖 FD_i 及 $X \rightarrow A$ 中 X 各属性的处置顺序有关。

【例2.50】

$$F = \{A \rightarrow B, B \rightarrow A, B \rightarrow C, A \rightarrow C, C \rightarrow A\}$$
$$F_{m1} = \{A \rightarrow B, B \rightarrow C, C \rightarrow A\}$$
$$F_{m2} = \{A \rightarrow B, B \rightarrow A, A \rightarrow C, C \rightarrow A\}$$

这里给出了 F 的两个最小依赖集 F_{m1}、F_{m2}。

若改造后的 F 与原来的 F 相同，说明 F 本身就是一个最小依赖集，因此定理2.3的证明给出的极小化过程也可以看作检验 F 是否为极小依赖集的一个算法。

两个关系模式 $R_1(U,F)$、$R_2(U,F)$ 如果 F 与 G 等价，那么 R_1 的关系一定是 R_2 的关系；反过来，R_2 的关系也一定是 R_1 的关系。因此，在 $R(U,F)$ 中用与 F 等价的依赖集 G 来取代 F 是允许的。

2.5.4 模式分解

在对函数依赖的基本性质有了初步了解之后，可以具体地来讨论模式的分解了。

定义2.18：关系模式 $R(U,F)$ 的一个分解是指，

$$\rho = \{R_1(U_1,F_1), R_2(U_2,F_2), \cdots, R_n(U_n,F_n)\}$$

其中 $U=\bigcup_{i=1}^{n} U_i$，并且没有 $U_i \subseteq U_j$，$1 \leqslant i, j \leqslant n$，$F_i$ 是 F 在 U_i 上的投影。

所谓"F_i 是 F 在 U_i 上的投影"的确切定义见定义2.19。

定义2.19：函数依赖集合 $\{X \rightarrow Y | X \rightarrow Y \in F^+ \land XY \subseteq U_i\}$ 的一个覆盖 F_i 叫作 F 在属性 U_i 上的投影。

1. 模式分解的3个定义

对于一个模式的分解是多种多样的，但是分解后产生的模式应与原模式等价。人们从不同的角度去观察问题，对"等价"的概念形成了3种不同的定义：

- 分解具有无损连接性（lossless join）。
- 分解要保持函数依赖（preserve functional dependency）。

- 分解既要保持函数依赖，又要具有无损连接性。

这3个定义是实行分解的3条不同的准则。按照不同的分解准则，模式所能达到的分离程度各不相同，各种范式就是对分离程度的测度。

本节要讨论的问题是：

（1）无损连接性和保持函数依赖的含义是什么？如何判断？

（2）对于不同的分解等价定义究竟能达到何种程度的分离，即分离后的关系模式是第几范式。

（3）如何实现分离，即给出分解的算法。

先来看两个例子，说明按定义2.18，若只要求$R<U,F>$分解后的各关系模式所含属性的"并"等于U，这个限定是不够的。

一个关系分解为多个关系，相应地原来存储在一张二维表内的数据就要分散存储到多张二维表中，要使这个分解有意义，起码的要求是后者不能丢失前者的信息。

【例2.51】已知关系模式$R(U,F)$，其中$U=\{Sno,Sdept,Mname\}$，$F=\{Sno \rightarrow Sdept,$ $Sdept \rightarrow Mname\}$。$R(U,F)$的元组语义是学生Sno正在Sdept系学习，其系主任是Mname，并且一个学生（Sno）只在一个系学习，一个系中只有一名系主任。R的一个关系如表2.6所示。

表 2.6　R 的一个关系

Sno	Sdept	Mname
S_1	D_1	王三
S_2	D_2	李四
S_3	D_3	张二
S_4	D_4	王六

由于R中存在传递函数依赖Sno→Mname，因此会发生更新异常。例如，如果S_4毕业，则D_3系的系主任张二的信息也就丢掉了；反过来，如果一个系D_5尚无在校学生，那么这个系的系主任赵某的信息也无法存入。于是进行了如下分解：

$$p_1=\{R_1(Sno,\phi),R_2(Sdept,\phi),R_3(Mname,\phi)\}$$

分解后，R_i的关系r_i是R在U_i上的投影，即$r_i=R[U_i]$：

$$r_1=\{S_1,S_2,S_3,S_4\},r_2=\{D_1,D_2,D_3\},r_3=\{王三,李四,张二,王六\}$$

对于分解后的数据库，要回答"S_1在哪个系学习"也不可能了。这样的分解还有什么用呢？

如果分解后的数据库能够恢复到原来的情况，不丢失信息的要求也就达到了。R_i向R的恢复是通过自然连接来实现的，这就产生了无损连接性的概念。显然，本例的分解p_1所产生的诸关系自然连接的结果实际上是它们的笛卡儿积，元组增加了，信息丢失了。

于是对R又进行另一种分解：

$$p_2=\{R_1(\{Sno,Sdept\},\{Sno \rightarrow Sdept\}),R_2(\{Sno,Mname\},\{Sno \rightarrow Mname\})\}$$

后面可以证明p_2对R的分解是可恢复的，但是前面提到的插入和删除异常仍然没有解决，原因就在于原来在R中存在的函数依赖Sdept→Mname，现在在R中都不存在了。因此，人们又要求分解具有"保持函数依赖"的特性。

最后对R进行以下分解：

$$p_3=\{R_1(\{Sno,Sdept\},\{Sno→Sdept\}),R_2(\{Sdept,Mname\},\{Sdept→Mname\})\}$$

可以证明分解p_3既具有无损连接性，又保持函数依赖。它解决了更新异常的问题，又没有丢失原数据库的信息，这是所希望的分解。

由此可以看出为什么要对数据库模式"等价"提出3个不同定义。

下面严格地定义分解的无损连接性和保持函数依赖性，并讨论它们的判别算法。

2. 分解的无损连接性和保持函数依赖性

先定义一个记号：设$\rho=\{R_1<U_1,F_1>,\cdots,R_k<U_k,F_k>\}$是$R<U,F>$的一个分解，$r$是$R<U,F>$的一个关系。定义$m_\rho(r)=\overset{k}{\underset{i=1}{\infty}}\pi_{R_i}(r)$，即$m_\rho(r)$是$r$在$\rho$中各关系模式上投影的连接。这里$\pi_{R_i}(r)=\{t.U_i\,|\,t\in r\}$。

引理2.4：设$R<U,F>$是一个关系模式，$\rho=\{R_1<U_1,F_1>,\cdots,R_k<U_k,F_k>\}$是$R$的一个分解，$r$是$R$的一个关系，$r_i=\pi_{R_i}(r)$，则

（1）$r\in m_\rho(r)$。

（2）若$s=m_\rho(r)$，则$\pi_{R_i}(s)=r_i$。

（3）$m_\rho(m_\rho(r))=m_\rho(r)$。

证明：

（1）证明r中的任何一个元组属于$m_\rho(r)$。

任取r中的一个元组t，$t\in r$，设$t_i=t.U_i(i=1,2,\cdots,k)$。对$k$进行归纳可以证明$t_1t_2\cdots t_k\in\overset{k}{\underset{i=1}{\infty}}\pi_{R_i}(r)$，所以$t\in m_\rho(r)$，即$r\subseteq m_\rho(r)$。

（2）由（1）得到$r\subseteq m_\rho(r)$，已设$s=m_\rho(r)$，所以$r\subseteq s$，$\pi_{R_i}(r)\in\pi_{R_i}(s)$。现只需证明$\pi_{R_i}(s)\leqslant\pi_{R_i}(r)$，就有$\pi_{R_i}(s)=\pi_{R_i}(r)=r_i$。

任取$S_i\in\pi_{R_i}(s)$，必有S中的一个元组v，使得$v.U_i=S_i$。根据自然连接的定义$v=t_1t_2\cdots t_k$，对于其中每一个t_i，必存在r中的一个元组，使得$t.U_i=t_i$。由前面$\pi_{R_i}(r)$的定义可得$t_i\in\pi_{R_i}(r)$。又因$v=t_1t_2\cdots t_k$，故$v.U_i=t_i$。又由上面证得$v.U_i=S_i$，$t_i\in\pi_{R_i}(r)$，故$S_i\in\pi_{R_i}(r)$。即$\pi_{R_i}(s)\subseteq\pi_{R_i}(r)$。

（3）$m_\rho(m_\rho(r))=\overset{k}{\underset{i=1}{\infty}}\pi_{R_i}(m_\rho(r))=\overset{k}{\underset{i=1}{\infty}}\pi_{R_i}(s)=\overset{k}{\underset{i=1}{\infty}}\pi_{R_i}(r)=m_\rho(r)$。

定义2.20：$\rho=\{R_1<U_1,F_1>,\cdots,R_k<U_k,F_k>\}$是$R<U,F>$的一个分解，若对$R<U,F>$的任何一个关系$r$均有$r=m_\rho(r)$成立，则称分解$\rho$具有无损连接性，简称$\rho$为无损分解。

直接根据定义2.20去鉴别一个分解的无损连接性是不可能的，算法2.2给出了一种判别方法。

算法2.2：判别一个分解的无损连接性。

$\rho = \{R_1 < U_1, F_1 >, \cdots, R_k < U_k, F_k >\}$ 是 $R < U, F >$ 的一个分解，$U = \{A_1, \cdots, An\}$，$F = \{FD_1, FD_2, \cdots, FD_\rho\}$，不妨设 F 是一极小依赖集，记 FD_i 为 $X_i \rightarrow A_{li}$。

步骤01 建立一张 n 列 k 行的表，每一列对应一个属性，每一行对应分解中的一个关系模式。若属性 A_i 属于 U_i，则在 j 列 i 行交叉处填上 a_j，否则填上 b_{ij}。

步骤02 对每一个 FD 做下列操作：找到所对应的列具有相同符号的那些行，考察这些行中 li 列的元素，若其中有 a_{li}，则全部改为 a_{li}；否则全部改为 b_{mli}。其中 m 是这些行的行号最小值。

应当注意的是，若某个 b_{tli} 被更改，那么该表的 li 列中凡是 b_{tli} 的符号（不管它是否开始找到的那些行）均应作相应的更改。

如在某次更改之后，有一行成为 $a_1, a_2, \cdots, a_n$，则算法终止，ρ 具有无损连接性，否则 ρ 不具有无损连接性。

对 F 中 p 个 FD 逐一进行一次这样的处置，称为对 F 的一次扫描。

步骤03 比较扫描前后的表有无变化，如有变化则返回 **步骤03**，否则算法终止。如果发生循环，那么前次扫描至少应使该表减少一个符号。表中符号有限，因此循环必然终止。

定理2.4：如果算法2.2终止时表中有一行为 $a_1, a_2, \cdots, a_n$，则 ρ 为无损连接分解。

证明从略。

【例2.52】 已知 $R < U, F >$，$U = \{A, B, C, D, E\}$，$F = \{AB \rightarrow C, C \rightarrow D, D \rightarrow E\}$，$R$ 的一个分解为 $R_1(A, B, C)$，$R_2(C, D)$，$R_3(D, E)$。

（1）首先构造初始表，如表2.7所示。

（2）对 $AB \rightarrow C$，因各元组的第1、2列没有相同的分量，所以表不改变。由 $C \rightarrow D$ 可以把 b_{14} 改为 a_4，再由 $D \rightarrow E$ 可使 b_{15}、b_{25} 全改为 a_5。最后结果如表2.8所示。表中第1行成为 a_1、a_2、a_3、a_4、a_5，所以此分解具有无损连接性。

表 2.7 初始表

A	B	C	D	E
a_1	a_2	a_3	b_{14}	b_{15}
b_{21}	b_{22}	a_3	a_4	b_{25}
b_{31}	b_{32}	b_{33}	a_4	a_5

表 2.8 最终表

A	B	C	D	E
a_1	a_2	a_3	a_4	a_5
b_{21}	b_{22}	a_3	a_4	a_5
b_{31}	b_{32}	b_{33}	a_4	a_5

当关系模式 R 分解为两个关系模式 R_1、R_2 时，有下面的判定准则。

定理2.5：对于 $R < U, F >$ 的一个分解 $\rho = \{R_1 < U_1, F_1 >, R_2 < U_2, F_2 >\}$，如果 $U_1 \bigcap U_2 \rightarrow U_1 - U_2 \in F^+$ 或 $U_1 \cap U_2 \rightarrow U_2 - U_1 \in F^+$，则 ρ 具有无损连接性。

定理的证明留给读者完成。

定义2.21：若 $F^+ = \left(\bigcup_{i=1}^{k} F_i \right)^+$，则 $R < U, F >$ 的分解 $\rho = \{R_1 < U_1, F_1 >, \cdots, R_k < U_k, F_k >\}$ 保持函数依赖。

引理2.4给出了判断两个函数依赖集等价的可行算法，因此也给出了判别R的分解ρ是否保持函数依赖的方法。

3. 模式分解的算法

关于模式分解的几个重要事实是：

（1）若要求分解保持函数依赖，那么模式分离总可以达到3NF，但不一定能达到BCNF。

（2）若要求分解既保持函数依赖，又具有无损连接性，那么模式分离可以达到3NF，但不一定能达到BCNF。

（3）若要求分解具有无损连接性，那么模式分离一定可达到4NF。

它们分别由算法2.3、算法2.4、算法2.5和算法2.6来实现。

算法2.3（合成法）：转换为3NF的保持函数依赖的分解。

步骤 01 对$R<U,F>$中的函数依赖集F进行"极小化处理"（处理后得到的依赖集仍记为F）。

步骤 02 找出所有不在F中出现的属性（记作U_0），把这样的属性构成一个关系模式$R_0<U_0,F_0>$。把这些属性从U中去掉，剩余的属性仍记为U。

步骤 03 若有$X\rightarrow A\in F$，且$XA=U$，则$\rho=\{R\}$，算法终止。

步骤 04 否则，对F按具有相同左部的原则分组（假定分为k组），每一组函数依赖所涉及的全部属性形成一个属性集U_i。若$U_i\subseteq U_j$（$i\neq j$），就去掉U_i。由于经过了**步骤 02**，故$U=\bigcup\limits_{i=1}^{k}U_i$，于是$\rho=\{R_i<U_i,F_i>,\cdots,R_k<U_k,F_k>\}\bigcup R_0<U_0,F_0>$构成$R<U,F>$的一个保持函数的分解，并且每个$R_i<U_i,F_i>$均属3NF。这里$F_i$是$F$在$U_i$上的投影，并且$F_i$不一定与$F_i'$相等，但$F_i'$一定被$F_i$所包含，因此分解$\rho$保持函数依赖是显然的。

下面证明每一个$R_i<U_i,F_i>$一定属于3NF。

设$F_i'=\{X\rightarrow A_1,X\rightarrow A_2,\cdots,X\rightarrow A_k\}$，$U_i=\{X,A_1,A_2,\cdots,A_k\}$

（1）$R_i<U_i,F_i>$一定以X为码。

（2）若$R_i<U_i,F_i>$不属于3NF，则必存在非主属性A_m（$1\leqslant m<k$）及属性组合Y，$A_m\notin Y$，使得$X\rightarrow Y$，$Y\rightarrow A_m\in F_i^+$，而$Y\rightarrow X\notin F_i^+$。

（3）若$Y\subset X$，则与$X\rightarrow A_m$属于最小依赖集F相矛盾，因而$Y\not\subseteq X$。不妨设$Y\cap X=X_1$，$Y-X=\{A_1,\cdots,A_\rho\}$，令$G=F-\{X\rightarrow A_m\}$，显然$Y\subseteq X_G^+$，即$X\rightarrow Y\in G^+$。

可以断言$Y\rightarrow A_m$也属于G^+。因为$Y\rightarrow A_m\in F_i^+$，所以$A_m\in Y_F^+$。若$Y\rightarrow A_m$不属于$G^+$，则在求$Y_F^+$的算法中，只有使用$X\rightarrow A_m$才能将$A_m$引入。于是按算法2.1必有$j$，使得$X\subseteq Y(j)$，这与$Y\rightarrow X$成立是矛盾的。

于是$X\rightarrow A_m$属于G^+，与F是最小依赖集相矛盾。因此，$R_i<U_i,F_i>$一定属于3NF。

算法2.4：转换为3NF的既有无损连接性又保持函数依赖的分解。

（1）设X是$R<U,F>$的码。$R<U,F>$已由算法2.3分解为$\rho=\{R_1<U_1,F_1>,R_2<U_2,F_2>,\cdots,$

$R_k<U_k,F_k>\} \cup R_0<U_0,F_0>$，令$\tau \leftarrow \rho \cup \{R^*<X,F_x>\}$。

（2）若有某个U_i，$X \subseteq U_i$，将$R^*<X,F_x>$从τ中去掉，或者$U_i \subseteq X$，将$R<U_i,F_x>$从τ中去掉。

（3）τ就是所求的分解。

$R^*<X,F_x>$显然属于3NF，而保持函数依赖也很显然，因此只需判定无损连接性即可。

由于τ中必有某关系模式$R(T)$的属性组$T \supseteq X$，X是$R<U,F>$的码，任取$U-T$中的属性B，必存在某个i，使$B \in T^{(i)}$（按算法2.1）。对i施行归纳法可以证明（由算法2.2），表中关系模式$R(T)$所在的行一定可成为$a_1,a_2,\cdots,a_n$。因此，τ的无损连接性得证。

算法2.5（分解法）：转换为BCNF的无损连接的分解。

步骤 01 令$\rho = \{R<U,F>\}$。

步骤 02 检查ρ中各关系模式是否均属于BCNF。若是，则算法终止。

步骤 03 设ρ中$R_i<U_i,F>$不属于BCNF，那么必有$X \rightarrow A \in F_i^+$（$A \notin X$，且$X$非$R_i$的码）。因此，$XA$是$U_i$的真子集。对$R_i$进行分解：$\sigma = \{S_1,S_2\}$，$Us_1 = XA$，$Us_2 = U_i-\{A\}$，以$\sigma$代替$R_i(U_i,F_i)$，返回**步骤 02**。

由于U中属性有限，因而有限次循环后算法2.5一定会终止。

这是一个自顶向下的算法。它自然地形成一棵针对$R<U,F>$的二叉分解树。应当指出，$R<U,F>$的分解树不是唯一的。这与**步骤 03**中具体选定的$X \rightarrow A$有关。算法2.5最初令$\rho = \{R<U,F>\}$，显然ρ是无损连接分解，而以后的分解则由下面的引理2.5保证它的无损连接性。

引理2.5：若$\rho = \{R_1<U_1,F_1>,\cdots,R_k<U_k,F_k>\}$是$R<U,F>$的一个无损连接分解，$\sigma = \{S_1,S_2,\cdots,S_m\}$是$\rho$中$R_i(U_i,F_i)$的一个无损连接分解，那么$\rho' = \{R_1,R_2,\cdots,R_{i-1},S_1,\cdots,S_m,R_{i+1},\cdots,R_k\}$，$\rho'' = \{R_1,\cdots,R_k,R_{k+1},\cdots,R_n\}$（$\rho''$是$R<U,F>$包含$\rho$的关系模式集合的分解）均是$R<U,F>$的无损连接分解。

证明的关键是自然连接的结合律，下面给出结合律的证明，其他部分留给读者。

引理2.6：$(R_1 \infty R_2) \infty R_3 = R_1 \infty (R_2 \infty R_3)$

证明：

设r_i是$R_i<U_i,F_i>$的关系，$i = 1,2,3$。

设$U_1 \cap U_2 \cap U_3 = V$；$U_1 \cap U_2 - V = X$；$U_2 \cap U_3 - V = Y$；$U_1 \cap U_3 - V = Z$，如图2.14所示。

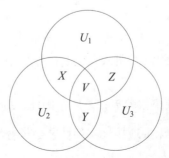

图2.14　引理2.6的三个关系属性示意图

容易证明t是$(R_1\bowtie R_2)\bowtie R_3$中的一个元组的充要条件是：$T_{R1}$、$T_{R2}$、$T_{R3}$是$t$的连串，这里$T_{Ri}\in r_i(i=1,2,3)$，$T_{R1}[V]=T_{R2}[V]=T_{R3}[V]$，$T_{R1}[X]=T_{R2}[X]$，$T_{R1}[Z]=T_{R3}[Z]$，$T_{R2}[Y]=T_{R3}[Y]$。而这也是$t$为$R_1\bowtie(R_2\bowtie R_3)$中的元组的充要条件。于是有

$$(R_1\bowtie R_2)\bowtie R_3=R_1\bowtie(R_2\bowtie R_3)$$

在2.5.2节中已经指出，一个关系式中若存在多值依赖（指非平凡的非函数依赖的多值依赖），则数据的冗余度大且存在插入、修改、删除异常等问题。为此要消除这种多值依赖，使模式分离达到一个新的高度——4NF。下面讨论达到4NF的具有无损连接性的分解。

定理2.6：关系模式$R<U,D>$中，D为R中函数依赖和多值依赖的集合。$X\rightarrow\rightarrow Y$成立的充要条件是$R$的分解$\rho=\{R_1(X,Y),R_2(X,Z)\}$具有无损连接性，其中$Z=U-X-Y$。

证明：先证充分性。

若ρ是R的一个无损连接分解，则对$R<U,F>$的任一关系r，有

$$r=\pi_{R_1}(r)\bowtie\pi_{R_2}(r)$$

设t、$s\in r$，且$t[X]=s[X]$，于是$t[XY]$、$s[XY]\in\pi_{R_1}(r)$，$t[XZ]$、$s[XZ]\in\pi_{R_1}(r)$。由于$t[X]=s[X]$，因此$t[XY]\cdot s[XZ]$与$t[XZ]\cdot s[XY]$均属于$\pi_{R_1}(r)\ \pi_{R_2}(r)$，也即属于$r$。

令$u=t[XY]\cdot s[XZ]$，$v=t[XZ]\cdot s[XY]$，就有$u[X]=v[X]=t[X]$，$u[Y]=t[Y]$，$u[Z]=s[Z]$，$v[Y]=s[Y]$，$v[Z]=t[Z]$，所以$X\rightarrow\rightarrow Y$成立。

再证必要性。

若$X\rightarrow\rightarrow Y$成立，对于$R<U,D>$的任一关系$r$，任取$\omega\in\pi_{R_1}(r)\ \pi_{R_2}(r)$，则必有$t$、$s\in r$，使得$\omega=t[XY]\cdot s[XZ]$，由于$X\rightarrow\rightarrow Y$对$R<U,D>$成立，$\omega$应当属于$r$，因此$\rho$是无损连接分解。

定理2.6给出了对$R<U,D>$的一个无损的分解方法。若$R<U,D>$中$X\rightarrow\rightarrow Y$成立，则R的分解$\rho=\{R_1(X,Y),R_2(X,Z)\}$具有无损连接性。

算法2.6：达到4NF的具有无损连接性的分解。

首先使用算法2.5得到R的一个达到了BCNF的无损连接分解ρ，然后对某一$R_i<U_i,D_i>$，如果它不属于4NF，则可按定理2.6进行分解，直到每一个关系模式均属于4NF为止。定理2.6和引理2.5保证了最后得到的分解的无损连接性。

4. 小结

关系模式$R<U,D>$，U是属性总体集，D是U上的一组数据依赖函数依赖和多值依赖，对于包含函数依赖和多值依赖的数据依赖，有一个有效且完备的公理系统。该系统有以下8条公理：

（1）若$Y\subseteq X\subseteq U$，则$X\rightarrow Y$。

（2）若$X\rightarrow Y$，且$Z\subseteq U$，则$XZ\rightarrow YZ$。

（3）若$X\rightarrow Y$，$Y\rightarrow Z$，则$X\rightarrow Z$。

（4）若$X\rightarrow\rightarrow Y$，$V\subseteq W\subseteq U$，则$XW\rightarrow\rightarrow YV$。

（5）若$X \rightarrow \rightarrow Y$，则$X \rightarrow \rightarrow U - X - Y$。

（6）若$X \rightarrow \rightarrow Y$，$Y \rightarrow \rightarrow Z$，则$X \rightarrow \rightarrow Z - Y$。

（7）若$X \rightarrow Y$，则$X \rightarrow \rightarrow Y$。

（8）若$X \rightarrow \rightarrow Y$，$W \rightarrow Z$，$W \cap Y = \emptyset$，$Z \subseteq Y$，则$X \rightarrow Z$。

公理系统的有效性是指，从D出发根据8条公理推导出的函数依赖或多值依赖一定为D蕴涵；完备性是指，凡D所蕴涵的函数依赖或多值依赖均可以从D根据8条公理推导出来。也就是说，在函数依赖和多值依赖的条件下，"蕴涵"与"导出"是等价的。

前面3条公理的有效性在2.5.2节已经证明了，其余的有效性证明留给读者自行完成。

由8条公理可得如下4条有用的推理规则：

（1）合并规则：$X \rightarrow \rightarrow Y$，$X \rightarrow \rightarrow Z$，则$X \rightarrow \rightarrow YZ$。

（2）伪传递规则：$X \rightarrow \rightarrow Y$，$WY \rightarrow \rightarrow Z$，则$WX \rightarrow \rightarrow Z - WY$。

（3）混合伪传递规则：$X \rightarrow \rightarrow Y$，$XY \rightarrow Z$，则$X \rightarrow Z - Y$。

（4）分解规则：$X \rightarrow \rightarrow Y$，$X \rightarrow \rightarrow Z$，则$X \rightarrow \rightarrow Y \cap Z$，$X \rightarrow \rightarrow Y - Z$，$X \rightarrow \rightarrow Z - Y$。

第 **3** 章
关系数据库标准语言SQL

SQL（structured query language）即结构化查询语言，是关系数据库的标准语言，具有数据查询（data query）、数据操作（data manipulation）、数据定义（data definition）和数据控制（data control）等强大功能。本章首先介绍SQL的特点，然后分别介绍SQL的数据定义、数据查询、数据更新以及视图的定义形式和使用方法。

3.1 SQL语言概述

SQL于1974年由Boyce和Chamberlin提出，并在IBM公司研制的关系数据库管理系统原型System R上实现。由于SQL简单易学、功能丰富、深受用户及计算机业界人士的欢迎，因此被数据库厂商采用。

3.1.1 SQL 的特点

经各公司不断地修改、扩充和完善，SQL已经成为集数据查询、数据操作、数据定义和数据控制于一体的关系数据库标准语言。该语言具有如下特点：

1. 综合功能强大

在非关系数据库中，通常使用模式数据定义语言（schema data definition language，模式DDL）、外模式数据定义语言（subschema data definition language，外模式DDL或子模式DDL）、数据存储描述语言（data storage description language，DSDL）和数据操作语言（data manipulation language，DML）分别定义模式、外模式、内模式和数据的存取与处理操作。

而SQL集数据定义语言、数据操作语言、数据控制语言的功能于一体，语言风格统一，可以独立完成数据库生命周期中的全部活动，包括定义关系模式、插入数据、建立数据库，查询和更新数据库中的数据，重构和维护数据库，控制数据库安全性、完整性等一系列操作。

SQL的这些功能为数据库应用系统的开发提供了良好的环境。在数据库系统投入运行后，用户还可以根据需要随时、逐步地修改模式，并且不会影响数据库的运行，从而使系统具有良好的可扩展性。

另外，在关系模型中，实体和实体间的联系均用关系表示，这种数据结构的单一性带来了数据操作符的统一性，查找、插入、删除、更新等每一种操作都只需一种操作符，从而克服了非关系系统因信息表示方式的多样性而带来的操作复杂性。

2. 高度非过程化

非关系数据模型的数据操作语言是"面向过程"的语言，用"过程化"语言完成某项请求，必须指定存取路径。而用SQL进行数据操作只需提出"做什么"，不用指明"怎么做"，因此无须了解存取路径，存取路径的选择和SQL的操作过程由系统自动完成。这不但大大减轻了用户的负担，而且有利于提高数据的独立性。

3. 面向集合的操作方式

非关系数据模型采用的是面向记录的操作方式，操作对象是一条记录。例如，查询所有平均成绩在80分以上的学生姓名，用户必须一条一条地把满足条件的学生记录找出来。而SQL采用的是集合操作方式，不仅操作对象、查找结果可以是元组的集合，而且一次插入、删除、更新操作的对象也可以是元组的集合。

4. 同一种语法结构提供多种使用方式

SQL既是独立的语言，又是嵌入式语言。作为独立的语言，它能够独立地用于联机交互，用户可以在终端键盘上直接输入SQL命令对数据库进行操作；作为嵌入式语言，SQL语句能够嵌入高级语言（如C、C++、Java）程序中，供程序员设计程序时使用。而在两种不同的使用方法下，SQL语言的语法结构基本上是一致的。这种以统一的语法结构提供两种不同的使用方法的做法，为用户提供了极大的灵活性与方便性。

5. 语言简洁，易学易用

SQL不但功能强大，而且设计巧妙、语言十分简洁，只用9个动词就可以完成核心功能，这些动词如表3.1所示。SQL接近英语口语，因此容易学习，易于使用。

表 3.1 SQL 的动词

SQL功能	动　　词
数据查询	SELECT
数据定义	CREATE、DROP、ALTER
数据操纵	INSERT、UPDATE、DELETE
数据控制	GRANT、REVOKE

3.1.2　SQL 的基本概念

支持SQL的RDBMS（relational database management system，关系数据库管理系统）同样

支持关系数据库三级模式结构,如图3.1所示。其中,外模式对应于视图(view)和部分基本表(base table),模式对应于基本表,内模式对应于存储文件(stored file)。

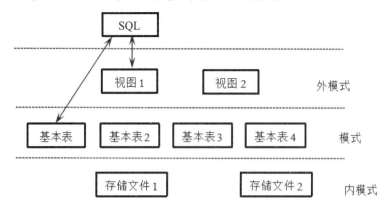

图 3.1 SQL 对关系数据库模式的支持

用户可以用SQL对基本表和视图进行查询或其他操作,基本表和视图一样,都是关系。基本表是本身独立存在的表,在SQL中一个关系就对应一张基本表。一张(或多张)基本表对应一个存储文件,一张表可以带若干索引,索引也存放在存储文件中。

存储文件的逻辑结构组成了关系数据库的内模式。存储文件的物理结构是任意的,对用户是透明的。

视图是从一张或几张基本表导出的表。它本身不独立存储在数据库中,即数据库中只存放视图的定义而不存放视图对应的数据。这些数据仍存放在导出视图的基本表中。因此,视图是一张虚表。视图在概念上与基本表等同,用户可以在视图上再定义视图。

下面将逐一介绍各SQL语句的功能和格式,为了突出基本概念和基本功能,略去了许多语法细节。各个RDBMS产品在实现标准SQL时有所差别,与SQL标准的符合程度也不相同,一般在85%以上。因此,具体使用某个RDRMS产品时,还应参阅系统提供的有关手册。

3.2 数 据 定 义

关系数据库系统支持模式、外模式和内模式三级模式结构,而模式、外模式和内模式中包含的基本对象有表、视图和索引。因此,SQL的数据定义功能包括模式定义、表定义、视图和索引的定义,如表3.2所示。

表 3.2 SQL 的数据定义语句

操作对象	操作方式		
	创 建	删 除	修 改
模式	CREATE SCHEMA	DROP SCHEMA	
表	CREATE TABLE	DROP TABLE	ALTER TABLE
视图	CREATE VIEW	DROP VIEW	
索引	CREATE INDEX	DROP INDEX	

SQL通常不提供修改模式定义、视图定义和索引定义的操作。用户如果想修改这些文件，只能先将它们删除掉，然后重新建立。

本节主要介绍如何定义模式、基本表和索引，视图的概念及其定义方法将在3.5节中讨论。

3.2.1 模式的定义与删除

1. 模式的定义

在SQL中，定义模式实际上是定义一个数据库的命名空间，用这个命名空间存放该数据库中所有的基本表、视图或索引等对象的名称。模式的定义有如下3种形式：

（1）CREATE SCHEMA ＜模式名＞ AUTHORIZATIDN ＜用户名＞

（2）CREATE SCHEMA AUTHORIZATIDN ＜用户名＞

（3）CREATE SCHEMA ＜模式名＞AUTHORIZATIDN ＜用户名＞［＜表定义子句＞| ＜视图定义子句＞ | ＜授权定义子句＞]

- 形式（1）表示在定义模式时，给用户与模式起不相同的名字。
- 形式（2）表示在定义模式时，模式名隐含为用户名。
- 形式（3）表示在定义模式时，又定义了包含在该模式下的基本表、视图或索引。

在模式定义中，符号"＜＞"表示其中的内容由用户来定义；"[ ]"表示其中的内容是可选项；"|"表示两边的参数二选一。

只有拥有DBA权限或获得DBA授予的创建模式命令权限的用户才能调用创建模式命令。

【例3.1】若要为用户WANG创建一个模式名为S-T的模式，则可定义为如下形式：

```
CREATE SCHEMA S-T AUTHORIZATION WANG;
```

若将上述语句改写为CREATE SCHEMA AUTHDRIZATIDN WANG，则表示为用户WANG创建一个模式名也为WANG的模式。

【例3.2】若要为用户ZHANG创建一个名为TEST的模式，同时其中定义一个名为TAB1的表，则定义形式如下：

```
CREATE SCHEMA TEST AUTHORIZATION ZHANG
   CREATE TABLE TAB1 (COL1  SMALLINT,
                      COL2  INT,
                      COL3  CHAR(20),
                      COL4  NUMERIC (70,3),
                      COL5  DECIMAL (5,2)
                                          );
```

2. 模式的删除

在SQL中，删除模式的语句如下：

```
DROP SCHEMA <模式名> <CASCADE | RESTRICT>
```

其中，CASCADE（级联）和RESTRICT（限制）两者必选其一。当模式中定义了表或视图等数据库对象时，只能选择DROP SCHEMA ＜模式名＞ CASCADE语句，表示在删除模式的同时把该模式中所有数据库对象也全部删除，而拒绝执行DROP SCHEMA ＜模式名＞ RESTRICT语句。只有当模式中不包含任何对象时，才能执行DROP SCHEMA ＜模式名＞ RESTRICT语句。

如果要删除【例3.2】创建的模式TEST，就只能使用DROP SCHEMA TEST CASCADE;语句。该语句表示在删除模式TEST的同时，也删除该模式中定义的TAB1表。

3.2.2　基本表的定义、删除与修改

1. 基本表的定义

在创建一个模式、确定一个数据库的命名空间后，首先要在这个空间中定义的是该模式包含的数据库的基本表。

SQL语言使用CREATE TABLE语句定义基本表，基本格式如下：

```
CREATE TABLE ＜表名＞（＜属性名1＞ ＜数据类型＞［列级完整性约束条件］
                    ［，＜属性名2＞＜数据类型＞［列级完整性约束条件］］
                    ...
                    ［，＜表级完整性约束条件＞］）；
```

通常，在建表的同时还可以定义与该表有关的完整性约束条件。这些完整性约束条件被存入系统的数据字典中，当用户操作表中的数据时，由RDBMS自动检查该操作是否违背这些完整性约束条件。如果完整性约束条件涉及该表的多个属性列，就必须定义在表级上；否则，既可以定义在列级上，又可以定义在表级上。

在关系模式中，每个属性都对应一个域，它的取值必须是域中的值。在SQL中，域用数据类型来表示。在定义表的各个属性时，需要指明其数据类型和长度。SQL提供了一些主要数据类型，如表3.3所示。注意，不同的RDBMS中支持的数据类型不完全相同。

表 3.3　SQL 数据类型

数据类型	含　　义
CHAR(n)	长度为n的定长字符串
VARCHAR(n)	最大长度为n的变长字符串
INT	长整数（也可以写作INTEGER）
SMALLINT	短整数
NUERIC(p,d)	定点数，由p位数字（不包括符号、小数点）组成，小数后面有d位数字
REAL	取决于机器精度的浮点数
Double Precision	取决于机器精度的双精度浮点数
FLOAT(n)	浮点数，精度至少为n位数字
DATE	日期，包含年、月、日，格式为YYYY-MM-DD
TIME	时间，包含一日的时、分、秒，格式为HH:MM:SS

一个属性选用何种数据类型要根据实际情况决定，一般从两方面考虑：一方面是取值范围，另一方面是要做哪些运算。例如，对于年龄（Sage）属性，可以采用CHAR（3）作为数据类型，但考虑到要对年龄做算术运算（如求平均年龄），所以采用整数作为数据类型，因为CHAR（3）数据类型不能进行算术运算。而整数又有长整数和短整数两种，因为一个人的年龄在百岁左右，所以选用短整数作为年龄的数据类型。

【例3.3】建立一个属性包含学生学号（Sno）、姓名（Sname）、性别（Ssex）、年龄（Sage）和所在系（Sdept）的学生表Student，SQL语句如下：

```
CREATE TABLE Student
    (Sno CHAR(9) PRIMARY KEY,          /*列级完整性约束条件，Sno是主码*/
    Sname CHAR(20)  UNIQOE,            /*Sname取唯一值*/
    Ssex CHAR(2(,
    Sage SMALLINT,
    Sdept CHAR(20(
              );
```

其中，学生学号、姓名、性别和所在系的属性值都是固定不变的，所以根据名字的长度选择CHAR数据类型，而年龄需要选择SMALLINT类型。

系统在执行上面的CREATE TABLE语句后，在数据库中建立一个新的空表Student，并将有关Student表的定义和约束条件存放在数据字典中。

【例3.4】建立一张属性包含课程号（Cno）、课程名（Cname）、先修课（Cpno）和课程学分（Ccredit）的课程表Course，SQL语句如下：

```
CREATE TABLE Course
    (Cno CHAR(4) PRIMARY KEY,          /*列级完整性约束条件，Cno是主码*/
    Cname CHAR(4),
    Cpno CHAR(4),                      /*Cpno的含义是先修课*/
    Ccredit SMALLINT,
    FOREIGN KEY Cpno REFERENCES Course(Cno)
    /*表级完整性约束条件，Cpno是外码，被参照表是Course，被参照列是 Cno*/
    );
```

本例说明参照表和被参照表可以是同一张表。

【例3.5】建立属性包含学生学号（Sno）、课程号（Cno）和学生成绩（Crade）的学生选课表SC，SQL语句如下：

```
CREATE TABLE SC
    (Sno CHAR(9),
    Cno CHAN(4),
    Crade SMALLINT,
    PRIMARY KEY(Sno, Gno),
              /*主码由两个属性构成，必须作为表级完整性约束条件进行定义*/
    FOREIGN KEY(Sno) REFERENCES Student(Sno),
              /*表级完整性约束条件，Sno是外码，被参照表是Student */
    FOREIGN KEY(Cno) REFERENCES Course(Cno)
              /*表级完整性约束条件，Cno是外码，被参照表是Course */
          );
```

由于每一张基本表都必须属于某个关系模式，因此在定义基本表的同时，必须定义所属的关系模式。定义基本表所属关系模式的方法有3种。

方法1　定义模式的同时定义基本表，如3.2.1节中形式（3）的方法。

方法2　在已知某个模式存在的条件下，希望定义的基本表属于该模式，则采用如下方式：

```
CREATE TABLE <已经存在的模式名>. <表名>(...);
```

【例3.6】在【例3.1】中定义了一个学生—课程模式S-T，现在要定义Student、Course、SC基本表属于S-T模式，则采用的语句形式如下：

```
CREATE TABLE  S-T. Student(...);           /*Student所属的模式是S-T */
CREATE TABLE  S-T. Course(...);            /*Course所属的模式是S-T*/
CREATE TABLE  S-T.SC(...)                   /*SC所属的模式是S-T*/
```

方法3　若用户创建基本表（其他数据库对象也一样）时没有指定模式，则系统根据搜索路径确定该对象所属的模式。搜索路径包含一组模式列表，RDHMS会使用模式列表中第一个存在的模式作为数据库对象的模式名。若搜索路径中的模式名都不存在，系统将给出错误。使用下面的语句可以显示当前的搜索路径：

```
SHOW search_path;
```

搜索路径的当前默认值是$user, PUBLIC。其含义是首先搜索与用户名相同的模式名，如果该模式名不存在，就使用PUBLIC模式。DBA用户也可以设置搜索路径，如SET search-path TO "S-T", PUBLIC;。然后定义基本表，如CREATE TABLE Student(...);。

实际结果是建立了S-T. Student基本表，因为RDBMS发现搜索路径中第一个模式名S-T存在，所以把该模式作为基本表Student所属的模式。

2. 基本表的修改

随着应用环境和应用需求的变化，有时需要对已建好的基本表进行修改，SQL用ALTER TABLE语句修改基本表，一般格式如下：

```
ALTER TABLE <表名>  [ADD<新属性名> <数据类型>[完整性约束]]
                    [DROP<完整性约束名>]
                    [ALTER COLUMN<属性名> <数据类型>];
```

其中：

- <表名>是要修改的基本表。
- ADD子句用于增加新属性和新的完整性约束条件。
- DROP子句用于删除指定的完整性约束条件。
- ALTER COLUMN子句用于修改原有属性的定义，包括修改属性名和数据类型。

【例3.7】向Student表增加"入学时间"属性，数据类型为日期型，SQL语句如下：

```
ALTER TABLE Student ADD S_entrance DATE;
```

无论基本表中原来是否已有数据，新增加的属性一律为空值。

【例3.8】将Student表中年龄的数值类型改为字符型，SQL语句如下：

```
ALTER TABLE Student ALTER COLUMN Sage CHAR(3);
```

【例3.9】为Course表增加课程名称，必须取唯一值的约束条件，SQL语句如下：

```
ALTER TAHLE Course ADD UNIQUE(Cname);
```

3. 基本表的删除

当某张基本表不再被需要时，可以使用DROP TARLE语句删除它。其一般格式为：

```
DROP TAHLE <表名> [RESTRICT | CASCADE];
```

若选择RESTRICT，则该表的删除是有限制条件的：欲删除的基本表不能被其他表的约束所引用（如CHECK、FOREIGN KEY等约束），不能有视图，不能有触发器，不能有存储过程或函数等。如果存在依赖该表的对象，此表就不能被删除。

若选择CASCADE，则该表的删除没有限制条件。在删除基本表的同时，相关的依赖对象（如视图）都将被一起删除。默认选择RESTRICT。

【例3.10】删除Student表，SQL语句如下：

```
DROP TABLE Student CASCADE;
```

基本表定义一旦被删除，不仅表中的数据和此表的定义将被删除，而且此表上建立的索引、视图、触发器等有关对象也都将被删除。因此，在执行删除基本表的操作时一定要格外小心。

【例3.11】若表上建有视图，则选择RESTRICT时不能删除表；选择CASCADE时可以删除表，且视图也自动被删除。

```
CREATE VIEW IS_Student                        /*在 Student表上建立视图*/
AS
SELECT Sno, Sname, Sage
FROM Student
WHERE Sdept = "IS";
DROP TABLE Student RESTRICT;                   /*删除Student表*/
    --ERROR: cannot drop table Student because other objects depend on it
            /*系统返回错误信息，存在依赖该表的对象，此表不能被删除*/
DROP TARLE Student CASCADE;                    /*删除Student表*/
    --NOTICE: drop cascades to view IS _Student
            /*系统返回提示，此表上的视图已被删除*/
SELECT *FROM IS_Student;
    --ERROR: relation"IS_ Student"does not exist
```

注意，虽然不同的数据库产品都遵循SQL标准，但在具体实现细节和处理策略上还是与SQL标准存在一定差别。

3.2.3 索引的建立与删除

建立索引是提高查询速度的有效方法。用户可以根据应用环境的需要在基本表上建立一个或多个索引，以提供多种存取路径，提高查询速度。

通常，建立与删除索引由数据库管理员或建表的人负责完成。系统在存取数据时会自动选择合适的索引作为存取路径，用户不必也不能显式地选择索引。

1. 建立索引

在SQL语言中，建立索引使用CREATE INDEX语句，一般格式为：

```
CREATE [UNIQUE][CLUSTER] INDEX <索引名>
ON <表名>(<属性名1>[<次序>][, <属性名2>[<次序>]]...);
```

其中：

- <表名>是要建索引的基本表的名字。索引可以建立在该表的一个或多个属性上，各个属性名之间用逗号分隔。每个<属性名>后面还可以用<次序>指定索引值的排列次序，可选择ASC（升序）或DESC（降序），默认值为ASC。
- UNIQUE表明此索引的每一个索引值只对应唯一的数据记录。
- CLUSTER表示要建立的索引是聚簇索引。所谓聚簇索引，是指索引项的顺序与表中记录的物理顺序一致的索引组织。

用户使用CREATE INDEX语句定义索引时，可以定义索引是唯一索引、非唯一索引或聚簇索引。

【例3.12】执行CREATE INDEX语句：

```
CREATE CLUSTER INDEX Stusname ON Student(Sname);
```

将在Student表的Sname（姓名）属性上建立一个聚簇索引，而且Student表中的记录将按Sname值的升序存放。

用户可以在最常查询的属性上建立聚簇索引，以提高查询效率。显然，一张基本表最多只能建立一个聚簇索引。建立聚簇索引后，更新该索引属性上的数据往往会导致表中记录的物理顺序发生变更，代价较大，因此对于经常需要更新的属性，不宜建立聚簇索引。

【例3.13】为学生－课程数据库中的Student、Course、SC三张表建立索引。其中，Student表按学号升序建唯一索引，Course表按课程号升序建唯一索引，SC表按学号升序和课程号降序建唯一索引。SQL语句如下：

```
CREATE UNIQUE INDEX Stusno ON Student(Sno);
CREATE UNIQUE INDEX Coucon ON Course(Cno);
CREATE UNIQUE INDEX SCno ON SC(Sno ASC, Cno DESC);
```

2. 删除索引

索引一经建立，就由系统使用和维护，不需要用户干预。建立索引是为了减少查询操作的时间，但是如果需要对数据不断地进行增加、删除和更改操作，系统就会花费许多时间来维护索引，导致查询效率降低。这时可以删除一些不必要的索引。

在SQL中，删除索引使用DRDR INDEX语句，一般格式为：

```
DROP INDEX(索引名);
```

【例3.14】删除Student表的Stusname索引，SQL语句如下：

```
DROP INDEX Stusname;
```

删除索引时，系统会同时从数据字典中删除有关该索引的描述。

3.3 数 据 查 询

在数据库中，数据查询操作是核心操作。SQL中的查询操作由SELECT语句完成，该语句具有使用灵活和功能丰富的特点。其一般格式为：

```
SELECT[All | DISTINICT]<属性表达式1>[别名1][,<属性表达式2>[别名2]]...
FROM <表名或视图名> [, <表名或视图名> ]...
[WHERE<条件表达式> ]
[GROUP BY<属性1>[HAVING<条件表达式> ] ]
[ORDER BY <属性2> [ ASC | DESC ] ];
```

其中：

- SELECT子句中的"属性表达式"指出要查找的属性或属性的表达式。查询结果按照属性表达式的顺序输出，通过别名的方式可以更改查询结果的属性名。参数ALL表示输出结果允许有相同的元组。DISTINICT表示在输出结果中，若有相同的元组，则只保留1个。默认值为ALL。
- FROM子句中的"表名或视图名"指出要查找的表或视图。
- WHERE子句中的"条件表达式"指出要查找的元组应满足的条件。
- GROUP BY子句的功能是将输出结果按"属性名1"进行分组，把该属性值相等的元组分为一个组。HAVING<条件表达式>短语的作用是仅输出满足该条件表达式的组。
- ORDER BY子句指出输出结果可以按"属性2"的值升序（ASC）或降序（DESC）排序。

SELECT语句可以进行单表查询，也可以对多表进行连接查询和嵌套查询。本节以学生－课程数据库为例，分别介绍SELCET语句对单表和多表的查询方法。

3.3.1 单表查询

1. SELECT-FROM语句的应用

用SELCET-FROM对单表进行查询时，语句可以简化为如下形式：

```
SELECT[All | DISTINICT]<属性表达式1>[别名1][,<属性表达式2>[别名2]]...
FROM <表名或视图名>;
```

【例3.15】对【例3.3】中的Student表进行如下查询：

- 查询全体学生的学号与姓名。
- 查询全体学生的姓名、学号、所在的院系。
- 查询全体学生的详细记录。

- 查询全体学生的姓名和出生年份。
- 查询全体学生的姓名、出生年份和所在的院系，并用小写字母表示所有系名。

要完成上述查询功能，可以分别使用如下SQL语句：

（1）查询全体学生的学号与姓名：

```
SELECT Sno, Sname
    FROM Student;
```

查询结果为：

Sno	Sname
20160001	李勇
20160002	刘晨
20160003	王敏
20160004	张立
20160005	刘阳露

该语句按Student表中的属性顺序输出Sno和Sname两个属性的值。语句执行过程为：首先从Student表中取出一个元组，然后取出该元组在属性Sno和Sname上的分量，形成一个新的元组作为输出结果。对Student表中的所有元组做相同的操作，最后形成一个查询结果关系作为输出。

（2）查询全体学生的姓名、学号、所在的院系：

```
SELECT Sname, Sno, Sdept
    FROM Student;
```

查询结果为：

Sname	Sno	Sdept
李勇	20160001	CS
刘晨	20160002	IS
王敏	20160003	MA
张立	20160004	IS
刘阳露	20160005	CS

查询结果按照SELECT语句中的属性顺序进行输出，即先输出姓名，再输出学号和所在系。

（3）查询全体学生的详细记录：

```
SELECT *
    FROM Student;
```

如果要原封不动地输出基本表，可以用*代替全部属性。

（4）查询全体学生的姓名和出生年份：

```
SELECT Sname, 2017-Sage    /*查询结果的第2列是一个算术表达式*/
    FROM Student;
```

查询结果为：

Sname	2017-Sage
李勇	1998
刘晨	1997
王敏	1999
张立	1998
刘阳露	2000

基本表只有年龄信息，没有出生年份信息，但用当前的年份减去年龄就能得到出生年份。此例说明，SELECT语句在对某一属性进行查询的同时，也可以对该属性进行运算，并输出运算后的结果，此时属性名为属性表达式。例如，2017-Sage为属性表达式，每个人的出生年份为它的值。

（5）查询全体学生的姓名、出生年份和所在的院系，并用小写字母表示所有系名：

```
SELECT Sname NAME, 2017-Sage BIRTHDAY, LOWER(Sdept) DEPARTMENT
    FROM Student;
```

查询结果为：

NAME	BIRTHDAY	DEPARTMENT
李勇	1998	cs
刘晨	1997	is
王敏	1999	ma
张立	1998	is
刘阳露	2000	cs

根据用户需求修改输出属性名的方法LOWER（属性名）是一个函数，它将该属性值中的所有大写字母都转换为小写字母。

2. SELECT-FROM-WHERE语句的应用

当要查询满足某些条件的元组时，需要用SELECT-FROM-WHERE语句。若用SELECT-FROM-WHERE语句对单表进行查询，则语句可简化为如下形式：

```
SELECT[All | DISTINICT]<属性表达式1>[别名1][, <属性表达式2>[别名2]]...
FROM <表名或视图名>
WHERE<条件表达式>;
```

其中，WHERE子句中的"条件表达式"可以是单个条件，也可以是多个条件。该语句的作用是：首先查找满足WHERE子句中"条件表达式"的元组，然后查找这些元组在SELECT子句中的"属性表达式"的分量，最后输出由这些分量组成的元组所构成的表。

WHERE子句常用的查询谓词如表3.4所示。

表 3.4　常用的查询谓词

查询条件	谓　　词
比较运算符	=、>、<、>=、<=、!=、<>、!>、!<、NOT+前面的比较运算符
确定范围	BETWEEN AND、NOT BETWEEN AND

（续表）

查询条件	谓　词
确定集合	IN、NOT IN
空值	IS NULL、IS NOT NULL
逻辑运算符	AND、OR、NOT
字符匹配	LIKE、NOT LIKE

下面介绍由谓词所表达的查询条件。

1）比较运算符

当要查询的元组的属性分量为与某个值进行比较时，可选择比较运算符表达查询条件。

【例3.16】对【例3.6】中的Student和SC表进行如下查询：

- 查询计算机科学系全体学生的名单。
- 查询年龄在20岁以下的所有学生的姓名及其年龄。
- 查询考试成绩不及格的学生的学号。

要完成上述查询功能，可以分别使用如下SQL语句：

（1）查询计算机科学系全体学生的名单：

```
SELECT Sname
    FROM Student
    WHERH Sdept= 'CS';
```

查询结果为：

Sname	Sdept
李勇	CS
刘阳露	CS

实际上此例是查询属性Sdept分量为CS的元组。

（2）查询年龄在20岁以下的所有学生的姓名及其年龄：

```
SELECT Sname, Sage
    FROM Student
    WHERE Sage<20;
```

查询结果为：

Sname	Sage
李勇	19
王敏	18
张立	19
刘阳露	17

实际上此例是查询属性Sage分量为小于20的元组。

（3）查询考试成绩不及格的学生的学号：

```
SELECT DISTINCT Sno
    FROM SC
    WHERE Grade<60;
```

查询结果为：

Sno
20160001

在此例中，由于使用了DISTINCT短语，因此尽管20160001号的学生有两科成绩不及格，但在查询结果中只显示1个20160001的学号。

2）确定范围

当要查询元组的属性分量介于（或不介于）两个值之间时，可以使用谓词 BETWEEN（或NOT BETWEEN）…AND表达查询条件。其中，BETWEEN后面的值是查询范围的低值，AND后的值是查询范围的高值。

【例3.17】对【例3.6】中的Student表进行如下查询：

- 查询年龄为19~23岁（包括19岁和23岁）的学生的姓名、系别和年龄。
- 查询年龄不是19~23岁的学生的姓名、系别和年龄。

要完成上述查询功能，可以分别使用如下SQL语句：

（1）查询年龄为19~23岁（包括19岁和23岁）的学生的姓名、系别和年龄：

```
SELECT Sname, Sdept, Sage
    FROM Student
    WHERE Sage BETWEEN 19 AND 23;
```

查询结果为：

Sname	Sdept	Sage
李勇	CS	19
刘晨	IS	20
张立	IS	19

（2）查询年龄不是19~23岁的学生的姓名、系别和年龄：

```
SELECT Sname, Sdept, Sage
    FROM Student
    WHERE Sage NOT BETWEEN 19 AND 23;
```

查询结果为：

Sname	Sdept	Sage
王敏	MA	18
刘阳露	CS	17

3）确定范围

当要查询元组的属性分量取（不取）域中的某几个值时，可以用谓词IN（NOT IN）或逻辑运算符表达查询条件。

【例3.18】对【例3.6】中的Student表进行如下查询：

- 查询计算机科学系（CS）和数学系（MA）的学生的姓名和性别。
- 查询既不是计算机科学系又不是数学系的学生的姓名和性别。

要完成上述查询功能，可以分别使用如下SQL语句：

（1）查询计算机科学系（CS）和数学系（MA）的学生的姓名和性别：

```
SELECT Sname, Ssex
    FROM Student
    WHERE Sdept IN('CS', 'MA');
```

等价形式为：

```
SELECT Sname, Ssex
FROM Student
WHERE Sdept='CS' OR Sdept=' MA';
```

查询结果为：

Sname	Ssex	Sdept
李勇	男	CS
王敏	女	MA
刘阳露	女	CS

当查询条件为同一属性取几个不同的值时，可用谓词IN或逻辑运算符OR表示查询条件。

（2）查询既不是计算机科学系又不是数学系的学生的姓名和性别：

```
SEEECT Sname, Ssex
    FROM Student
    WHERE Sdept NOT IN('CS', 'MA');
```

查询结果为：

Sname	Ssex	Sdept
刘晨	女	IS
张立	男	IS

4）空值

当要查询元组的属性分量为空（NULL）或不空（NOT NULL）时，可选择谓词IS NULL或IS NOT NULL表达查询条件。

【例3.19】对【例3.6】中的SC表进行如下查询：

- 查询所有缺考学生的学号和相应的课程号。
- 查询所有参加考试的学生的学号和相应的课程号。

要完成上述查询功能，可以分别使用如下SQL语句：

（1）查找所有缺考学生的学号和相应的课程号：

```
SELECT Sno, Cno
    FROM SC
    WHERE Grade IS NULL;        /*分数Grade是空值*/
```

查询结果为：

Sno	Cno
20160003	5

此例中，缺考的学生在SC选修课表中，成绩（Grade）的属性分量为NULL，此时只能用谓词IS NULL表达查询条件，而不能用"＝"代替。

（2）查找所有参加考试的学生的学号和相应的课程号：

```
SELECT Sno, Cno
    FROM SC
    WHERE Grade IS NOT NULL;
```

查询结果为：

Sno	Cno
20160001	1
20160001	2
20160001	3
20160002	2
20160002	3
20160004	2
20160004	4

此例中，参加考试的学生的成绩一定不为空，可以用谓词IS NOT NULL表述查询条件。

5）逻辑运算符

当WHERE子句的查询条件为多个时，可以用逻辑运算符AND和OR将它们连接起来。AND的优先级高于OR，但用户可以用圆括号改变优先级的次序。

【例3.20】使用【例3.6】中的Student表查询信息系年龄在20岁以下的学生的姓名，SQL语句如下：

```
SELECT Sname
FROM Student
WHERE Sdept= 'IS ' AND Sage <20;
```

查询结果为：

Sname
张立

此例中，查询的元组需要同时满足两个条件：一个是"信息系"，另一个是"年龄小于20岁"。此时用逻辑运算符AND将这两个属性不同的查询条件连接起来，用以表示多个查询条件。

6）字符匹配

当要查询元组的属性分量包含（不包含）某一字符串时，可选择LIKE（NOT LIKE）谓词表达查询条件。其一般语法格式如下：

```
WHERE <属性>[NOT] LIKE '<字符串>' [ESCAPE '<换码字符>']
```

该查询语句的含义是查找属性分量包含"字符串"的元组。其中，"字符串"可以包含通配符"％"和"_"。若查询的属性分量本身含有通配符"％"或"_"，则使用ESCAPE '<换码字符>'短语对通配符进行转义。"％"代表任意长度的字符串，"_"代表任意单个字符。例如，a％b表示以a开头，以b结尾的任意长度的字符串；a_b表示以a开头，以b结尾的长度为3的任意字符串。

【例3.21】对【例3.6】中的Student表进行如下查询：

- 查询所有姓刘的学生的姓名、学号和性别。
- 查询所有不姓刘的学生的姓名、学号和性别。
- 查询姓"张"且全名为两个汉字的学生的姓名。
- 查询名字中第2个字为"阳"的学生的姓名和学号。

要完成上述查询功能，可以分别使用如下SQL语句：

（1）查询所有姓刘的学生的姓名、学号和性别：

```
SELECT Sname, Sno, Ssex
    FROM  Student
    WHHRE Sname like '刘%';
```

查询结果为：

Sno	Sname	Ssex
20160002	刘晨	女
20160005	刘阳露	女

（2）查询所有不姓刘的学生的姓名、学号和性别：

```
SELECT Sname, Sno, Ssex
    FROM Student
    WHERE Sname NOT LIKE '刘%';
```

查询结果为：

Sno	Sname	Ssex
20160001	李勇	男
20160003	王敏	女
20160004	张立	男

（3）查询姓"张"且全名为两个汉字的学生的姓名：

```
SELECT Sname
    FROM Student
    WHERE Sname LIKE '张_';
```

查询结果为：

Sname
张立

（4）查询名字中第2个字为"阳"的学生的姓名和学号：

```
SELECT Sname, Sno
    FROM Student
    WHERE Sname LIKE '_阳%';
```

查询结果为：

Sname	Sno
刘阳露	20160005

【例3.22】对【例3.6】中的Course表进行如下查询：

- 查询程序设计语言_C的课程号和学分。
- 查询以"程序设计语言"开头的课程的详细情况。

要完成上述查询功能，可以分别使用如下SQL语句：

（1）查询程序设计语言_C的课程号和学分：

```
SELECT Cno, Ccredit
    FROM Course
    WHERE Cname LIKE '程序设计语言\_C ' ESCAPE '\';
```

此例中，ESCAPE'\'表示"\"为换码字符。在换码字符"\"后面的字符"_"不再具有通配符的含义，而转义为普通的"_"字符。

查询结果为：

Cno	Ccredit
7	4

（2）查询以"程序设计语言"开头的课程的详细情况：

```
SELECT *
    FROM Course
    WHERE Cname LIKE '程序设计语言\_% ' ESCAPE '\';
```

查询结果为：

Cno	Cname	Cpno	Ccredit
7	程序设计语言_C	6	4
8	程序设计语言_Pascal	6	3

此例中，在字符串"程序设计语言_%"中，"_"前面使用了换码字符"\"，所以"_"被转义为普通的"_"字符；"%"前面没有换码字符，所以它还表示通用字符。

3. SELECT-FROM-[WHERE]-GROUP BY 子句的应用

在介绍 GROUP BY 子句的查询功能之前，先介绍与之相关的聚集函数。在 SQL 中，提供聚集函数的目的是增强检索功能。常用的聚集函数有如下 6 个：

- 统计元组个数：COUNT（[DISTINCT | ALL]*）。
- 统计一列中值的个数：COUNT（[DISTINCT | ALL] <属性名>）。
- 计算一列数值型分量的总和：SUM（[DISTINCT | ALL] <属性名>）。
- 计算一列数值型分量的平均值：AVG（[DISTINCT | ALL]<属性名>）。
- 求一列值中的最大值：MAX（[DISTINCT | ALL] <属性名>）。
- 求一列值中的最小值：MIN（[DISTINCT | ALL] <属性名>）。

【例3.23】对【例3.6】中的 Student 和 SC 表进行如下查询：

- 查询学生总人数。
- 查询选修了课程的学生人数。
- 计算选修了3号课程的学生的平均成绩。
- 查询选修了3号课程的学生的最高分数。

要完成上述查询功能，可以分别使用如下 SQL 语句：

（1）查询学生总人数：

```
SELECT COUNT(*)
    FROM Student;
```

查询结果为：

COUNT（*）
5

（2）查询选修了课程的学生人数：

```
SELECT COUNT(DISTINCT Sno)
    FROM SC;
```

查询结果为：

COUNT（DISTINCT Sno）
4

此例中，学生每选修一门课，在 SC 中都有一条相应的记录。一个学生可能选修了多门课程，为避免重复计算学生人数，必须在 COUNT 函数中用 DISTINCT 短语。

（3）计算选修了3号课程的学生的平均成绩：

```
SELECT AVG(Grade)
    FROM  SC
    WHERE Cno='3';
```

查询结果为：

AVG（Grade）
69

（4）查询选修了3号课程的学生的最高分数：

```sql
SELECT MAX(Grade)
    FROM SC
    WHERE Cno='3';
```

查询结果为：

MAX（Grade）
80

GROUP BY子句将查询结果按某一属性或多个属性的分量进行分组，分量相等的为一组。对查询结果分组是为了细化聚集函数的作用对象。如果未对查询结果分组，聚集函数就会作用于整个查询结果。分组后，聚集函数将作用于每一个组，即每一组都有一个函数值。

当聚集函数遇到空值时，除COUNT（*）外，都跳过空值而只处理非空值。

【例3.24】对【例3.6】中的Student和SC表进行如下查询：

- 求各个课程号及相关的选课人数。
- 查询选修了两门以上课程的学生的学号。

要完成上述查询功能，可以分别使用如下SQL语句：

（1）求各个课程号及相关的选课人数：

```sql
SELECT Cno, COUNT(Sno)
    FROM SC
    GROUP BY Cno;
```

查询结果为：

Cno	COUNT（Sno）
1	1
2	3
3	2
4	1
5	1

该语句对查询结果按Cno的值分组，所有具有相同Cno值的元组为一组，然后对每一组使用聚集函数COUNT进行计算，以求得该组的学生人数。

（2）查询选修了两门以上课程的学生的学号：

```sql
SELECT Sno
    FROM SC
    GROUP BY Sno
    HAVING COUNT(*) > 3;
```

查询结果为:

Sno
20160001

此例先用CROUP BY子句按Sno进行分组,再用聚集函数COUNT求每一组中元组的个数。HAVING短语给出了选择组的条件,即只有满足元组个数大于2的组才能被选择出来。

WHERE子句与HAVING短语的区别在于作用对象不同:WHERE子句作用于基本表或视图,从中选择满足条件的元组;HAVING短语作用于组,从中选择满足条件的组。

4. SELECT-FROM-[WHERE]-ORDER BY子句的应用

ORDER BY子句的作用是将查询结果按照ORDER BY子句中"属性1"的分量进行升序(ASC)或降序(DESC)排列。当"属性1"分量相同时,可按照"属性2"的分量进行升序(ASC)或降序(DESC)排列,以此类推。默认值为升序。

【例3.25】对【例3.6】中的Student和SC表进行如下查询:

- 查询选修了3号课程的学生的学号及其成绩,查询结果按分数降序排列。
- 查询全体学生的情况,查询结果按所在系的系号升序排列,同一系中的学生按年龄降序排列。

要完成上述查询功能,可以分别使用如下SQL语句:

(1)查询选修了3号课程的学生的学号及其成绩,查询结果按分数降序排列:

```
SELECT Sno, Grade
    FROM SC
    WHERE Cno='3'
    ORDER BY Grade DESC;
```

查询结果为:

Sno	Grade
20160001	80
20160002	58

对于空值,排序时显示的次序是由具体系统实现来决定的。例如,若按升序排序,则含空值的元组最后显示;若按降序排序,则含空值的元组最先显示。各个系统的实现可以不同,只要保持一致就行。

(2)查询全体学生的情况,查询结果按所在系的系号升序排列,同一系中的学生按年龄降序排列:

```
SELECT *
    FROM Student
    ORDER BY Sdept, Sage DESC;
```

查询结果为：

Sno	Sname	Ssex	Sage	Sdept
20160001	李勇	男	19	CS
20160005	刘阳露	女	17	CS
20160002	刘晨	女	20	IS
20160004	张立	男	19	IS
20160003	王敏	女	18	MA

以上介绍了常用谓词的简单查询表达条件。有时一个查询的表达条件是另一个查询的结果，此时需要用嵌套结构进行查询。

在SQL中，一个SELECT-FROM-WHERE语句称为一个查询块。将一个查询块嵌套在另一个查询块的WHERE子句或HAVING短语的条件中的查询，称为嵌套查询。

嵌套查询是用多个简单查询构成的复杂查询。上层的查询块称为外层查询或父查询，下层的查询块称为内层查询或子查询。SQL允许多层嵌套查询，即一个子查询中还可以嵌套其他子查询。在此仅给出嵌套查询在单表中的一个应用实例，更多的嵌套查询内容将在3.3.2节中介绍。

【例3.26】从【例3.6】的Student表中查询与"刘晨"在同一个系学习的学生。

嵌套查询语句为：

```
SELECT Sno, Sname, Sdept
FHOM Student
WHERE Sdept IN
      (SELECT Sdept
       FHOM Student
       WHERE Sname='刘晨');
```

查询结果为：

Sno	Sname	Sdept
200215127	刘晨	IS
200215122	张立	IS

此实例中，下层查询块SELECT-FROM-WHERE Sname='刘晨'嵌套在上层查询块SELECT Sno, Sname, Sdept- FHOM Student-WHERE Sdept IN的WHERE条件中。首先查询"刘晨"所在的系，查询结果为IS；然后查询所有在IS系学习的学生，即将第一步查询的结果IS作为第二步查询的条件，故可将第一步查询嵌入第二步查询的条件中，构成嵌套查询。

3.3.2　多表查询

多表查询指一个查询同时涉及两张以上的表。多表查询通常由连接查询和嵌套查询来实现。

1. 连接查询

连接查询指由连接运算符表达连接条件的查询，是关系数据库中最主要的查询。按照连接运算符的分类，可以将连接查询分为等值连接查询和非等值连接查询。等值连接查询又可分为自然连接查询和外连接查询。连接运算符可以连接两张或两张以上的表，连接的这些表可以相同，也可以不同。下面通过示例来讲解连接查询的应用。

【例3.27】对【例3.6】中的Student、Course和SC表进行如下查询：

- 查询每个学生及其选修课程的情况。
- 查询每一门课程的间接先修课（即先修课的先修课）。
- 查询选修了2号课程且成绩在90分以上的所有学生。
- 查询每个学生的学号、姓名、选修的课程名及成绩。

要完成上述查询功能，可以分别使用如下SQL语句：

（1）查询每个学生及其选修课程的情况：

由于学生的基本信息存放在Student表中，学生选课信息存放在SC表中，因此查询每个学生及其选修课程的情况实际上涉及Student与SC两张表。又因为这两张表都有共同的学号（Sno）属性，所以可以直接进行连接查询。这是两张不同表的连接查询，可用的查询方法有等值连接查询、自然连接查询和外连接查询。使用不同的查询方法所得到的查询结果也会略微不同。

等值连接的查询语句为：

```
SELECT Student. *, SC .*
FROM Student, SC
WHERE Student.Sno=SC.Sno;
```

查询结果为：

Student.Sno	Sname	Ssex	Sage	Sdept	SC.Sno	Cno	Grade
20160001	李勇	男	19	CS	20160001	1	52
20160001	李勇	男	19	CS	20160001	2	85
20160001	李勇	男	19	CS	20160001	3	58
20160002	刘晨	女	20	IS	20160002	2	90
20160002	刘晨	女	20	IS	20160002	3	80
20160003	王敏	女	18	MA	20160003	5	NULL
20160004	张立	男	19	IS	20160004	2	95
20160004	张立	男	19	IS	20160004	4	60

自然连接的查询语句为：

```
SELECT Stuent.Sno, Sname, Ssex, Sage, Sdept, Cno, Grade
FROM Studen, SC
WHERE Student.Sno=SC.Sno
```

查询结果为：

Student.Sno	Sname	Ssex	Sage	Sdept	Cno	Grade
20160001	李勇	男	19	CS	1	52
20160001	李勇	男	19	CS	2	85
20160001	李勇	男	19	CS	3	58
20160002	刘晨	女	20	IS	2	90
20160002	刘晨	女	20	IS	3	80
20160003	王敏	女	18	MA	5	NULL
20160004	张立	男	19	IS	2	95
20160004	张立	男	19	IS	4	60

外连接的查询语句为：

```
SELECT Student.Sno, Sname, Ssex, Sage, Sdept, Cno, Grade
FROM Student  LEFT OUT JOFN SC ON(Student. Sno=SC.Sno);
```

查询结果为：

Student.Sno	Sname	Ssex	Sage	Sdept	Cno	Grade
20160001	李勇	男	19	CS	1	52
20160001	李勇	男	19	CS	2	85
20160001	李勇	男	19	CS	3	58
20160002	刘晨	女	20	IS	2	90
20160002	刘晨	女	20	IS	3	80
20160003	王敏	女	18	MA	5	NULL
20160004	张立	男	19	IS	2	95
20160004	张立	男	19	IS	4	60
20160005	刘阳露	女	17	CS	NULL	NULL

从以上示例中可以看出，等值连接和自然连接的查询结果只包含Student表中已选课程的学生信息，外连接的查询结果为Student表中所有学生的信息。同时，自然连接和外连接的SELECT子句消除了重复的属性。

需要说明的是，当一个属性同时在多张表中存在时，引用该属性就必须在属性前加上表名前缀，以避免产生混淆。例如，属性Sno在Student表与SC表中都存在，因此引用时必须加上表名前缀，即Student.Sno和SC.Sno，以区分Sno是哪张表的属性。当属性只在1张表中，不需要区分时，就不用加表名前缀。例如，本例中的属性Sname、Sage、Ssex、Sdept、Cno和Grade只在Student表或SC表中，因此可以直接引用。

（2）查询一门课程的间接先修课，实际上是查找这门课程先修课的先修课。课程的先修课信息存放在Course表中，而Course表中只存放每门课程的直接先修课程信息，而没有先修课的先修课。要得到这个信息，必须先对一门课程找到其先修课，再按此先修课的课程号，查找它的先修课程。这就要将Course表与其自身进行连接。为此，要为Course表取两个别名：一个是FIRST，如表3.5所示；另一个是SECOND，如表3.6所示。

表 3.5　FIRST 表（Course 表）

Cno	Cname	Cpno	Ccredit
1	数据库	5	4
2	数学	NULL	2
3	信息系统	1	4
4	操作系统	6	3
5	数据结构	7	4
6	数据处理	NULL	2
7	程序设计语言_C	6	4
8	程序设计语言_Pascal	6	3

表 3.6　SECOND 表（Course 表）

Cno	Cname	Cpno	Ccredit
1	数据库	5	4
2	数学	NULL	2
3	信息系统	1	4
4	操作系统	6	3
5	数据结构	7	4
6	数据处理	NULL	2
7	程序设计语言_C	6	4
8	程序设计语言_Pascal	6	3

完成该查询的语句为：

```
SELECT FIRST .Cno, SECOND.Cpno
FROM Course FIRST, Course SECOND
WHERE FIRST.Cpno =SECOND.Cno;
```

查询结果为：

Cno	COUNT(Sno)
1	7
3	5
5	6

（3）查询选修了2门课程且成绩在90分以上的所有学生：

```
SELECT Student.Sno, Sname
   FROM Student, SC
   WHERE Student. Sno=SC. Sno AND SC.Cno='2' AND SC. Grade＞90
```

查询结果为：

Student.Sno	Sname
20160002	张立

此例中，WHERE子句包含3个查询条件，即一个等值连接和两个比较运算，这种由多个查询条件构成的连接称为复合条件连接。

该查询的一种优化（高效）的执行过程是先从SC中挑选出Cno =' 2'并且Crade > 90的元组，形成一个中间关系，再和Student中满足连接条件的元组进行连接，得到最终的结果关系。

（4）查询每个学生的学号、姓名、选修的课程名及成绩：

由于学生的学号、姓名、选修的课程名及成绩分别在Student表、Course表和SC表中，因此查询每个学生的学号、姓名、选修的课程名及成绩是3张表的查询。具体查询语句为：

```
SELECT Student.Sno, Sname, Cname, Grade
FROM student, SC, Course
WHERE Student. Sno =SC. Sno AND SC. Cno=Course.Cno;
```

从上述的示例可知，连接操作可以是两表连接、一张表的自身连接，还可以是两张以上表的连接。通常把两张以上表的连接称为多表连接。

2. 嵌套查询

在单表查询中简单介绍了嵌套查询的基本方法，下面重点介绍嵌套查询在多表查询中的应用。在嵌套查询中，如果子查询的查询条件不依赖于父查询，那么这类子查询就称为不相关子查询。如果子查询的查询条件依赖于父查询，那么这类子查询就称为相关子查询，整个查询语句称为相关嵌套查询语句。不相关子查询是较简单的一类子查询，相关子查询则是相对复杂的查询。

当子查询的结果是一个集合时，外查询的谓词通常用IN；当子查询的结果是一个值时，外查询的谓词通常用"比较运算符"或"比较运算符"＋ANY（ALL，SOME）等。下面给出各种查询的示例。

【例3.28】对【例3.6】中的Student、Course和SC表进行如下查询：

- 查询选修了课程名为"信息系统"的学生的学号和姓名。
- 查询与"刘晨"在同一个系学习的学生。
- 找出每个学生超过其选修课程平均成绩的课程号。

要完成上述功能，分别使用下面的查询语句：

（1）查询选修了课程名为"信息系统"的学生的学号和姓名：

本查询涉及学号、姓名和课程名3个属性。学号和姓名存放在Student表中，课程名存放在Course表中，但Student与Course之间没有直接联系，必须通过SC表建立它们二者之间的联系。所以本查询实际上涉及3个关系，查询语句如下：

```
SELECT Sno,Sname
    FROM Student
```

```
WHERE Sno IN
      (SELECT Sno
       FROM SC
       WHERE Cno IN
             (SELECT Cno
              FROM Course
              WHERE Cname='信息系统'
              )
      );
```

查询结果为：

Sno	Sname
20160001	李勇
20160002	刘晨

查询过程为：首先在Course关系中找出"信息系统"的课程号，结果为3号；然后在SC关系中找出选修了3号课程的学生学号；最后在Student关系中取出Sno和Sname。该查询使用IN子查询语句。

本查询还可以用连接查询实现，具体语句如下：

```
SELECIT Student.Sno, Sname
FROM Student, SC, Course
WHERE Student.Sno=SC.Sno AND
    SC.Cno = Course.Cno AND
    Course.Cname='信息系统';
```

从此例可以看到，当查询涉及多个关系时，用嵌套查询逐步求解层次清楚、易于构造，具有结构化程序设计的优点。该嵌套查询为不相关子查询，且可以用连接查询代替。对于可以用连接查询代替嵌套查询的查询，用户可以根据自己的习惯确定采用哪种方法。当然，不是所有嵌套查询都可以用连接代替。

（2）查询与"刘晨"在同一个系学习的学生：

```
SELECT Sno, Sname, Sdept
   FHOM Student
   WHERE Sdept =
        (SELECT Sdept
         FHOM Student
         WHERE Sname='刘晨');
```

查询结果为：

Sno	Sname	Sdept
200160002	刘晨	IS
20160004	张立	IS

在此例中，由于一个学生只可能在一个系学习，也就是说内查询的结果只能是一个值，因此可以用"="取代IN。

另外，本查询还可以用连接查询实现，具体语句如下：

```
SELECT S1.Sno, S1.Sname, S1.Sdept
FROM  Student S1, Student S2
WHERE S1.Sdept = S2.Sdept AND S2.Sname='刘晨';
```

（3）找出每个学生超过其选修课程平均成绩的课程号：

本查询是带有比较运算符"＞"的相关子查询，具体语句如下：

```
SELECT Sno, Cno
    FROM SC x
    WHERE Grade >(SELECT AVG(Grade)       /*某学生的平均成绩*/
                  FROM SC y
                  WHERE y.Sno=x.Sno);
```

查询结果为：

Sno	Cno	Grade
20160001	2	85
20160001	3	58
20160002	2	90
20160004	2	95

其中，x是表SC的别名，又称为元组变量，可以用来表示SC的一个元组。内层查询是求一个学生所有选修课程的平均成绩，值唯一。至于是哪个学生的平均成绩，要看参数x.Sno的值，而该值与父查询的值相关，因此是带有比较运算符"＞"的相关子查询。

示例语句的一种可能的执行过程是：

步骤01 从外层查询中取出SC的一个元组x，将元组x的Sno值（20160001）传递给内层查询：

```
SELECT AVG(Grade)
    FROM SC y
    WHERE y. Sno='20160001';
```

步骤02 执行内层查询，得到查询结果65，用该值代替内层查询，得到外层查询：

```
SELECT Sno, Cno
    FROM SC x
    WHERE Grade >=65;
```

步骤03 执行这个查询，得到查询结果（20160001，2）和（20160001，3）。

步骤04 然后外层查询取出下一个元组，重复**步骤03**，直到外层的SC元组全部处理完毕为止。

求解相关子查询不能像求解不相关子查询那样一次就将子查询求解出来，然后求解父查询，由于内层查询与外层查询有关，因此必须反复求值。

【例3.29】对【例3.6】中的Student、Course和SC表进行如下查询：

- 查询其他系中比信息系某一学生年龄小的学生的姓名和年龄。
- 查询其他系中比信息系所有学生年龄都小的学生的姓名和年龄。

要完成上述功能，可以分别使用下面的查询语句：

（1）查询其他系中比信息系某一学生年龄小的学生的姓名和年龄：

```
SELECT Sname, Sage
    FROM Student
    WHERE Sage<ANY(SELECT Sage
                    FROM Student
                    WHERE Sdept = 'CS')
        AND Sdept < > 'CS';       /*注意这是父查询块中的条件*/
```

查询结果如下：

Sname	Sage
李勇	19
王敏	18
刘阳露	17

RDRMS执行此查询时，首先处理子查询，找出IS系中所有学生的年龄，构成一个集合（20,19）；然后处理父查询，找出所有不是IS系且年龄小于20或19岁的学生。

本查询也可以用聚集函数实现：首先用子查询找出IS系中最大的年龄（20），然后在父查询中查所有非IS系且年龄小于20岁的学生。具体语句如下：

```
SELECT Sname, Sage
    FROM Student
    WHERE Sage<
            (SELECT MAX(Sage)
             FROM Student
             WHERE Sdept='IS')
        AND Sdept < >'IS';
```

（2）查询其他系中比信息系所有学生年龄都小的学生的姓名和年龄：

```
SELECT Sname, Ssge
    FROM Student
    WHERE Sage<ALL
                (SELECT Sage
                 FROM Student
                 WHERE Sdept='CS')
        AND Sdept < >'CS';
```

RDBMS执行此查询时,首先处理子查询,找出IS系中所有学生的年龄,构成一个集合(20, 19)；然后处理父查询，找所有不是IS系且年龄小于19岁的学生。查询结果为：

Sname	Sage
王敏	18
刘阳露	17

本查询同样可以用聚集函数实现，具体语句如下：

```
SELECT Sname, Sage
    FROM Student
    WHERE Sage<
            (SELECT MIN(Sage)
              FROM Student
                WHERE Sdept='IS')
          AND Sdept<>'IS';
```

事实上，用聚集函数实现的子查询通常比直接用ANY或ALL的查询效率要高。ANY、ALL与聚集函数的对应关系如表3.7所示。

表 3.7　ANY、ALL 与聚集函数的对应关系

	=	<>或!=	<	<=	>	>=
ANY	IN	--	< MAX	<= MAX	> MIN	>= MIN
ALL	--	NOT IN	< MIN	<= MIN	> MAX	>= MAX

在表3.7中，=ANY等价于IN谓词，<ANY等价于<MAX，<>ALL等价于NOT IN谓词，<ALL等价于<MIN等。

3. 集合查询

SELECT语句的查询结果是元组的集合，所以多个SELECT语句的结果可进行集合操作。集合操作主要包括并操作（UNION）、交操作（INTERSECT）和差操作（EXCEPT）。

> 注意　参加集合操作的各查询结果的列数必须相同，对应项的数据类型也必须相同。

【例3.30】对【例3.6】中的Student、Course和SC表进行如下查询：

- 查询计算机科学系的学生及年龄不大于19岁的学生。
- 查询计算机科学系的学生与年龄不大于19岁的学生的交集。
- 查询计算机科学系的学生与年龄不大于19岁的学生的差集。
- 查询选修了课程1或选修了课程2的学生。
- 查询既选修了课程1又选修了课程2的学生。

要完成上述功能，可以分别使用下面的查询语句。

（1）查询计算机科学系的学生及年龄不大于19岁的学生：

```
SELECT *
    FROM Student
    WHERE Sdept='CS'
    UNION
    SELECT *
    FROM Student
    WHERE Sage < '9' ;
```

查询结果为：

Sno	Sname	Ssex	Sage	Sdept
20160001	李勇	男	19	CS
20160003	王敏	女	18	MA
20160004	张立	男	19	IS
20160005	刘阳露	女	17	CS

本查询实际上是求计算机科学系的所有学生与年龄不大于19岁的学生的并集。使用UNION将多个查询结果合并起来时，系统会自动去掉重复元组。如果要保留重复元组，就用UNION ALL操作符。

（2）查询计算机科学系的学生与年龄不大于19岁的学生的交集：

```
SELECT *
    FROM Student
    WHERE Sdept='CS'
    INTERSECT
    SELECT*
    FROM Student
    WHERE Sage <=19;
```

查询结果为：

Sno	Sname	Ssex	Sage	Sdept
20160001	李勇	男	19	CS
20160005	刘阳露	女	17	CS

这实际上就是查询计算机科学系中年龄不大于19岁的学生。也可以写成如下查询语句：

```
SELECT*
    FROM Student
    WHERE Sdept='CS' AND Sage <=19;
```

（3）查询计算机科学系的学生与年龄不大于19岁的学生的差集：

```
SELECT *
    FROM Student
    WHERE Sdepr='CS'
    EXCEPT
    SELECT *
    FROM Student
    WHERE Sage<=19;
```

也就是查询计算机科学系中年龄大于19岁的学生，也可以写成如下查询语句：

```
SELECT*
    FROM Student
    WHERE Sdept='CS' AND Sage > '19'
```

查询结果为：空集。

（4）查询选修了课程1或选修了课程2的学生，就是查询选修了课程1的学生集合与选修了课程2的学生集合的并集：

```
SELECT Sno
    FROM SC
    WHERE Cno='1'
    UNIUN
    SELECT Sno
    FROM SC
    WHERE Cno='2' ;
```

查询结果为：

Sno
20160001
20160002
20160004

（5）查询既选修了课程1又选修了课程2的学生，就是查询选修了课程1的学生集合与选修了课程2的学生集合的交集：

```
SELECT Sno
    FROM SC
    WHERE Cno='1'
    INTERSECT
    SELECT Sno
    FROM SC
    WHERE Cno='2' ;
```

也可以表示为：

```
SELECT Sno
    FROM SC
    WHERE Cno='1' AND Sno IN
                    (SELECT Sno
                     FROM SC
                     WHERE Cno='2');
```

3.4 数 据 更 新

数据更新有3种操作，即向表中插入若干行数据、修改表中的数据和删除表中若干行数据。在SQL中有对应的3类语句，即INSERT语句、UPDATE语句和DELETE语句。下面一一进行介绍。

3.4.1 插入数据

SQL的数据插入语句INSERT通常有两种形式，一种是插入一个元组，另一种是插入子查询结果。后者可以一次性插入多个元组。

1. 插入元组

插入元组的INSERT语句的格式如下：

```
INSERT
INTO <表名>[(<属性列1>[,<属比列2>]...)]
VALUES(<常量1>[,<常量2>]...);
```

其功能是将新元组插入指定表中。其中，新元组的属性列1的值为常量1，属性列2的值为常量2…对于INTO子句中没有出现的属性列，新元组在这些列上将取空值。注意，在定义表时必须说明NOT NULL的属性列不能取空值，否则会出错。

如果INTO子句中没有指明任何属性列名，那么新插入的元组就必须在每个属性列上都有值。

【例3.31】将一个新学生元组（学号：20160008；姓名：陈冬；性别：男；所在系：IS；年龄：18岁）插入【例3.6】的Student表中，SQL语句如下：

```
INSERT
INTO Student(Sno, Sname, Ssex, Sdept, Sage)
VALUES('20160008', '陈冬', '男', ' IS', 18);
```

在INTO子句中指出了表名Student，还指出了新增加的元组在哪些属性上要赋值，属性的顺序可以与CREATE TABLE中的顺序不一样。VALUES子句对新元组的各个属性赋值，字符串常量要用单引号（英文符号）引起来。

这个插入语句也可以写成如下形式：

```
INSERT
    INTO Student
    VALUES ('20160008', '陈冬', '男', 18, 'IS');
```

在这种表示法中，INTO子句中只指出了表名，没有指出属性名，表示新元组要在表的所有属性列上都指定值，属性列的次序与CREATE TABLE中的次序相同。VALUES子句对新元组的各个属性列赋值时，一定要注意值与属性列要一一对应，否则将会出错。

【例3.32】在【例3.6】的SC表中插入一条选课记录（'200215128', '1'），SQL语句如下：

```
INSERT
    INTO SC(Sno, Cno)
    VALUES('20160008', '1');
```

RDBMS将在新插入记录的Grade列上自动地赋空值。也可以写成如下形式：

```
INSERT
    INTO SC
    VALUES('20160008', '1', NULL);
```

因为没有指出SC的属性名，所以在Grade列上要明确给出空值。

2. 插入子查询结果

子查询不仅可以嵌套在SELECT语句中用以构造父查询的条件，还可以嵌套在INSERT语句中用以生成要插入的批量数据。

插入子查询结果的INSERT语句的格式如下：

```
INSERT
    INTO<表名> [(<属性名1> [, <属性名2>]...)]
    子查询;
```

【例3.33】在【例3.6】中Student表中，对每一个系求学生的平均年龄，并把结果存入数据库。

首先，在数据库中建立一张新表，其中一列存放系名，另一列存放相应的学生平均年龄。

```
CREATE TABLE Dept_age
    (Sdept CHAR(15)
      Avg_age SMALLINT);
```

然后，对Student表按系分组求平均年龄，再把系名和平均年龄存入新表中，具体语句如下：

```
INSERT
    INTO Dept _age(Sdept, Avg_age)
    SELECT Sdept, AVG(Sage)
    FROM Student
    GROUP BY Sdept;
```

3.4.2　修改数据

修改数据的操作又称为更新操作，语句的一般格式如下：

```
UPDATE<表名>
SET<属性1>=<表达式1> [, <属性2>=<表达式2>]...
    [WHERE<条件>];
```

UPDATE语句的功能是修改指定表中满足WHERE子句条件的元组。其中，SET子句给出<表达式>的值，用于取代相应的属性列值。如果省略WHERE子句，就表示要修改表中的所有元组。 UPDATE语句可以修改一个值、多个值或子查询语句的值。

【例3.34】对【例3.6】的Student表进行如下修改：

- 把学号为20160001的学生的年龄改为22岁。
- 把表中所有学生的年龄增加1岁。
- 把表中计算机科学系全体学生的成绩置零。

要完成上述功能，可以分别使用下面的修改语句。

（1）把学号为20160001的学生的年龄改为22岁：

```
UPDATE Student
    SET Sage = 22
    WHERE Sno ='20160001' ;
```

此例修改了一个元组的值。

（2）把表中所有学生的年龄增加1岁：

```
UPDATE Student
    SET Sage=Sage+1;
```

此例修改了表中所有的元组值。

（3）把表中计算机科学系全体学生的成绩置零：

```
UPDATE SC
    SET Grade=0
    WHERE 'CS'=
            (SELETE Sdept
             FROM Student
             WHERE Student.Sno=SC.Sno);
```

此例子查询嵌套在UPDATE语句中，用以构造修改的条件。

3.4.3　删除数据

删除数据语句的一般格式如下：

```
DELETE
FROM<表名>
[WHERE<条件>];
```

DELETE语句的功能是从指定表中删除满足WHERE子句条件的所有元组。如果省略WHERE子句，就表示删除表中全部元组，但表的定义仍在字典中。也就是说，DELETE语句删除的是表中的数据，而不是表的定义。DELETE可以删除一个或多个元组的值，也可以删除带子查询语句的值。

【例3.35】对【例3.6】的Student表和SC表做如下删除操作：

- 删除学号为20160008的学生信息。
- 删除SC表中所有学生的选课信息。
- 删除计算机科学系所有学生的选课信息。

要完成上述功能，可以分别使用下面的删除语句。

（1）删除学号为20160008的学生信息：

```
DELETE
    FROM Student
    WHERE Sno='20160008';
```

此例只删除了一个元组的值。

（2）删除SC表中所有学生的选课信息：

```
DELETE
    FROM SC;
```

此例删除了SC表中所有元组的值，导致SC表成为空表。

（3）删除计算机科学系所有学生的选课信息：

```
DELETE
    FROM SC
    WHERE 'CS' =
            (SELETE Sdept
             FROM Student
             WHERE Student. Sno= SC. Sno);
```

此例表示子查询同样可以嵌套在DELETE语句中，用以构造执行删除操作的条件。

3.5 视 图

视图是从一张或几张基本表（或视图）导出的虚表。视图之所以称为虚表，是因为数据库只存放视图的定义，而不存放视图对应的数据，视图中的数据仍存放在原来的基本表中。当基本表中的数据发生变化时，从视图中查询出的数据也随之变化。从这个意义上讲，视图就像一个窗口，透过它可以看到数据库中的数据及其变化。

视图具有与基本表一样的功能，可以对它进行查询、删除操作，也可以从一个视图导出新的视图，但对视图的更新（增、删、改）操作有一定的限制。本节主要讨论视图的定义和对视图的操作。

3.5.1 定义视图

1. 建立视图

在SQL中，用CREATE VIEW命令建立视图，一般格式为：

```
CREATE  VIEW<视图名 > [(<属性名1> [, <属性名2>]...)]
    AS<子查询>
    [WITH CHECK OPTION];
```

其中：

- 视图的属性名要么全部省略，要么全部指定。当视图的属性名全部省略时，隐含视图的属性名与子查询SELECT语句的属性名相同。但若是下列3种情况，则必须明确指定视图的所有属性名。
    - ◆ SELECT语句的某个属性名是聚集函数或列表达式。
    - ◆ 多表连接时选出了几个同名属性作为视图的属性。
    - ◆ 需要在视图中为某个属性定义新的更合适的名字。
- AS子查询语句可以是任意SELECT语句，但通常不允许含有ORDER BY子句和DISTINCT短语。
- WITH CHECK OPTION表示对视图进行更新、插入或删除操作时，满足视图定义中的子查询条件表达式。

视图可以从一张或多张基本表导出，也可以从视图中导出。下面给出一些具体示例。

【例3.36】对【例3.6】的Student表建立如下视图：

- 建立信息系学生的视图。
- 建立信息系学生的视图，并要求对视图进行修改和插入操作时仍保证该视图只有信息系的学生。

要完成上述功能，可以使用下面的SQL语句。

（1）建立信息系学生的视图：

```
CREATE VIEW IS_ Student
    AS
    SELECT Sno, Sname, Sage
    FROM Student
    WHERE Sdept='IS';
```

此例中，视图IS_ Student省略了属性名，隐含的属性由子查询中SELECT子句中的3个属性组成。

RDBMS执行CREATE VIEW语句的结果，只是把视图的定义存入数据字典，并不执行其中的SELECT语句。只有在对视图进行查询时，才按视图的定义从基本表中查出数据。

（2）建立信息系学生的视图，并要求对视图进行修改和插入操作时仍保证该视图只有信息系的学生：

```
CREATE VIEW IS_ Student
    AS
    SELECT Sno, Sname, Sage
    FROM Student
    WHERE Sdept ='IS'
    WITH CHECK OPTION;
```

此例中，在定义IS_ Student视图时，带有WITH CHECK OPTION子句，表示以后对该视图进行插入、修改和删除操作时，RDRMS会自动加上Sdept='IS'的条件。

如果一个视图从单张基本表中导出，并且只是去掉基本表中的某些行和不是主码的某些列，就称这类视图为行列子集视图。IS_ Student视图就是一个行列子集视图。

【例3.37】对【例3.6】的Student表和SC表建立如下视图：

- 建立信息系中选修了1号课程的学生的视图。
- 建立信息系中选修了1号课程且成绩在90分以上的学生的视图。

要完成上述功能，可以使用下面的SQL语句。

（1）建立信息系中选修了1号课程的学生的视图：

```
CREATE VIEW IS_S1(Sno, Sname, Grade)
    AS
    SELEICT Student.Sno, Sname.Grade
    FROM Student, SC
```

```
WHERE Sdept='IS' AND
        Student. Sno=SC. Sno AND
        SC.Cno='1';
```

此例视图IS_S1从Student和SC两张基本表中导出。由于视图IS_S1的属性中包含Student表与SC表同名的属性Sno，因此必须在视图名后定义视图的各个属性。

（2）建立信息系中选修了1号课程且成绩在90分以上的学生的视图：

```
CHEATS VIEW IS_S2
    AS
    SELECT Sno, Sname, Grade
    FROM IS_S1
    WHERE Grade>=90;
```

此例的视图IS _S2是从视图IS_S1中导出的。

【例3.38】对【例3.6】的Student表建立一个反映学生出生年份的视图，SQL语句如下：

```
CREATE VIEW BT_S(Sno, Sname, Sbirth)
    AS
    SELECT Sno, Sname, 2016-Sage
    FROM Student;
```

在BT_S视图中，元组在出生年份属性Sbirth的分量是通过计算表达式2016-Sage得到的，此时称Sbirth属性为派生属性。

定义基本表时，为了减少数据库中的冗余数据，表中只存放基本数据，由基本数据经过各种计算派生出的数据一般不进行存储。但由于视图中的数据也不实际存储，因此定义视图时可以根据应用的需要设置一些派生属性。由于这些派生属性在基本表中并不实际存在，因此也称它们为虚拟列。带虚拟列的视图也称为带表达式的视图，BT_ S视图就是带表达式的视图。还可以用带有聚集函数和GROUP BY子句的查询定义视图，这种视图称为分组视图。

【例3.39】在【例3.6】的SC表中，将学生的学号及平均成绩定义为一个视图，SQL语句如下：

```
CREATE VIEW S_G(Sno, Gavg)
    AS
    SELECT Sno, AVG(Grade)
    FROM SC
    GROUP BY Sno;
```

由于AS子句中SELECT语句的属性列平均成绩是通过作用聚集函数得到的，因此CREATE VIEW中必须明确定义组成S_C视图的各个属性名，S_G是一个分组视图。

【例3.40】将【例3.6】的Student表中所有女生的记录定义为一个视图，SQL语句如下：

```
CREATE VIEW F_Student(F_sno, name, sex, age, dept)
    AS
    SELECT *
    FROM Student
    WHERE Ssex = '女';
```

此例视图F_Student由子查询SELECT*建立。F_Student视图的属性与Student表的属性一一对应。如果修改了基本表Student的结构，那么Student表与F_Student视图的映像关系也会发生改变，此时该视图不能正常工作。为了避免出现这类问题，最好在修改基本表结构之后删除以前从该基本表导出的所有视图，然后在修改后的基本表上重新建立视图。

2. 删除视图

删除视图的语句格式如下：

```
DROP VIEW <视图名> [CASGADE];
```

其中，CASGADE表示在删除该视图的同时也删除所有在该视图上定义的视图。

注意，删除视图实际上是在数据字典中删除视图的定义。删除基本表虽然并不能删除在该基本表上定义的视图，但是这些视图均无法使用。

【例3.41】 删除视图BT_S：

```
DROP VIEW BT_S;
```

删除视图IS_S1：

```
DROP VIEW IS_S1;
```

执行此语句时，由于IS_S1视图上还定义了IS_S2视图，因此该语句被拒绝执行。如果要删除视图IS_S1，就需要使用级联删除语句：

```
DROP VIEW IS_S1 GASOAUE;  /*删除视图IS_S1和由它导出的所有视图*/
```

3.5.2 查询视图

视图被定义后，用户就可以像对基本表一样对视图进行查询。

【例3.42】 在信息系学生的视图IS_Student中找出年龄小于20岁的学生，SQL语句如下：

```
SELECT Sno, Sage
    FROM IS_Student
    WHERE Sage<20;
```

RDRMS执行对视图的查询时，首先进行有效性检查。检查查询中涉及的表、视图等是否存在。如果存在，就从数据字典中取出视图的定义，把定义中的子查询和用户的查询结合起来，转换成等价的对基本表的查询，然后执行修正查询。这一转换过程称为视图消解。

本例转换后的查询语句为：

```
SELECT Sno, Sage
    FROM Student
    WHERE Sdept='IS' AND Sage<20;
```

【例3.43】 查询选修了1号课程的信息系学生，SQL语句如下：

```
SELECT IS_Student Sno, Sname
    FROM IS_Student, SC
    WHERF IS_Student.Sno=SC. Sno AND SC.Cno='1';
```

此例查询涉及视图IS_Student和基本表SC，通过这两张表的连接完成查询任务。

一般情况下，视图查询的转换可以直接进行。但在有些情况下这种转换不能直接进行，此时查询就会出现问题。

【例3.44】在【例3.39】定义的S_G视图中查询平均成绩在90分以上的学生的学号及其平均成绩，SQL语句如下：

```
SELECT*
    FROM S_G
    WHERE Grade >=90;
```

在【例3.39】中定义的S_G视图的子查询为：

```
SELECT Sno, AVG(Grade)
    FROM SC
    GROUP BY Sno;
```

将本例中的查询语句与定义S_G视图的子查询结合，形成下列查询语句：

```
SELECT Sno, AVG(Grade)
    FROM SC
    WHERE AVG(Grade)>=90
    GROUP BY Sno;
```

因为在WHERE子句中不能用聚集函数作为条件表达式，所以执行此修正后的查询将会出现语法错误。正确转换的查询语句应该是：

```
SELECT Sno, AVG(Grade)
    FROM SC
    GROUP BY Sno
    HAVING AVG(Grade)>=90;
```

目前，多数关系数据库系统对行列子集视图的查询均能进行正确转换。但对非行列子集视图的查询就不一定能转换了，因此这类查询应该直接对基本表进行查询。

3.5.3　更新视图

更新视图是指通过视图来插入（INSERT）、删除（DELETE）和修改（UPDATE）数据。

由于视图是不实际存储数据的虚表，因此对视图的更新最终要转换为对基本表的更新。像查询视图那样，更新视图的操作也是通过视图消解转换为更新基本表的操作。

为防止用户在通过视图对数据进行增加、删除、修改时，有意无意地对不属于视图范围内的基本表数据进行操作，可以在定义视图时加上WITH CHECK OPTION子句。这样，在视图上增、删、改数据时，RDBMS会检查视图定义中的条件，若不满足条件，则拒绝执行该操作。

【例3.45】将信息系学生视图IS_Student中学号为20160002的学生姓名改为"刘辰"，SQL语句如下：

```
UPDATE IS_ Student
    SET Sname='刘辰'
    WHERE Sno='20160002';
```

转换后的更新语句为：

```
UPDATE Student
    SET Sname='刘辰'
    WHERE Sno='20160002' AND Sdept='IS';
```

【例3.46】向信息系学生视图IS_Student中插入一个新学生的记录，其中学号为20160006，姓名为赵新，年龄为20岁，SQL语句如下：

```
INSERT
    INTO IS_ Student
    VALUES('20160006 ', '赵新', 20);
```

转换为对基本表的更新：

```
INSERT
    INTO Student(Sno, Sname, Sage, Sdept)
    VALUES('20160006 ', '赵新', 20, 'IS');
```

这里系统自动将系名'IS'放入VALUES子句中。

【例3.47】删除信息系学生视图IS_ Student中学号为20160004的信息，SQL语句如下：

```
DELETE
    FROM IS_Student
    WHERE Sno='20160004 ';
```

转换为对基本表的更新：

```
DELETE
    FROM Student
    WHERE Sno='20160004 'AND Sdept = 'IS';
```

在关系数据库中，并不是所有的视图都是可更新的，因为有些视图的更新不能唯一且有意义地转换成对相应基本表的更新。

例如，【例3.39】中定义的视图S_G由学号和平均成绩两个属性组成，其中平均成绩一项由在Student表中对元组分组后计算平均值得来：

```
CREAT VIEW S_G(Sno, Gavg)
    AS
    SELECT Sno, AVG(Grade)
    FROM SC
    GROUP BY Sno;
```

如果想把视图S_G中学号为20160001的学生的平均成绩改成90分，SQL语句如下：

```
UPDATE S_G
    SET Gavg=90
    WHERE Sno='20160001';
```

但对这个视图的更新无法转换成对基本表SC的更新，因为系统无法修改各科成绩，以使平均成绩成为90，所以S_G视图不可更新。

一般情况下，行列子集视图可以更新。除此之外，还有一些理论上可以更新的视图，但是它们确切的特征还是尚待研究的课题。另外就是一些理论上就不可更新的视图。

目前，各个关系数据库系统一般只允许对行列子集视图进行更新，而且各个系统对视图的更新还有更进一步的规定。由于各个系统实现方法上的差异，这些规定也不尽相同。

3.5.4 视图的作用

视图是从基本表导出的虚表，对视图的所有操作实际上都转换为对基本表的操作。虽然对于非行列子集视图进行查询或更新时有可能出现问题，但是合理使用视图能够带来许多好处。

1. 视图能够简化用户的操作

视图机制使用户可以将注意力集中在所关心的数据上，如果这些数据不是直接来自基本表，就可以通过定义视图使数据库看起来结构简单、清晰，并且可以简化用户的数据查询操作。例如，那些定义了若干张表连接的视图，就将表与表之间的连接操作对用户隐藏起来了。换句话说，用户需要做的只是对一张虚表的简单查询，而这张虚表是怎样得来的，用户无须了解。

2. 视图使用户能以多种角度看待同一个数据

视图机制能使不同的用户以不同的方式看待同一个数据。当许多不同种类的用户共享同一个数据库时，这种灵活性是非常重要的。

3. 视图对重构数据库提供了一定程度的逻辑独立性

数据的逻辑独立性是指当数据库重构（如增加新的关系或对原有关系增加新的属性等）时，用户的应用程序不会受影响。

在关系数据库中，数据库的重构往往是不可避免的。重构数据库最常见的做法是将一张基本表"垂直"地分成多张基本表。例如，将学生关系Student(Sno,Sname,Ssex,Sage,Sdept)分解为SX(Sno,Sname,Sage)和SY(Sno,Ssex,Sdept)两个关系，这时原表Student为SX表和SY表自然连接的结果。

如果建立一个视图Student：

```
CREATE VIEW Student(Sno, Sname, Ssex, Sage, Sdept)
    AS
    SELECT SX.Sno, SX.Sanme, SY.Ssex, SX.Sage, SY.Sdept
    FROM SX, SY
    WHERE SX. Sno=SY. Sno;
```

这样虽然数据库的逻辑结构改变了（变为SX和SY两张表），但应用程序不必修改，因为新建立的视图定义为用户原来的关系，用户的外模式保持不变,用户的应用程序通过视图仍然能够查找数据。

当然，视图只能在一定程度上提供数据的逻辑独立性。由于对视图的更新是有条件的，因此应用程序中修改数据的语句仍可能会因基本表结构的改变而改变。

4. 视图能够对机密数据提供安全保护

有了视图机制，就可以在设计数据库应用系统时对不同的用户定义不同的视图，使机密数据不出现在不应看到这些数据的用户视图上。这样视图机制就自动提供了对机密数据的安全保护功能。例如，Student表涉及全校15个院系的学生数据，可以在表中定义15个视图，每个视图只包含一个院系的学生数据，并且只允许每个院系的主任查询和修改自己系的学生视图。

5. 适当地利用视图可以更清晰地表达查询

例如，如果经常需要执行这样的查询："找出每个同学获得最高成绩的课程号"。可以先定义一个视图，求出每个同学获得的最高成绩：

```
CREATE VIEW VMGRADE
    AS
    SELECT Sno, MAX(Grade)Mgrade
    FROM SC
    GROUP BY Sno;
```

然后用如下查询语句完成查询：

```
SELECT SC. Sno, Cno
    FROM SC, VMGRADE
    WHERE SC. Sno=VMGRADE.Sno AND SC.Grade=VMGRADE.Mgrade;
```

第 4 章

数据库安全

数据库的一大特点是数据可以共享,而数据共享必然带来数据库的安全性问题,所以数据库系统中的数据共享不能是无条件的共享。

数据库由数据库管理系统提供统一的数据保护控制功能,来保证数据的正确有效和安全可靠。数据库中的数据均由DBMS统一管理与控制,应用程序均通过DBMS对数据进行访问。数据库的数据保护主要包括数据安全性和数据完整性。DBMS必须提供数据安全性保护、数据完整性检查、并发访问控制和数据库恢复功能,来实现对数据库中数据的保护。安全性、完整性、并发控制和数据库恢复这4大基本功能,也是数据库管理人员和数据库开发人员为更好地管理、维护和开发数据库系统所必须掌握的数据库知识。

4.1 数据库安全性概述

数据库的安全性是指保护数据库以防止不合法使用所造成的数据泄露、更改或破坏。安全性问题不是数据库系统所独有的,所有计算机系统都存在不安全因素,只是在数据库系统中,由于大量数据集中存放,而且为众多最终用户直接共享,因而使安全性问题更为突出。系统安全保护措施是否有效是数据库系统的主要技术指标之一。

4.1.1 数据库的不安全因素

对数据库安全性产生威胁的因素主要有以下几方面。

1. 非授权用户对数据库的恶意存取和破坏

一些黑客(hacker)和犯罪分子在用户存取数据库时猎取用户名和用户口令,然后假冒合法用户偷取、修改甚至破坏用户数据。因此,必须阻止有损数据库安全的非法操作,以保证数据免受未经授权的访问和破坏。数据库管理系统提供的安全措施主要包括用户身份鉴别、存取控制和视图等技术。

2. 数据库中重要或敏感的数据被泄露

黑客和犯罪分子千方百计地盗窃数据库中的重要数据，使得一些机密信息被暴露。为防止数据泄露，数据库管理系统提供的主要技术有强制存取控制、数据加密存储和加密传输等。

此外，在安全性要求较高的部门提供审计功能，通过分析审计日志，可以对潜在的威胁提前采取措施加以防范，对非授权用户的入侵行为及信息破坏情况能够进行跟踪，防止对数据库安全责任的否认。

3. 安全环境的脆弱性

数据库的安全性与计算机系统的安全性，包括计算机硬件、操作系统、网络系统等的安全性是紧密联系的。操作系统安全的脆弱、网络协议安全保障的不足等都会造成数据库安全性的破坏。因此，必须加强计算机系统的安全性保证。随着互联网技术的发展，计算机安全性问题越来越突出，对各种计算机及其相关产品、信息系统的安全性要求越来越高。为此，在计算机安全技术方面逐步发展并建立了一套可信计算机系统的概念和标准。只有建立了完善的可信标准（即安全标准），才能规范和指导安全计算机系统部件的生产，较为准确地测定产品的安全性能指标，满足不同层次应用的不同需要。

4.1.2 安全标准简介

计算机以及信息安全技术方面有一系列的安全标准，最有影响的当属TCSEC和CC这两个标准。

TCSEC是指1985年美国国防部（Department of Defense，DoD）正式颁布的《可信计算机系统评估准则》（Trusted Computer System Evaluation Criteria，TCSEC或DoD85）。

在TCSEC推出后的10年里，不同的国家都开始开发建立在TCSEC概念上的评估准则，如欧洲的信息技术安全评估准则（Information Technology Security Evaluation Criteria，ITSEC）、加拿大的可信计算机产品评估准则（Canadian Trusted Computer Product Evaluation Criteria，CTCPEC）、美国的信息技术安全联邦标准（Federal Criteria，FC）草案等。这些准则比TCSEC更加灵活，适应了IT技术的发展。

为满足全球IT市场上互认标准化安全评估结果的需要，CTCPEC、FC、TCSEC和ITSEC的发起组织于1993年起开始联合行动，解决原标准中概念和技术上的差异，将各自独立的准则集合成一组单一的、能被广泛使用的IT安全准则，这一行动被称为通用准则（Common Criteria，CC）项目。项目发起组织的代表建立了专门的委员会来开发通用准则，历经多次讨论和修订，CC V2.1版于1999年被ISO采用为国际标准，2001年被我国采用为国家标准。目前CC已经基本取代了TCSEC，成为评估信息产品安全性的主要标准。

信息安全标准的发展历程如图4.1所示。本节简要介绍TCSEC和CC的基本内容。

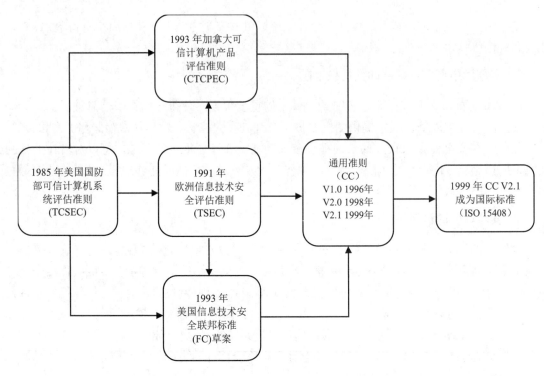

图 4.1　信息安全标准的发展历程

1. TCSEC

TCSEC又称桔皮书。1991年4月，美国国家计算机安全中心（National Computer Security Center，NCSC）颁布了《可信计算机系统评估准则关于可信数据库系统的解释》（TCSEC/Trusted Database Interpretation，TCSEC/TDI，即紫皮书），将TCSEC扩展到数据库管理系统。TCSEC/TDI中定义了数据库管理系统的设计与实现中需满足和用以进行安全性级别评估的标准，从4个方面来描述安全性级别划分的指标，即安全策略、责任、保证性级别评估的标准和文档。每个方面又细分为若干项。

根据计算机系统对各项指标的支持情况，TCSEC/TDI将系统划分为4组（division）等级，依次是D、C（C1，C2）、B（Bl，B2，B3）、A（A1），根据系统可靠或可信程度，安全级别逐渐增高，如表4.1所示。

表 4.1　TCSEC/TDI 安全级别划分

安全级别	定　　义
D	最小保护（minimal protection）
C1	自主安全保护（discretionary security protection）
C2	受控的存取保护（controlled access protection）
B1	标记安全保护（labeled security protection）
B2	结构化保护（structural protection）
B3	安全域（security domains）
A1	验证设计（verified design）

- D级：该级是最低级别。保留D级是为了将一切不符合更高标准的系统都归于D级。例如，DOS就是操作系统中安全标准为D级的典型例子，它具有操作系统的基本功能，如文件系统、进程调度等，但在安全性方面几乎没有什么专门的机制来保障。

- C1级：该级只提供了非常初级的自主安全保护，能够实现对用户和数据的分离，进行自主存取控制（discretionary access control，DAC），保护或限制用户权限的传播。现有的商业系统往往稍作改进即可满足要求。

- C2级：该级实际上是安全产品的最低档，提供受控的存取保护，即将C1级的DAC进一步细化，以个人身份注册负责，并实施审计和资源隔离。达到C2级的产品在其名称中往往不突出"安全"这一特色，如操作系统中的Windows 2000、数据库产品中的Oracle7等。

- B1级：标记安全保护。对系统的数据加以标记，并对标记的主体和客体实施强制存取控制（mandatory access control，MAC）以及审计等安全机制。B1级别的产品才被认为是真正意义上的安全产品，满足此级别的产品前一般多冠以"安全"（security）或"可信的"（trusted）字样，作为区别于普通产品的安全产品出售。

- B2级：结构化保护。建立形式化的安全策略模型，并对系统内的所有主体和客体实施DAC和MAC。

- B3级：安全域。该级的TCB（trusted computing base，可信计算基）必须满足访问监控器的要求，审计跟踪能力更强，并提供系统恢复过程。

- A1级：验证设计，即在提供B3级保护的同时给出系统的形式化设计说明和验证，以确信各安全保护真正实现。

2. CC

CC是在上述各评估准则及具体实践的基础上通过相互总结和互补发展而来的。和早期的评估准则相比，CC具有结构开放、表达方式通用等特点。CC提出了目前国际上公认的表述信息技术安全性的结构，即把对信息产品的安全要求分为安全功能要求和安全保证要求。安全功能要求用以规范产品和系统的安全行为，安全保证要求用以解决如何正确有效地实施这些功能。安全功能要求和安全保证要求都以"类-子类-组件"的结构表述，组件是安全要求的最小构件块。

CC的文本由三部分组成，三个部分相互依存，缺一不可。

- 第一部分是简介和一般模型，介绍CC中的有关术语、基本概念和一般模型，以及与评估有关的一些框架。

- 第二部分是安全功能要求，列出一系列类、子类和组件。由11大类、66个子类和135个组件构成。

- 第三部分是安全保证要求，列出一系列保证类、子类和组件，包括7大类、26个子类和74个组件。根据系统对安全保证要求的支持情况提出了评估保证级（evaluation assurance level，EAL），从EAL1至EAL7共分为7级，按保证程度级别逐渐增高，如表4.2所示。

表 4.2　CC 评估保证级（EAL）的划分

评估保证级	定　　义	TCSEC安全级别（近似相当）
EAL1	功能测试（functionally tested）	
EAL2	结构测试（structurally tested）	C1

（续表）

评估保证级	定　义	TCSEC安全级别（近似相当）
EAL3	系统地测试和检查（methodically tested and checked）	C2
EAL4	系统地设计、测试和复查（methodically designed，tested and reviewed）	B1
EAL5	半形式化设计和测试（semiformally designed and tested）	B2
EAL6	半形式化验证的设计和测试（semiformally verified design and tested）	B3
EAL7	形式化验证的设计和测试（formally verified design and tested）	A1

CC的附录部分主要介绍保护轮廓（protection profile，PP）和安全目标（security target，ST）的基本内容。

这三部分的有机结合具体体现在保护轮廓和安全目标中。CC提出的安全功能要求和安全保证要求都可以在具体的保护轮廓和安全目标中进一步细化和扩展，这种开放式的结构更适应信息安全技术的发展。CC的具体应用也是通过保护轮廓和安全目标这两种结构来实现的。

粗略而言，TCSEC的C1和C2级分别相当于EAL2和EAL3；B1、B2和B3分别相当于EAL4、EAL5和EAL6；A1对应于EAL7。

4.2　数据库安全性控制

在一般计算机系统中，安全措施是一级一级层层设置的。例如，在图4.2所示的安全模型中，当用户要求进入计算机系统时，系统首先根据输入的用户标识进行用户身份鉴定，只有合法的用户才准许进入计算机系统；对已进入系统的用户，数据库管理系统还要进行存取控制，只允许用户执行合法操作；操作系统也会有自己的保护措施；数据最后还能以密码形式存储到数据库中。对于操作系统的安全保护措施，可以参考操作系统的有关书籍，这里不再详述。另外，针对强力逼迫透露口令、盗窃物理存储设备等行为而采取的安全措施，例如出入机房登记、加锁等，也不在这里的讨论之列。

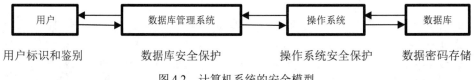

用户标识和鉴别　　　数据库安全保护　　　操作系统安全保护　　　数据密码存储

图 4.2　计算机系统的安全模型

图4.3是数据库管理系统安全性控制模型。首先，数据库管理系统对提出SQL访问请求的数据库用户进行身份鉴别，防止不可信用户使用系统；然后，在SQL处理层进行自主存取控制和强制存取控制，进一步还可以进行推理控制。为监控恶意访问，可根据具体安全需求配置审计规则，对用户访问行为和系统关键操作进行审计。通过设置简单入侵检测规则，对异常用户行为进行检测和处理。在数据存储层，数据库管理系统不仅存放用户数据，还存储与安全有关的标记和信息（称为安全数据），提供存储加密功能等。

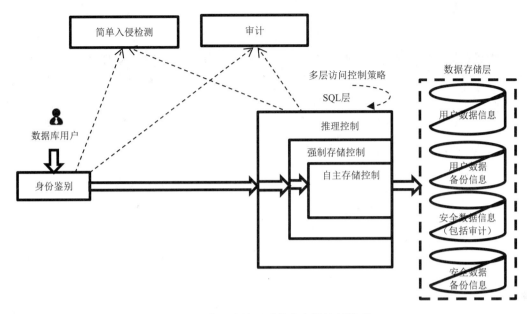

图 4.3　数据库管理系统安全性控制模型

4.2.1　用户身份鉴别

用户身份鉴别是数据库管理系统提供的最外层安全保护措施。每个用户在系统中都有一个用户标识。每个用户标识由用户名（user name）和用户标识号（UID）两部分组成。UID在系统的整个生命周期内是唯一的。系统内部记录着所有合法用户的标识。系统鉴别是指由系统提供一定的方式让用户标识自己的名字或身份。每次用户要求进入系统时，由系统进行核对，通过鉴定后系统才为用户提供使用数据库管理系统的权限。

用户身份鉴别的方法有很多种，而且在一个系统中往往是多种方法结合使用，以获得更强的安全性。常用的用户身份鉴别方法有以下几种。

1. 静态口令鉴别

这种方式是当前常用的鉴别方法。静态口令一般由用户自己设定，鉴别时只要按要求输入正确的口令，系统将允许用户使用数据库管理系统。这些口令是静态不变的。在实际应用中，用户常常用自己的生日、电话、简单易记的数字等内容作为口令，很容易被破解。而一旦被破解，非法用户就可以冒充该用户使用数据库。因此，这种方式虽然简单，但容易被攻击，安全性较低。

口令的安全可靠对数据库安全来说至关重要。因此，数据库管理系统从口令的复杂度、口令的管理、存储及传输等多方面来保障口令的安全可靠。例如，要求口令长度至少是8个（或者更多）字符；口令是字母、数字和特殊符号混合，其中，特殊符号是除空白符、英文字母、单引号和数字之外的所有可见字符。在此基础上，管理员还能根据应用需求灵活地设置口令强度。例如，设定口令中数字、字母或特殊符号的个数；设置口令是否可以是简单的常见单词，是否允许口令与用户名相同；设置重复使用口令的最小时间间隔等。此外，在存储和传输过程中，口令信息不可见，均以密文方式存在。用户身份鉴别可以重复多次。

2. 动态口令鉴别

它是目前较为安全的鉴别方式。这种方式的口令是动态变化的，每次鉴别时均需使用动态产生的新口令登录数据库管理系统，即采用一次一密的方法。常用的方式如短信密码和动态令牌方式，每次鉴别时都要求用户使用通过短信或令牌等途径获取的新口令登录数据库管理系统。与静态口令鉴别相比，这种认证方式增加了口令被窃取或破解的难度，安全性相对高一些。

3. 生物特征鉴别

它是一种通过生物特征进行认证的技术。其中，生物特征是指生物体唯一具有的，可测量、识别和验证的稳定生物特征，如指纹、虹膜和掌纹等。这种方式通过采用图像处理和模式识别等技术实现了基于生物特征的认证。与传统的口令鉴别相比，生物特征鉴别无疑产生了质的飞跃，安全性较高。

4. 智能卡鉴别

智能卡是一种不可复制的硬件，内置集成电路的芯片，具有硬件加密功能。智能卡由用户随身携带，登录数据库管理系统时用户将智能卡插入专用的读卡器进行身份验证。由于每次从智能卡中读取的数据是静态的，通过内存扫描或网络监听等技术还是可以截取到用户的身份验证信息，因此存在安全隐患。实际应用中，一般采用个人身份识别码（PIN）和智能卡相结合的方式。这样，即使PIN和智能卡中有一种被窃取，用户身份仍不会被冒充。

4.2.2　存取控制

数据库安全最重要的一点就是确保只授权给有资格的用户访问数据库的权限，同时令所有未被授权的人员无法接近数据，这主要通过数据库系统的存取控制机制实现。存取控制机制主要包括定义用户权限和合法权限检查两部分。

1. 定义用户权限

用户对某一数据对象的操作权力称为权限。某个用户应该具有何种权限是管理问题和政策问题，而不是技术问题。数据库管理系统的功能是保证这些决定的执行。为此，数据库管理系统必须提供适当的语言来定义用户权限，这些定义经过编译后存储在数据字典中，被称作安全规则或授权规则。

2. 合法权限检查

每当用户发出存取数据库的操作请求（请求一般包括操作类型、操作对象和操作用户等信息）后，数据库管理系统查找数据字典，根据安全规则进行合法权限检查。若用户的操作请求超出了定义的权限，系统将拒绝执行此操作。

定义用户权限和合法权限检查机制一起组成了数据库管理系统的存取控制子系统。C2级的数据库管理系统支持自主存取控制，B1级的数据库管理系统支持强制存取控制。

- 在自主存取控制方法中，用户对于不同的数据库对象有不同的存取权限，不同的用户对同一对象也有不同的权限，而且用户还可将其拥有的存取权限转授给其他用户。因此，自主存取控制非常灵活。
- 在强制存取控制方法中，每一个数据库对象被标以一定的密级，每一个用户也被授予某一个级别的许可证。对于任意一个对象，只有具有合法许可证的用户才可以存取。强制存取控制因此相对严格。

4.2.3 自主存取控制方法

大型数据库管理系统都支持自主存取控制，SQL标准也对自主存取控制提供支持，这主要通过SQL的GRANT语句和REVOKE语句来实现。

用户权限由两个要素组成：数据库对象和操作类型。定义一个用户的存取权限就是定义这个用户可以在哪些数据库对象上进行哪些类型的操作。在数据库系统中，定义存取权限称为授权（authorization）。

在非关系数据库系统中，用户只能对数据进行操作，存取控制的数据库对象也仅限于数据本身。

在关系数据库系统中，存取控制的对象不仅有数据本身（基本表中的数据、属性列上的数据），还有数据库模式（包括数据库、基本表、视图和索引的创建等）。表4.3列出了关系数据库系统中主要的存取权限。

表 4.3　关系数据库系统中的存取权限

对象类型	对　　象	操 作 类 型
数据库模式	模式	CREATE SCHEMA
	基本表	CREATE TABLE，ALTER TABLE
	视图	CREATE VIEW
	索引	CREATE INDEX
数据	基本表和视图	SELECT，INSERT，UPDATE，DELETE，REFERENCES，ALL PRIVILEGES
	属性列	SELECT，INSERT，UPDATE，　REFERENCES，ALL PRIVILEGES

在表4.3中，列权限包括 SELECT、REFERENCES、INSERT、UPDATE，其含义与表权限类似。需要说明的是，对列的UPDATE权限指对于表中存在的某一列的值可以进行修改。当然，即使有了这个权限，在修改的过程中也要遵守表在创建时定义的主码及其他约束。列上的INSERT权限指用户可以插入一个元组。对于插入的元组，授权用户可以插入指定的值，其他列或者为空，或者为默认值。在给用户授予列INSERT权限时，一定要包含主码的INSERT权限，否则用户的插入动作会因为主码为空而被拒绝。

4.2.4 授权：授予与收回

SQL中使用GRANT和REVOKE语句向用户授予或收回对数据的操作权限。GRANT语句向用户授予权限，REVOKE语句收回已经授予用户的权限。

1. GRANT

GRANT语句的一般格式如下：

```
GRANT<权限>[,<权限>]...
ON <对象类型><对象名>[<对象类型><对象名>]...
TO<用户>[,<用户>]...
[WITH GRANT OPTION];
```

其语义为将对指定操作对象的指定操作权限授予指定的用户。发出该GRANT语句的可以是数据库管理员，也可以是该数据库对象的创建者（即属主owner），还可以是已经拥有该权限的用户。接受权限的用户可以是一个或多个具体用户，也可以是PUBLIC，即全体用户。

如果指定了WITH GRANT OPTION子句，则获得某种权限的用户还可以把这种权限再授予其他用户；如果没有指定WITH GRANT OPTION子句，则获得某种权限的用户只能使用该权限，不能传播该权限。

SQL标准允许具有WITH GRANT OPTION的用户把相应权限或其子集传递授予其他用户，但不允许循环授权，即被授权者不能把权限再授回给授权者或其祖先，如图4.4所示。

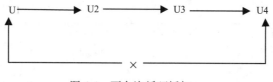

图4.4　不允许循环授权

【例4.1】把查询Student表的权限授予用户U1。

```
GRANT SELECT
ON TABLE Student
TO U1;
```

【例4.2】把对Student表和Course表的全部操作权限授予用户U2和U3。

```
GRANT ALL PRIVILEGES
ON TABLE Student, Course
TO U2,u3;
```

【例4.3】把对SC表的查询权限授予所有用户。

```
GRANT SELECT
ON TABLE SC
TO PUBLIC;
```

【例4.4】把查询Student表和修改学生学号的权限授予用户U4。

```
GRANT UPDATE(Sno),SELECT
ON TABLE Student
TO U4;
```

这里实际上要授予用户U4的是对基本表Student的SELECT权限和对属性列Sno的UPDATE权限。对属性列授权时必须明确指出相应的属性列名。

【例4.5】把对SC表的INSERT权限授予用户U5，并允许将此权限再授予其他用户。

```
GRANT INSERT
ON TABLE SC
TO U5
WITH GRANT OPTION;
```

执行此SQL语句后，U5不仅拥有了对SC表的INSERT权限，还可以传播此权限，即由用户U5将上述GRANT命令传播给其他用户。例如U5可以将此权限授予U6，如【例4.6】所示。

【例4.6】用户U5将INSERT权限授予用户U6。

```
GRANT INSERT
ON TABLE SC
TO U6
WITH GRANT OPTION;
```

同样地，U6还可以将此权限授予U7，如【例4.7】所示。

【例4.7】用户U6将INSERT权限授予用户U7。

```
GRANT INSERT
ON TABLE SC
TO U7;
```

因为U6未给U7传播的权限，因此U7不能再传播此权限。

由上面的例子可以看到，GRANT语句可以一次向一个用户授权，如【例4.1】所示，这是最简单的一种授权操作；也可以一次向多个用户授权，如【例4.2】、【例4.3】所示；还可以一次传播多个同类对象的权限，如【例4.2】所示；甚至一次可以完成对基本表和属性列这些不同对象的授权，如【例4.4】所示。表4.4是执行了【例4.1】～【例4.7】的语句后的学生－课程数据库中的用户权限定义表。

表 4.4 执行了【例 4.1】～【例 4.7】的语句后的学生－课程数据库中的用户权限定义表

授权用户名	被授权用户名	数据库对象名	允许的操作类型	能否转授权
DBA	U1	关系Student	SELECT	不能
DBA	U2	关系Student	ALL	不能
DBA	U2	关系Course	ALL	不能
DBA	U3	关系Student	ALL	不能
DBA	U3	关系Course	ALL	不能
DBA	PUBLIC	关系SC	SELECT	不能
DBA	U4	关系Student	SELECT	不能
DBA	U4	属性列Student.Sno	UPDATE	不能
DBA	U5	关系SC	INSERT	能
U5	U6	关系SC	INSERT	能
U6	U7	关系SC	INSERT	不能

2. REVOKE

授予用户的权限可以由数据库管理员或其他授权者用REVOKE语句收回。REVOKE语句的一般格式如下：

```
REVOKE <权限>[<权限>]...
ON<对象类型><对象名>[,<对象类型><对象名>]...
FROM<用户>[<用户>]...[CASCADE|RESTRICT];
```

【例4.8】把用户U4修改学生学号的权限收回。

```
REVOKE UPDATE(Sno)
ON TABLE Student
FROM U4;
```

【例4.9】收回所有用户对SC表的查询权限。

```
REVOKE SELECT
ON TABLE SC
FROM PUBLIC;
```

【例4.10】把用户U5对SC表的INSERT权限收回。

```
REVOKE INSERT
ON TABLE SC
FROM U5 CASCADE;
```

将用户U5的INSERT权限收回的同时，级联（CASCADE）收回了用户U6和U7的INSERT权限，否则系统将会拒绝该命令。因为在【例4.6】中，U5将对SC表的INSERT权限授予了U6，而U6又将它授予了U7。

> 注意 这里的默认值为CASCADE，有的数据库管理系统的默认值为RESTRICT，将自动执行级联操作。如果U6或U7还从其他用户处获得了对SC表的INSERT权限，则他们仍具有此权限，系统只收回直接或间接从U5处获得的权限。

表4.5是执行了【例4.8】～【例4.10】的语句后的学生－课程数据库中的用户权限定义表。

表 4.5　执行了【例 4.8】～【例 4.10】的语后的学生－课程数据库中的用户权限定义表

授权用户名	被授权用户名	数据库对象名	允许的操作类型	能否转授权
DBA	U1	关系Student	SELECT	不能
DBA	U2	关系Student	ALL	不能
DBA	U2	关系Course	ALL	不能
DBA	U3	关系Student	ALL	不能
DBA	U3	关系Course	ALL	不能
DBA	U4	关系Student	SELECT	不能

SQL提供了非常灵活的授权机制。数据库管理员拥有对数据库中所有对象的所有权并可以根据实际情况将不同的权限授予不同的用户

用户对自己建立的基本表和视图拥有全部的操作权限，并且可以用GRANT语句把其中某些权限授予其他用户。被授权的用户如果有"继续授权"的许可，还可以把获得的权限再授予其他用户。所有授予出去的权力在必要时又都可以用REVOKE语句收回。

可见，用户可以"自主"地决定将数据的存取权限授予何人、决定是否也将"授权"的权限授予别人。因此，称这样的存取控制是自主存取控制。

3. 创建数据库模式的权限

GRANT和REVOKE语句用于向用户授予或收回对数据的操作权限。对创建数据库模式类的数据库对象的授权，则由数据库管理员在创建用户时实现。

CREATE USER语句一般格式如下：

```
CREATE USER <username>[WITH] [DBA|RESOURCE|CONNECT]
```

对CREATE USER语句的说明如下：

- 只有系统的超级用户才有权创建一个新的数据库用户。
- 新创建的数据库用户有3种权限：CONNECT、RESOURCE和DBA。
  - ◆ CREATE USER命令中如果没有指定创建的新用户的权限，默认该用户拥有CONNECT权限。拥有CONNECT权限的用户不能创建新用户，不能创建模式，也不能创建基本表，只能登录数据库。由数据库管理员或其他用户授予他应有的权限，根据获得的授权情况他可以对数据库对象进行权限范围内的操作。
  - ◆ 拥有RESOURCE权限的用户能创建基本表和视图，成为所创建对象的属主，但不能创建模式，也不能创建新的用户。数据库对象的属主可以使用GRANT语句把该对象上的存取权限授予其他用户。
  - ◆ 有DBA权限的用户是系统中的超级用户，可以创建新的用户、模式、基本表和视图等。DBA拥有对所有数据库对象的存取权限，还可以把这些权限授予一般用户。

以上说明可以用表4.6来总结。

表 4.6 权限与可执行的操作对照表

拥有的权限	可否执行的操作			
	CREATE USER	CREATE SCHEMA	CREATE TABLE	登录数据库，执行数据查询和操纵
DBA	可以	可以	可以	可以
RESOURCE	不可以	不可以	可以	可以
CONNECT	不可以	不可以	不可以	可以，但必须拥有相应权限

注意 CREATE USER语句不是SQL标准，因此不同的关系数据库管理系统的语法和内容相差甚远。这里介绍该语句的目的是说明数据库模式这一类数据对象也有安全控制的需要，也是要授权的。

4.2.5 数据库角色

数据库角色是被命名的一组与数据库操作相关的权限，角色是权限的集合。因此，可以为一组具有相同权限的用户创建一个角色。使用角色来管理数据库权限可以简化授权的过程，使自主授权的执行更加灵活、方便。

在SQL中，首先用CREATE ROLE语句创建角色，然后用GRANT语句给角色授权，用REVOKE语句收回授予角色的权限。

1. 角色的创建

创建角色的SQL语句格式如下：

```
CREATE ROLE<角色名>
```

刚刚创建的角色是空的，没有任何内容。可以用GRANT为角色授权。

2. 给角色授权

给角色授权的SQL语句格式如下：

```
GRANT<权限>[,<权限>]...
ON<对象类型>对象名
TO <角色>[,<角色>]...
```

数据库管理员和用户可以利用GRANT语句将权限授予某一个或几个角色。

3. 将一个角色授予其他的角色或用户

将一个角色授予其他的角色或用户的SQL语句如下：

```
GRANT<角色1|>[,<角色2>]...
TO<角色3>[,<用户1>]...
WITH ADMIN OPTION
```

该语句把角色授予某用户，或授予另一个角色。这样，一个角色（例如角色3）所拥有的权限就是授予它的全部角色（例如角色1和角色2）所包含的权限的总和。

授予者或是角色的创建者，或是拥有在这个角色上ADMIN OPTION的权限。

如果指定了WITH ADMIN OPTION子句，则获得某种权限的角色或用户还可以把这种权限再授予其他的角色。

一个角色包含的权限包括直接授予这个角色的全部权限加上其他角色授予这个角色的全部权限。

4. 角色权限的收回

收回角色权限的SQL语句格式如下：

```
REVOKE<权限>[,<权限>]...
ON<对象类型><对象名>
FROM<角色>[,<角色>]...
```

用户可以收回角色的权限，从而修改角色拥有的权限。

REVOKE动作的执行者或是角色的创建者，或是拥有在这个（些）角色上ADMIN OPTION 的权限。

【例4.11】通过角色来实现将一组权限授予一个用户。

首先，创建一个角色R1：

```
CREATE ROLE R1。
```

然后，使用GRANT语句，使角色R1拥有Student表的SELECT、UPDATE、INSERT权限：

```
GRANT SELECT,UPDATE,INSERT
ON TABLE Student
TO R1;
```

再将这个角色授予王平、张明、赵玲，使他们具有角色R1所包含的全部权限：

```
GRANT R1
TO王平,张明,赵玲;
```

当然，也可以一次性地通过R1来收回王平的这3个权限：

```
REVOKE R1
FROM 王平;
```

【例4.12】角色的权限修改。

```
GRANT DELETEON
ON TABLE Student
TO R1
```

使角色R1在原来的基础上增加了Student表的DELETE权限。

【例4.13】使R1减少了SELECT权限。

```
REVOKE SELECT
ON TABLE Student
FROM R1;
```

4.2.6 强制存取控制方法

自主存取控制能够通过授权机制有效地控制对敏感数据的存取。但是，由于用户对数据的存取权限是"自主"的，可以自由地决定将数据的存取权限授予何人，以及决定是否也将"授权"的权限授予别人。因此，在这种授权机制下，仍可能存在数据的"无意泄露"。比如，甲将自己权限范围内的某些数据存取权限授权给乙，甲的意图是仅允许乙本人操纵这些数据。但甲的这种安全性要求并不能得到保证，因为乙一旦获得了对数据的权限，就可以将数据备份，获得自身权限内的副本，并在不征得甲同意的前提下传播副本。造成这一问题的根本原因就在于，这种机制仅通过对数据的存取权限来进行安全控制，而数据本身并无安全性标记。要解决这一问题，就需要对系统控制下的所有主客体实施强制存取控制策略。

所谓强制存取控制是指系统为保证更高程度的安全性，按照TDI/TCSEC标准中的安全策略的要求所采取的强制存取检查手段。它不是用户能直接感知或控制的。强制存取控制适用于那些对数据有严格而固定密级分类的部门，例如军事部门或政府部门。

在强制存取控制中，数据库管理系统所管理的全部实体被分为主体和客体两大类。主体是系统中的活动实体，既包括数据库管理系统所管理的实际用户，也包括代表用户的各进程。客体是系统中的被动实体，是受主体操纵的，包括文件、基本表、索引、视图等。对于主体和客体，数据库管理系统为它们的每个实例（值）指派一个敏感度标记（label）。

敏感度标记被分成若干级别，例如绝密（top secret，TS）、机密（secret，S）、可信（confidential，C）、公开（public，P）等。密级的次序是TS≥S≥C≥P。主体的敏感度标记称为许可证级别（clearance level），客体的敏感度标记称为密级（classification level）。强制存取控制机制就是通过对比主体的敏感度标记和客体的敏感度标记，最终确定主体是否能够存取客体。

当某一用户（或某一主体）以标记label注册进入系统时，系统要求他对任何客体的存取必须遵循如下规则：

（1）仅当主体的许可证级别大于或等于客体的密级时，该主体才能读取相应的客体。

（2）仅当主体的许可证级别小于或等于客体的密级时，该主体才能写相应的客体。

规则（1）的意义是明显的，而规则（2）需要解释一下。按照规则（2），用户可以为写入的数据对象赋予高于自己的许可证级别的密级。这样一旦数据被写入，该用户自己也不能再读该数据对象了。如果违反了规则（2），就有可能把数据的密级从高流向低，造成数据的泄露。例如，某个TS密级的主体把一个密级为TS的数据恶意地降低为P，然后把它写回。这样原来是TS密级的数据可以被读到了，造成了TS密级数据的泄露。强制存取控制是对数据本身进行密级标记，无论数据如何复制，标记与数据都是一个不可分的整体，只有符合密级标记要求的用户才可以操纵数据，从而提供了更高级别的安全性。前面已经提到，较高安全性级别提供的安全保护包含较低级别的所有保护。因此，在实现强制存取控制时，首先要实现自主存取控制，即自主存取控制与强制存取控制共同构成数据库管理系统的安全机制，如图4.5所示。系统首先进行自主存取控制检查，对通过自主存取控制检查的允许存取的数据库对象再进行强制存取控制检查，只有通过强制存取控制检查的数据库对象方可存取。

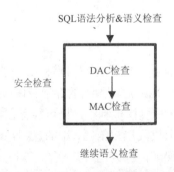

图 4.5　DAC + MAC 安全检查示意图

4.3　视 图 机 制

视图是数据库设计中用于改善数据安全和简化用户访问的强大工具。它们允许管理员根据用户的需求和权限定制数据展示，同时隐藏敏感信息和实现自动化的安全控制。

视图机制间接地实现支持存取谓词的用户权限定义。例如，在某大学中，假定王平老师只能检索计算机系学生的信息，系主任张明具有检索和增、删、改计算机系学生信息的所有权限。这就要求系统能支持"存取谓词"的用户权限定义。在不直接支持存取谓词的系统中，可以先建立计算机系学生的视图CS_Student，然后在视图上进一步定义存取权限。

【例4.14】建立计算机系学生的视图，把对该视图的SELECT权限授予王平，把该视图上的所有操作权限授予张明。

```
CREATE VIEW CS_Student          /*先建立视图CS_Student*/
AS
SELECT *
FROM Student
WHERE Sdept=CS;
GRANT SELECT                    /*王平老师只能检索计算机系学生的信息*/
ON CS_Student
TO 王平;
GRANT ALL PRIVILEGES            /*系主任具有检索和增、删、改计算机系学生信息的所有权限*/
ON CS_Student
TO 张明;
```

4.4　审 　 计

数据库审计是指对数据库的操作进行跟踪、记录、分析和报告的过程。通过数据库审计，可以监控数据库的访问和操作，及时发现并应对安全事件。数据库审计可以记录用户登录、查询、修改、删除等操作，以及操作的时间、地点、来源等信息，以便进行安全审计和监控。

4.4.1　数据库审计的目的

数据库审计的目的表现在以下4个方面：

（1）发现安全问题。通过对数据库的操作进行审计和监控，可以及时发现安全问题，包括未经授权的访问、数据泄露、数据篡改等问题。及时发现和解决安全问题，可以避免安全事件的发生，减少安全风险。

（2）辅助安全管理。通过数据库审计，可以对数据库的安全策略进行评估和优化，发现安全漏洞并及时修补。同时，还可以对员工的安全意识和行为进行监督和管理，提高整体安全水平。

（3）合规性审计。许多行业监管机构都要求企业对数据库进行审计，以确保企业符合相关法规和标准。数据库审计可以帮助企业确保合规性，避免罚款和法律责任。

（4）提高运维效率。通过数据库审计，可以发现数据库的性能问题和瓶颈，优化数据库的配置和运维，提高数据库的运行效率和稳定性。

4.4.2 数据库审计的主要组成部分

数据库审计主要有以下4个部分组成。

（1）日志记录：记录数据库的各种操作和事件，包括登录、查询、修改、删除等操作，以及安全事件和系统事件等。日志记录是数据库审计的基础。

（2）审计策略：制定数据库审计策略，包括审计的内容、范围、频率、记录方式等。审计策略应该根据实际需求和安全风险进行定制，以确保审计的有效性和适应性。

（3）审计分析：对数据库的审计日志进行分析和解读，发现异常行为和安全事件，并及时采取相应的措施。审计分析可以采用日志分析工具、安全警报等技术来实现。

（4）审计报告：定期生成数据库审计报告，包括审计的结果、问题和建议等。审计报告可以帮助企业及时发现和解决安全问题，提高安全意识和防范能力。

4.4.3 数据库审计的主要类型

1. 安全审计

对数据库的安全措施进行审计，包括访问控制、数据加密、漏洞修补等。安全审计可以发现数据库的安全漏洞和弱点，以便管理人员及时采取措施进行修补和优化。

2. 操作审计

对数据库的操作进行审计，包括用户登录、查询、修改、删除等操作。操作审计可以发现非法访问和操作，以便管理人员及时发现和应对安全事件。

3. 数据审计

对数据库中的数据进行审计，包括数据的创建、修改、删除等操作。数据审计可以发现数据泄露和篡改等安全问题，以便管理人员及时采取措施进行处理和恢复。

4. 性能审计

对数据库的性能进行审计，包括数据库的负载、响应时间、资源使用情况等。性能审计可以发现数据库的性能问题和瓶颈，优化数据库的配置和运维，提高数据库的运行效率和稳定性。

5. 合规性审计

对数据库的合规性进行审计，包括符合相关法规和标准。合规性审计可以发现不符合标准的问题，以便管理人员及时采取措施进行整改和优化。

4.4.4 审计事件

可审计事件不仅包括服务器事件、系统权限、语句事件及模式对象事件，还包括用户鉴别、自主访问控制和强制访问控制事件。换句话说，它能对普通和特权用户的行为、各种表操作、身份鉴别、自主和强制访问控制等操作进行审计。它既能审计成功操作，也能审计失败操作。

1）审计事件

审计事件包括服务器事件、系统权限、语句事件、模式对象事件。

2）审计功能

审计功能包括基本查阅方式、提供多套审计规则、提供审计分析和报表功能、审计日志管理、提供查询审计设置及审计记录信息的专门视图。

3）audit 语句和 noaudit 语句

实例：

（1）对修改SC表结构和修改SC表数据的操作进行审计：

```
audit alter,update on SC;
```

（2）取消对修改SC表的一切审计：

```
noaudit alter,update on SC;
```

4）审计的分类

审计一般可以分为用户级审计和系统级审计。

* 用户级审计：任何用户都可设置的审计，主要是用户针对自己创建的数库表或视图进行审计，记录所有用户对这些表或视图的一切访问及各种类型的SQL操作。
* 系统级审计：只能由数据库管理员设置，用以检测成功或失败的登录要求，检测授权和收回操作以及其他数据库级权限下的操作。

第 2 篇
数据库系统篇

本篇主要讲解数据库系统的使用，是对数据库应用的提升。

本篇包括以下3章：

第 **5** 章

查询处理和查询优化

本章介绍关系数据库的查询处理（query processing）和查询优化（query optimization）技术。首先介绍关系数据库管理系统的查询处理步骤，然后介绍查询优化技术。查询优化一般可分为代数优化（也称为逻辑优化）和物理优化（也称为非代数优化）。代数优化是指关系代数表达式的优化，物理优化则是指通过选择存取路径和底层操作算法进行的优化。

本章讲解实现查询操作的主要算法思想，目的是使读者初步了解关系数据库管理系统查询处理的基本步骤，以及查询优化的概念、基本方法和技术，为数据库应用开发中利用查询优化技术提高查询效率和系统性能打下基础。

5.1 关系数据库系统的查询处理

查询处理是关系数据库系统执行查询语句的过程，其任务是把用户提交给关系数据库管理系统的查询语句转换为高效的查询执行计划。

5.1.1 查询处理步骤

关系数据库管理系统查询处理可以分为4个步骤：查询分析、查询检查、查询优化和查询执行，如图5.1所示。

1. 查询分析

首先对查询语句进行扫描、词法分析和语法分析。从查询语句中识别出语言符号，如SQL关键字、属性名和关系名等，进行语法检查和语法分析，即判断查询语句是否符合SQL语法规则。如果没有语法错误就转入下一步处理，否则便报告语句中出现的语法错误。

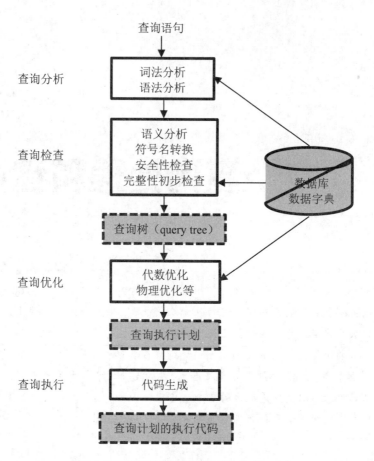

图 5.1　关系数据库管理系统查询处理

2. 查询检查

对合法的查询语句进行语义检查，即根据数据字典中有关的模式定义检查语句中的数据库对象，如关系名、属性名是否存在和有效。如果是对视图的操作，则要用视图消解方法把对视图的操作转换成对基本表的操作。此外，还要根据数据字典中的用户权限和完整性约束定义对用户的存取权限进行检查。如果该用户没有相应的访问权限或违反了完整性约束，就拒绝执行该查询。当然，这时的完整性检查是初步的、静态的检查。检查通过后便把SQL查询语句转换成内部表示，即等价的关系代数表达式。这个过程中要把数据库对象的外部名称转换为内部表示。关系数据库管理系统一般都用查询树（query tree），也称为语法分析树（syntax tree），来表示扩展的关系代数表达式。

3. 查询优化

每个查询都会有许多可供选择的执行策略和操作算法，查询优化就是选择一个高效执行的查询处理策略。查询优化有多种方法，按照优化的层次一般可分为代数优化和物理优化。代数优化是指关系代数表达式的优化，即按照一定的规则，通过对关系代数表达式进行等价变换，改变代数表达式中操作的次序和组合，使查询执行更高效；物理优化则是指存取路径和底层操作算法的选择，选择可以是基于规则（rule based）的，也可以是基于代价（cost based）的，还可以是基于语义（semantic based）的。

实际关系数据库管理系统中的查询优化器都综合运用了这些优化技术，以获得最好的查询优化效果。

4. 查询执行

依据优化器得到的执行策略生成查询执行计划，由代码生成器（code generator）生成执行这个查询计划的代码，然后加以执行，回送查询结果。

5.1.2　实现查询操作的算法示例

本节简单介绍选择操作和连接操作的实现算法，确切地说是算法思想。每一种操作有多种可执行的算法，这里仅介绍最主要的几个算法。对于其他重要操作的详细实现算法，有兴趣的读者可以参考有关关系数据库管理系统实现技术的图书。

1. 选择操作的实现

前面已经介绍了SELECT语句的强大功能，SELECT语句有许多选项，因此实现的算法和优化策略也很复杂。不失一般性，下面以简单的选择操作为例介绍典型的实现方法。

【例5.1】选择操作的实现语句如下：

```
SELECT * FROM Student WHERE<条件表达式>;
```

考虑<条件表达式>的几种情况：

- C1：无条件。
- C2：Sno='201215121'。
- C3：Sage>20。
- C4：Sdept='CS' AND Sage>20。

选择操作只涉及一个关系，一般采用全表扫描（table scan）或者索引扫描（index scan）算法。

1）简单的全表扫描算法

假设可以使用的内存为M块，全表扫描算法的步骤如下：

步骤01 按照物理次序读Student的M块到内存。

步骤02 检查内存的每个元组t，如果满足选择条件，则输出t。

步骤03 如果Student还有其他块未被处理，重复 **步骤01** 和 **步骤02** 。

全表扫描算法只需要很少的内存（最少为1块）就可以运行，而且控制简单。对于规模小的表，这种算法简单有效。对于规模大的表进行顺序扫描，当选择率（即满足条件的元组数占全表的比例）较低时，这个算法效率很低。

2）索引扫描算法

如果选择条件中的属性上有索引（例如B+树索引或hash索引），可以用索引扫描算法，通过索引先找到满足条件的元组指针，再通过元组指针在查询的基本表中找到元组。

【例5.1-C2】 以C2为例：Sno='201215121'，并且Sno上有索引，则可以使用索引得到Sno为'201215121'的元组指针，然后通过元组指针在Student表中检索到该学生。

【例5.1-C3】 以C3为例：Sage>20，并且Sage上有B+树索引，则可以使用B+树索引找到Sage=20的索引项，以此为入口点在B+树的顺序集上得到Sage>20的所有元组指针，然后通过这些元组指针到Student表中检索到所有年龄大于20的学生。

【例5.1-C4】 以C4为例：Sdept='CS' AND Sage>20。如果Sdept和Sage上都有索引，一种算法是，分别用上面两种方法找到Sdept='CS'的一组元组指针和Sage>20的另一组元组指针，求这两组指针的交集，再到Student表中检索，就得到计算机系年龄大于20岁的学生；另一种算法是，找到Sdept='CS'的一组元组指针，通过这些元组指针到Student表中检索，并对得到的元组检查另一些选择条件（如Sage>20）是否满足，把满足条件的元组作为结果输出。

一般情况下，当选择率较低时，基于索引的选择算法要优于全表扫描算法。但在某些情况下，例如选择率较高，或者要查找的元组均匀地分布在查找的表中，这时基于索引的选择算法的性能不如全表扫描算法。因为除了对表进行扫描操作，还要加上对B+树的索引进行扫描操作，对每一个检索码，从B+树根结点到叶子结点路径上的每一个结点都要执行一次I/O操作。

2. 连接操作的实现

连接操作是查询处理中最常用也是最耗时的操作之一。人们对它进行了深入的研究，提出了一系列的算法。不失一般性，这里通过例子简单介绍等值连接（或自然连接）最常用的几种算法思想。

【例5.2】 连接操作的实现语句如下：

```
SELECT * FROM Student, SC WHERE Student.Sno=SC.Sno;
```

连接操作可以采用以下3种算法。

1）嵌套循环算法（nested loop join）

这是最简单可行的算法。对外层循环（Student表）的每一个元组，检索内层循环（SC表）中的每一个元组，并检查这两个元组在连接属性（Sno）上是否相等。如果满足连接条件，则串接后作为结果输出，直到外层循环表中的元组处理完为止。这里讲的是算法思想，在实际实现中数据存取是按照数据块读入内存，而不是按照元组进行I/O的。嵌套循环算法可以处理包括非等值连接在内的各种连接操作。

2）排序-合并算法（sort-merge join或merge join）

这是等值连接常用的算法，尤其适合参与连接的各表已经排好序的情况。

使用排序-合并连接算法的步骤如下：

步骤 01 如果参与连接的表没有排好序，首先对Student表和SC表按连接属性Sno排序。

步骤 02　取Student表中第一个Sno，依次扫描SC表中具有相同Sno的元组，把它们连接起来，如图5.2所示。

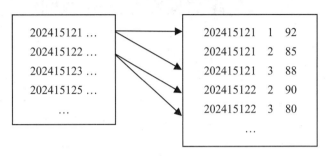

图 5.2　排序-合并算法示意图

步骤 03　当扫描到Sno不相同的第一个SC元组时，返回Student表扫描它的下一个元组，再扫描SC表中具有相同Sno的元组，把它们连接起来。

步骤 04　重复上述步骤直到Student表扫描完。

这样Student表和SC表都只需扫描一遍。当然，如果两张表原来是无序的，那么执行时间要加上对两张表的排序时间。一般来说，对于大表，先排序，后使用排序-合并连接算法执行连接，总的时间一般会减少。

3）索引连接（index join）算法

使用索引连接算法的步骤如下：

步骤 01　在SC表上已经建立了属性Sno的索引。

步骤 02　对Student中每一个元组，由Sno值通过SC的索引查找相应的SC元组。

步骤 03　把这些SC元组和Student元组连接起来。

步骤 04　循环执行 **步骤 02** 和 **步骤 03**，直到Student表中的元组处理完为止。

4）hash join算法

hash join算法也是处理等值连接的算法。它把连接属性作为hash码，用同一个hash函数把Student表和SC表中的元组散列到hash表中。

hash join算法分为两步：

步骤 01　划分阶段（building phase），也称为创建阶段，即创建hash表。对包含较少元组的表（如Student表）进行一遍处理，把它的元组按hash函数（hash码是连接属性）分散到hash表的桶中。

步骤 02　试探阶段（probing phase），也称为连接阶段（join phase），对另一张表（SC表）进行一遍处理，把SC表的元组也按同一个hash函数（hash码是连接属性）进行散列，找到适当的hash桶，并把SC元组与桶中来自Student表并与之相匹配的元组连接起来。

上面的hash join算法假设两张表中较小的表在划分阶段后可以完全放入内存的hash桶中。不需要这个前提条件的hash join算法以及许多改进的算法请参考相关文献。以上的算法思想可以推广到更加一般的多张表的连接算法上。

5.2　关系数据库系统的查询优化

查询优化在关系数据库系统中有着非常重要的地位。关系数据库系统和非过程化的SQL之所以能够取得巨大的成功，关键是得益于查询优化技术的发展。关系查询优化是影响关系数据库管理系统性能的关键因素。

优化对关系数据库系统来说既是挑战又是机遇。挑战在于，关系数据库系统为了达到用户可接受的性能水平，必须进行查询优化。由于关系表达式的语义级别很高，关系数据库系统可以从关系表达式中分析查询语义，从而提供了执行查询优化的可能性。这就为关系数据库系统在性能上接近甚至超过非关系数据库系统提供了机遇。

5.2.1　查询优化概述

查询优化既是关系数据库管理系统实现的关键技术，又是关系数据库系统的优点所在。它减轻了用户选择存取路径的负担，用户只需提出"干什么"，而不必指出"怎么干"。对比一下非关系数据库系统中的情况：用户使用过程化的语言表达查询要求，至于执行何种记录级的操作以及操作的序列，是由用户而不是由系统来决定的。因此，用户必须了解存取路径，系统要提供用户选择存取路径的手段，查询效率由用户的存取策略决定。如果用户做了不当的选择，系统是无法对此加以改进的。这就要求用户有较高的数据库技术和程序设计水平。

查询优化的优点不仅在于用户不必考虑如何最好地表达查询以获得较高的效率，而且在于系统可以比用户程序"优化"得更好。这是因为：

（1）优化器可以从数据字典中获取许多统计信息，例如每张关系表中的元组数、关系中每个属性值的分布情况、哪些属性上已经建立了索引等。优化器可以根据这些信息做出正确的估算，选择高效的执行计划，而用户程序则难以获得这些信息。

（2）如果数据库的物理统计信息改变了，系统可以自动对查询进行重新优化，以选择相适应的执行计划。在非关系数据库系统中，则必须重写程序，而重写程序在实际应用中往往是不太可能的。

（3）优化器可以考虑数百种不同的执行计划，而程序员一般只能考虑有限的几种可能性。

（4）优化器中包括了很多复杂的优化技术，这些优化技术往往只有技术最好的程序员才能掌握。系统的自动优化相当于使得所有人都拥有这些优化技术。

目前关系数据库管理系统通过某种代价模型计算出各种查询执行策略的执行代价，然后选取代价最小的执行方案。在集中式数据库中，查询执行开销主要包括磁盘存取块数（I/O代价）、处理机时间（CPU代价）以及查询的内存开销。在分布式数据库中还要加上通信代价，即

总代价=I/O代价+CPU代价+内存代价+通信代价

由于磁盘I/O操作涉及机械动作，需要的时间与内存操作相比要高几个数量级，因此在计算查询代价时，一般用查询处理读写的块数作为衡量单位。

查询优化的总目标是选择有效的策略，求得给定关系表达式的值，使得查询代价较小。因为查询优化的搜索空间有时非常大。所以系统实际选择的策略不一定是最优的，而是较优的。

5.2.2 查询优化示例

首先通过一个简单的例子来说明为什么要进行查询优化。

【例5.3】 求选修了2号课程的学生姓名。

用SQL语句表达如下：

```
SELECT Student.Sname
FROM Student,SC
WHERE Student.Sno=SC.Sno AND SC.Cno='2';
```

假定学生－课程数据库中有1000个学生记录、10000个选课记录，其中选修了2号课程的选课记录为50个。

系统可以用多种等价的关系代数表达式来完成这一查询，但分析下面3种情况就足以说明问题了。

$$Q_1 = \pi_{\text{Sname}}(\sigma_{\text{Sname.Sno=SC.Sno}\wedge\text{SC.Sno='2'}}(\text{Student} \times \text{SC}))$$

$$Q_2 = \pi_{\text{Sname}}(\sigma_{\text{SC.Sno='2'}}(\text{Student} \bowtie \text{SC}))$$

$$Q_3 = \pi_{\text{Sname}}(\text{Student} \bowtie \sigma_{\text{SC.Sno='2'}}(\text{SC}))$$

1. 第一种情况

1）计算广义笛卡儿积

把Student和SC的每个元组连接起来。一般连接的做法是：

步骤 01 在内存中尽可能多地装入某张表（如Student表）的若干块，留出一块存放另一张表（如SC表）的元组。

步骤 02 把SC中的每个元组和Student中每个元组连接起来，连接后的元组装满一块后就写到中间文件上，再从SC中读入一块和内存中的Student元组连接起来，直到SC表处理完。

步骤 03 这时再一次性读入若干块Student元组，读入一块SC元组，重复上述处理过程，直到把Student表处理完。

假设一个块能装10个Student元组或100个SC元组，在内存中存放5块Student元组和1块SC元组，则读取总块数为

$$\frac{1000}{10} + \frac{1000}{10 \times 5} \times \frac{10000}{100} = 100 + 20 \times 100 = 2100 \quad （块）$$

其中，读Student表100块，读SC表20遍，每遍100块，则总计要读取2100个数据块。

连接后的元组数为 $10^3 \times 10^4 = 10^7$。假设每块能装10个元组，则写出 10^6 块。

2）做选择操作

依次读入连接后的元组，按照选择条件选取满足要求的记录。假定内存处理时间忽略。

这一步读取中间文件（同写中间文件一样）需读入10^6块。若满足条件的元组假设仅有50个，则均可放在内存中。

3）做投影操作

把选择操作的结果在Sname上做投影输出，得到最终结果。

因此，第一种情况下执行查询的总读写数据块为（$2100+10^6+10^6$）块。

2. 第二种情况

步骤01 计算自然连接。为了执行自然连接，读取Student和SC表的策略不变，总的读取块数仍为2100块。但自然连接的结果比第一种情况大大减少，连接后的元组数为10^4，写出的数据为10^3块。

步骤02 读取中间文件块，执行选择操作，读取的数据为10^3块。

步骤03 把 **步骤02** 的结果投影输出。

第二种情况下执行查询的总读写数据块为（$2100+10^3+10^3$）块。其执行代价大约是第一种情况的1/488。

3. 第三种情况

步骤01 先对SC表做选择操作，只需读一遍SC表，存取块数为100块，因为满足条件的元组仅50个，不必使用中间文件。

步骤02 读取Student表，把读入的Student元组和内存中的SC元组连接起来。也只需读一遍 Student 表，共100块。

步骤03 把连接结果投影输出。

第三种情况总的读写数据块为（100+100）块。其执行代价大约是第一种情况的万分之一，是第二种情况是1/20。

对于第三种情况，假如SC表的Cno字段上有索引，第一步就不必读取所有的SC元组，而只需读取Cno='2'的那些元组（50个）。存取的索引块和SC中满足条件的数据块大约共3~4块。若Student表在Sno上也有索引，则第二步也不必读取所有的Student元组，因为满足条件的SC记录仅50个，涉及最多50个Student记录，因此读取Student表的块数也可大大减少。

这个简单的例子充分说明了查询优化的必要性，同时也给出一些查询优化方法的初步概念。例如，读者可能已经发现，在第一种情况下，连接后的元组可以先不立即写出，而是和选择操作结合，这样可以省去写出和读入的开销。有选择和连接操作时，应当先做选择操作，例如，把上面的代数表达式Q_1、Q_2变换为Q_3，这样参加连接的元组就可以大大减少，这就是代数优化。在Q_3中，SC表的选择操作算法可以采用全表扫描或索引扫描，经过初步估算，索引扫描方法较优。同样对于Student和SC表的连接，利用Student表上的索引，采用索引连接代价也较小，这就是物理优化。

5.3　代 数 优 化

5.1节中已经讲解了SQL语句经过查询分析、查询检查后变换为查询树，它是关系代数表达式的内部表示。本节介绍基于关系代数等价变换规则的优化方法，即代数优化。

5.3.1　关系代数表达式等价变换规则

代数优化策略是通过对关系代数表达式的等价变换来提高查询效率。所谓关系代数表达式的等价，是指用相同的关系代替两个表达式中相应的关系所得到的结果是相同的。两个关系表达式 E_1 和 E_2 是等价的，可记为 $E_1 \equiv E_2$。

下面是常用的等价变换规则，证明从略。

1. 连接与笛卡儿积的交换律

设 E_1 和 E_2 是关系代数表达式，F是连接运算的条件，则有

$$E_1 \times E_2 \equiv E_2 \times E_1$$
$$E_1 \bowtie E_2 \equiv E_2 \bowtie E_1$$
$$E_1 \underset{F}{\bowtie} E_2 \equiv E_2 \underset{F}{\bowtie} E_1$$

2. 连接与笛卡儿积的结合律

设 E_1、E_2、E_3 是关系代数表达式，F_1、F_2 是连接运算的条件，则有

$$(E_1 \times E_2) \times E_3 \equiv E_1 \times (E_2 \times E_3)$$
$$(E_1 \bowtie E_2) \bowtie E_3 \equiv E_1 \bowtie (E_2 \bowtie E_3)$$
$$(E_1 \underset{F_1}{\bowtie} E_2) \underset{F_2}{\bowtie} E_3 \equiv E_1 \underset{F_1}{\bowtie} (E_2 \underset{F_2}{\bowtie} E_3)$$

3. 投影的串接定律

$$\pi_{A_1, A_2, \cdots, A_n}(\pi_{B_1, B_2, \cdots, B_n}(E)) \equiv \pi_{A_1, A_2, \cdots, A_n}(E)$$

这里，E是关系代数表达式，$A_i(i=1,2,\cdots,n)$，$B_j(j=1,2,\cdots,m)$ 是属性名，且 $\{A_1, A_2, \cdots, A_n\}$ 构成 $\{B_1, B_2, \cdots, B_m\}$ 的子集。

4. 选择的串接定律

$$\sigma_{F_1}(\sigma_{F_2}(E)) \equiv \sigma_{F_1 \wedge F_2}(E)$$

这里，E是关系代数表达式，F_1、F_2 是选择条件。选择的串接律说明选择条件可以合并，这样一次就可以检查全部条件。

5. 选择与投影操作的交换律

$$\sigma_F(\pi_{A_1, A_2, \cdots, A_n}(E)) \equiv \pi_{A_1, A_2, \cdots, A_n}((\sigma_F(E))$$

这里，选择条件F只涉及属性$A_1, \cdots, A_n$。

若F中有不属于$A_1, \cdots, A_n$的属性$B_1, \cdots, B_m$，则有更一般的规则：

$$\pi_{A_1, A_2, \cdots, A_n}\left(\sigma_F\left(E\right)\right) \equiv \pi_{A_1, A_2, \cdots, A_n}(\sigma_F(\pi_{A_1, A_2, \cdots, A_n, B_1, B_2, \cdots, B_m}(E)))$$

6. 选择与笛卡儿积的交换律

如果F中涉及的属性都是E_1中的属性，则

$$\sigma_F(E_1 \times E_2) \equiv \sigma_F(E_1) \times E_2$$

如果$F = F_1 \wedge F_2$，并且F_1只涉及E_1中的属性，F_2只涉及E_2中的属性，则由上面的等价变换规则1、4、6可推出

$$\sigma_F(E_1 \times E_2) \equiv \sigma_{F_1}(E_1) \times \sigma_{F_2}(E_2)$$

若F_1涉及E_1中的属性，F_2涉及E_1和E_2两者的属性，则仍有

$$\sigma_F(E_1 \times E_2) \equiv \sigma_{F_2}(\sigma_{F_1}(E_1) \times (E_2))$$

它使部分选择在笛卡儿积前先做。

7. 选择与并的分配律

设$E \equiv E_1 \cup E_2$，E_1、E_2有相同的属性名，则

$$\sigma_F(E_1 \cup E_2) \equiv \sigma_{F_1}(E_1) \cup \sigma_{F_2}(E_2)$$

8. 选择与差运算的分配律

若E_1、E_2有相同的属性名，则

$$\sigma_F(E_1 - E_2) \equiv \sigma_{F_1}(E_1) - \sigma_{F_2}(E_2)$$

9. 选择与自然连接的分配律

$$\sigma_F(E_1 \bowtie E_2) \equiv \sigma_{F_1}(E_1) \bowtie \sigma_{F_2}(E_2)$$

F只涉及E_1与E_2的公共属性。

10. 投影与笛卡儿积的分配律

设E_1和E_2是两个关系表达式，$A_1, \cdots, A_n$是E_1的属性，$B_1, \cdots, B_m$是E_2的属性，则

$$\pi_{A_1, A_2, \cdots, A_n, B_1, B_2, \cdots, B_m}(E_1 \times E_2) \equiv \pi_{A_1, A_2, \cdots, A_n}(E_1) \times \pi_{B_1, B_2, \cdots, B_m}(E_2)$$

11. 投影与并的分配律

设 E_1 和 E_2 有相同的属性名，则

$$\pi_{A_1, A_2, \cdots, A_n}\left(E_1 \cup E_2\right)) \equiv \pi_{A_1, A_2, \cdots, A_n}\left(E_1\right) \cup \pi_{A_1, A_2, \cdots, A_n}\left(E_2\right))$$

5.3.2 查询树的启发式优化

本节讨论应用启发式规则（heuristic rules）的代数优化。这是对关系代数表达式的查询树进行优化的方法。典型的启发式规则有：

（1）选择运算应尽可能先做。在优化策略中这是最重要、最基本的一条。它常常可使执行代价节约几个数量级，因为选择运算一般使计算的中间结果大大变小。

（2）把投影运算和选择运算同时进行。如有若干投影和选择运算，并且它们都对同一个关系操作，则可以在扫描此关系的同时完成所有这些运算，以避免重复扫描关系。

（3）把投影同其前或后的双目运算结合起来，没有必要为了去掉某些字段而扫描一遍关系。

（4）把某些选择同在它前面要执行的笛卡儿积结合起来成为一个连接运算，连接（特别是等值连接）运算要比同样关系上的笛卡儿积省很多时间。

（5）找出公共子表达式。如果这种重复出现的子表达式的结果不是很大的关系，并且从外存中读入这个关系比计算该子表达式的时间少得多，则先计算一次公共子表达式，并把结果写入中间文件是合算的。当查询的是视图时，定义视图的表达式就是公共子表达式。

下面给出遵循这些启发式规则，应用5.3.1节的等价变换公式来优化关系表达式的算法。

算法：关系表达式的优化。

输入：一个关系表达式的查询树。

输出：优化的查询树。

方法：

（1）利用等价变换规则4，把形如 $\sigma_{F_1 \wedge F_2 \wedge \cdots \wedge F_n}(E)$ 的表达式变换为 $\sigma_{F_1}(\sigma_{F_2}(\ldots(\sigma_{F_n}(E))\ldots))$。

（2）对每一个选择，利用等价变换规则4~9，尽可能把它移到树的叶端。

（3）对每一个投影，利用等价变换规则3、5、10、11中的一般形式，尽可能把它移向树的叶端。

> **注意** 等价变换规则3使一些投影消失，而规则5把一个投影分裂为两个，其中一个有可能被移向树的叶端。

（4）利用等价变换规则3~5，把选择和投影的串接合并成单个选择、单个投影或一个选择后跟一个投影，使多个选择或投影能同时执行，或在一次扫描中全部完成。尽管这种变换似乎违背"投影尽可能早做"的原则，但这样做效率更高。

（5）把上述得到的语法树的内结点分组。每一双目运算（×，⋈，∪，−）和它所有的直接祖先为一组（这些直接祖先是（σ，π 运算）。如果其后代直到叶子全是单目运算，则也将

它们并入该组。但是，当双目运算是笛卡儿积，而且后面不是与它组成等值连接的选择时，则不能把选择与这个双目运算组成同一组，把这些单目运算单独分为一组。

【例5.4】下面给出【例5.3】中SQL语句的代数优化示例。

```
SELECT Student.Sname FROM Student, SC
WHERE Student.Sno=SC.Sno AND SC.Cno='2';
```

（1）把SQL语句转换成查询树，如图5.3所示。

为了使用关系代数表达式的优化法，不妨假设内部表示是关系代数语法树，则图5.3中的查询树便转换成如图5.4所示的查询树。

（2）对查询树进行优化。

利用规则4、6，把选择$\sigma_{SC.Cno='2'}$移到叶端，图5.4的查询树便转换成如图5.5所示的优化查询树。这就是5.2.2节中Q_3的查询树表示。前面已经分析了Q_3比Q_1、Q_2的查询效率要高得多。

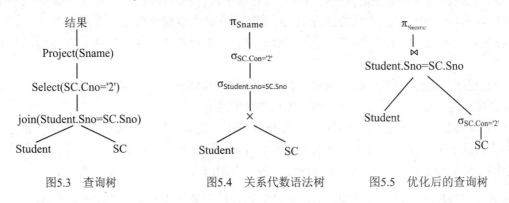

图5.3　查询树　　　图5.4　关系代数语法树　　　图5.5　优化后的查询树

5.4　物 理 优 化

代数优化改变了查询语句中操作的次序和组合，但不涉及底层的存取路径。5.1.2节中已经讲解了对每一种操作有多种执行算法，有多条存取路径，因而对于一个查询语句有许多存取方案，它们的执行效率不同，有的会相差很大。因此，仅仅进行代数优化是不够的。物理优化就是要选择高效合理的操作算法或存取路径，求得优化的查询计划，达到查询优化的目标。

选择的方法可以是：

（1）基于规则的启发式优化。启发式规则是指那些在大多数情况下都适用，但不是在每种情况下都是最好的规则。

（2）基于代价估算的优化。使用优化器估算不同执行策略的代价，并选出具有最小代价的执行计划。

（3）两者结合的优化方法。查询优化器通常会把上述两种技术结合在一起使用。因为可能的执行策略很多，要穷尽所有的策略进行代价估算往往是不可行的，会使得查询优化本身付出的代价大于获得的益处。为此，常常先使用启发式规则，选取若干较优的候选方案，减少代价估算的工作量；然后分别计算这些候选方案的执行代价，较快地选出最终的优化方案。

5.4.1　基于启发式规则的存取路径选择优化

1. 选择操作的启发式规则

对于小关系，使用全表顺序扫描，即使选择列上有索引。

对于大关系，启发式规则有：

（1）对于选择条件是"主码=值"的查询，查询结果最多是一个元组，可以选择主码索引。一般的关系数据库管理系统会自动建立主码索引。

（2）对于选择条件是"非主属性=值"的查询，并且选择列上有索引，则要估算查询结果的元组数目，如果比例较小（<10%），可以使用索引扫描方法；否则，还是使用全表顺序扫描。

（3）对于选择条件是属性上的非等值查询或者范围查询，并且选择列上有索引，同样要估算查询结果的元组数目，如果选择率<10%，可以使用索引扫描方法；否则，还是使用全表顺序扫描。

（4）对于用AND连接的合取选择条件，如果有涉及这些属性的组合索引，则优先采用组合索引扫描方法；如果某些属性上有一般索引，则可以用【例5.1-C4】中介绍的索引扫描方法，否则使用全表顺序扫描。

（5）对于用OR连接的析取选择条件，一般使用全表顺序扫描

2. 连接操作的启发式规则

（1）如果2张表都已经按照连接属性排序，则选用排序－合并算法。

（2）如果一张表在连接属性上有索引，则可以选用索引连接算法。

（3）如果上面2个规则都不适用，其中一张表较小，则可以选用hash join 算法。

（4）最后可以选用嵌套循环算法，并选择其中较小的表，确切地讲是占用的块数较少的表，作为外表（外循环的表）。

理由如下：

设连接表R与S分别占用的块数为Br与Bs，连接操作使用的内存缓冲区块数为K，分配$K-1$块给外表。如果R为外表，则嵌套循环法存取的块数为$Br + BrBs / (K-1)$，显然应该选块数小的表作为外表。

上面列出了一些主要的启发式规则，在实际的关系数据库管理系统中，启发式规则要多得多。

5.4.2　基于代价估算的优化

启发式规则优化是定性的选择，比较粗糙，但是实现简单而且优化本身的代价较小，适合解释执行的系统。因为解释执行的系统的优化开销包含在查询总开销之中。

在编译执行的系统中，一次编译优化，多次执行，查询优化和查询执行是分开的。因此，可以采用更精细复杂的基于代价的优化方法。

1. 统计信息

基于代价的优化方法要计算各种操作算法的执行代价，它与数据库的状态密切相关。为此，在数据字典中存储了优化器需要的统计信息（database statistics），主要包括如下几个方面：

（1）对于每张基本表，该表的元组总数（N）、元组长度（l）、占用的块数（B）、占用的溢出块数（BO）。

（2）对于基本表的每个列，该列不同值的个数（m）、该列的最大值和最小值，该列上是否已经建立了索引，是哪种索引（B+树索引、hash索引、聚集索引）。根据这些统计信息，可以计算出谓词条件的选择率（f），如果不同值的分布是均匀的，则$f=1/m$；如果不同值的分布不均匀，则要计算每个值的选择率，f=具有该值的元组数/N。

（3）对于索引，例如B+树索引，该索引的层数（L）、不同索引值的个数、索引的选择基数S（有S个元组具有某个索引值）、索引的叶结点数（Y）。

……

2. 代价估算公式

下面给出若干操作算法的执行代价估算公式。

1）全表扫描算法的代价估算公式

如果基本表大小为B块，全表扫描算法的代价cost=B；如果选择条件是"码=值"，那么平均搜索代价cost=$B/2$。

2）索引扫描算法的代价估算公式

如果选择条件是"码=值"，如【例5.1-C2】则采用该表的主索引。若为B+树，层数为L，则需要存取B+树中从根结点到叶结点的L块，再加上基本表中该元组所在的那一块，因此cost=$L+1$。

如果选择条件涉及非码属性，如【例5.1-C3】，若为B+树索引，层数为L，选择条件是相等比较，S是索引的选择基数（有S个元组满足条件）。因为满足条件的元组可能会保存在不同的块上，所以（最坏的情况）cost=$L+S$。

如果比较条件是">"">="" <"" <="操作，假设有一半的元组满足条件，那么就要存取一半的叶结点，并通过索引访问一半的表存储块。因此，cost=$L+Y/2+B/2$。如果可以获得更准确的选择基数，可以进一步修正$Y/2$与$B/2$。

3）嵌套循环连接算法的代价估算公式

5.4.1节中已经讨论过了嵌套循环连接算法的代价 cost = $Br + BrBs/(K-1)$。如果需要把连接结果写回磁盘，则 cost = $Br + BrBs/(K-1) + (Frs \times Nr \times Ns)/Mrs$。其中 Frs 为连接选择率（join selectivity），表示连接结果元组数的比例；Mrs 是存放连接结果的块因子，表示每块中可以存放的结果元组数目，Nr、Ns 分别代表两个输入表的元组数。

4）排序–合并连接算法的代价估算公式

如果连接表已经按照连接属性排好序，则 $cost = Br + Bs + (Frs \times Nr \times Ns) / Mrs$。

如果必须对文件排序，那么还需要在代价函数中加上排序的代价。对于包含 B 个块的文件，排序的代价大约是 $(2 \times B) + (2 \times B \times \log 2B)$。

上面仅仅列出了少数操作算法的代价估算公式。在实际的关系数据库管理系统中，代价估算公式要多得多，也复杂得多。

前面还提到一种优化的方法——语义优化。这种技术根据数据库的语义约束，把原先的查询转换成另一个执行效率更高的查询。本章不对这种方法进行详细讨论，只用一个简单的例子来说明它。考虑【例5.1】的SQL查询：

```
SELECT * FROM Student
WHERE Sdept='CS' AND Sage>200;
```

显然，用户在写年龄值Sage时，误把20写成200了。假设在数据库模式上定义了一个约束，要求学生年龄为15～55岁。一旦查询优化器检查到了这条约束，它就知道上面查询的结果为空，因此根本不用执行这个查询。

5.5 查询计划的执行

查询优化完成后，关系数据库管理系统为用户查询生成了一个查询计划。该查询计划的执行可以分为自顶向下和自底向上两种执行方式。

在自顶向下的执行方式中，系统反复向查询计划顶端的操作符发出需要查询结果元组的请求，操作符收到请求后，就试图计算下一个（几个）元组并返回这些元组。在计算时，如果操作符的输入缓冲区为空，它就会向其孩子操作符发送需求元组的请求……这种需求元组的请求会一直传到叶子结点，启动叶子操作符运行，并返回其父操作符一个（几个）元组，父操作符再计算自己的输出并返回给上层操作符，直至顶端操作符。重复这一过程，直到处理完整个关系。

在自底向上的执行方式中，查询计划从叶结点开始执行，叶结点操作符不断地产生元组并将它们放入其输出缓冲区中，直到缓冲区填满为止，这时它必须等待其父操作符将元组从该缓冲区中取走才能继续执行。然后其父操作符开始执行，利用下层的输入元组来产生它自己的输出元组，直到其输出缓冲区满为止。这个过程不断重复，直到产生所有的输出元组。

显然，自顶向下的执行方式是一种被动的、需求驱动的执行方式，而自底向上的执行方式是一种主动的执行方式。详细的介绍请参阅关系数据库管理系统实现的相关文献。

第 6 章

数据库恢复技术

事务是一系列的数据库操作，是数据库应用程序的基本逻辑单元。事务处理技术主要包括数据库恢复技术和并发控制技术。数据库恢复机制和并发控制机制是数据库系统的重要组成部分。本章讨论数据库恢复的概念和常用技术。

6.1 事务的基本概念

在讨论数据库恢复技术之前，先讲解事务的基本概念和性质。

1. 事务

所谓事务是用户定义的一个数据库操作序列，这些操作要么全做，要么全不做，是一个不可分割的工作单位。例如，在关系数据库中，一个事务可以是一条SQL语句、一组SQL语句或整个程序。

事务和程序是两个概念。一般来讲，一个程序中包含多个事务。

事务的开始与结束可以由用户显式控制。如果用户没有显式地定义事务，则由数据库系统按默认规定自动划分事务。在SQL中，定义事务的语句一般有3条：

```
BEGIN TRANSACTION;
COMMIT;
ROLLBACK;
```

事务通常是以BEGIN TRANSACTION开始，以COMMIT或ROLLBACK结束。COMMIT表示提交，即提交事务的所有操作。具体地说就是将事务中所有对数据库的更新写回到磁盘上的物理数据库中，事务正常结束。ROLLBACK表示回滚，即如果在事务运行的过程中发生了某种故障，事务不能继续执行，那么系统将事务中对数据库的所有已完成的操作全部撤销，回滚到事务开始时的状态。这里的操作指对数据库的更新操作。

2. 事务的ACID特性

事务具有4个特性：原子性（atomicity）、一致性（consistency）、隔离性（isolation）和持续性（durability）。这4个特性简称为ACID特性（ACID properties）。

1）原子性

事务是数据库的逻辑工作单位，事务中包括的各个操作要么都做，要么都不做。

2）一致性

事务执行的结果必须是使数据库从一个一致性状态变成另一个一致性状态。因此，当数据库只包含成功事务提交的结果时，就说数据库处于一致性状态。如果数据库系统运行中发生故障，有些事务尚未完成就被迫中断，这些未完成的事务对数据库所做的修改有一部分已写入物理数据库，这时数据库就处于一种不正确的状态，或者说是不一致的状态。例如，某公司在银行中有A、B两个账号，现在公司想从账号A中取出一万元存入账号B。那么就可以定义一个事务，该事务包括两个操作：第一个操作是从账号A中减去一万元，第二个操作是向账号B中加入一万元。这两个操作要么全做，要么全不做。全做或者全不做，数据库都处于一致性状态。如果只做一个操作，则逻辑上就会发生错误，会减少或增加一万元，这时数据库就处于不一致性状态。可见一致性与原子性是密切相关的。

3）隔离性

一个事务的执行不能被其他事务干扰。即一个事务的内部操作及使用的数据对其他并发事务是隔离的，并发执行的各个事务之间不能互相干扰。

4）持续性

持续性也称永久性（permanence），指一个事务一旦提交，它对数据库中数据的改变就应该是永久性的，接下来的其他操作或故障不应该对其执行结果有任何影响。

事务是恢复和并发控制的基本单位，所以下面的讨论均以事务为对象。

保证事务ACID特性是事务管理的重要任务。事务ACID特性可能遭到破坏的因素有：

（1）多个事务并行运行时，不同事务的操作交叉执行。

（2）事务在运行过程中被强行终止。

在第一种情况下，数据库系统必须保证多个事务的交叉运行不影响这些事务的原子性；在第二种情况下，数据库系统必须保证被强行终止的事务对数据库和其他事务没有任何影响。这些就是数据库系统中恢复机制和并发控制机制的责任。

6.2　数据库恢复概述

尽管数据库系统中采取了各种保护措施来防止数据库的安全性和完整性被破坏，保证并发事务的正确执行，但是计算机系统中硬件的故障、软件的错误、操作员的失误以及恶意的破坏仍是不可避免的。这些故障轻则造成运行事务非正常中断，影响数据库中数据的正确性，重则破坏数据库，使数据库中全部或部分数据丢失。因此，数据库系统必须具有把数据库从错误状态恢复到某一已知的正确状态(亦称为一致状态或完整状态)的功能，这就是数据库的恢复。恢复子系统是数据库系统的一个重要组成部分，而且还相当庞大，常常占整个系统代码的10%以上。数据库系统所采用的恢复技术是否行之有效，不仅对系统可靠程度的高低起着决定性作用，而且对系统运行效率的好坏也有很大影响，是衡量系统性能优劣的重要指标。

6.3　故障的种类

数据库系统中可能发生各种各样的故障，大致可以分以下几类。

1. 事务内部的故障

事务内部的故障有的是可以通过事务程序本身发现的（见下面转账事务的例子），有的是非预期的，不能由事务程序处理。

例如，银行转账事务，这个事务把一笔金额从账户甲转给账户乙。

```
BEGIN TRANSACTION
读账户甲的余额BALANCE;
BALANCE-BALANCE-AMOUNT;          /*AMOUNT 为转账金额*/
IF(BALANCE <0)THEN
{打印'金额不足,不能转账";         /*事务内部可能造成事务被回滚的情况*/
ROLLBACK;                        /*撤销刚才的修改，恢复事务*/
ELSE
{读账户乙的余额BALANCE1;
BALANCE1=BALANCE1+AMOUNT;
写回 BALANCE1;
COMMIT:
```

这个例子所包括的两个更新操作要么全部完成，要么全部不做，否则就会使数据库处于不一致状态，例如可能出现只把账户甲的余额减少而没有把账户乙的余额增加的情况。

在这段程序中，若产生账户甲余额不足的情况，应用程序可以发现并让事务滚回，撤销已做的修改，恢复数据库到正确状态。

事务内部更多的故障是非预期的，是不能由应用程序处理的，如运算溢出，并发事务发生死锁而被选中撤销该事务，违反了某些完整性限制而被终止等。本书的后续内容中，事务故障仅指这类非预期的故障。事务故障意味着事务没有达到预期的终点（COMMIT或者显式的ROLLBACK），因此数据库可能处于不正确状态。恢复程序要在不影响其他事务运行的情况下强行回滚该事务，即撤销该事务已经做出的任何对数据库的修改，使得该事务好像根本没有启动一样。这类恢复操作称为事务撤销（UNDO）。

2. 系统故障

系统故障是指造成系统停止运转，使得系统重新启动的任何事件。例如，特定类型的硬件错误（CPU故障）、操作系统故障、DBMS代码错误、系统断电等。这类故障影响正在运行的所有事务，但不破坏数据库。此时主存内容，尤其是数据库缓冲区（在内）中的内容都丢失，所有运行事务都非正常终止。发生系统故障时，一些尚未完成的事务的结果可能已送入物理数据库，从而造成数据库可能处于不正确的状态。为保证数据一致性，需要清除这些事务对数据库的所有修改。恢复子系统必须在系统重新启动时让所有非正常终止的事务回滚，强行撤销所有未完成事务。

另一方面，发生系统故障时，有些已完成的事务可能有一部分甚至全部留在缓冲区，尚未写回到磁盘上的物理数据库中，系统故障使得这些事务对数据库的修改部分或全部丢失，这也会使数据库处于不一致状态。因此，应将这些事务已提交的结果重新写入数据库。系统重新启动后，恢复子系统除了需要撤销所有未完成的事务外，还需要重做（REDO）所有已提交的事务，以将数据库真正恢复到一致状态。

3. 介质故障

系统故障常被称为软故障（soft crash），介质故障被称为硬故障（hard crash）。硬故障指外存故障，如磁盘损坏、磁头碰撞、瞬时强磁场干扰等。这类故障将破坏整个或部分数据库，并影响正在存取这部分数据的所有事务。这类故障比前两类故障发生的可能性小得多，但破坏性最大。

4. 计算机病毒

计算机病毒是一种人为的故障或破坏，是一些恶作剧者研制的一种计算机程序。这种程序与其他程序不同，它像微生物学中的病毒一样可以繁殖和传播，并对计算机系统包括数据库造成危害。

计算机病毒的种类很多，不同病毒有不同的特征。小的病毒只有20条指令，不到50B。大的病毒像一个操作系统，由上万条指令组成。

有的计算机病毒传播很快，一旦侵入系统就会马上摧毁系统；有的病毒具有较长的潜伏期，计算机在感染后数天或数月才开始"发病"；有的病毒感染系统所有的程序和数据；有的只对某些特定的程序和数据感兴趣。多数病毒一开始并不摧毁整个计算机系统，它们可能只在数据库或其他数据文件中将小数点向左或向右移一两位，增加或删除一两个"0"，从而导致系统运行不正常。

计算机病毒已成为计算机系统的主要威胁，自然也是数据库系统的主要威胁。为此，计算机的安全工作者已研制了许多预防病毒的"疫苗"，检查、诊断、消灭计算机病毒的软件也在不断发展。但是，至今还没有一种可以使计算机"终生"免疫的"疫苗"。因此，数据库一旦被破坏，仍要使用恢复技术加以恢复。

总结各类故障对数据库的影响，有两种可能性：一是数据库本身被破坏；二是数据库没有被破坏，但数据可能不正确，这是由于事务的运行被非正常终止造成的。

恢复的基本原理十分简单，可以用一个词来概括：冗余。这就是说，数据库中任何一部分被破坏或不正确的数据可以根据存储在系统别处的冗余数据来重建。尽管恢复的基本原理很简单，但实现技术的细节却相当复杂，下面略去一些细节，介绍数据库恢复的实现技术。

6.4 恢复的实现技术

恢复机制涉及的两个关键问题：如何建立冗余数据，以及如何利用这些冗余数据实施数据库恢复。

建立冗余数据最常用的技术是数据转储和登记日志文件（logging）。通常在一个数据库系统中，这两种方法是一起使用的。

6.4.1 数据转储

数据转储是数据库恢复中采用的基本技术。所谓转储即数据库管理员定期地将整个数据库复制到磁带、磁盘或其他存储介质上保存起来的过程。这些备用的数据被称为后备副本（backup）或后援副本。

当数据库遭到破坏后，可以将后备副本重新装入，但重装后备副本只能将数据库恢复到转储时的状态，要想恢复到故障发生时的状态，必须重新运行转储以后的所有更新事务。例如，在图6.1中，系统在 T_a 时刻停止运行事务，进行数据库转储；在 T_b 时刻转储完毕，得到 T_b 时刻的数据库一致性副本；系统运行到 T_f 时刻发生故障。为恢复数据库，首先由数据库管理员重装数据库后备副本，将数据库恢复至 T_b 时刻的状态，然后重新运行 $T_b \sim T_f$ 时刻的所有更新事务，这样就把数据库恢复到故障发生前的一致状态。

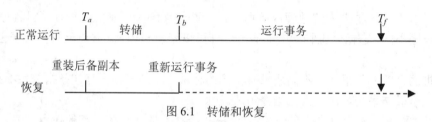

图 6.1 转储和恢复

转储是十分耗费时间和资源的，不能频繁进行。数据库管理员应该根据数据库使用情况确定一个适当的转储周期。

转储可分为静态转储和动态转储。

- 静态转储是在系统中无运行事务时进行的转储操作，即转储操作开始的时刻数据库处于一致性状态，而转储期间不允许（或不存在）对数据库进行任何存取、修改活动。显然，静态转储得到的一定是一个数据一致性的副本。静态转储简单，但转储必须等待正运行的用户事务结束才能进行。同样，新的事务必须等待转储结束才能执行。显然，这会降低数据库的可用性。
- 动态转储是指转储期间允许对数据库进行存取或修改，即转储和用户事务可以并发执行。动态转储可以克服静态转储的缺点，它不用等待正在运行的用户事务结束，也不会影响新事务的运行。但是，转储结束时后援副本上的数据并不能保证正确有效。例如，在转储期间的某个时刻 T_c，系统把数据A=100转储到磁带上，而在下一时刻 T_d，某一事务将A改为200，转储结束后，后备副本上的A已是过时的数据了。

为此，必须把转储期间各事务对数据库的修改活动登记下来，建立日志文件（log file）。这样，后援副本加上日志文件就能把数据库恢复到某一时刻的正确状态。

转储还可以分为海量转储和增量转储两种方式。海量转储是指每次转储全部数据库，增量转储则指每次只转储上一次转储后更新过的数据。从恢复角度看，使用海量转储得到的后备副本进行恢复会更方便。但如果数据库很大，事务处理又十分频繁，则增量转储方式更实用、有效。

因为数据转储有两种方式，分别在两种状态下进行，所以数据转储方法可以分为4类：动态海量转储、动态增量转储、静态海量转储和静态增量转储，如表6.1所示。

表 6.1　数据转储分类

转储方式	转储状态	
	动态转储	静态转储
海量转储	动态海量转储	静态海量转储
增量转储	动态增量转储	静态增量转储

6.4.2　登记日志文件

1. 日志文件的格式和内容

日志文件是用来记录事务对数据库的更新操作的文件。不同数据库系统采用的日志文件格式并不完全一样。概括起来日志文件主要有两种格式：以记录为单位的日志文件和以数据块为单位的日志文件。

对于以记录为单位的日志文件，日志文件中需要登记的内容包括：

- 各个事务的开始（BEGIN TRANSACTION）标记。
- 各个事务的结束（COMMIT或ROLLBACK）标记。
- 各个事务的所有更新操作。

这里每个事务的开始标记、每个事务的结束标记和每个更新操作均作为日志文件中的一个日志记录（log record）。

每个日志记录的内容主要包括：

- 事务标识（标明是哪个事务）。
- 操作的类型（插入、删除或修改）。
- 操作对象（记录内部标识）。
- 更新前数据的旧值（对插入操作而言，此项为空值）。
- 更新后数据的新值（对删除操作而言，此项为空值）。

对于以数据块为单位的日志文件，日志记录的内容包括事务标识和被更新的数据块。由于已将更新前的整个块和更新后的整个块都放入日志文件中了，因此操作类型和操作对象等信息就不必放入日志记录中了。

2. 日志文件的作用

日志文件在数据库恢复中起着非常重要的作用，可以用来进行事务故障恢复和系统故障恢复，并协助后备副本进行介质故障恢复。具体作用如下：

（1）事务故障恢复和系统故障恢复必须用日志文件。

（2）在动态转储方式中必须建立日志文件，后备副本和日志文件结合起来才能有效地恢复数据库。

（3）在静态转储方式中也可以建立日志文件，当数据库被毁坏后，可重新装入后援副本，把数据库恢复到转储结束时刻的正确状态，然后利用日志文件把已完成的事务进行重做处理，对故障发生时尚未完成的事务进行撤销处理，这样不必重新运行那些已完成的事务程序就可把数据库恢复到故障前某一时刻的正确状态。最后更新事务，就能把数据库恢复到故障发生前的一致状态，如图6.2所示。

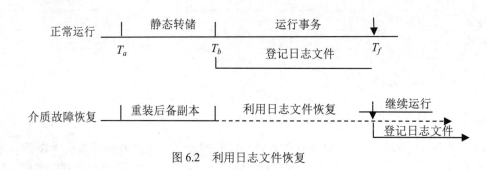

图 6.2 利用日志文件恢复

3. 登记日志文件

为保证数据库是可恢复的，登记日志文件时必须遵循两条原则：

- 登记的次序严格按并发事务执行的时间次序。
- 必须先写日志文件，后写数据库。

把对数据的修改写到数据库中和把表示这个修改的日志记录写到日志文件中是两个不同的操作。在这两个操作之间有可能发生故障，即这两个写操作只完成了一个。如果先写了数据库修改，而在运行记录中没有登记这个修改，则以后就无法恢复这个修改了。如果先写日志，但没有修改数据库，按日志文件恢复时只不过是多执行一次不必要的UNDO操作，并不会影响数据库的正确性。因此，为了安全，一定要先写日志文件，即首先把日志记录写到日志文件中，然后写数据库的修改。这就是"先写日志文件"的原则。

6.5 恢 复 策 略

当系统运行过程中发生故障时，利用数据库后备副本和日志文件就可以将数据库恢复到故障前的某个一致性状态。不同故障其恢复策略和方法也不一样。

6.5.1 系统故障的恢复

前面已讲过，系统故障造成数据库不一致状态的原因有两个：一是未完成事务对数据库的更新可能已写入数据库，二是已提交事务对数据库的更新可能还留在缓冲区没来得及写入数据库。因此，恢复操作就是要撤销故障发生时未完成的事务，重做已完成的事务。

系统故障的恢复是由系统在重新启动时自动完成的，不需要用户干预。

系统故障的恢复步骤如下：

步骤 01　正向扫描日志文件（即从头扫描日志文件），找出在故障发生前已经提交的事务（这些事务既有BEGIN TRANSACTION记录，也有COMMIT记录），将其事务标识记入重做队列（REDO-LIST）。同时找出故障发生时尚未完成的事务（这些事务只有BEGIN TRANSACTION记录，无相应的COMMIT记录），将其事务标识记入撤销队列（UNDO-LIST）。

步骤 02　对撤销队列中的各个事务进行撤销（UNDO）处理。进行撤销处理的方法是，反向扫描日志文件，对每个撤销事务的更新操作执行逆操作，即将日志记录中"更新前的值"写入数据库。

步骤 03　对重做队列中的各个事务进行重做处理。进行重做处理的方法是：正向扫描日志文件，对每个重做事务重新执行日志文件登记的操作，即将日志记录中"更新后的值"写入数据库。

6.5.2　介质故障的恢复

发生介质故障后，磁盘上的物理数据和日志文件被破坏，这是最严重的一种故障。其恢复方法是重装数据库，然后重做已完成的事务。

介质故障的恢复步骤如下：

步骤 01　装入最新的数据库后备副本（离故障发生时刻最近的转储副本），使数据库恢复到最近一次转储时的一致性状态。

对于动态转储的数据库副本，还需同时装入转储开始时刻的日志文件副本，利用恢复系统故障的方法（即REDO+UNDO），才能将数据库恢复到一致性状态。

步骤 02　装入相应的日志文件副本（转储结束时刻的日志文件副本），重做已完成的事务。即首先扫描日志文件，找出故障发生时已提交的事务的标识，将其记入重做队列；然后正向扫描日志文件，对重做队列中的所有事务进行重做处理，即将日志记录中"更新后的值"写入数据库。

这样就可以将数据库恢复至故障前某一时刻的一致状态了。

介质故障的恢复需要数据库管理员介入，但数据库管理员只需要重装最近转储的数据库副本和有关的各日志文件副本，然后执行系统提供的恢复命令即可，具体的恢复操作仍由数据库系统完成。

6.5.3　事务故障的恢复

事务故障是指事务在运行至正常终止点前被终止，这时恢复子系统应利用日志文件撤销（UNDO）此事务已对数据库进行的修改。事务故障的恢复是由系统自动完成的，对用户是透明的。事务故障的恢复步骤如下：

步骤 01　反向扫描日志文件（即从最后向前扫描日志文件），查找该事务的更新操作。

步骤 02　对该事务的更新操作执行逆操作，即将日志记录中"更新前的值"写入数据库。这样，如果记录中是插入操作，则做删除操作（因此时"更新前的值"为空）；如果记录中是删除操作，则做插入操作；如果是修改操作，则用修改前的值代替修改后的值。

步骤 03　继续反向扫描日志文件，查找该事务的其他更新操作，并做同样处理。

步骤 04 如此处理下去，直至读到此事务的开始标记，事务故障恢复就完成了。

6.6 具有检查点的恢复技术

利用日志技术进行数据库恢复时，恢复子系统必须搜索日志，确定哪些事务需要重做，哪些事务需要撤销。一般来说，需要检查所有日志记录。但这样做有两个问题：一是搜索整个日志将耗费大量的时间，二是很多需要重做处理的事务实际上已经将它们的更新操作结果写到了数据库中，而恢复子系统又重新执行了这些操作，浪费了大量时间。为了解决这些问题，发展了具有检查点的恢复技术。这种技术在日志文件中增加一类新的记录——检查点（check point）记录，增加一个重新开始文件，并让恢复子系统在登录日志文件期间动态地维护日志。

检查点记录的内容包括：

- 建立检查点时刻所有正在执行的事务清单。
- 这些事务最近一个日志记录的地址。

重新开始文件用来记录各个检查点记录在日志文件中的地址。图6.3说明了建立检查点C_i时对应的日志文件和重新开始文件。

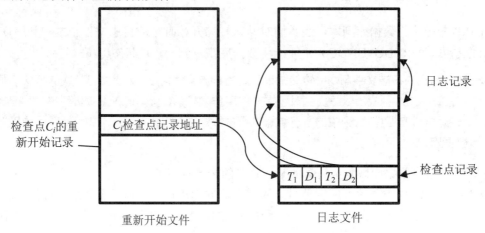

图 6.3　具有检查点的日志文件和重新开始文件

动态维护日志文件的方法是，周期性地执行建立检查点、保存数据库状态的操作。具体步骤如下：

步骤 01 将当前日志缓冲区中的所有日志记录写入磁盘的日志文件。

步骤 02 在日志文件中写入一个检查点记录。

步骤 03 将当前数据缓冲区的所有数据记录写入磁盘的数据库。

步骤 04 把检查点记录在日志文件中的地址写入一个重新开始文件。

恢复子系统可以定期或不定期地建立检查点，保存数据库状态。检查点可以按照预定的一个时间间隔建立，如每隔一小时建立一个检查点；也可以按照某种规则建立检查点，如日志文件写满一半建立一个检查点。

使用检查点方法可以改善恢复效率。例如，当事务T在一个检查点之前提交时，T对数据库所做的修改一定都已写入数据库，写入时间是在这个检查点建立之前或在这个检查点建立之时。这样，在进行恢复处理时，没有必要对事务T执行重做操作。

系统出现故障时，恢复子系统将根据事务的不同状态采取不同的恢复策略，如图6.4所示。

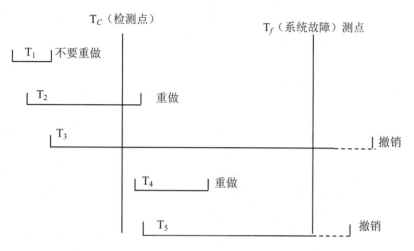

图 6.4　恢复子系统采取的不同策略

T_1：在检查点之前提交。

T_2：在检查点之前开始执行，在检查点之后故障点之前提交。

T_3：在检查点之前开始执行，在故障点时还未完成。

T_4：在检查点之后开始执行，在故障点之前提交。

T_5：在检查点之后开始执行，在故障点时还未完成。

T_3和T_5在故障发生时还未完成，所以予以撤销；T_2和T_4在检查点之后才提交，它们对数据库所做的修改在故障发生时可能还在缓冲区中，尚未写入数据库，所以要重做；T_1在检查点之前已提交，所以不必执行重做操作。

系统使用检查点方法进行恢复的步骤如下：

步骤 01 从重新开始文件中找到最后一个检查点记录在日志文件中的地址，根据该地址在日志文件中找到最后一个检查点记录。

步骤 02 由该检查点记录得到检查点建立时刻所有正在执行的事务清单ACTIVE-LIST。这里建立两个事务队列：

- UNDO-LIST：需要执行UNDO操作的事务集合。
- REDO-LIST：需要执行REDO操作的事务集合。

把ACTIVE-LIST暂时放入UNDO-LIST队列，REDO-LIST队列暂时为空。

步骤 03 从检查点开始正向扫描日志文件。

- 如有新开始的事务T_i，把T_i暂时放入UNDO-LIST队列。
- 如有提交的事务T_j，把T从UNDO-LIST队列移到REDO-LIST队列，直到日志文件结束。

步骤 04 对UNDO-LIST中的每个事务执行UNDO操作，对REDO-LIST中的每个事务执行REDO操作。

6.7 数据库镜像

如前所述，介质故障是对系统影响最为严重的一种故障。系统出现介质故障后，用户应用全部中断，恢复起来也比较费时。此外，数据库管理员必须周期性地转储数据库，这也加重了数据库管理员的负担。但如果不及时而正确地转储数据库，一旦发生介质故障，会造成较大的损失。

随着技术的发展，磁盘容量越来越大，价格越来越便宜。为避免磁盘介质出现故障影响数据库的可用性，许多数据库系统提供了数据库镜像（mirror）功能，用于恢复数据库。即根据数据库管理员的要求，自动把整个数据库或其中的关键数据复制到另一个磁盘上，每当主数据库更新时，数据库系统自动把更新后的数据复制过去，由数据库系统自动保证镜像数据与主数据库的一致性，如图6.5（a）所示。这样，一旦出现介质故障，可由镜像磁盘继续提供使用，同时数据库系统自动利用镜像磁盘数据进行数据库的恢复，不需要关闭系统和重装数据库副本，如图6.5（b）所示。在没有出现故障时，数据库镜像还可以用于并发操作，即当一个用户对数据库加排他锁修改数据时，其他用户可以读镜像数据库上的数据，而不必等待该用户释放锁。

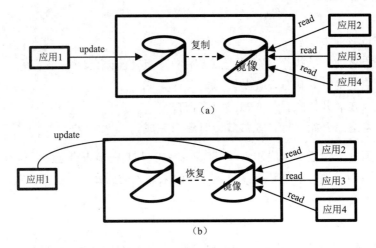

图6.5　数据库镜像

由于数据库镜像是通过复制数据实现的，频繁地复制数据自然会降低系统运行效率，因此在实际应用中，用户往往只选择对关键数据和日志文件进行镜像，而不是对整个数据库进行镜像。

第 7 章

并 发 控 制

数据库是一个共享资源，可以供多个用户使用。允许多个用户同时使用同一个数据库的数据库系统称为多用户数据库系统，例如飞机订票数据库系统、银行数据库系统等。在这样的系统中，在同一时刻并发运行的事务数可达数百上千个。

事务可以一个一个地串行执行，即每个时刻只有一个事务运行，其他事务必须等到这个事务结束以后方能运行，如图7.1（a）所示。事务在执行过程中需要不同的资源，有时需要CPU，有时需要存取数据库，有时需要I/O，有时需要通信。如果事务串行执行，则许多系统资源将处于空闲状态。因此，为了充分利用系统资源，发挥数据库共享资源的特点，应该允许多个事务并行地执行。

在单处理机系统中，事务的并行执行实际上是这些并行事务的并行操作轮流交叉运行，如图7.1（b）所示。这种并行执行方式称为交叉并发方式（interleaved concurrency）。虽然单处理机系统中的并行事务并没有真正地并行运行，但是减少了处理机的空闲时间，提高了系统的效率。

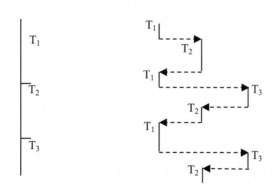

（a）事务的串行执行方式　　（b）事务的交叉并发执行方式

图 7.1　事务的执行方式

在多处理机系统中，每个处理机可以运行一个事务，多个处理机可以同时运行多个事务，实现多个事务真正的并行运行。这种并行执行方式称为同时并发方式（simultaneous concurrency）。本章讨论的数据库系统并发控制（concurrency control in database systems）技术是以单处理机系统为基础的，该理论可以推广到多处理机的情况。

当多个用户并发地存取数据库时，就会产生多个事务同时存取同一数据的情况。若对并发操作不加控制，就可能会存取不正确的数据，破坏事务的一致性和数据库的一致性。因此，数据库管理系统必须提供并发控制机制。并发控制机制是衡量一个数据库管理系统性能的重要标志之一。

7.1 并发控制概述

在第6章中已经讲到，事务是并发控制的基本单位，保证事务的ACID特性是事务处理的重要任务，而事务的ACID特性可能遭到破坏的原因之一是多个事务对数据库进行并发操作。为了保证事务的隔离性和一致性，数据库管理系统需要对并发操作进行正确调度。这些就是数据库管理系统中并发控制机制的责任。

下面先来看一个例子，说明并发操作带来的数据的不一致性问题。

【例7.1】考虑飞机订票系统中的一个活动序列：

（1）甲售票点（事务T_1）读出某航班的机票余额A，设A=16。
（2）乙售票点（事务T_2）读出同一航班的机票余额A，也为16。
（3）甲售票点卖出一张机票，修改余额$A=A-1$，所以A为15，把A写回数据库。
（4）乙售票点也卖出一张机票，修改余额$A=A-1$，所以A为15，把A写回数据库。

结果明明卖出两张机票，数据库中机票余额却只减少1。

这种情况称为数据库的不一致性。这种不一致性是由并发操作引起的。在并发操作情况下，对T_1、T_2两个事务的操作序列的调度是随机的。若按上面的调度序列执行，T_1事务的修改就被丢失。这是由于T_2事务修改A并写回后覆盖了T_1务的修改。下面把事务读数据x记为R(x)，写数据x记为W(x)。

并发操作带来的数据不一致性包括丢失修改（lost update）、不可重复读（non-repeatable read）和读"脏"数据（dirty read）。

1. 丢失修改

两个事务T_1和T_2读入同一数据并修改，T_2提交的结果破坏了T_1提交的结果，导致T_1的修改丢失，如图7.2（a）所示。【例7.1】的飞机订票例子就属此类。

2. 不可重复读

不可重复读是指事务T_1读取数据后，事务T_2执行更新操作，使T_1无法再现前一次的读取结果。具体地讲，不可重复读包括3种情况：

（1）事务T_1读取某一数据后，事务T_2对它进行了修改，当事务T_1再次读该数据时，得到与前一次不同的值。例如在图7.2（b）中，T_1读取B=100进行运算，T_2读取同一数据B，对其进行修改后将B=200写回数据库。T_1为了校对读取值重读B，B已为200，与第一次的读取值不一致。

（2）事务T_1按一定条件从数据库中读取了某些数据记录后，事务T_2删除了其中部分记录，当T_1再次按相同条件读取数据时，发现某些记录神秘地消失了。

（3）事务T_1按一定条件从数据库中读取某些数据记录后，事务T_2插入了一些记录，当T_1再次按相同条件读取数据时，发现多了一些记录。

后两种不可重复读有时也称为幻行（phantom row）现象。

3. 读"脏"数据

读"脏"数据是指事务T_1修改某一数据并将其写回磁盘，事务T_2读取同一数据后，T_1由于某种原因被撤销，这时被T_1修改过的数据恢复原值，T_2读到的数据就与数据库中的数据不一致，则T_2读到的数据就为"脏"数据，即不正确的数据。例如在图7.2（c）中，T_1将C值修改为200，T_2读到C为200，而T_1由于某种原因被撤销，其修改作废，C恢复原值100，这时T_2读到的C为200，与数据库内容不一致，就是"脏"数据。

T_1	T_2	T_1	T_2	T_1	T_2
①R(a)=16		①R(a)=50		①R(c)=100	
		(b)=100		C←C*2	
②	R(a)=16	求和=150		W(c)=200	
		②	R(b)=100	②	R(c)=200
③A←A-1			B←B*2		
W(a)=15			W(b)=200		
		③R(a)=50		③ROLLBACK	
④	A←A-1	R(b)=200		C恢复为100	
	W(a)=15	求和=250			
		（验算不对）			

（a）丢失修改 （b）不可重复读 （c）读"脏"数据

图 7.2 3 种数据不一致性示例

产生上述3类数据不一致性的主要原因是并发操作破坏了事务的隔离性。并发控制机制就是要用正确的方式调度并发操作，使一个用户事务的执行不受其他事务的干扰，从而避免造成数据的不一致性。

但是，对数据库的应用有时允许某些不一致性，例如有些统计工作涉及的数据量很大，读到一些"脏"数据对统计精度没什么影响，这时可以降低对一致性的要求以减少系统开销。

并发控制的主要技术有封锁（locking）、时间戳（timestamp）、乐观控制法（optimistic scheduler）和多版本并发控制（multi-version concurrency control，MVCC）等。

本章讲解基本的封锁方法，也是众多数据库产品采用的基本方法。

7.2 封　　锁

封锁是实现并发控制的一个非常重要的技术。所谓封锁就是事务T在对某个数据对象（例如表、记录等）进行操作之前，先向系统发出请求，对其加锁。加锁后事务T就对该数据对象有了一定的控制，在事务T释放它的锁之前，其他事务不能更新此数据对象。例如，在【例7.1】中，事务T_1要修改A，若在读出A前先锁住A，其他事务就不能再读取和修改A了，直到T_1修改并写回A后解除对A的封锁为止。这样，就不会丢失T_1的修改。

确切的控制由封锁的类型决定。基本的封锁类型有两种：排他锁（exclusive locks，简称X锁）和共享锁（share locks，简称S锁）。

排他锁又称为写锁。若事务T对数据对象A加上X锁，则只允许T读取和修改A，其他任何事务都不能再对A加任何类型的锁，直到T释放A上的锁为止。这就保证了其他事务在T释放A上的锁之前不能再读取和修改A。

共享锁又称为读锁。若事务T对数据对象A加上S锁，则事务T可以读A但不能修改A，其他事务只能再对A加S锁，而不能加X锁，直到T释放A上的S锁为止。这就保证了其他事务可以读A，但在T释放A上的S锁之前不能对A做任何修改。排他锁与共享锁的控制方式可以用图7.3所示的相容矩阵（compatibility matrix）来表示。

T_1　　T_2	X	S	-	
X	N	N	Y	
S	N	Y	Y	Y=YES，相容的请求
-	Y	Y	Y	N=NO，不相容的请求

图 7.3　封锁类型的相容矩阵

在图7.3所示的封锁类型相容矩阵中，最左边一列表示事务T_1已经获得的数据对象上的锁的类型，其中横线表示没有加锁；最上面一行表示另一事务T_2对同一数据对象发出的封锁请求。T_2的封锁请求能否被满足用Y和N表示，其中Y表示事务T_2的封锁要求与T_1已持有的锁相容，封锁请求可以满足；N表示T_2的封锁请求与T_1已持有的锁冲突，T_2的请求被拒绝。

7.3 封　锁　协　议

在运用X锁和S锁这两种基本封锁对数据对象加锁时，还需要约定一些规则。例如，何时申请X锁或S锁、持锁时间、何时释放等。这些规则称为封锁协议（locking protocol）。对封锁方式制定不同的规则，就形成了各种不同的封锁协议。本节介绍三级封锁协议。对并发操作的不正确调度可能会带来丢失修改、不可重复读和读"脏"数据等不一致性问题，三级封锁协议分别在不同程度上解决了这些问题，为并发操作的正确调度提供了一定的保证。不同级别的封锁协议达到的系统一致性级别是不同的。

1. 一级封锁协议

一级封锁协议是指，事务T在修改数据R之前必须先对其加X锁，直到事务结束才释放。事务结束包括正常结束（COMMIT）和非正常结束（ROLLBACK）。

一级封锁协议可防止丢失修改，并保证事务T是可恢复的。例如图7.4（a）使用一级封锁协议解决了图7.2（a）中的丢失修改问题。

在图7.4（a）中，事务T_1在读A进行修改之前先对A加X锁，当T_2请求对A加X锁时被拒绝，T_2只能等待T_1释放A上的锁后获得对A的X锁。这时它读到的A已经是T_1更新过的值15，再按此新的A值进行运算，并将结果值A=14写回到磁盘。这样就避免了丢失T_1的修改。

在一级封锁协议中，如果仅仅是读数据而不对其进行修改，是不需要加锁的，所以它不能保证可重复读和不读"脏"数据。

2. 二级封锁协议

二级封锁协议是指，在一级封锁协议基础上增加事务T在读取数据R之前必须对它加S锁，读完后即可释放S锁。

二级封锁协议除了防止丢失修改，还进一步防止了读"脏"数据。例如图7.4（c）使用二级封锁协议解决了图7.2（c）中的读"脏"数据问题。

在图7.4（c）中，事务T_1在对C进行修改之前，先对C加X锁，修改其值后写回磁盘。这时T_2请求在C上加S锁，因T_1已在C上加了X锁，T_2只能等待。T_1因某种原因被撤销，C恢复为原值100，T_1释放C上的X锁后T_2获得C上的S锁，读C=100。这就避免了T_2读"脏"数据的问题。

在二级封锁协议中，由于读完数据后即可释放S锁，因此它不能保证可重复读。

3. 三级封锁协议

三级封锁协议是指，在一级封锁协议的基础上增加事务T在读取数据R之前必须对其加S锁，直到事务结束才释放。

三级封锁协议除了防止丢失修改和读"脏"数据外，还进一步防止了不可重复读。例如图7.4（b）使用三级封锁协议解决了图7.2（b）中的不可重复读问题。

在图7.4（b）中，事务T_1在读A、B之前，先对A、B加S锁，这样其他事务只能再对A、B加S锁，而不能加X锁，即其他事务只能读A、B，而不能修改它们。因此，当T_2为修改B而申请对B的X锁时被拒绝，只能等待T_1释放B上的锁。T_1为验算再读A、B，这时读出的B仍是100，求和结果仍为150，即可重复读。T_1结束才释放A、B上的S锁，T_2才获得对B的X锁。

上述三级协议的主要区别在于什么操作需要申请封锁，以及何时释放锁（即持锁时间）。三级封锁协议的总结如表7.1所示。表中还指出了不同的封锁协议使事务达到的一致性级别是不同的，封锁协议级别越高，一致性程度越高。

T₁	T₂	T₁	T₂	T₁	T₂
① Xlock A		① Slock A		① Xlock C	
② R(a)=16		Slock B		R(c)=100	
③	Xlock A	R(a)=50		C=C*2	
④ A←A-1	等待	R(b)=100		W(c)=200	
W(a)=15	等待	A+B=150			
Commit	等待	②	Xlock B	②	Slock C
Ulock A	等待		等待		等待
⑤	获得Xlock A		等待	③ROLLBACK	等待
	R(a)=15	③ R(a)=50	等待	（C恢复为100）	等待
	A=A-1	R(b)=100	等待	Ulock C	等待
⑥	W(a)=14	A+B=150	等待	④	获得Slock C
	Commit	Commit	等待		R(c)=100
	Ulock A	Ulock A	等待	⑤	Commit
		Ulock B	等待		Ulock C
		④	获得Xlock B		
			R(b)=100		
			B=B*2		
		⑤	W(b)=200		
			Commit		
			Ulock B		

| （a）没有丢失修改 | （b）可重复读 | （c）不读"脏"数据 |

图 7.4 使用封锁机制解决 3 种数据不一致性的示例

表 7.1 不同级别的封锁协议和一致性保证

	X锁		S锁		一致性保证		
	操作结束释放	事务结束释放	操作结束释放	事务结束释放	不丢失修改	不读"脏"数据	可重复读
一级封锁协议		√			√		
二级封锁协议		√	√		√	√	
三级封锁协议		√		√	√	√	√

7.4 活锁和死锁

和操作系统一样，封锁的方法可能引起活锁和死锁等问题。

7.4.1 活锁

如果事务T_1封锁了数据R，事务T_2又请求封锁R，于是T_2等待；T_3也请求封锁R，当T_1释放了R上的封锁之后，系统首先批准了T_3的请求，T_2仍然等待；然后T_4又请求封锁R，当T_3释放了R上的封锁之后，系统又批准了T_4的请求，T_2有可能永远等待，这就是活锁的情形，如图7.5（a）所示。

T_1	T_2	T_3	T_4	T_1	T_2
Lock R	⋮	⋮	⋮	Lock R_1	⋮
	Lock R				Lock R_2
⋮	等待	Lock R		⋮	
	等待		Lock R		⋮
Unlock R	等待	⋮	等待	Lock R_2	
	等待	Lock R	等待	等待	
	等待	⋮	等待	等待	Lock R_1
⋮	等待	Unlock R	等待	等待	等待
	等待		Lock R	等待	等待
	等待	⋮	⋮	等待	⋮
	（a）活锁			（b）死锁	

图 7.5 死锁与活锁的示例

避免活锁的简单方法是采用先来先服务的策略。当多个事务请求封锁同一数据对象时，封锁子系统按请求封锁的先后次序对事务排队，数据对象上的锁一旦释放，就批准申请队列中的第一个事务获得锁。

7.4.2 死锁

如果事务T_1封锁了数据R_1，T_2封锁了数据R_2，然后T_1又请求封锁R_2，因T_2已封锁了R_2，于是T_1等待T_2释放R_2上的锁；接着T_2又申请封锁R_1，因T_1已封锁了R_1，T_2也只能等待T_1释放R_1上的锁。这样就出现了T_1在等待T_2，而T_2又在等待T_1的局面，T_1和T_2两个事务永远不能结束，形成死锁，如图7.5（b）所示。

死锁的问题在操作系统和一般并行处理中已做了深入研究，目前在数据库中解决死锁问题主要有两类方法：一类是采取一定措施来预防死锁的发生，另一类是允许发生死锁，采用一定手段定期诊断系统中有无死锁，若有则解除它。

1. 死锁的预防

在数据库中，产生死锁的原因是两个或多个事务都已封锁了一些数据对象，然后又都请求对已被其他事务封锁的数据对象加锁，从而出现死等待。防止死锁的发生其实就是要破坏产生死锁的条件。预防死锁通常有以下两种方法。

1）一次封锁法

一次封锁法要求每个事务必须一次性将所有要使用的数据全部加锁，否则就不能继续执行。在图7.5（b）的例子中，如果事务T_1将数据对象R_1和R_2一次性加锁，T_1就可以执行下去，而T_2等待。T_1执行完后释放R_1、R_2上的锁，T_2继续执行。这样就不会发生死锁。

一次封锁法虽然可以有效地防止死锁的发生，但也存在问题：

（1）一次性将以后要用到的全部数据加锁，势必扩大了封锁的范围，从而降低了系统的并发度

（2）数据库中的数据是不断变化的，原来不要求封锁的数据在执行过程中可能会变成封锁对象，所以很难事先精确地确定每个事务所要封锁的数据对象，为此只能扩大封锁范围，将事务在执行过程中可能要封锁的数据对象全部加锁，这就进一步降低了并发度。

2）顺序封锁法

顺序封锁法是预先对数据对象规定一个封锁顺序，所有事务都按这个顺序实施封锁。例如在B树结构的索引中，可规定封锁的顺序必须从根结点开始，然后是下一级的子结点，逐级封锁。

顺序封锁法可以有效防止死锁，但也同样存在问题：

（1）数据库系统中封锁的数据对象极多，并且随数据的插入、删除等操作而不断地变化，要维护这样的资源的封锁顺序非常困难，成本很高。

（2）事务的封锁请求可以随着事务的执行而动态地决定，很难事先确定每一个事务要封锁哪些对象，因此也就很难按规定的顺序去施加封锁。

可见，在操作系统中广泛采用的预防死锁的策略并不太适合数据库的特点，因此数据库管理系统在解决死锁的问题上普遍采用的是诊断并解除死锁的方法。

2. 死锁的诊断与解除

数据库系统中诊断死锁的方法与操作系统类似，一般使用超时法或事务等待图法。

1）超时法

如果一个事务的等待时间超过了规定的时限，就认为发生了死锁。超时法实现简单，但其不足也很明显：一是有可能误判死锁，如事务因为其他原因而使等待时间超过时限，系统会误认为发生了死锁；二是时限若设置得太长，死锁发生后不能及时发现。

2）事务等待图法

事务等待图是一个有向图$G=(T, U)$，T为结点的集合，每个结点表示正运行的事务；U为边的集合，每条边表示事务等待的情况。若T_1等待T_2，则在T_1、T_2之间画一条有向边，从T_1指向T_2，如图7.6所示。

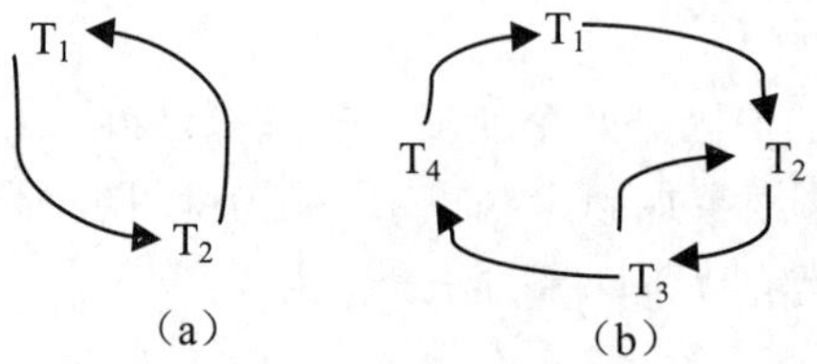

（a）　　　（b）

图 7.6　事务等待图

事务等待图动态地反映了所有事务的等待情况。并发控制子系统周期性地（比如每隔数秒）生成事务等待图，并进行检测。如果发现图中存在回路，则表示系统中出现了死锁。图7.6（a）表示事务T_1等待T_2，又等待T_1，产生了死锁；图7.6（b）表示事务T_1等待T_2，T_2等待T_3，T_3等待T_4，T_4又等待T_1，产生了死锁。

当然，死锁的情况可以多种多样。例如，图7.6（b）中事务T_3可能还等待T_2，在大回路中又有小的回路。这些情况人们都已经做了很深入的研究。

数据库管理系统的并发控制子系统一旦检测到系统中存在死锁，就要设法解除。通常采用的方法是选择一个处理死锁代价最小的事务，将其撤销，释放此事务持有的所有锁，使其他事务得以继续运行下去。当然，对撤销的事务所执行的数据修改操作必须加以恢复。

7.5 并发调度的可串行性

数据库管理系统对并发事务不同的调度可能会产生不同的结果，那什么样的调度是正确的呢？显然，串行调度是正确的。执行结果等价于串行调度的调度也是正确的，这样的调度叫作可串行化（serializable）调度。

7.5.1 可串行化调度

多个事务的并发执行是正确的，当且仅当其结果与按某一次序串行地执行这些事务时的结果相同，称这种调度策略为可串行化调度。

可串行性（serializability）是并发事务正确调度的准则。根据这个准则规定，一个给定的并发调度，当且仅当它是可串行化的，才认为是正确调度。

【例7.2】现在有两个事务，分别包含下列操作：

- 事务T_1：读B；A=B+1；写回A。
- 事务T_2：读A；B=A+1；写回B。

假设A、B的初值均为2。按$T_1 \rightarrow T_2$次序执行的结果为A=3，B=4；按$T_2 \rightarrow T_1$次序执行的结果为B=3，A=4。

图7.7给出了对这两个事务的不同的调度策略。其中，图7.7（a）和图7.7（b）为两种不同的串行调度策略，虽然执行结果不同，但它们都是正确的调度；图7.7中（c）的执行结果与（a）、（b）的执行结果都不同，所以是错误的调度；图7.7（d）的执行结果与串行调度（a）的执行结果相同，所以是正确的调度。

T₁	T₂	T₁	T₂	T₁	T₂	T₁	T₂
Slock B		Slock A		Slock B		Slock B	
Y=R(b)=2		X=R(a)=2		Y=R(b)=2		Y=R(b)=2	
Unlock B		Unlock A			Slock A	Unlock B	
Xlock A		Xlock B		Unlock B	X=R(a)=2	Xlock A	
A=Y+1=3		B=X+1=3			Unlock A		Slock A
W(a)		W(b)		Xlock A		A=Y+1=3	等待
Unlock A		Unlock B		A=Y+1=3		W(a)	等待
	Slock A		Slock B	W(a)		Unlock A	等待
	X=R(a)=3		Y=R(b)=3		Xlock B		X=R(a)=3
	Unlock A		Unlock B		B=X+1=3		Unlock A
	Xlock A		Xlock A		W(b)		Xlock B
	B=X+1=4		A=Y+1=4	Unlock A			B=X+1=4
	W(b)		W(a)				W(b)
	Unlock B		Unlock A		Unlock B		Unlock B

图 7.7　并发事务的不同调度

7.5.2　冲突可串行化调度

具有什么样性质的调度是可串行化的调度？如何判断调度是可串行化的调度？本节给出判断可串行化调度的充分条件。

首先介绍冲突操作的概念。冲突操作是指不同的事务对同一个数据的读写操作和写写操作：

```
Rᵢ(x)与Wⱼ(x)              /* 事务Tᵢ读x，Tⱼ写x，其中i≠j */
Wᵢ(x)与Wⱼ(x)              /* 事务Tᵢ写x，Tⱼ写x，其中i≠j */
```

其他操作是不冲突操作。

不同事务的冲突操作和同一事务的两个操作是不能交换的。对于$R_i(x)$与$W_j(x)$，若改变二者的次序，则事务T_i看到的数据库状态就发生了改变，自然会影响到事务T_i后面的行为。对于$W_i(x)$与$W_j(x)$，改变二者的次序也会影响数据库的状态，x的值由等于T_j的结果变成了等于T_i的结果。

一个调度Sc在保证冲突操作的次序不变的情况下，通过交换两个事务不冲突操作的次序得到另一个调度Sc'，如果Sc'是串行的，称调度Sc为冲突可串行化的调度。若一个调度是冲突可串行化的，则它一定是可串行化的调度。因此，可以用这种方法来判断一个调度是不是冲突可串行化的。

【例7.3】今有调度$Sc_1=r_1(a)w_1(a)r_2(a)w_2(a)r_1(b)w_1(b)r_2(b)w_2(b)$，可以把$w_2(a)$与$r_1(b)w_1(b)$交换，得到

$r_1(a)w_1(a)r_2(a)r_1(b)w_1(b)w_2(b)r_2(b)w_2(b)$。

再把$r_2(a)$与$r_1(b)w_1(b)$交换，得到

$Sc_2=r_1(a)w_1(a)r_1(b)w_1(b)r_2(a)w_2(a)r_2(b)w_2(b)$。

Sc_2等价于一个串行调度T_1、T_2，所以Sc_1为冲突可串行化的调度。

需要指出的是，冲突可串行化调度是可串行化调度的充分条件，不是必要条件，还有不满足冲突可串行化条件的可串行化调度。

【例7.4】有3个事务$T_1=W_1(Y)W_1(X)$，$T_2=W_2(Y)W_2(X)$，$T_3=W_3(X)$。

调度$L_1=W_1(Y)W_1(X)W_2(Y)W_2(X)W_3(X)$是一个串行调度。

调度$L_2=W_1(Y)W_2(Y)W_2(X)W_2(X)W_3(X)$不满足冲突可串行化。但是调度$L_2$是可串行化的，因为$L_2$执行的结果与调度$L_1$相同，Y的值都等于$T_2$的值，X的值都等于$T_3$的值。

前面已经讲到，商用数据库管理系统的并发控制一般采用封锁的方法来实现，那么如何使封锁机制能够产生可串行化调度呢？下面讲解的两段锁协议就可以实现可串行化调度。

7.6　两段锁协议

为了保证并发调度的正确性，数据库管理系统的并发控制机制必须提供一定的手段来保证调度是可串行化的。目前数据库管理系统普遍采用两段锁（twophase lock，简称2PL）协议的方法实现并发调度的可串行性，从而保证调度的正确性。

所谓"两段"锁，是指事务分为两个阶段：第一阶段是获得封锁，也称为扩展阶段，在这个阶段，事务可以申请获得任何数据项上的任何类型的锁，但是不能释放任何锁；第二阶段是释放封锁，也称为收缩阶段，在这个阶段，事务可以释放任何数据项上的任何类型的锁，但是不能再申请任何锁。

例如，事务T_i遵守两段锁协议，其封锁序列是：

```
Slock A  Slock B  Xlock C  Unlock B  Unlock A  Unlock C;
|←     扩展阶段    →| |←        收缩阶段        →|
```

又如，事务T_j不遵守两段锁协议，其封锁序列是：

```
Slock A  Unlock A  Slock B  Xlock C  Unlock C  Unlock B;
```

可以证明，若并发执行的所有事务均遵守两段锁协议，则对这些事务的任何并发调度策略都是可串行化的。

例如，图7.8所示的调度是遵守两段锁协议的，因此一定是一个可串行化调度。可以验证如下：

（1）忽略图中的加锁操作和解锁操作，按时间的先后次序得到如下的调度：

$L_1=R_1(a)R_2(c)W_1(a)W_2(c)R_1(b)W_1(b)R_2(a)W_2(a)$

（2）通过交换两个不冲突操作的次序（先把$R_2(c)$与$W_1(a)$交换，再把$R_1(b)W_1(b)$与$R_2(c)W_2(c)$交换），可得到：

$L_2=R_1(a)W_1(a)R_1(b)W_1(b)R_2(c)W_2(c)R_2(a)W_2(a)$

因此，L_1一个可串行化调度。

需要说明的是，事务遵守两段锁协议是可串行化调度的充分条件，而不是必要条件。也就是说，若并发事务都遵守两段锁协议，则对这些事务的任何并发调度策略都是可串行化的；但是，若并发事务的一个调度是可串行化的，不一定所有事务都符合两段锁协议。例如图7.7（d）是可串行化调度，但T_1和T_2不遵守两段锁协议。

另外，要注意两段锁协议和防止死锁的一次封锁法的异同之处。一次封锁法要求每个事务必须一次性将所有要使用的数据全部加锁，否则就不能继续执行，因此一次封锁法遵守两段锁协议。但是，两段锁协议并不要求事务必须一次性将所有要使用的数据全部加锁，因此遵守两段锁协议的事务可能发生死锁，如图7.9所示。

事务T_1	事务T_2
Slock A	
R(a)=260	
	Slock C
	R(c)=300
Xlock A	
W(a)=160	
	Xlock C
	W(c)=250
	Slock A
Slock B	等待
R(b)=1000	等待
Xlock B	等待
W(b)=1100	等待
Unlock A	等待
	R(a)=160
	Xlock A
Unlock B	
	W(a)=210
	Unlock C

图 7.8　遵守两段锁协议的可串行化调度

事务T_1	事务T_2
Slock B	
R(b)=2	
	Slock A
	R(a)=2
Xlock A	
等待	Xlock A
等待	等待

图 7.9　遵守两段锁协议的事务可能发生死锁

7.7　封锁的粒度

封锁对象的大小称为封锁粒度（granularity）。封锁对象可以是逻辑单元，也可以是物理单元。以关系数据库为例，封锁对象可以是这样一些逻辑单元：属性值、属性值的集合、元组、关系、索引项、整个索引乃至整个数据库。也可以是这样一些物理单元：页（数据页或索引页）、物理记录等。

封锁粒度与系统的并发度和并发控制的开销密切相关。直观地看，封锁的粒度越大，数据库所能够封锁的数据单元就越少，并发度就越小，系统开销也就越小；反之，封锁的粒度越小，并发度越高，系统开销也越大。

例如，若封锁粒度是数据页，事务T_1需要修改元组L_1，则T_1必须对包含L_1的整个数据页A加锁。如果在T_1对A加锁后事务T_2要修改A中的元组L_2，则T_2被迫等待，直到T_1释放A上的锁。如果封锁粒度是元组，则T_1和T_2可以同时对L_1和L_2加锁，不需要互相等待，从而提高了系统的并行度。又如，事务T需要读取整张表，若封锁粒度是元组，则T必须对表中的每一个元组加锁，显然开销极大。

因此，在一个系统中同时支持多种封锁粒度以供不同的事务选择，是比较理想的，这种封锁方法称为多粒度封锁（multiple granularity locking）。选择封锁粒度时，应该同时考虑封锁开销和并发度两个因素，适当选择封锁粒度以求得最优的效果。一般说来，需要处理某个关系的大量元组的事务时，可以将关系作为封锁粒度；需要处理多个关系的大量元组的事务时，可以将数据库作为封锁粒度；而对于一个处理少量元组的用户事务，以元组为封锁粒度就比较合适了。

7.7.1 多粒度封锁

下面讨论多粒度封锁，首先定义多粒度树。多粒度树的根结点是整个数据库，表示最大的数据粒度；叶结点表示最小的数据粒度。

图7.10给出了一个3级粒度树，根结点为数据库，数据库的子结点为关系，关系的子结点为元组。也可以定义4级粒度树，例如数据库、数据分区、数据文件、数据记录。

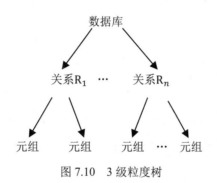

图 7.10　3 级粒度树

然后讨论多粒度封锁的封锁协议。多粒度封锁协议允许多粒度树中的每个结点被独立地加锁。对一个结点加锁，意味着这个结点的所有后裔结点也被加以同样类型的锁。因此，在多粒度封锁中，一个数据对象可能以两种方式封锁：显式封锁和隐式封锁。显式封锁是应事务的要求直接加到数据对象上的锁；隐式封锁是该数据对象没有被独立加锁，是由于其上级结点加锁而使该数据对象加上了锁。

多粒度封锁方法中，显式封锁和隐式封锁的效果是一样的，因此系统检查封锁冲突时不仅要检查显式封锁，还要检查隐式封锁。例如事务T要对关系R_1加X锁，则系统必须搜索其上级结点数据库、关系R_1以及R_1的下级结点，即R_1中的每一个元组，上下搜索。如果其中某一个数据对象已经加了不相容锁，则事务T必须等待。

一般地，事务要对某个数据对象加锁时，系统要检查该数据对象上有无显式封锁与之冲突；再检查其所有上级结点，看本事务的显式封锁是否与该数据对象上的隐式封锁（即由上级结点已加的封锁造成的）冲突；还要检查其所有下级结点，看它们的显式封锁是否与本事务的隐式封锁（将加到下级结点的封锁）冲突。显然，这样的检查方法效率很低。为此人们引进了一种新型锁，称为意向锁（intention lock）。有了意向锁，数据库管理系统就无须逐个检查下一级结点的显式封锁。

7.7.2 意向锁

意向锁的含义是如果对一个结点加意向锁，则说明该结点的下层结点正在被加锁；对任意结点加锁时，必须先对它的上层结点加意向锁。例如，对任意元组加锁时，必须先对它所在的数据库和关系加意向锁。

下面介绍3种常用的意向锁：意向共享锁（intent share lock，IS锁）；意向排他锁（intent exclusive lock，IX锁）；共享意向排他锁（share intent exclusive lock，SIX锁）。

1. IS锁

如果对一个数据对象加IS锁，就表示它的后裔结点拟（意向）加S锁。例如，事务T_1要对R_1中某个元组加S锁，则首先对关系R_1和数据库加IS锁。

2. IX锁

如果对一个数据对象加IX锁，就表示它的后裔结点拟（意向）加X锁。例如，事务T_1要对R_1中某个元组加IX锁，则首先对关系R_1和数据库加IX锁。

3. SIX锁

如果对一个数据对象加SIX锁，就表示对它加S锁，再加IX锁，即SIX=S+IX。例如，对某张表加SIX锁，则表示该事务要读整张表（所以要对该表加S锁），同时会更新个别元组（所以要对该表加IX锁）。

图7.11（a）给出了这些锁的相容矩阵，从中可以发现这5种锁的强度有如图7.11（b）所示的偏序关系。所谓锁的强度是指它对其他锁的排斥程度。一个事务在申请封锁时以强锁代替弱锁是安全的，反之则不然。

T_1 \ T_2	S	X	IS	IX	SIX	-
S	Y	N	Y	N	N	Y
X	N	N	N	N	N	Y
IS	Y	N	Y	Y	Y	Y
IX	N	N	Y	Y	N	Y
SIX	N	N	Y	N	N	Y
-	Y	Y	Y	Y	Y	Y

Y=Yes，表示相容的请求　　　N=No，表示不相容的请求

（a）数据锁的相容矩阵　　　　　　　　　　　　（b）锁的强度的偏序关系

图 7.11　加上意向锁后锁的相容矩阵与强度偏序关系

在具有意向锁的多粒度封锁方法中，任意事务T要对一个数据对象加锁，必须先对它的上层结点加意向锁。申请封锁时应该按自上而下的次序进行，释放封锁时则应该按自下而上的次序进行。

例如，事务T_1要对关系R_1加S锁，则首先对数据库加IS锁，然后检查数据库和R_1是否已加了不相容的锁（X或IX）。不再需要搜索和检查R_1中的元组是否加了不相容的锁（X锁）。

具有意向锁的多粒度封锁方法提高了系统的并发度，减少了加锁和解锁的开销，已经在实际的数据库管理系统产品中得到了广泛应用。

7.8 其他并发控制机制

并发控制的方法除了封锁技术外，还有时间戳方法、乐观控制法和多版本并发控制（multiversion concurrency control，MVCC）等。这里做一个概要的介绍。

时间戳方法给每一个事务盖上一个时标，即事务开始执行的时间。每个事务具有唯一的时间戳，并按照这个时间戳来解决事务的冲突操作。如果发生冲突操作，就回滚具有较早时间戳的事务，以保证其他事务的正常执行，被回滚的事务被赋予新的时间戳并从头开始执行。

乐观控制法认为事务执行时很少发生冲突，因此不对事务进行特殊的管制，而是让它自由执行，事务提交前再进行正确性检查。如果检查后发现该事务执行中出现过冲突并影响了可串行性，则拒绝提交并回滚该事务。乐观控制法又被称为验证方法。

多版本并发控制是指在数据库中通过维护数据对象的多个版本信息来实现高效并发控制的一种策略。

7.8.1 多版本并发控制

版本是指数据库中数据对象的一个快照，记录了数据对象某个时刻的状态。随着计算机系统存储设备价格的不断降低，可以考虑为数据库系统的数据对象保留多个版本，以提高系统的并发操作程度。例如，数据对象A有两个事务，其中T_1是写事务，T_2是读事务。假定先启动T_1事务，后启动T_2事务。按照传统的封锁协议，T_2事务必须等待事务T_1执行结束释放A上的封锁后才能获得对A的封锁。也就是说，T_1和T_2实际上是串行执行的。如果在T_1准备写A时不是等待，而是为A生成一个新的版本（表示为A'），那么T_2就可以继续在A'上执行。只是在T_2准备提交的时候要检查一下事务T_1是否已经完成，如果T_1已经完成了，T_2就可以放心地提交；如果T_1还没有完成，那么T_2必须等待直到T_1完成。这样既能保持事务执行的可串行性，又提高了事务执行的并行度，如图7.12所示。

在多版本机制中，每个Write(Q)操作都创建Q的一个新版本，这样一个数据对象就有一个版本序列$Q_1,Q_2,\cdots,Q_m$与之相关联。每一个版本Q_k拥有版本的值、创建Q_k的事务的时间戳W-timestamp(Q_k)和成功读取Q_k的事务的最大时间戳R-timestamp(Q_k)。其中，W-timestamp(Q)表示在数据项Q上成功执行Write(Q)操作的所有事务中的最大时间戳，R-timestamp(Q)表示在数据项Q上成功执行Read(Q)操作的所有事务中的最大时间戳。

事务T_1	事务T_2
Xlock A	
Read(a)	
Write(a)	
	Slock A
	等待
Commit	等待
Unlock A	等待
	Slock A
	Read(a)
	Commit
	Unlock A

事务T_1	事务T_2
Read(a)	
Write(a)	
创建新版本A'	
	Read(A')
Commit	
	Commit

（a）封锁方法   （b）MVCC

图 7.12　封锁方法与 MVCC 示意图

用TS(T)表示事务T的时间戳，TS(T_i)<TS(T_j)表示事务T_i在事务T_j之前开始执行。多版本协议描述如下：

假设版本Q_k具有小于或等于TS(T)的最大时间戳。若事务T发出Read(Q)，则返回版本Q_k的内容。若事务T发出Write(Q)，则：

- 当TS(T)<R-timestamp(Q_k)时，回滚T。
- 当TS(T)=W-timestamp(Q_k)时，覆盖Q_k的内容。

否则，创建Q的新版本。

若一个数据对象的两个版本Q_k和Q_l，其W-timestamp都小于系统中最旧的事务的时间戳，那么这两个版本中较旧的那个版本将不再被用到，因而可以从系统中删除。

多版本并发控制利用物理存储上的多版本来维护数据的一致性。这就意味着当检索数据库时，每个事务都看到一个数据的一段时间前的快照，而不管正在处理的数据当前的状态。多版本并发控制和封锁机制相比，主要的好处是消除了数据库中数据对象读和写操作的冲突，有效地提高了系统的性能。

多版本并发控制方法有利于提高事务的并发度，但也会产生大量的无效版本，而且在事务结束时刻，其所影响的元组的有效性不能马上确定，这就为保存事务执行过程中的状态提出了难题。这些都是实现多版本并发控制的一些关键技术。

7.8.2　改进的多版本并发控制

多版本协议可以进一步改进。区分事务的类型为只读事务和更新事务；对于只读事务，发生冲突的可能性很小，可以采用多版本时间戳；对于更新事务，采用较保守的两阶段封锁协议。这样的混合协议称为MV2PL。具体做法如下：

除了传统的读锁（共享锁）和写锁（排他锁）外，引进一个新的封锁类型，称为验证锁（certify-lock，或C锁）。验证锁的相容矩阵如图7.13所示。

	R-lock	W-lock	C-lock
R-lock	Y	Y	N
W-lock	Y	N	N
C-lock	N	N	N

注：Y=Yes，表示相容的请求；N=No，表示不相容的请求。

图 7.13 验证锁的相容矩阵

> **注意** 在这个相容矩阵中，读锁和写锁变得相容了。这样当某个事务写数据对象时，允许其他事务读数据（当然，写操作将生成一个新的版本，而读操作就是在旧的版本上读）。一旦写事务要提交，就必须首先获得在那些加了写锁的数据对象上的验证锁。由于验证锁和读锁是不相容的，所以为了得到验证锁，写事务不得不延迟它的提交，直到所有被它加上写锁的数据对象都被所有那些正在读它们的事务释放。一旦写事务获得验证锁，系统就可以丢弃数据对象的旧值，而使用新版本，然后释放验证锁，提交事务。

在这里，系统最多只维护数据对象的两个版本。多个读操作可以和一个写操作并发地执行，提高了读写事务之间的并发度。这种情况是传统的2PL所不允许的。目前很多商用数据库系统，例如Oracle、国产金仓数据库Kingbase ES，都采用的是MV2PL协议。

MV2PL把封锁机制和时间戳方法结合起来，维护一个数据的多个版本，即对于关系表上的每一个写操作产生一个新版本，同时会保存前一次修改的数据版本。MV2PL和封锁机制相比，主要的好处是在多版本并发控制中对读数据的锁要求与写数据的锁要求不冲突，所以读不会阻塞写，而写也从不阻塞读，从而有效地提高了系统的并发性。

现在许多数据库产品都使用了多版本并发控制技术，但是各个产品的实现细节各不相同。有兴趣的读者可参考文献和相关产品介绍。

第 **3** 篇
MySQL数据库操作、管理与应用篇

MySQL数据库是当前十分流行且应用广泛的关系数据库，本篇详细介绍MySQL数据库的操作、管理与应用。

本篇包括以下12章：

第 8 章

MySQL的安装和配置

MySQL最初由瑞典MYSQLAB公司开发和推广，目前是美国Oracle公司旗下产品。MySQL被广泛应用于中小型网站开发中。本章主要介绍MySQL的基础知识，包括MySQL概述、MySQL的下载和安装，以及MySQL程序介绍等。

8.1 MySQL概述

MySQL是一种开源的关系数据库管理系统，采用了双授权政策，分为社区版和商业版。由于它具有体积小、速度快、总体拥有成本低的特点，尤其是开放源码，因此一般中小型网站的开发都选择MySQL作为网站数据库。

8.1.1 MySQL 简介

1. MySQL是一种数据库管理系统

数据库是数据的结构化集合，既可以是简单的购物清单、图片库，也可以是企业网络中的海量信息。要将数据添加到计算机数据库中，或者要访问和处理存储在数据库中的数据，就需要有一个数据库管理系统，如MySQL服务器。

2. MySQL是一种关系数据库管理系统

关系数据库将数据存储在各个独立的表中，而不是将所有数据都存放在一个大的仓库中。从结构上讲，数据库被组织成一些速度优化的物理文件。从逻辑模型上看，MySQL主要包括数据库、表、视图、行（记录）和列（字段）等对象，提供了十分灵活的编程环境。在实际应用中，可以设置一些规则来管理不同数据字段之间的关系，如一对一、一对多、唯一、必须或可选及不同表之间的"指针"等，数据库将强制执行这些规则。因此，使用设计良好的数据库，在应用程序中就不会看到不一致、重复的数据，也不会看到孤立、过时或丢失的数据。

MySQL中的SQL就是前面介绍的结构化查询语言。SQL是用于访问数据库的最常用的标准化语言。根据所在的编程环境，既可以直接输入SQL，也可以将SQL语句嵌入用其他语言编写的代码中，或者使用隐藏SQL语法的特定语言API。"SQL标准"一直在发展，目前存在多个版本。在任何时候使用短语"SQL标准"都表示当前最新版本的"SQL标准"。

3. MySQL是一种开源软件

开源意味着任何人都可以使用和修改该软件。任何人都可以从互联网上下载MySQL并使用它，且无须支付任何费用，还可以学习源代码并根据需要进行更改。MySQL使用GPL（GNU通用公共许可证），规定在不同情况下如何使用该软件的内容。如果不接受GPL条款，或者需要将MySQL代码嵌入商业应用程序中，则应当购买商业许可版本。

4. MySQL数据库服务器非常快速、可靠、可扩展且易于使用

无论是在台式机上，还是在笔记本电脑上，MySQL服务器都可以与其他应用程序及Web服务器等一起轻松运行。如果将整个计算机专用于MySQL，则可以调整设置以使用所有可用的内存、CPU功率和I/O容量。MySQL还可以扩展到联网的机器集群。

MySQL服务器最初是为了比现有解决方案更快地处理大型数据库而开发的，并且成功地在高要求的生产环境中使用了多年。在不断发展的今天，MySQL服务器仍然提供了丰富而有用的功能集，优良的连接性、速度和安全性，所有这些都使它非常适合访问互联网上的数据库。

5. MySQL服务器适用于客户端/服务器或嵌入式系统

MySQL数据库软件是一个客户端/服务器系统，是由支持不同后端的多线程SQL服务器、各种不同的客户端程序和库、众多管理工具以及各种应用程序编程接口（API）组成的。MySQL服务器还可以作为嵌入式多线程库来使用，将它链接到应用程序可以获得更小、更快、更易于管理的独立产品。

6. 有大量的共享MySQL可以使用

MySQL服务器具有一组实用功能，是与用户密切合作而开发的。开发者最喜欢的应用程序和语言很可能支持MySQL数据库服务器。

8.1.2　MySQL 的特点

MySQL服务器具有以下主要特点：

（1）跨平台性。MySQL使用C和C++编写，并使用多种编译器进行测试，从而保证了源代码的可移植性，使其能够工作在各种不同的平台上。这些平台包括AIX、FreeBSD、HP-UX、Linux、macOS、Novell Netware、OpenBSD、OS/2 Wrap、Solaris和Windows系列等。

（2）真正的多线程。MySQL是一种多线程数据库产品，它可以方便地使用多个CPU，其核心线程采用完全的多线程。MySQL使用多线程方式运行查询，可以使每个用户至少拥有一个线程。对于多CPU系统来说，查询的速度和所能承受的负荷都将高于其他系统。

（3）提供多种编程语言支持。MySQL为多种编程语言提供了APL，这些编程语言包括C、C++、Eiffel、Java、Perl、PHP、Python、Ruby和TCL等。

（4）本地化。服务器提供多种语言支持，可以通过多种语言向客户端提供错误消息。常见的字符集编码，如中文的GBK和BIG5、日文的Shit Js等，都可以作为数据库中的表名和列名来使用。所有数据都保存在所选择的字符集中，并根据默认字符集和排序规则进行排序和比较。可以动态更改服务器时区，并且各个客户端都可以指定自己的时区。

（5）数据类型丰富。MySQL提供的数据类型很多，包括带符号整数和无符号整数、单字节整数和多字节整数、FLOAT、DOUBLE、CHAR、VARCHAR、TEXT、BLOB、DATE、TIME.DATETIME、TIMESTAMP、YEAR、SET、ENUM和OpenGIS空间类型等。

（6）安全性好。MySQL采用十分灵活和安全的权限和密码系统，允许基于用户名和主机的验证。当连接到MySQL服务器时，所有的密码传输均采用加密形式，从而保证了密码的安全。

（7）处理大型数据库。使用MySQL服务器可以处理包含5000万条记录的数据库。另据报道，有些用户已将MySQL服务器用于含60000张表和约50亿条记录的数据库。

（8）连接性好。在任何操作系统平台上，客户端都可以使用TCP/IP连接到MySQL服务器。在Windows系统中，客户端可以使用命名管道进行连接。在UNIX系统中，客户端可以使用UNIX域套接字文件建立连接。Connector/ODBC（MyODBC）接口为使用ODBC连接的客户端程序提供了MySQL支持；Connector/J接口为使用JDBC连接的Java客户端程序提供了MySQL支持；Connector/NET接口使开发人员能够轻松地创建需要与MySQL进行安全、高性能数据连接的.NET应用程序。

（9）客户端和工具。MySQL提供了丰富的客户端程序和实用程序，其中，不仅包含命令行程序，如mysql、mysqldump和mysqladmin等，而且还有可视化界面的应用程序，如MySQLWorkbench。MySQL提供的命令行实用程序mysqlcheck用来检查、分析、优化和修复表；另一个命令行实用程序myisamchk则可以在MyISAM表上执行这些操作。

8.1.3　MySQL 8.0 新增的特点

与以前版本相比，MySQL 8.0中增加了一些新特性，主要包括以下几个方面。

（1）数据字典。在MySQL 8.0中，包含一个事务数据字典，用于存储有关数据库对象的信息。在以前的版本中，字典数据存储在元数据文件和非事务表中。

（2）原子DDL语句。InnoDB表的DDL语句现在支持事务完整性，原子DDL语句将数据字典更新、存储引擎操作和与DDL操作关联的二进制日志写入操作组合到单个原子操作中。即使服务器在操作过程中暂停，该操作也可以提交，并在数据字典、存储引擎和二进制日志中保留使用的更改，或者回滚。

（3）安全性。MySQL数据库中的授权表现是InnoDB（事务）表。以前版本中这些表都是MyISAM（非事务）表。授权表存储引擎的更改是相应的账户管理语句行为更改的基础。它提供了新的caching_sha2_password身份验证插件，实现了SHA-256密码散列，在连接时使用缓存来解决延迟问题，还支持更多连接协议，具有优越的安全性和性能特征，在现在的版本中是首选的身份验证插件。

（4）角色支持。MySQL 8.0支持角色，这些角色被命名为权限集合，可以创建和删除角色。角色既可以拥有授予和撤销权限，也可以向用户账户授予和撤销角色，还可以从授予该账户的角色中选择账户的活动适用角色，并且在该账户的会话期间更改这些角色。

（5）密码管理控制。MySQL 8.0维护有关密码历史记录的信息，从而限制了以前版本中的密码的重用。数据库管理员现在可以在全局或账户级别上设置密码更改策略，以防止在特定时间段内或多次密码更改过程中选择与先前密码相同的新密码。此外，数据库管理员还可以通过指定需要替换的当前密码来验证账户密码的更改尝试。这些新增的功能使得数据库管理员能够更全面地控制密码管理。

（6）FIPS模式支持。FIPS的全称是Federal Information Processing Standards，即联邦信息处理标准。FIPS是一套描述文件处理、加密算法和其他信息技术的标准。MySQL 8.3.0支持FIPS模式，其前提是使用OpenSSL编译，并且OpenSSL库和FIPS对象模块在运行时可用。FIPS模式对加密操作施加了条件，如对可接受的加密算法的限制或对更长密钥长度的要求。

（7）资源管理。MySQL 8.0支持资源组的创建和管理，并允许将服务器内运行的线程分配给特定组，以便线程根据组可用的资源执行。组属性可以控制其资源，以启用或限制组中线程的资源消耗。数据库管理员可以根据不同的工作负载修改这些属性。

（8）InnoDB增强功能。每当最大自动递增计数器值发生变化时，该值将被写入redo志中，并在每个检查点上保存到引警专用系统表。当服务器重新启动时，当前的最大自动递增计数器值是持久的。

（9）默认字符集由latin1变为utf8mb4。在MySQL 8.3.0之前的版本中，默认字符集为latin1，utf8指向utf8mb3；MySQL 8.3.0版本的默认字符集为utf8mb4，从而可以兼容4字节的Unicode。

（10）MySQL系统表全部换成事务型的InnoDB表。在默认情况下，MySQL实例将不包含任何非事务型的MyISAM表，除非手动创建MyISAM表。

（11）参数修改持久化。MySQL 8.0版本支持在线修改全局参数并持久化。通过加上PERSIST关键字，可以将修改的参数持久化到新的配置文件中，重启MySQL时，可以从该配置文件中获取最新的配置参数。

（12）新增降序索引。MySQL 8.0.36.0之前的版本虽然在语法上支持降序索引，但实际创建的仍然是升序索引；在MySQL 8.0.36.0版本中，创建的是真正的降序索引。

8.2　下载和安装MySQL

对于不同的操作系统，MySQL提供了相应的版本。本节将以Windows平台下的图形化安装包和免安装包为例，详细讲解MySQL的下载、安装、配置等过程。测试环境是64位的Windows系统。

8.2.1　下载 MySQL

若要使用MySQL来存储和处理数据，就需要下载MSQL软件并进行安装和配置。在本书中使用的是MySQL社区版，其当前最新版本为8.0.39.0。下面首先讲述MySQL的下载和安装，然后介绍MySQL服务管理。

　　MySQL社区版8.0.39.0可以从MySQL官网下载，其主要组件包括MySQL服务器、MySQlShell、MySQL Workbench、MySQL路由、各种MySQL连接器、MySQL示例数据库和MySQL文档等。所有这些组件都可以使用MySQL安装程序在安装向导提示下一次性完成。下载MySQL的操作步骤如下：

步骤01 要下载MySQL社区版8.0.39.0，首先需要注册一个Oracle网络账户。登录该账户后，即可下载MYSQL社区版8.0.39.0安装程序。具体的下载网址是https://www.mysql.com/downloads/。

步骤02 在页面找到"MySQL Community (GPL) Downloads"链接，单击该链接进入社区版下载页面，在页面中单击"MySQL Installer for Windows"链接，下载安装文件mysql-installer-community-8.0.39.0.msi，如图8.1所示。

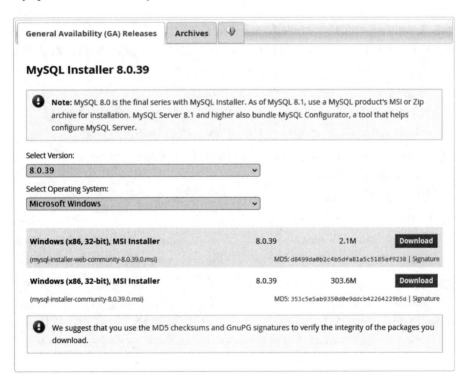

图 8.1　下载 MySQL Community Server 8.0.39.0 版本

8.2.2　安装 MySQL

　　目前MySQL数据库按照用户群分为社区版（Community）和企业版（Enterprise），这两个版本的重要区别为：社区版可以自由下载而且完全免费，但是官方不提供任何技术支持，适用于大多数普通用户；企业版不仅不能自由下载而且还收费，但是该版本提供了更多的功能，可以享受完备的技术支持，适用于对数据库的功能和可靠性要求比较高的企业客户。

MySQL版本更新非常快，现在主推的社区版本为8.0.39。常见的软件版本有GA、RC、Alpha和Bean，它们的含义分别如下：

- GA（general availability）：官方推崇广泛使用的版本。
- RC（release candidate）：候选版本的意思，该版本是最接近正式版的版本。
- Alpha和Bean都属于测试版本，其中Alpha是指内测版本，Bean是指公测版本。

在Windows 11平台上安装MySQL社区版8.3.0，可以在安装向导的提示下完成所有操作。具体操作步骤如下：

步骤 01 运行安装程序mysql-installer-community-8.0.39.0.msi，当出现"License Agreement"对话框时，勾选"I accept the license terms"复选框，然后单击"Next"按钮。

步骤 02 在对话框中选择"Developer Default"单选项，然后单击"Next"按钮。

选择"Developer Default"选项时，将安装开发MySQL应用程序所需的所有产品，包括MySQL Server、MySQL Shell、MySQL Router、MySQL Workbench、MySQL for Excel、MySQL for Visual Studio、MySQL Connectors、MySQL示例和教程以及MySQL文档等。

步骤 03 如果当前计算机上未安装Visual Studio 2012、2013、2015或2017，则会出现"Check Requirements"对话框，此时可以直接单击"Next"按钮。

步骤 04 在"Installation"对话框中单击"Execute"按钮。

步骤 05 当完成各组件的安装后，在"Installation"对话框中单击"Next"按钮。

步骤 06 在"Product Configuration"对话框中单击"Next"按钮。

步骤 07 在"High Availability"对话框中，选择"Standalone MySQL Server/Classic MySQL Replication"单选项，然后单击"Next"按钮。

选择这个选项可以将MySQL实例作为独立服务器运行，并且以后还有机会来配置经典复制；同时，可以根据需要提供高可用性解决方案。

步骤 08 当出现"Type and Networking"对话框时，从"Config Type"列表框中选择"Development Computer"，依次勾选"TCP/P"和"Open Windows Firewall ports for network access"复选框，并在"Port"和"X Protocol Port"文本框中分别输入3306和33060，然后单击"Next"按钮。

步骤 09 在"Authentication Method"对话框中选择"Use Strong Password Encryption for Authentication (RECOMMENDED)"单选项，然后单击"Next"按钮。

MySQL 8.0支持基于一种新的身份验证方法——caching_sha2_password身份验证，建立在改进的基于SHA256的更强密码的基础上。建议所有新的MySQL服务器的安装都使用这种方法。

服务器端的这个新身份验证插件需要新版本的连接器和客户端，它们增加了对这种新的MySQL 8.0默认身份验证（caching_sha2_password身份验证）的支持。

步骤 10 在"Accounts and Roles"对话框中设置root账户的密码，然后单击"Next"按钮。根据需要，也可以在该对话框下部单击"Add User"按钮以添加新的账户。

步骤 11 在"Windows Service"对话框中勾选"Configure MySQL Server as a Windows Service"复选框，在"Windows Service Name"框中输入"MySQL 80"，并勾选"Start the MySQL Server at System Startup"复选框；在"Run Windows Service as c..."下方选择"Standard System Account"单选项，然后单击"Next"按钮。

步骤 12 在 "Apply Configuration" 对话框的 "Configuration Steps" 选项卡中，单击 "Execute" 按钮。

步骤 13 在 "Apply Configuration" 对话框的 "Configuration Steps" 选项卡中，单击 "Finish" 按钮。此时，MySQL 服务器已经配置完成。当再次出现 "Product Configuration 对话框时，单击 "Next" 按钮，继续对其他 MySQL 产品进行配置。

步骤 14 当出现 "MySQL Router Configuration" 对话框时，不进行任何设置，直接单击 "Finish" 按钮。当再次出现 "Product Configuration" 对话框时，单击 "Next" 按钮，继续对其他 MySQL 产品进行配置。

步骤 15 在 "Connect To Server" 对话框中，输入用户名和密码，然后单击 "Check" 按钮，当看到 "All connections succeeded" 信息时，单击 "Next" 按钮。

步骤 16 在 "Apply Configuration" 对话框中，单击 "Execute" 按钮，通过运行 SQL 脚本来创建 MySQL 示例数据库。

步骤 17 当出现 "Apply Configuration" 对话框时，表示 MySQL 示例数据库已经创建成功，此时单击 "Finish" 按钮。当再次出现 "Product Confguration" 对话框时，单击 "Next 按钮，最终完成所有 MySQL 产品的配置过程。

步骤 18 在 "Installation Complete" 对话框中，单击 "Finish" 按钮，完成 MySQL 的安装。

8.3　MySQL服务管理

在安装 MySQL 的过程中，MySQL 服务器是作为 Windows 服务来安装的，这项服务的名称默认为 MySQL 80。在 Windows 平台上，MySQL 服务可以通过图形界面方式或命令行方式来进行管理。

1. 图形界面方式

使用 Windows 服务管理工具对 MySQL 服务进行管理。按 Win+R 组合键，当弹出 "运行" 对话框时，在 "打开" 文本框中输入 "services.msc"，在 "服务" 列表中选择 "MySQL 83（本系统安装的服务器是 8.3 版）" 服务项，使用工具栏中的按钮可以启动（▶）、停止（■）、暂停（‖）或重启（‖▶）所选的服务，如图 8.2 所示。

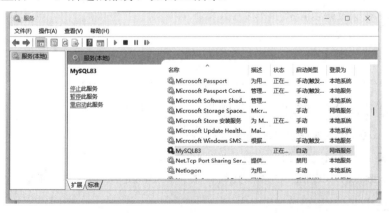

图 8.2　利用 Windows 服务管理工具管理 MySQL 服务

2. Windows环境变量Path设置

Windows环境变量Path设置的操作步骤如下：

步骤 01 在Windows桌面上右击"我的电脑"，在弹出的快捷菜单中选择"属性"命令，打开"系统"对话框。在该对话框左侧单击"高级系统设置"，打开"系统属性"对话框，如图8.3所示。

步骤 02 在"系统属性"对话框中选择"高级"选项卡，单击"环境变量"按钮，打开"环境变量"对话框，编辑"系统变量"，把安装路径如C:\Program Files\MySQL\MySQL Server 8.3\bin添加到Path变量中，如图8.4所示。

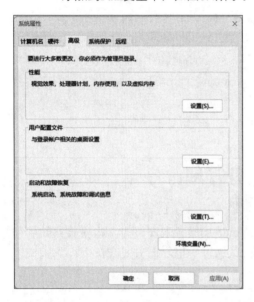

图 8.3 "系统属性"对话框   图 8.4 系统环境变量设置

3. MySQL的重要文件

MySQL的安装文件夹下会存在许多文件夹和文件，其中4个文件夹比较重要：

- bin文件夹：该文件夹下存放着可执行文件。
- include文件夹：该文件夹下存放着头文件。
- lib文件夹：该文件夹下存放着库文件。
- share文件夹：该文件夹下存放着字符集、语言等信息。

在MySQL软件的安装文件夹下，除了文件之外，还存在许多扩展名为".ini"的文件。不同名字的.ini文件代表不同的意思。各个.ini文件的含义如下：

- my.ini：MySQL正在使用的配置文件。
- my-huge.ini：当MySQL为超大型数据库时使用的配置文件。
- my-innodb-heavy-4G.ini：当MySQL的存储引擎为InnoDB，而且内存不小于4GB时使用的配置文件。
- my-large.ini：当MySQL为大型数据库时使用的配置文件。

- my-medium.ini：当MySQL为中型数据库时使用的配置文件。
- my-small.ini：当MySQL软件为小型数据库时使用的配置文件。
- my-template.ini：配置文件模板。

了解了MySQL的安装文件夹和文件后，只需修改my.ini配置文件中的内容，即可实现修改数据库实例的参数。

8.4 通过DOS窗口启动和关闭MySQL服务

将MySQL服务器安装目录下的bin文件夹路径添加到Windows环境变量Path中，并以管理员身份进入命令提示符（cmd），使用Windows网络命令net或MSQL服务器程序mysqld.exe对MySQL服务进行管理。

1. DOS窗口启动和关闭MySQL服务

（1）启动MySQL服务：

```
net start MySQL 80
```

（2）停止MySQL服务：

```
net stop MySQL 80
```

（3）安装MySQL服务（默认服务名为MySQL）：

```
mysqld install<服务名>
```

（4）卸载MySQL服务：

```
mysqld--remove
```

2. 通过DOS窗口连接MySQL

在Windows系统中，还可以通过DOS窗口来登录MySQL软件，以解决没有安装"MySQL Command Line Client"的情况。使用该种方式登录MySQL软件的具体步骤如下：

步骤01 执行"开始"→"运行"命令，打开"运行"对话框，然后在"打开"文本框中输入"cmd"，打开DOS窗口。

步骤02 在DOS窗口中，可以通过mysql命令来登录MySQL，具体命令如下：

```
mysql -h 127.0.0.1 -u root -p
```

在上述命令中，mysql是登录MySQL的命令，-h表示需要登录MySQL的IP地址，-u表示登录MySQL的用户名，-p表示登录MySQL的密码。

具体运行过程如图8.5所示。当提示输入密码时，输入正确密码则会输出一段欢迎内容和一个"mysql>"命令提示符，这时就表示登录到MySQL软件了。

```
C:\Users\liguo>mysql -h 127.0.0.1 -u root -p
Enter password: *****************
Welcome to the MySQL monitor.  Commands end with ; or \g.
Your MySQL connection id is 21
Server version: 8.3.0 MySQL Community Server - GPL

Copyright (c) 2000, 2024, Oracle and/or its affiliates.

Oracle is a registered trademark of Oracle Corporation and/or its
affiliates. Other names may be trademarks of their respective
owners.

Type 'help;' or '\h' for help. Type '\c' to clear the current input statement.

mysql>
```

图 8.5　登录 MySQL

当在DOS窗口中执行"mysql -h 127.0.0.1 -u root -p"命令时，有时会出现错误提示，如"mysql不是内部或外部命令，也不是可运行的程序"。之所以会出现上述错误，是因为在配置MySQL软件时，在安装界面中没有勾选"Include Bin Directory in Windows PATH"复选框添加环境变量。可以通过8.3节介绍的图形界面方式添加环境变量。修改完成后，在DOS窗口中再次执行"mysql -h 127.0.0.1 -u root -p"命令，则不会出现错误。

在欢迎内容中，主要介绍了如下几部分内容：

- Commands end with ; or \g：命令的结束符，表示用"；"或者"\g"符号结束，同时还可以通过"\G"符号来结束。
- Your MySQL connection id is 21：其中id表示客户端的连接ID，该数据记录了MySQL服务到目前为止的连接次数，每次新连接都会自动加1。
- Server version: 8.3.0：MySQL的版本。
- MySQL Community Server - GPL：表示MySQL是社区版。
- Copyright （c） 2000, 2024, Oracle and/or its affiliates：版权。
- Type 'help;' or '\h' for help：表示输入"help;"或"\h"命令可以查看帮助信息。
- Type "\c' to clear the current input statement：表示输入"\c"命令可清除前面的命令。

如果想通过MySQL Command Line Client程序来操作MySQL，只需在"mysql>"命令提示符后输入相应内容，同时以分号（;）或"\g"来结束，最后按Enter键即可操作MySQL。

MySQL Command Line Client程序是众多MySQL客户端软件中使用最多的工具之一，它可以快速地登录和操作MySQL，本书中使用的绝大多数实例都是由该客户端软件运行的。

8.5　使用MySQL Workbench客户端软件

MySQL Workbench客户端软件是MySQL官方提供的图形管理工具，该工具不仅简洁实用，而且功能强大。MySQL Workbench客户端软件启动连接服务器界面如图8.6所示。MySQL Workbench客户端软件的界面如图8.7所示。通过MySQL Workbench客户端界面，可以发现该软件包含3部分功能：MANAGEMENT、INSTANCE和PERFORMANCE。

图 8.6　MySQL Workbench 客户端软件启动连接服务器界面

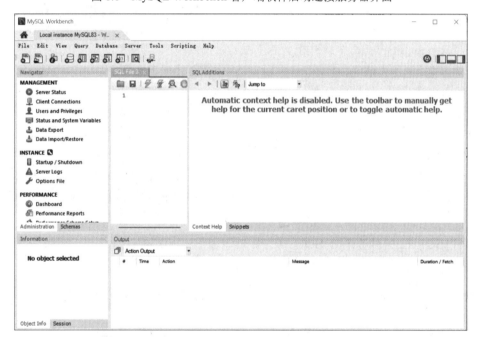

图 8.7　MySQL Workbench 客户端软件界面

8.6　MySQL常用图形化管理软件——SQLyog软件

除了MySQL官方提供的客户端软件外，很多公司也开发了自己的客户端软件。众多的第三方图形化MySQL工具中，受到业界追捧的非SQLyog软件莫属。SQLyog由世界著名的Webyog公司开发研制，是专门针对MySQL数据库的图形化管理工具。该客户端软件的突出特点是简洁高效、功能强大，可以在世界的任何角落通过网络来维护远端的MySQL数据库。本书所使用的图形化MySQL客户端软件为SQLyog软件。

1. 下载SQLyog软件

作为一款受欢迎的图形化MySQL客户端软件，其最新的版本为SQLyog-13.2.1-0。可以通过下面的方式来下载该软件：

（1）访问SQLyog的官方网站（https://webyog.com/cn/）下载试用版，这个网站需要注册。

（2）免费软件版本在GitHub上称为Community Edition。付费版本以专业版、企业版和终极版的形式出售。GitHub链接：https://github.com/webyog/sqlyog-community/wiki/Downloads。

（3）也可以在https://sqlyog.en.softonic.com/上下载，该网站不需要注册。

本书采用的是SQLyog-13.2.1-0.x64Community.exe。

2. 安装SQLyog软件

下载完安装程序后，开始安装该软件。具体的安装步骤如下：

步骤 01 双击SQLyog安装程序（SQLyog-13.2.1-0.x64Community.exe），使用Windows Installer开始安装，弹出"Please select a language"对话框，为了便于使用，在该对话框中选择"Chinese(Simplified)"，单击"OK"按钮，进入欢迎界面。

步骤 02 单击"下一步"按钮，弹出"许可证协议"对话框，单击"我接受'许可证协议'中的条款"单选按钮，然后单击"下一步"按钮，进入"选择组件"对话框。

步骤 03 选择相应的组件，然后单击"下一步"按钮，进入"选择安装位置"对话框。

步骤 04 设置安装目录为"C:\ProgramData\Microsoft\Windows\Start Menu\Programs\SQLyog Community - 64 bit"，然后单击"安装"按钮进行自动安装。

步骤 05 自动安装成功后，单击"下一步"按钮，进入安装完成对话框。在该对话框中会询问是否现在启动SQLyog软件，如果不想现在启动，可以取消勾选"运行SQLyog Community - 64 bit"复选框，然后单击"完成"按钮，完成对SQLyog软件的安装。

3. 通过SQLyog软件登录MySQL

双击SQLyog快捷方式，打开该客户端软件的登录界面，正确输入服务器的地址、用户名、密码、端口，如图8.8所示。单击"连接"按钮，即可连接和登录数据库服务器，进入SQLyog软件的操作界面，如图8.9所示。

图 8.8　SQLyog 连接登录 MySQL

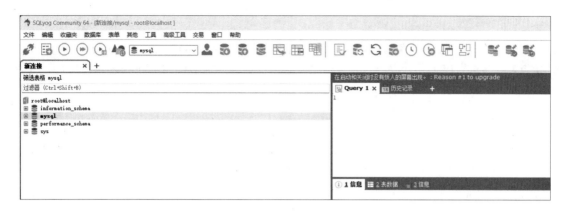

图 8.9　SQLyog 软件的操作界面

8.7　MySQL命令行工具

MySQL提供了一些在命令提示符下运行的命令行程序，这些程序包含在MySQL Server 8.0\bin文件夹中。常用的MySQL命令行程序如下：

- mysqld：SQL守护程序，即MySQL服务器。要使用客户端程序，则必须首先运行mysqld程序，因为客户端是通过连接服务器来访问数据库的。
- mysql：MySQL命令行工具，可以通过交互方式输入SQL语句或从文件以批处理模式执行SQL语句。在服务器上创建数据库、查询和操作数据时，主要通过这个工具来实现。
- mysqladmin：MySQL服务器管理程序，可用于创建或删除数据库、重载授权表、将表刷新到硬盘上及重新打开日志文件。还可以用来检索版本、进程及服务器的状态信息。
- mysqlcheck：表维护客户端程序，用于检查、修复、分析及优化表。
- mysqldump：数据库备份客户端程序，可将MySQL数据库作为SQL语句、文本或XML转存到文件中。
- mysqlimport：数据导入客户端程序，使用LOAD DATA INFILE将文本文件导入MySQL数据库的相关表中。
- mysqlpump：数据库备份客户端程序，将MySQL数据库作为SQL转存到文件中。
- mysqlshow：显示数据库、表、列及索引相关信息的客户端程序。
- perror：显示系统或MySQL错误代码含义的实用工具。

1. mysql工具

使用mysql工具的方法很简单，可以在命令提示符下调用它，命令格式如下：

```
mysql -h<hostname> -u<username> -p<password>
```

其中，<hostname>指定要连接的MySQL服务器的主机名，如果要连接本机上的MySQL服务器，则主机名可用localhost表示；<username>指定用户名，如root；<password>表示登录密码，如果使用了-p选项而未指定密码，则会显示"EnterPassword:"，以提示输入密码。

例如，要以root用户账户身份连接到本机上的MySQL服务器上，可以输入如下命令：

```
mysql -uroot -p
```

输入正确的密码后，将显示欢迎信息并出现提示符"mysql>"。在"mysql>"提示符下可以输入一条SQL语句，并以";""\g"或"G"结束，然后按回车键执行该语句。如果要退出mysql命令行工具，则可以执行"quit"或"exit"命令。

2. mysql选项

mysql命令行工具提供了许多选项，其中多数选项有短格式和长格式，这两种格式分别以"-"和"--"开头。如果选项后面还有参数，则使用短格式时直接跟参数，或者使用长格式时选项与参数用等号分隔。下面列出常用的mysql选项。

- -C（--compress）：压缩在客户端和服务器之间发送的所有信息。
- -D（--database=name）：要使用的数据库。
- --default-auth=name：要使用的默认身份验证客户端插件。
- --default-character-set=charset：指定默认字符集。
- --defaults-file=path：只从指定文件中读取默认选项。
- --delimiter=name：设置语句分隔符。
- -e（--execute=name）：执行语句并退出。
- -f（--force）：即使出现一个SQL，错误仍继续。
- -?（--help）：显示帮助消息并退出。
- -h（--host-hostname）：连接给定主机上的MySQL服务器。
- -H（--html）：产生HTML输出。
- -p（--password[=password]）：连接服务器时使用的密码。如果使用短选项形式（-p），则选项与密码之间不能有空格。如果在命令行中（--password）或（-p）选项后面没有密码，则提示输入一个密码。
- -P（--port=port_num）：用于连接的TCP/IP端口号。
- --prompt=-format_str：将提示设置为指定的格式。默认为"mysql>"。
- --protocol={TCP|SOCKET|PIPE|MEMORY}：指定使用的连接协议。
- -9（--quick）：不缓存每个查询的结果，按照接收顺序打印每一行。如果输出被挂起，则服务器会慢下来。使用该选项时，mysql不使用历史文件。
- --reconnect：如果与服务器之间的连接断开，则系统会自动尝试重新连接。每次连接断开后就尝试一次重新连接。要想禁止重新连接，则使用--skip-reconnect。
- -t（--tables）：用表格式显示输出。这是交互式应用的默认设置，也可用来以批处理模式产生表输出。
- --tee=file_name：将输出复制添加到给定的文件中。该选项在批处理模式下不工作。
- --unbuffered，-n：每次查询后刷新缓存区。
- -u（--user=username）：连接服务器时MySQL使用的用户名。
- -V（--version）：显示版本信息并退出。
- -E（--vertical）：垂直输出查询输出的行。没有该选项时，则可以用"G"结尾来指定单个语句的垂直输出。
- -X（--xml）；产生XML输出。

3. mysql命令

mysql命令可以将发出的SQL语句发送到待执行的服务器上。此外，还有一些mysql命令可以由mysql自己解释。要查看这些命令，可以在"mysql>"提示符下输入"help;"或"\h"。

下面列出mysql的一些常用命令，每个命令有长形式和短形式。长形式对大小写不敏感，短形式对大小写敏感；长形式后面可以加一个分号结束符，短形式不可以加分号结束符。

- ?（\?）：与help命令相同。
- clear（\c）：清除命令。
- connect（\r）：重新连接到服务器，可选参数为db和host。
- delimiter（\d）：设置语句定界符，将本行中的其余内容作为新的定界符。在该命令中，应避免使用反斜线"\"，因为这是MySQL的转义符。
- edit（\e）：使用$EDITOR编辑命令行。只适用于UNIX。
- ego（\G）：将命令发送到MySQL服务器，以垂直方式显示结果。
- exit（\q）：退出mysql工具，与quit命令相同。
- go（\g）：将命令发送到MySQL服务器。
- help（\h）：显示帮助信息。
- prompt（\R）：更改mysql提示符。
- quit（\q）：退出mysql命令行工具。
- source（\.）：执行SQL脚本文件，后面跟的文件名作为参数。
- status（\s）：从服务器获取状态信息。此命令提供连接和使用的服务器相关的部分信息。
- system（\!）：执行一个系统外壳命令。只适用于UNIX。
- tee（\T）：设置输出文件[to_outfile]。要想记录查询及其输出，则应使用tee命令。屏幕上显示的所有数据被追加到给定的文件后面。对于调试也很有用。
- use（\u）：使用另一个数据库，以数据库名作为参数。

4. 从文本文件中执行SQL语句

事先将要执行的SQL语句保存到一个脚本文件（.sql）中，然后通过mysql命令从该文件读取输入。为此，首先创建一个脚本文件script.sql，并编写想要执行的语句，然后按以下方式调用mysql命令：

```
mysql db_name <script.sql> output.tab
```

执行脚本文件包含的批处理后，输出结果写入ouput.tab文件中。

如果文本文件中包含一个use db_name语句，则不需要在命令行中指定数据库名：

```
mysql < script.sql
```

如果正在运行mysql命令，则可以使用source或"\."命令执行SQL脚本文件：

```
mysql>source script.sql;
mysql>\. script.sql;
```

第 9 章
MySQL的数据库基本操作

MySQL数据库是一种关系数据库，其特点是将数据分别存储在一些不同的表中，而不是将所有数据都存放在一个大的仓库中。数据库可以视为各种数据对象的容器，这些对象包括表、视图、存储过程及触发器等。其中，表是最基本的数据对象，其作用就是存储数据。要利用数据库来存储和管理数据，则首先要在MySQL服务器上创建数据库，然后才能在数据库中创建表和其他数据对象，并在表中添加数据。

9.1　数据库及数据库对象

当连接上MySQL服务器后，即可操作数据库中存储到数据库对象里的数据。在具体介绍数据库操作之前，首先需要了解数据库和数据库对象的概念。

1. 数据库

数据库是存储数据库对象的容器。在MySQL中，数据库可以分为系统数据库和用户数据库两大类。

系统数据库是指安装完MySQL服务器后附带的一些数据库，如图9.1所示。系统数据库会记录一些必需的信息，用户不能直接修改这些系统数据库。各个系统数据库的作用如下：

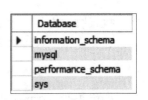

图 9.1　系统数据库

- information_schema：主要存储系统中的一些数据库对象信息，如用户表信息、列信息、权限信息、字符集信息和分区信息等。
- mysql：主要存储系统的用户权限信息。
- performance_schema：主要存储数据库服务器性能参数。
- sys：这是MySQL 5.7及以上版本自带的一个系统数据库，用于查询和监控MySQL的各种信息，如连接信息、锁信息、IO信息等。

在安装MySQL的过程中，这些系统数据库会自动安装。如果安装MySQL时还选择安装MySQL示例数据库，则还会安装两个示例数据库，即sakila和world。在实际应用中，用户可以根据需要在MySQL服务器上创建自己的数据库，即用户数据库。

2. 数据库对象

既然数据库是存储数据库对象的容器，那么什么是数据库对象呢?数据库可以存储哪些数据库对象呢?所谓数据库对象，是指存储、管理和使用数据的不同结构形式，主要包含表、视图、存储过程、函数、触发器和事件等。

9.2　创建数据库

创建数据库，实际上就是在数据库服务器中划分一块空间，用来存储相应的数据库对象。

1. 创建数据库的语法形式

在MySQL中，创建数据库是通过SQL语句CREATE DATABASE来实现的，其语法形式如下:

```
CREATE DATABASE database_name
```

在上述语句中，database_name参数表示要创建的数据库的名字，在具体创建数据库时，不能与已经存在的数据库重名。在MySQL中，对象名称和关键字不区分大小写。除了上述要求外，推荐的数据库命名（标识符）规则如下:

- 由字母、数字、下画线、@、#和$符号组成，其中字母可以是英文字符a~z或A~Z，也可以是其他语言的字母字符。
- 首字母不能是数字和$符号。
- 标识符不允许是MySQL的保留字。
- 不允许有空格和特殊字符。
- 长度小于128位。

MySQL中的数据库实现一个目录，这个目录包含的文件与数据库中的表相对应。刚创建时，数据库中没有任何表，所以CREATE DATABASE语句仅在MySQL数据目录下创建一个空目录。MySQL 8.0不支持通过在数据目录下手动创建目录来创建数据库。在MySQL中，可以使用SHOW CREATE DATABASE语句的显示创建命名数据库的CREATE DATABASE语句，从而可以查看该数据库的默认字符集和排序规则。

字符集是一套符号和编码，排序规则是字符集内用于比较字符的一套规则。MySQL服务器支持多种字符集。要显示可用的字符集名称和默认的排序规则，则可以使用SHOW CHARACTER SET语句。在MySQL配置文件my.ini中使用character-set-server选项来设置默认的数据库字符集。与简体中文相关的字符集和默认排序规则有gb18030/gb18030_chinese_ci、gb2312/gb2312_chinese_ci、gbk/gbk_chinese_ci。

下面将通过MySQL数据库服务器自带的工具MySQL Command Line Client来创建数据库。

【例9.1】执行SQL语句CREATE DATABASE，在数据库管理系统中创建名为databasetest的数据库。具体SQL语句如下：

```
CREATE DATABASE databasetest
```

运行结果：

```
Query OK, 1 row affected (0.01 sec)
```

执行完SQL语句后，下面有一行提示"Query OK, 1 row afected (0.01 sec)"。这段提示可以分为3部分，含义如下：

- Query OK：表示SQL语句执行成功。
- 1 row affected：表示操作只影响了数据库中的一行记录。
- 0.01sec：表示操作执行的时间。

创建数据库的SQL语句不属于查询语句，那么为什么显示结果却是"Query OK"呢？这是MySQL的一个特点，即所有SQL语句中的DDL和DML（不包含SELECT）语句执行成功后都会显示"QueryOK"。

2. 通过工具来创建数据库

下面将通过一个具体的实例来说明如何通过客户端软件SQLyog创建数据库。

【例9.2】与【例9.1】一样，在数据库管理系统中创建名为databasetest的数据库。
具体步骤如下：

步骤 01 首先连接数据库服务器，在"对象资源管理器"窗口中将显示MySQL数据库管理系统中的所有数据库。

步骤 02 在"对象资源管理器"窗口的空白处右击，在弹出的快捷菜单中选择"创建数据库"命令。

步骤 03 弹出"创建数据库"对话框，在"数据库名称"文本框中输入databasetest，然后单击"创建"按钮，创建数据库databasetest。

步骤 04 当数据库databasetest创建成功后，"对象资源管理器"窗口中就会显示出名为databasetest的数据库。

对于SQLyog工具，除了可以通过以上步骤（向导方式）创建数据库外，还可以通过在"Query"窗口中输入SQL语句来创建，具体步骤如下：

步骤 01 在"Query"窗口中输入创建名为databasetest数据库的SQL语言"CREATE DATABASE databasetest"，然后单击工具栏中的"执行查询"按钮，创建数据库。

步骤 02 当数据库创建成功后，不仅会在"信息"窗口中显示相关信息，而且当单击工具栏中的"刷新对象浏览器"按钮时，会在"对象资源管理器"窗口中显示新建的数据库，如图9.2所示。

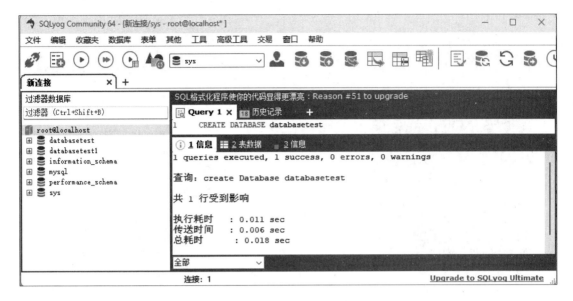

图 9.2　数据库创建成功

9.3　数据库相关操作

本节将详细介绍如何查看和选择数据库。在具体实现这些操作之前，首先需要确定所操作的数据库对象已经存在。

9.3.1　查看数据库

对于初级用户，当创建数据库时，经常会发生如下错误。

```
mysql>CREATE DATABASE databasetest;
ERROR 1007 (HY000):Can't create database 'databasetest'; database exists
```

之所以不能正确创建数据库databasetest，是因为该数据库已经存在。因此，在创建数据库之前，需要查看数据库管理系统中是否已经存在该名字的数据库。

那么如何查看数据库管理系统中已经存在的数据库呢?在MySQL中查看已经存在的数据库是通过SQL语句"SHOW DATABASES"来实现的，其语法形式如下：

```
SHOW DATABASES;
```

上述SQL语句主要用来实现显示MySQL中的所有数据库。

命令行执行上面的SQL语句后，结果如图9.3所示。SQLyog软件显示的数据库如图9.4所示。

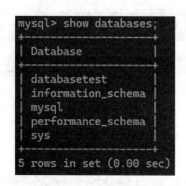

图 9.3　命令行显示的数据库

图 9.4　SQLyog 软件显示的数据库

9.3.2　选择数据库

既然数据库是数据库对象的容器，而在数据库管理系统中一般又会存在许多数据库，那么在操作数据库对象之前，首先需要确定是哪一个数据库。即在对数据库对象进行操作时，需要选择一个数据库。

在MySQL中，选择数据库通过SQL语句USE来实现，其语法形式如下：

```
USE database_name
```

在上述语句中，database_name参数表示要选择的数据库的名字。

在具体选择数据库之前，首先需要查看数据库管理系统中已经存在的数据库，然后才能从这些已经存在的数据库中进行选择。如果选择一个不存在的数据库，则会出现下面的错误：

```
mysql> USE test;
ERROR 1049 (42000): Unknown database 'test'
```

【例9.3】执行SQL语句USE，选择名为databasetest的数据库。具体SQL语句如下：

```
SHOW DATABASES;
USE databasetest;
```

在上述SQL语句中，首先查看MySQL中的所有数据库，然后选择数据库databasetest。

上面的查询语句的执行结果如图9.5所示。

在执行选择数据库语句时，如果出现"Database changed"提示，则表示选择数据库成功。

对于客户端软件SQLyog，如果想选择数据库管理系统中已经存在的数据库，则可以在"Query"窗口中执行USE语句。除了上述方法外，还可以在"对象资源管理器"窗口中单击所要选的数据库databasetest。

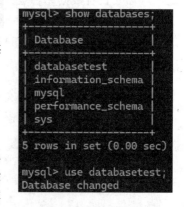

图 9.5　选择数据库

9.3.3　删除数据库

本节将详细介绍如何删除数据库。在具体实现该操作之前，首先需要确定所操作的数据库对象已经存在。

1. 删除数据库的语法形式

在MySQL中，删除数据库通过SQL语句DROP DATABASE来实现，其语法形式如下：

```
DROP DATABASE database_name
```

在上述语句中，database_name参数表示要删除的数据库的名字。

【例9.4】执行SQL语句DROP DATABASE删除数据库，即首先创建一个名为databasetest1的数据库，然后删除databasetest1数据库。具体步骤如下：

步骤01　创建数据库databasetestl，具体语句如下：

```
CREATE DATABASE databasetest1;
```

步骤02　查看MySQL数据库管理系统中是否已经存在名为databasetest1的数据库，具体SQL语句如下：

```
SHOW DATABASES;
```

步骤03　根据查询结果可以发现databasetest1数据库已经创建成功，下面通过DROP DATABASE删除数据库，具体SQL语句如下：

```
DROP DATABASE databasetest1;
```

这时如果再次查询数据库，则数据库列表将不会显示数据库databasetest1。

2. 通过工具来删除数据库

通过MySQL数据库服务器自带的工具MySQL Command Line Client来删除数据库，虽然高效、灵活，但对于初级用户来说比较困难，这需要掌握SQL语句。在具体实践中，用户可以通过客户端软件SQLyog来删除数据库。

下面将通过一个具体的实例来说明如何通过客户端软件SQLyog删除数据库。

【例9.5】删除数据库管理系统中名为databasetest1的数据库。

具体步骤如下：

步骤01　连接数据库服务器，在"对象资源管理器"窗口中将显示MySQL数据库管理系统中的所有数据库。

步骤02　在"对象资源管理器"窗口的空白处右击，在弹出的快捷菜单中选择"创建数据库"命令。

步骤 03 弹出"创建数据库"对话框，在"数据库名称"文本框中输入databasetest1，然后单击"创建"按钮，创建数据库databasetest1。这时如果单击工具栏中的"刷新对象浏览器"按钮，会在"对象资源管理器"窗口中显示出新建的数据库。

步骤 04 如果要删除刚创建的数据库databasetest1，只需右击"对象资源管理器"窗口中的数据库databasetest1，然后在弹出的快捷菜单中选择"更多数据库操作"→"删除数据库"命令。

步骤 05 在弹出的确认删除对话框中，单击"是"按钮后，"对象资源管理器"窗口中就没有数据库databasetest1了。

通过上述步骤，即可在SQLyog客户端软件中删除数据库databasetest1。

第 10 章

MySQL的存储引擎和数据类型

存储引擎是MySQL的一大特点，Oracle中没有专门的存储引擎的概念，它是有OLTP和OLAP模式之分。简单来说，存储引擎就是指表的类型以及表在计算机上的存储方式。MySQL中的存储引擎有很多种，不同的存储引擎使得MySQL数据库中的表可以用不同的方式来存储。我们可以根据数据的特点来选择不同的存储引擎。

10.1 认识存储引擎

存储引擎是MySQL数据库管理系统的一个重要特征。在具体开发时，为了提高MySQL数据库管理系统的使用效率和灵活性，可以根据实际需要来选择存储引擎。因为存储引擎指定了表的类型，即如何存储和索引数据、是否支持事务等；同时，存储引擎也决定了表在计算机中的存储方式。本节将详细介绍MySQL 8.0所支持的存储引擎，以及如何选择合适的存储引擎。

10.1.1 MySQL 存储引擎

用户在选择存储引擎之前，首先需要确定数据库管理系统支持哪些存储引擎。在MySQL数据库管理系统中，查看支持的存储引擎是通过SQL语句SHOW ENGINES来实现的，其语法形式如下：

```
SHOW ENGINES;
```

【例10.1】执行SQL语句SHOW ENGINES，查看MySQL 8.0所支持的存储引擎和默认存储引擎。具体步骤如下：

步骤 01 查看MySQL 8.0所支持的存储引擎，具体SQL语句如下：

```
SHOW ENGINES\G
```

“\G”表示按照行显示存储引擎。以“\G”结尾，就不需要结尾的分号了。执行上面的SQL语句，其结果如图10.1所示。

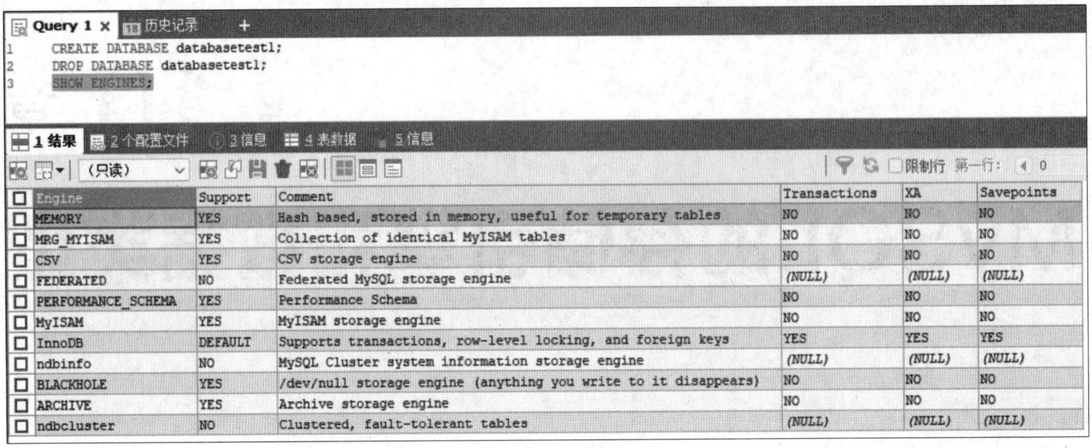

Engine	Support	Comment	Transactions	XA	Savepoints
MEMORY	YES	Hash based, stored in memory, useful for temporary tables	NO	NO	NO
MRG_MYISAM	YES	Collection of identical MyISAM tables	NO	NO	NO
CSV	YES	CSV storage engine	NO	NO	NO
FEDERATED	NO	Federated MySQL storage engine	(NULL)	(NULL)	(NULL)
PERFORMANCE_SCHEMA	YES	Performance Schema	NO	NO	NO
MyISAM	YES	MyISAM storage engine	NO	NO	NO
InnoDB	DEFAULT	Supports transactions, row-level locking, and foreign keys	YES	YES	YES
ndbinfo	NO	MySQL Cluster system information storage engine	(NULL)	(NULL)	(NULL)
BLACKHOLE	YES	/dev/null storage engine (anything you write to it disappears)	NO	NO	NO
ARCHIVE	YES	Archive storage engine	NO	NO	NO
ndbcluster	NO	Clustered, fault-tolerant tables	(NULL)	(NULL)	(NULL)

图 10.1　查询存储引擎

执行结果显示，MySQL 8.0支持11种存储引擎，分别为MEMORY、MRG_MYISAM、CSV、FEDERATED、PERFORMANCE_SCHEMA、MyISAM、InnoDB、ndbinfo、BLACKHOLE、ARCHIVE和ndbcluster。其中Engine参数表示存储引擎的名称；Support参数表示MySQL数据库理系统是否支持该存储引擎，值为YES表示支持，值为NO表示不支持，值为DEFAULT表示该存储引擎是数据库管理系统默认支持的存储引擎；Comment参数表示关于存储引擎的评论；Transactions参数表示存储引擎是否支持事务，值为YES表示支持，值为NO表示不支持；XA参数表示存储引擎所支持的分布式是否符合XA规范，值为YES表示支持，值为NO表示不支持；Savepoints参数表示存储引擎是否支持事务处理中的保存点，值为YES表示支持，值为NO表示不支持。

通过执行结果可以发现，MySQL 8.0数据库管理系默认的存储引擎为InnoDB存储引擎。

步骤 02 在具体执行的SQL语句中，可以用“;”“\g”和“\G”符号表示语句结束。其中前两个符号的作用一样，而最后一个符号除了表示语句结束外，还可以使得结果显示更加美观。执行SQL语句SHOW ENGINES，以“;”或者“\g”作为结束符号查看存储引擎。具体SQL语句如下：

```
SHOW ENGINES;
```

或者

```
SHOW ENGINES\g
```

上述命令中，虽然语句内容一致，但是前者以“;”符号结束，而后者通过“g”符号结束。SQLyog不识别“\g”或“\G”。

执行结果显示MySQL 8.0支持11种存储引擎，但是显示效果不便于用户查看，因此以“;”和“\g”符号结束的方式不常用。

步骤 03 在MySQL数据库管理系统中，除了可以通过SQL语句SHOW ENGINES查看所支持的存储引擎外，还可以通过SQL语句SHOW VARIABLES来查看所支持的存储引擎。具体SQL语句如下：

```
SHOW VARIABLES LIKE 'have%';
```

执行上面的SQL语句，其结果如图10.2所示。

```
mysql> show variables like 'have%';
+-------------------------+----------+
| Variable_name           | Value    |
+-------------------------+----------+
| have_compress           | YES      |
| have_dynamic_loading    | YES      |
| have_geometry           | YES      |
| have_openssl            | YES      |
| have_profiling          | YES      |
| have_query_cache        | NO       |
| have_rtree_keys         | YES      |
| have_ssl                | YES      |
| have_statement_timeout  | YES      |
| have_symlink            | DISABLED |
+-------------------------+----------+
10 rows in set, 1 warning (0.00 sec)
```

图 10.2　查看存储引擎

在显示结果中，Variable_name参数表示存储引擎的名字；Value参数表示MySQL数据库管理系统是否支持存储引擎，值为YES表示支持，值为NO表示不支持，值为DISABLED表示支持但是还没开启。

10.1.2　操作默认存储引擎

安装版MySQL 8.0数据库管理系统的默认存储引擎为InnoDB，免安装版MySQL 8.0数据库管理系统的默认存储引擎为MyISAM。在数据库管理系统中，可以修改默认存储引擎，本节将详细介绍关于默认存储引擎的操作。

1. 查询默认存储引擎

如果需要操作默认存储引擎，首先需要查看默认存储引擎。那么如何查看默认存储引擎呢?可以通过执行SQL语句SHOW VARIABLES来查看默认的存储引擎，具体SQL语句如下：

```
SHOW VARIABLES LIKE 'storage_engine%';
```

在上述命令中，设置LIKE的关键字为“storage_engine%”，表示查询默认存储引擎。

2. 修改默认存储引擎

在MySQL数据库管理系统中，如果需要修改默认存储引擎，可以通过两种方式来实现：一种为向导方式，另一种为手动修改配置文件方式。

当通过向导方式修改默认存储引擎时，执行“开始”→“程序”→“MySQL”→“MySQL Server 8.0”→“MySQL Server Instance Configuration Wizard”菜单命令，进入图形化实例配置向导的欢迎界面。在图形化实例配置向导中，连续单击“Next”按钮，进入“MySQL选择用途类型”界面。在该界面中如果单击“Multifunctional Database”单选按钮，则MySQL数据库管理系统的默认存储引擎为InnoDB；如果单击"Non-Transaction Database Only"单选按钮，则MySQL数据库管理系统的默认存储引擎为MyISAM。

通过手动方式来修改默认存储引擎时，需要修改MySQL数据库管理系统的配置文件my.ini。查找my.ini文件的方式有以下两种：

（1）找到MySQL的安装路径，单击进去之后可以看到my.ini在MySQL安装路径的根目录。

（2）若在MySQL安装目录中找不到my.ini，这时my.ini在"C:\ProgramData\MySQL\MySQL Server x.x"目录下面。首先需要找到ProgramData文件夹，这是一个隐藏文件，需要打开隐藏文件可见功能才能看见，或者可以直接检索ProgramData文件夹，然后就可以在"C:\ProgramData\MySQL\MySQL Server x.x"目录下面找到了my.ini文件。

找到my.ini文件后，开始手动修改默认存储引擎，具体步骤如下：

步骤 01 打开my.ini配置文件，找到"[mysqld]"组，内容如下：

```
#服务器端参数配置
#SERVER SECTION
...
[mysqld]
#服务器端的端口号
port=3306
#MySQL数据库服务器的安装目录
basedir="C:/Program Files/MySQL/MySQL Server 8.0/"
#MYSQL数据库数据文件的目录
datadir="C:/Documents and Settings/All Users/Application Data/MySQL/MySQL
Server5.5/Data/"
#MySQL服务器端的字符集
character-set-server=gbk
#MYSQL服务器的存储引擎
default-storage-enqine=INNODB
...
```

要想修改默认存储引擎，只需修改[mysqld]组中的default-storage-engine参数。即如果想设置默认存储引擎为MyISAM，只需将它修改成"default-storage-engine=MyISAM"。要使修改后的参数生效，必须重新启动MySQL服务。

步骤 02 重启MySQL服务后，再次执行SQL语句SHOW VARIABLES来查看默认的存储引擎。具体SQL语句如下：

```
SHOW VARIABLES LIKE 'storage_engine%';
```

默认存储引擎已经修改为MyISAM。

10.1.3　选择存储引擎

在具体使用MySQL数据库管理系统时，选择合适的存储引擎是一个非常复杂的问题。因为每种存储引擎都有自己的特性、优势和应用场合，所以不能随便选择存储引擎。为了能够正确地选择存储引擎，必须掌握各种存储引擎的特性。

下面重点介绍4种常用的存储引擎，MyISAM、InnoDB、MEMORY和CSV，并给出这4种存储引擎的应用场景。

- MyISAM存储引擎：由于该存储引擎不支持事务，也不支持外键，因此访问速度比较快。对事务完整性没有要求并以访问为主的应用适合使用该存储引擎。
- InnoDB存储引擎：由于该存储引擎在事务上具有优势，即支持具有提交、回滚和崩溃恢复能力的事务安装，因此它比MyISAM存储引擎占用更多的磁盘空间。如果需要频繁进行更新、删除操作，同时对事务的完整性要求比较高，需要实现并发控制，则适合使用该存储引擎。
- MEMORY存储引擎：该存储引擎使用内存来存储数据，因此数据访问速度快，但是安全上没有保障。如果应用中涉及的数据比较小，需要进行快速访问，则适合使用该存储引擎。
- CSV存储引擎：CSV存储引擎是以CSV文件的方式存储数据。CSV是MySQL中相对简单和方便的存储引擎。简单是因为其创建和使用简单。存储文件是CSV文件，可以直接对CSV文件进行修改。CSV存储引擎只有在MySQL 5.0版本之后才被支持。

10.2　数　据　类　型

在MySQL数据库管理系统中，可以通过存储引擎来决定表的类型，即决定表的存储方式。同时MySQL数据库管理系统也提供了数据类型来决定表存储数据的类型。MySQL数据库管理系统提供的数据类型有整数类型、浮点数类型、定点数类型和位类型、日期和时间类型、字符串类型。

10.2.1　整数类型

MySQL数据库管理系统除了支持标准SQL中的所有整数类型（SMALLINT和INT）外，还进行了相应扩展。扩展后增加了TINYINT、MEDIUMINT和BIGINT这3个整数类型。下面通过表10.1展示各种整数类型的特性，其中INT与INTEGER这两个整数类型是同名词（可以相互替换）。

表 10.1　整数类型

整数类型	字　　节	最　小　值	最　大　值
TINYINT	1	有符号-128 无符号0	有符号127 无符号255
SMALLINT	2	有符号-32768 无符号0	有符号32767 无符号65535
MEDIUMINT	3	有符号-8388608 无符号0	有符号8388607 无符号1677215
INT和INTECER	4	有符号-2147483648 无符号0	有符号2147483647 无符号4294967295
BIGINT	8	有符号-9223372036854775808 无符号0	有符号9223372036854775807 无符号18446744073709551615

表10.1中的内容显示，TINYINT类型占用字节数最小，只需1字节，因此该类型的取值范围最小。BIGINT类型占用字节数最大，需要8字节，因此该类型的取值范围最大。

为什么要了解整数类型所占的字节数呢？因为根据数据类型所占的字节数可以算出该类型的取值范围。

在计算机中，所有的内容都存储为不同组合的二进制码（0和1），整数类型数据也不例外，只不过整数是有符号数（正负数），因此其左边的第一位为符号位（0为正数，1为负数）。例如，TINYINT类型占1字节（1字节=8位），所以该类型数据的最大值二进制和最小值二进制如图10.3所示。

正整数最大值二进制表示

负整数最小值二进制表示

图 10.3　整数二进制表示范围

对于图10.3所示的二进制数，正整数最大值二进制数转换成十进制数为2^7-1，即127。对于负整数最小值二进制数，转换成十进制数为-2^7，即-128。

在具体使用MySQL数据库管理系统时，如果需要存储整数类型数据，则可以选择TINYIINT、SMALLINT、MEDIUMINT、INT、INTEGER和BIGINT类型，至于选择这些类型中的哪一个，首先需要判断整数数据的取值范围，当不超过255时，那选择TINYINT类型就足够了。虽然BIGINT类型的取值范围最大，但最常用的整数类型却是INT类型。

如果无法区分各个整数类型的取值范围，可以通过MySQL的系统帮助查看相关信息。查看系统帮助的方法如【例10.2】所示。

【例10.2】使用系统帮助查看各个整数类型的取值范围。

```
mysql> help data types;
You asked for help about help category: "Data Types"
For more information, type 'help <item>', where <item> is one of the following
topics:
   AUTO_INCREMENT
   BIGINT
   BINARY
   BIT
   BLOB
   BLOB DATA TYPE
   BOOLEAN
   CHAR
   CHAR BYTE
   DATE
   DATETIME
   DEC
   DECIMAL
   DOUBLE
   DOUBLE PRECISION
   ENUM
```

```
        FLOAT
        INT
        INTEGER
        LONGBLOB
        LONGTEXT
        MEDIUMBLOB
        MEDIUMINT
        MEDIUMTEXT
        SET DATA TYPE
        SMALLINT
        TEXT
        TIME
        TIMESTAMP
        TINYBLOB
        TINYINT
        TINYTEXT
        VARBINARY
        VARCHAR
        YEAR DATA TYPE
mysql> help int;
Name: 'INT'
Description:
INT[(M)] [UNSIGNED] [ZEROFILL]
A normal-size integer. The signed range is -2147483648 to 2147483647.
The unsigned range is 0 to 4294967295.
```

另外，使用命令"HELP contents"可以查看MySQL帮助文档支持的目录列表，然后根据需要查看的条目选择查看。输入"HELP INT"可以查看INT类型的帮助，如上述实例所示，有符号INT类型的取值范围为−2147483648～2147483647，无符号INT类型的取值范围为0～4294967295。

10.2.2　浮点数类型、定点数类型和位类型

MySQL数据库管理系统除了支持标准SQL中的所有浮点数类型（FLOAT和DOUBLE）、定点数类型（DEC）外，还进行了相应扩展。扩展后增加了位类型（BIT）。下面通过表10.2展示各种浮点数类型的特性。

表 10.2　浮点数类型

浮点数类型	字　　节	最　小　值	最　大　值
FLOAT	4	±1.75494351E−38	±3.402823466E+38
DOUBLE	8	±2.2250738585072014E−308	±1.7976931348623157E+308

表10.2中的内容显示，FLOAT类型占用4字节，该类型的取值范围最小。DOUBLE类型占用8字节，该类型的取值范围最大。

在具体使用MySQL数据库管理系统时，如果需要存储小数数据，则可以选择FLOAT和DOUBLE类型。至于选择这两个类型中的哪一个，则需要判断存储小数数据需要精确的小数位数，当需要精确到小数点后10位以上，就需要选择DOUBLE类型。

下面通过表10.3展示定点数类型的特性。

表 10.3 定点数类型

定点数类型	字 节	最 小 值	最 大 值
DEC(M,D)和DECIMAL(M,D)	M+2	与DOUBLE相同	与DOUBLE相同

表10.3中的内容显示，DEC与DECIMAL这两个定点数类型是同名词，该类型的取值范围与DOUBLE类型相同，但是其有效取值范围由M和D来决定。

在具体使用MySQL数据库管理系统时，如果需要存储小数数据，除了可以选择FLOAT和DOUBLE类型外，还可以选择DEC和DECIMAL类型。当要求小数数据精确度非常高时，则可以选择DEC和DECIMAL类型，它们的精确度比DOUBLE类型还要高。

浮点数类型的使用方法类似整数类型，【例10.3】演示了FLOAT数据类型和DECIMAL数据类型的区别。

【例10.3】FLOAT数据类型和DECIMAL数据类型的区别。

```
mysql> CREATE TABLE f_test(
    -> a FLOAT(38,30),
    -> b DECIMAL(38,30));
Query OK, 0 rows affected, 1 warning (0.05 sec)
mysql> INSERT INTO f_test VALUES(123450.000000000000000000000000000001,
    -> 123450.000000000000000000000000000001);
Query OK, 1 row affected (0.02 sec)
mysql> SELECT * FROM f_test\G
*************************** 1. row ***************************
a: 123450.000000000000000000000000000000
b: 123450.000000000000000000000000000001
1 row in set (0.00 sec)
```

FLOAT、DOUBLE数据类型存储数据时存储的是近似值，而DECIMAL存储的是字符串，因此提供了更高的精度，在需要表示金额等货币类型时优先选择DECIMAL数据类型。

下面通过表10.4展示位类型的特性。

表 10.4 位类型

位 类 型	字 节	最 小 值	最 大 值
BIT(M)	1~8	BIT(1)	BIT(64)

表10.4中的内容显示，位类型的字节数是M，M的取值范围为1~8，即该类型的存储空间是根据其精度决定的。【例10.4】所示为BIT类型的使用方法。

【例10.4】BIT类型的使用。

```
mysql> create table bit_test(id bit(8));
Query OK, 0 rows affected (0.04 sec)
mysql> insert into bit_test values(11),(b'11');
Query OK, 2 rows affected (0.01 sec)
Records: 2  Duplicates: 0  Warnings: 0
mysql> select id+0 from bit_test;
```

```
+------+
| id+0 |
+------+
|   11 |
|    3 |
+------+
2 rows in set (0.01 sec)
mysql> select bin(id+0) from bit_test;
+-----------+
| bin(id+0) |
+-----------+
| 1011      |
| 11        |
+-----------+
2 rows in set (0.01 sec)
```

BIT数据类型的创建方法和其他数据类型相似，不同之处在于插入方法：INSERT语句的第一个参数为插入的十进制数字"11"，而第2个参数则为正常插入的二进制表示的数字"11"。使用SELECT语句可以看到插入的数据的区别。

10.2.3　日期和时间类型

MySQL数据库管理系统中有多种表示日期和时间的数据类型，各种版本有微小的差异，下面通过表10.5展示MySQL 8.0数据库管理系统所支持的日期和时间类型的特性。

表 10.5　日期和时间类型

日期和时间类型	字　节	最　小　值	最　大　值
DATE	4	1000-01-01	9999-12-31
DATETIME	8	1000-01-01 00:00:00	9999-12-31 23:59:59
TIMESTAMP	4	19700101080001	2038年的某个时刻
TIME	3	−835:59:59	838:59:59
YEAR	1	1901	2155

表10.5中的内容显示，每种日期和时间数据类型都有一个取值范围，如果插入的值超过了该类型的取值范围，则会插入默认值。

在具体应用中，各种日期和时间类型的应用场景如下：

- 如果要表示年月日，一般会使用DATE类型。
- 如果要表示年月日时分秒，一般会使用DATETIME类型。
- 如果需要经常插入或者更新日期为当前系统时间，一般会使用TIMESTAMP类型。
- 如果要表示时分秒，一般会使用TIME类型。
- 如果要表示年份，一般会使用YEAR类型。因为该类型比DATE类型占用更少的空间。

在具体使用MySQL数据库管理系统时，要根据实际应用来选择满足需求的最小存储的日期类型。例如，如果应用只需存储"年份"，则可以选择存储字节为1的YEAR类型；如果要存储年月日时分秒，并且年份的取值可能比较久远，最好使用DATETIME类型，而不是

TIMESTAMP类型，因为前者比后者所表示的日期范围要长一些；如果存储的日期需要让不同时区的用户使用，则可以使用TIMESTAMP类型，因为只有该类型日期能够与实际时区相对应。

日期和时间类型的使用方法如【例10.5】所示。

【例10.5】日期和时间类型的使用方法。

```
mysql> create table d_test(
    -> f_data date,
    -> f_datetime datetime,
    -> f_timestamp timestamp,
    -> f_time time,
    -> f_year year);
Query OK, 0 rows affected (0.04 sec)
mysql> select curdate(),now(),now(),time(now()),year(now())\g
+------------+---------------------+---------------------+-------------+-------------+
| curdate()  | now()               | now()               | time(now()) | year(now()) |
+------------+---------------------+---------------------+-------------+-------------+
| 2024-03-11 | 2024-03-11 10:56:05 | 2024-03-11 10:56:05 | 10:56:05    |        2024 |
+------------+---------------------+---------------------+-------------+-------------+
1 row in set (0.00 sec)
mysql> insert into d_test values(curdate(),now(),now(),time(now()),year(now()));
Query OK, 1 row affected (0.02 sec)
mysql> select * from d_test\G
*************************** 1. row ***************************
     f_data: 2024-03-11
 f_datetime: 2024-03-11 10:58:19
f_timestamp: 2024-03-11 10:58:19
     f_time: 10:58:19
     f_year: 2024
1 row in set (0.00 sec)
```

上述实例首先创建了一个包含日期和时间类型的表，然后使用了SELECT查看相关函数的输出以便对比，最后使用INSERT语句插入相关数值。

10.2.4　字符串类型

MySQL数据库管理系统中有多种表示字符串的数据类型，各种版本有微小的差异，下面通过表10.6展示MySQL 8.0数据库管理系统所支持的CHAR系列字符串类型的特性。

表 10.6　CHAR 系列字符串类型

CHAR系列字符串类型	字　　　节	描　　　述
CHAR(M)	M	M为0~255的整数
VARCHAR(M)	M	M为0~65535的整数

在表10.6中，字符串类型CHAR的字节数是M，例如CHAR(4)的数据类型为CHAR，其最

大长度为4个字节。VARCHAR类型的长度是可变的，其长度的范围为0~65535。在具体使用MySQL数据库管理系统时，如果需要存储少量字符串，则可以选择CHAR和VARCHAR类型。至于选择这两个类型中的哪一个，则需要判断所存储字符串长度是否经常发生变化，如果经常发生变化，则可以选择VARCHAR类型，否则选择CHAR类型。

下面通过表10.7展示MySQL 8.0数据库管理系统所支持的TEXT系列类型字符串的特性。

表 10.7　TEXT 系列字符串类型

TEXT系列字符串类型	字　节	描　述
TINYTEXT	0~255	值的长度为+2个字节
TEXT	0~65535	值的长度为+2个字节
MEDIUMTEXT	0~167772150	值的长度为+3个字节
LONGTEXT	0~4294967295	值的长度为+4个字节

在表10.7中，TEXT系列中的各种字符串类型允许的长度和存储字节数不同，其中TINYTEXT字符串类型允许存储的字符串长度最小，LONGTEXT字符串类型允许存储的字符串长度最大。在具体使用MySQL数据库管理系统时，如果需要存储大量字符串（存储文章内容的纯文本），则可以选择TEXT系列字符串类型。至于选择这些类型中的哪一个，则需要判断所存储的字符串长度，根据存储字符串的长度来决定是选择允许长度最小的TINYTEXT字符串类型，还是选择允许长度最大的LONGTEXT字符串类型。

下面通过表10.8展示MySQL 8.0数据库管理系统所支持的BINARY系列字符串类型的特性。

表 10.8　BINARY 系列字符串类型

BINARY系列字符串类型	字　节	描　述
BINARY(M)	M	允许长度为0~M
VARBINARY(M)	M	允许长度为0~M

表10.8中的两个类型与CHAR系列字符串类型中的CHAR和VARCHAR非常类似，不同的是，前者可以存储二进制数据（例如图片、音乐或者视频文件），而后者只能存储字符数据。在具体使用MySQL数据库管理系统时，如果需要存储少量二进制数据，则可以选择BINARY和VARBINARY类型。至于选择这两个类型中的哪一个，则需要判断所存储二进制数据长度是否经常发生变化。如果经常发生变化，则可以选择VARBINARY类型，否则选择BINARY类型。

下面通过表10.9展示MySQL 8.0数据库管理系统所支持的BLOB系列字符串类型的特性。

表 10.9　BLOB 系列字符串类型

BLOB系列字符串类型	字　节
TINYBLOB	0~255
BLOB	$0 \sim 2^{16}$
MEDIUMBLOB	$0 \sim 2^{24}$
LONGBLOB	$0 \sim 2^{32}$

表10.9中的4个类型与TEXT系列字符串类型非常类似，不同的是，前者可以存储二进制数据（例如图片、音乐或者视频文件），而后者只能存储字符数据。在具体使用MySQL数据库

管理系统时，如果需要存储大量二进制数据（存储电影等视频文件），则可以选择BLOB系列字符串类型。至于选择这些类型中的哪一个，则需要判断所存储二进制数据的长度，根据存储二进制数据的长度来决定是选择允许长度最小的TINYBLOB字符串类型，还是选择允许长度最大的LONGBLOB字符串类型。字符串类型使用方法如【例10.6】所示。

【例10.6】字符串类型使用方法。

```
mysql> create table user(
    -> id int,
    -> name varchar(20));
Query OK, 0 rows affected (0.06 sec)
mysql> insert into user values(1,'bob'),
    -> (2,'petter'),
    -> (3,"a123456789912345678923");
ERROR 1406 (22001): Data too long for column 'name' at row 3
mysql> show warnings;
+-------+------+--------------------------------------------------+
| Level | Code | Message                                          |
+-------+------+--------------------------------------------------+
| Error | 1406 | Data too long for column 'name' at row 3 |
+-------+------+--------------------------------------------------+
1 row in set (0.00 sec)
mysql> select * from user;
Empty set (0.00 sec)
```

上述实例首先创建了一个包含VARCHAR类型的表，长度为20，然后进行数据插入操作。注意，如果插入的字符串长度超过字符串定义的长度，则拒绝执行该命令并显示警告信息。

第 **11** 章
MySQL的表操作

数据库可以视为各种数据对象的容器，这些对象包括表、视图、存储过程及触发器等。表是最基本的数据对象，其作用就是存储数据。要利用数据库来存储和管理数据，首先要在MySQL服务器上创建数据库，然后才能在数据库中创建表和其他数据对象，并在表中添加数据。本章介绍表的基本操作，主要包括创建和操作表、实施数据完整性约束及对表记录进行操作等。

11.1 创 建 表

表是包含数据库中所有数据的数据库对象。数据在表中的组织方式与在电子表格中相似，都是按行和列的格式组织的。其中每一行代表一条唯一的记录，每一列代表记录中的一个字段。表中的数据库对象包含列、索引和触发器等。

- 列：也称属性列，在具体创建表时，必须指定列的名字和数据类型。
- 索引：是指根据指定的数据库表列建立起来的顺序，提供了快速访问数据的途径且可监督表的数据，使索引所指向的列中的数据不重复。后面章节将详细介绍。
- 触发器：是指用户定义的事务命令的集合，当对一张表中的数据进行插入、更新或删除时，这组命令就会自动执行，可以用来确保数据的完整性和安全性。后面章节将详细介绍。

1. 创建表的语法形式

创建表实际上就是定义表的结构，包括设置表和列的属性，指定表中各列的名称、数据类型、是否允许为空、是否自动增长、是否具有默认值和哪些列是主键等。同时，还要确定使用何种类型的存储引擎等。创建表的语法形式如下：

```
CREATE [TEMPORARY] TABLE [IF NOT EXISTS] 表名
(列定义,...)
```

```
[CHARACTER SET符集名]
COLLATE 排序规则名]
[COMMENT '表注释文字']
ENGINE=存储引擎名
```

其中，表名指定要创建的表的名称。在默认情况下，将在当前默认数据库中创建表，因此，创建表之前可以使用USE语句来设置一个默认数据库。如果指定的表已存在，或者没有当前数据库，或者数据库不存在，则都会出现错误。要执行CREATE TABLE语句，就必须拥有创建表的权限。

表名可以通过"数据库名.表名"的形式来表示，以便在指定的数据库中创建表。无论是否存在当前数据库，都可以通过这种方式创建表。如果要使用加引号的识别名，则应该对数据库名称和表名称分别加单引号"'"（这个反引号可以通过键盘上数字"1"左边的那个按键来输入），例如'mydb'.'mytb'.

TEMPORARY关键词可以创建临时表。如果表已经存在，则可以使用IF NOT EXISTS 子句来防止发生错误。CHARACTER SET子句设置表的默认字符集。COLLATE子句设置表的默认排序规则。COMMENT子句给出表或列的注释。

ENGINE指定表的存储引擎，常用的存储引擎有InnoDB和MyISAM。InnoDB是一种通用存储引擎，可以创建具有行锁定和外键的事务安全表。在MySQL 8.0中，InnoDB是默认的存储引擎。MyISAM是二进制便携式存储引擎，每个MyISAM表都以两个文件存储在磁盘上。这些文件的名称以表名开头，数据文件扩展名为".myd"，索引文件扩展名为".myi"。表定义存储在MySQL字典数据中。

列定义：

```
列名 数据类型[NOT NULL|NULL][DEFAULT 默认值]
[AUTO_INCREMENT] [UNIQUE KEY |PRIMARY KEY] [COMMENT '列注释文字']
```

列定义指定列（又称字段）的属性，包括列名和数据类型等。表名和列名都可以用反引号引起来。

- NOT NULL|NULL指定列是否允许为空，如果未指定NULL或NOT NULL，则创建列时默认为NULL。使用NOT NULL可以设置非空约束，即此列不允许为空。
- DEFAULT子句为列指定一个默认值，这个默认值必须是一个常数，不能是一个函数或表达式。日期列的默认值不能被设置为一个函数，如NOW()或CURRENT DATE；但是，可以对TIMESTAMP列指定CURRENT TIMESTAMP为默认值。
- AUTO_INCREMENT指定列为自动编号，该列必须指定为一种整数类型，其值从1开始，然后依次加1。
- UNIQUE KEY将列设置为唯一索引。
- PRIMARY KEY将列设置为主键，主键列必须定义为NOT NULL。一张表只能有一个主键（可包含多列）。
- COMMENT子句给出表的注释或列的注释。

【例11.1】执行SQL语句CREATE TABLE，在数据库company中创建名为t_dept的表。具体步骤如下：

步骤 01 执行SQL语句CREATE DATABASE，创建数据库company。具体SQL语句如下：

```
CREATE DATABASE company;
USE company;
```

步骤 02 执行SQL语句CREATE TABLE，创建表t_dept。具体SQL语句如下：

```
CREATE TABLE t_dept
(deptno INT,
dname VARCHAR(20),
LOC VARCHAR(40)
);
```

上述SQL语句中创建了表t_dept。对于表名标识符不能是MySQL的关键字，如CREATE、USE等，因此建议表名标识符为txxxx或tabxxxx。表tdept中有3个字段，分别为INT和VARCHAR类型，各属性之间用"，"隔开，最后一个属性后不需要"，"符号。

在创建表之前，需要选择数据库。如果没有选择数据库，创建表时就会出现"No database selected"错误。在创建表时，如果数据库中已经存在该表，则会出现"Table 't_dept already exists"错误。

2. 通过SQLyog客户端软件来创建表

在学习MySQL数据库阶段，可以通过MySQL数据库服务器自带的工具MySQL Command Line Client来创建表，该工具可以帮助大家尽快掌握关于创建表的语法。但是在数据库开发阶段，用户一般通过客户端软件SQLyog来创建表。下面将通过一个具体的实例来说明如何通过MySQL客户端软件SQLyog创建表。

【例11.2】与【例11.1】一样，在数据库company中创建名为t_dept的表。
具体步骤如下：

步骤 01 首先连接数据库管理系统，然后在"对象资源管理器"窗口的空白处右击，在弹出的快捷菜单中选择"创建数据库"命令，打开"创建数据库"对话框，创建数据库company。

步骤 02 在"对象资源管理器"窗口中，右击company数据库，然后选择"创/建"→"表"命令。

步骤 03 在打开的"新表"窗口中，设置相应信息。在"表名称"文本框中输入表的名称，其中"列选项卡"中的"列名"列设置字段名，"数据类型"列设置字段的类型，"长度"列设置类型的宽度。

步骤 04 在"新表"窗口中单击"保存"按钮，实现创建表t_dept。在"对象资源管理器"窗口中选择company数据库，然后单击"刷新"按钮，则会在"表"节点显示表t_dept。

通过上述步骤，可以在数据库company中成功创建表对象t_dept。对于SQLyog工具，除了可以通过以上步骤（向导方式）创建表外，还可以在"询问"窗口中输入创建表的SQL语句，然后单击工具栏中的"执行查询"按钮，实现表的创建。

11.2　查看表结构

当创建完表后，经常需要查看表信息。那么如何在MySQL中查看表信息呢?查看帮助文档，可以发现许多实现查看表信息的语句，例如DESCRIBE、SHOW CREATE TABLE等。为了便于讲解，本节将通过各种语句来查看数据库company中名为t_dept的表对象信息。

1. DESCRIBE语句查看表定义

创建完表后，如果需要查看表的定义，可以通过执行SQL语句DESCRIBE来实现，其语法形式如下：

```
DESCRIBE table_name
```

在上述语句中，table_name参数表示所要查看表对象定义信息的表名。

【例11.3】执行SQL语句DESCRIBE，查看在数据库company中创建t_dept表时的定义信息。具体步骤如下：

步骤01 执行SQL语句USE，选择数据库company。具体SQL语句如下：

```
USE company;
```

执行上面的SQL语句。

步骤02 执行SQL语句DESCRIBE，查看表t_dept的定义信息。具体SQL语句如下：

```
DESCRIBE t_dept;
```

上面的SQL语句的执行结果如下：

```
mysql> describe t_dept;
+--------+-------------+------+-----+---------+-------+
| Field  | Type        | Null | Key | Default | Extra |
+--------+-------------+------+-----+---------+-------+
| deptno | int         | YES  |     | NULL    |       |
| dname  | varchar(20) | YES  |     | NULL    |       |
| loc    | varchar(40) | YES  |     | NULL    |       |
+--------+-------------+------+-----+---------+-------+
3 rows in set (0.00 sec)
```

2. SHOW CREATE TABLE语句查看表详细定义

创建完表后，如果需要查看表结构的详细定义，可以通过执行SQL语句SHOW CREATE TABLE来实现，其语法形式如下：

```
SHOW CREATE TABLE table_name;
```

在上述语句中，table_name参数表示所要查看表定义的表名。

【例11.4】执行SQL语句SHOW CREATE TABLE，查看数据库company中t_dept表的详细信息。

具体步骤如下：

步骤01 执行SQL语句USE，选择数据库company。具体SQL语句如下：

```
USE company;
```

步骤02 执行SQL语句SHOW CREATE TABLE，查看表t_dept的定义。具体SQL语句如下：

```
SHOW CREATE TABLE t_dept \G
```

上面的SQL语句的执行结果如下：

```
    Table: t_dept
Create Table: CREATE TABLE `t_dept` (
  `deptno` int DEFAULT NULL,
  `dname` varchar(20) DEFAULT NULL,
  `loc` varchar(40) DEFAULT NULL
) ENGINE=InnoDB DEFAULT CHARSET=utf8mb4 COLLATE=utf8mb4_0900_ai_ci
1 row in set (0.00 sec)
```

3. 通过SQLyog软件来查看表信息

在客户端软件SQLyog中，不仅可以在"Query"窗口中运行各种查看表语句来查看表对象，还可以通过查看表对象来查看表的各种信息。具体步骤如下：

步骤01 连接MySQL服务器，然后在"对象资源管理器"窗口中选中表对象t_dept。

步骤02 在"信息"窗口就会显示表对象t_dept的具体信息。在该窗口中可以通过两种方式来显示，分别为HTML和"文本/详细"方式。HTML显示方式如图11.1所示，"文本/详细"显示方式如图11.2所示。

图 11.1　HTML 显示方式

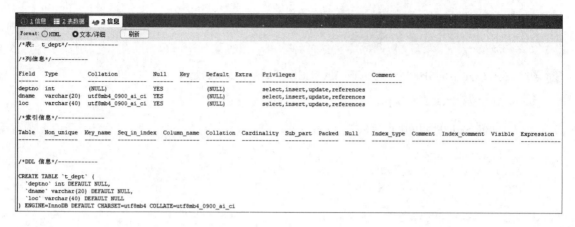

图 11.2 文本/详细显示方式

11.3 删 除 表

所谓删除表就是指删除数据库中已经存在的表。在具体删除表时，会直接删除表中保存的所有数据，因此在删除表时应该非常小心。

1. 删除表的语法形式

在MySQL数据库管理系统中，删除表可以通过SQL语句DROP TABLE来实现，其语法形式如下：

```
DROP TABLE table_name
```

在上述语句中，table_name参数表示要删除的表的名字，它必须是数据库中已经存在的表。

【例11.5】执行SQL语句DROP TABLE，删除数据库company中名为t_dept的表。

具体步骤如下：

步骤01 执行SQL语句USE，选择数据库company。具体SQL语句如下：

```
USE company;
```

步骤02 执行SQL语句DROP TABLE，删除表t_dept。具体SQL语句如下：

```
DROP TABLE t_dept;
```

上面的SQL语句的执行结果如下：

```
mysql> use company;
Database changed
mysql> drop table t_dept;
Query OK, 0 rows affected (0.04 sec)
```

步骤03 为了检验数据库company中是否还存在t_dept表，执行SQL语句DESCRIBE，具体SQL语句如下：

```
DESCRIBE t_dept;
```

执行结果如下：

```
ERROR 1146 (42S02): Table 'company.t_dept' doesn't exist
```

表示t_dept表不存在，说明已成功删除t_dept表。

2. 通过SQLyog软件删除表

在客户端软件SQLyog中，不仅可以通过在"Query"窗口中执行DROP TABLE语句来删除表，还可以通过向导来删除表，具体步骤如下：

步骤01 在"对象资源管理器"窗口中，单击数据库company中"表节点"前的加号，然后右击"t_dept"节点，从弹出的快捷菜单中选择"更多表操作"→"从数据库删除表"命令。

步骤02 此时会弹出对话框来确认是否删除表，单击"是"按钮后，数据库company的"表节点"里就没有任何表对象了。

11.4　修　改　表

对于已经创建好的表，使用一段时间后，就需要进行一些结构上的修改，即对表进行修改操作。该操作的解决方案是先删除表，然后按照新的表定义重建表。但是，这种解决方案有一个问题，即如果表中已经存在大量数据，那么重建表后还需要做许多额外工作，例如数据的重载等。为了解决上述问题，MySQL数据库提供ALTER TABLE语句来实现修改表结构。

1. 修改表名

在数据库中，可以通过表名来区分不同的表，因为表名在数据库中是唯一的，不能重复。在MySQL数据库管理系统中，修改表名可以通过SQL语句ALTER TABLE来实现，其语法形式如下：

```
ALTER TABLE old_table_name RENAME [TO] new_table_name
```

在上述语句中，old_table_name参数表示要修改的表的名字，new_table_name参数为修改后的表的新名字。所要操作的表对象必须在数据库中已经存在。

【例11.6】执行SQL语句ALTER TABLE，修改数据库company中表t_dept的名称为tab_dept。具体步骤如下：

步骤01 执行SQL语句USE，选择数据库company。具体SQL语句如下：

```
USE company;
```

步骤02 执行SQL语句ALTER TABLE，修改表t_dept的名字为tab_dept。具体SQL语句如下：

```
ALTER TABLE t_dept
RENAME tab_dept;
```

步骤03 为了检验数据库company中是否已经将表t_dept修改为tab_dept，执行SQL语句DESC。具体SQL语句如下：

```
DESC t_dept;
```

和

```
DESC tab_dept;
```

上述两条SQL语句，主要用来查看表对象t_dept和tab_dept。语句执行后，t_dept表不存在，存在名为tab_dept的表，并且tab_dept表的结构与t_dept表的结构完全一致。

2. 增加字段

对于表，可以看成是由列和行来构成的，其中"列"经常被称为字段。根据创建表的语法可以发现，字段是由字段名和数据类型进行定义的。下面将详细介绍如何为一个已经存在的表增加字段。

1）在表的最后一个位置增加字段

在MySQL数据库管理系统中，增加字段是通过SQL语句ALTER TABLE来实现的，其语法形式如下：

```
ALTER TABLE table_name
ADD 属性名 属性类型
```

在上述语句中，参数table_name表示要修改的表的名字，"属性名"参数为要增加的字段的名称，"属性类型"为要增加的字段能存储的数据类型。如果该语句执行成功，则增加的字段将位于所有字段的最后一个位置。

【例11.7】执行SQL语句ALTER TABLE，为数据库company中的tab_dept表增加一个名为descri、类型为VARCHAR的字段，所增加的字段位于表中所有字段的最后一个位置。具体步骤如下：

步骤01 执行SQL语句USE，选择数据库company。具体SQL语句如下：

```
USE company;
```

查看已经存在的表tab_dept的定义信息。具体SQL语句如下：

```
DESC tab_dept;
```

步骤02 执行SQL语句ALTER TABLE，增加一个名为descri的字段。具体SQL语句如下：

```
ALTER TABLE tab_dept
ADD descri VARCHAR(20);
```

步骤03 为了检验tab_dept表中是否已添加descri字段，执行SQL语句DESC。具体SQL语句如下：

```
DESC tab_dept;
```

上面的SQL语句的执行结果如右侧所示：

执行结果显示，表tab_dept中已经增加了一个名为descri的字段，并且该字段在表的最后一个位置。

```
mysql> desc tab_dept;
+--------+-------------+------+-----+---------+-------+
| Field  | Type        | Null | Key | Default | Extra |
+--------+-------------+------+-----+---------+-------+
| deptno | int         | YES  |     | NULL    |       |
| dname  | varchar(20) | YES  |     | NULL    |       |
| loc    | varchar(40) | YES  |     | NULL    |       |
| descri | varchar(20) | YES  |     | NULL    |       |
+--------+-------------+------+-----+---------+-------+
4 rows in set (0.00 sec)
```

2）在表的第一个位置增加字段

通过SQL语句ALTER TABLE来增加字段时，如果不想让所增加的字段在所有字段的最后一个位置，可以通过FIRST关键字使所增加的字段在表中所有字段的第一个位置。具体的SQL语句语法形式如下：

```
ALTER TABLE table_name
ADD属性名 属性类型 FIRST;
```

在上述语句中，多了一个关键字FIRST，表示所增加的字段在所有字段之前，即在表中第一个位置。

【例11.8】执行SQL语句ALTER TABLE，在数据库company的tab_dept表中的第一个位置，增加一个名称为descri、类型为VARCHAR的字段，所增加字段位于表中所有字段的第一个位置。具体步骤如下：

步骤01　执行SQL语句USE，选择数据库company。具体SQL语句如下：

```
USE company;
```

查看已经存在的表tab_dept的定义信息。具体SQL语句如下：

```
DESC tab_dept;
```

步骤02　执行SQL语句ALTER TABLE，增加一个名为descri_1的字段。具体SQL语句如下：

```
ALTER TABLE tab_dept
ADD descri_1 VARCHAR(20) FIRST;
```

步骤03　为了检验tab_dept表中是否已添加descri_1字段，执行SQL语句DESCRIBE。具体SQL语句如下：

```
DESCRIBE tab_dept;
```

上面的SQL语句的执行结果如下：

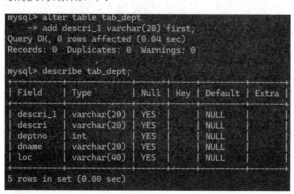

执行结果显示，表tab_dept中已经增加了一个名为descri_1的字段，并且该字段在表的第一一个位置。

3）在表的指定字段之后增加字段

通过SQL语句ALTER TABLE来增加字段时，除了可以在表的第一个位置或最后一个位置增加字段外，还可以通过关键字AFTER在指定的字段之后添加字段。具体的SQL语句语法形式如下：

```
ALTER TABLE table_name
ADD 属性名  属性类型
AFTER 属性名
```

在上述语句中，多了一个关键字AFTER，表示所增加的字段在该关键字所指定字段之后。

【例11.9】执行SQL语句ALTER TABLE，为数据库company中的tab_dept表增加一个名称为descri、类型为VARCHAR的字段，所增加字段在deptno字段之后的位置。具体步骤如下：

步骤 01 执行SQL语句USE，选择数据库company。具体SQL语句如下：

```
USE company;
```

查看已经存在的表tab_dept的定义信息。具体SQL语句如下：

```
DESC tab_dept;
```

步骤 02 执行SQL语句ALTER TABLE，增加一个名为descri_2的字段。具体SQL语句如下：

```
ALTER TABLE tab_dept
ADD descri_2 VARCHAR(20)
AFTER deptno;
```

步骤 03 为了检验tab_dept表中是否已添加descri_2字段，执行SQL语句DESC。具体SQL语句如下：

```
DESC tab_dept;
```

上面的SQL语句的执行结果如下：

执行结果显示，表tab_dept中已经增加了一个名为descri_2的字段，并且该字段在deptno字段的后面。

3. 删除字段

对于表，既然可以在修改表时进行字段的增加操作，那么也可以在修改表时进行字段的删除操作。所谓删除字段，是指删除已经在表中定义好的某个字段。在MySQL数据库管理系统中，删除字段是通过SQL语句ALTER TABLE来实现的，其语法形式如下：

```
ALTER TABLE table_name
DROP 属性名
```

在上述语句中，table_name参数表示要修改的表的名字，"属性名"参数表示要删除的字段名。

【例11.10】执行SQL语句ALTER TABLE，为数据库company中的tab_dept表删除名为deptno的字段。具体步骤如下：

步骤01 执行SQL语句USE，选择数据库company。具体SQL语句如下：

```
USE company;
```

查看已经存在的表tab_dept的定义信息。具体SQL语句如下：

```
DESC tab_dept;
```

步骤02 执行SQL语句ALTER TABLE，删除名为deptno的字段。具体SQL语句如下：

```
ALTER TABLE tab_dept
DROP deptno;
```

步骤03 为了检验tab_dept表中是否已删除deptno字段，执行SQL语句DESCRIBE。具体SQL语句如下：

```
DESCRIBE tab_dept;
```

在表tab_dept中删除了一个名为deptno的字段。

4. 修改字段

根据创建表的语法可以发现，字段是由字段名和数据类型来进行定义的，如果要实现修改字段，除了可以修改字段名外，还可以修改字段所能存储的数据类型。由于一张表中会拥有许多字段，因此还可以修改字段的顺序。下面将详细介绍如何修改字段。

1）修改字段的数据类型

在MySQL数据库管理系统中，修改字段类型通过SQL语句ALTER TABLE来实现，其语法形式如下：

```
ALTER TABLE table_name
MODIFY 属性名 数据类型
```

在上述语句中，table_name参数表示要修改的表的名字，"属性名"参数为要修改的字段名，"数据类型"为修改后的数据类型。

【例11.11】执行SQL语句ALTER TABLE，在数据库company的表tab_dept中，将deptno字段的数据类型由原来的INT(11)类型修改为VARCHAR(20)类型。具体步骤如下：

步骤01 执行SQL语句USE，选择数据库company。具体SQL语句如下：

```
USE company;
```

查看已经存在的表tab_dept的定义信息。具体SQL语句如下：

```
DESC tab_dept;
```

步骤 02 执行SQL语句ALTER TABLE，修改deptno字段的类型为VARCHAR(20)。具体SQL语句如下：

```
ALTER TABLE tab_dept
MODIFY deptno VARCHAR(20);
```

步骤 03 为了检验tab_dept表中的字段deptno的类型是否已修改为VARCHAR(20)，执行SQL语句DESC。具体SQL语句如下：

```
DESC tab_dept;
```

上面的SQL语句的执行结果如下：

2）修改字段的名字

在MySQL数据库管理系统中，修改字段名称通过SQL语句ALTER TABLE来实现，其语法形式如下：

```
ALTER TABLE table_name
CHANGE旧属性名 新属性名 旧数据类型
```

在上述语句中，table_name参数表示要修改的表的名字，"旧属性名"参数表示要修改的字段名，"新属性名"参数表示修改后的字段名。

【例11.12】执行SQL语句ALTER TABLE，在数据库company的表tab_dept中，将名为loc的字段修改为location。具体步骤如下：

步骤 01 执行SQL语句USE，选择数据库company。具体SQL语句如下：

```
USE company;
```

查看已经存在的表tab_dept的定义信息。具体SQL语句如下：

```
DESC tab_dept;
```

步骤 02 执行SQL语句ALTER TABLE，修改字段loc的名字为location。具体SQL语句如下：

```
ALTER TABLE tab_dept
CHANGE loc location VARCHAR(40);
```

步骤 03 为了检验表tab_dept中的字段loc是否已修改为location，执行SQL语句DESC。具体SQL语句如下：

```
DESC tab_dept;
```

表tab_dept中的字段loc已经修改为字段location。

3）同时修改字段的名字和属性

通过关键字MODIFY可以修改字段的数据类型，通过关键字CHANGE可以修改字段的名字，那么有没有一个关键字能够同时修改字段的名字和数据类型呢?在MySQL数据库管理系统中，同时修改字段的名字和数据类型可以通过SQL语句ALTER TABLE来实现，其语法形式如下：

```
ALTER TABLE table_name
CHANGE旧属性名 新属性名 新数据类型
```

在上述语句中，"新属性名"参数表示所要修改成的字段名，"新数据类型"参数表示所要修改成的数据类型。

【例11.13】执行SQL语句ALTER TABLE，在数据库company的表tab_dept中，将名为loc的字段修改为location，数据类型由原来的VARCHAR(40)修改为VARCHAR(20)。具体步骤如下：

步骤 01 执行SQL语句USE，选择数据库company。具体SQL语句如下：

```
USE company;
```

查看已经存在的表tab_dept的定义信息。具体SQL语句如下：

```
DESC tab_dept;
```

步骤 02 执行SQL语句ALTER TABLE，修改loc字段。具体SQL语句如下：

```
ALTER TABLE t_dept
CHANGE loc location VARCHAR(20);
```

步骤 03 为了检验tab_dept表中的字段loc的名字是否已修改为location，数据类型是否已修改为VARCHAR(20)，执行SQL语句DESC。具体SQL语句如下：

```
DESC tab_dept;
```

表tab_dept中已经不存在字段loc，该字段已修改成名为location的字段，同时数据类型已经修改为VARCHAR(20)。

4）修改字段的顺序

在MySQL数据库管理系统中，修改字段的顺序可以通过SQL语句ALTER TABLE来实现，其语法形式如下：

```
ALTER TABLE table_name
MODIFY 属性名1 数据类型 FIRST|AFTER 属性名2
```

在上述语句中，table_name参数表示所要修改的表的名字，"属性名1"参数表示所要调整顺序的字段名，"FIRST"参数表示将字段调整到表的第一个位置，"AFTER属性名2"参数表示将字段调整到"属性名2"字段位置之后。"属性名1"和"属性名2"必须是表中已经存在的字段。

【例11.14】执行SQL语句ALTER TABLE，在数据库company的表tab_dept中，首先将名为loc的字段调整到表的第一个位置，然后把字段deptno调整到字段dname之后。具体步骤如下：

步骤01 执行SQL语句USE，选择数据库company。具体SQL语句如下：

```
USE company;
```

查看已经存在的表tab_dept的定义信息。具体SQL语句如下：

```
DESC tab_dept;
```

步骤02 执行SQL语句ALTER TABLE，将字段loc调整到表的第一个位置。具体SQL语句如下：

```
ALTER TABLE tab_dept
MODIFY loc VARCHAR(40) FIRST;
```

步骤03 为了检验tab_dept表中的字段loc的位置是否已经为第一个位置，执行SQL语句DESC。具体SQL语句如下：

```
DESC tab_dept;
```

步骤04 执行SQL语句ALTER TABLE，将字段deptno调整到字段dname之后的位置。具体SQL语句如下：

```
ALTER TABLE tab_dept
MODIFY deptno INT(11) AFTER dname;
```

步骤05 为了检验tab_dept表中的字段deptno是否已调整到指定位置，执行SQL语句DESC。具体SQL语句内容如下：

```
DESC tab_dept;
```

此外，也可以用可视化工具SQLyog修改表结构。

11.5 操作表的约束

对于已经创建好的表，虽然字段的数据类型决定了所能存储的数据类型，但是表中所存储的数据是否合法还没有进行检查。在具体使用MySQL时，如果想针对表中的数据做一些完整性检查操作，可以通过表的约束来完成。本节将详细介绍关于表的约束的内容。

1. MySQL支持的完整性约束

所谓完整性是指数据的准确性和一致性，而完整性检查就是指检查数据的准确性和一致性。MySQL数据库管理系统提供了一致机制来检查数据库表中的数据是否满足规定的条件，以保证数据库表中数据的准确性和一致性，这种机制就是约束。

MySQL数据库管理系统除了支持标准SQL的完整性约束外，还进行了相应扩展，增加了AUTO_INCREMET约束。表11.1所示为MySQL所支持的完整性约束。

表 11.1　完整性约束

完整性约束关键字	含　　义
NOT NULL	约束字段的值不能为空
DEFAULT	设置字段的默认值
UNIQUE KEY（UK）	约束字段的值是唯一
PRIMARY KEY（PK）	约束字段为表的主键，可以作为该表记录的唯一标识
AUTO_INCREMENT	约束字段的值为自动增加
FOREICN KEY（FK）	约束字段为表的外键

MySQL数据库管理系统不支持check约束，即可以使用check约束但没有任何效果。根据约束数据列限制，约束可分为：单列约束，即每个约束只约束一列数据；多列约束，即每个约束可以约束多列数据。

2. 设置非空约束（NOT NULL，NK）

当不希望数据库表中的某个字段上的内容设置为NULL时，则可以使用NK约束进行设置。NK约束在创建数据库表时为某些字段加上NOT NULL约束条件，保证所有记录中该字段都有值。如果用户插入的记录中该字段为空值，则数据库管理系统会报错。设置表中某字段的NK约束非常简单，在MySQL数据库管理系统中通过SQL语句NOT NULL来实现，其语法形式如下：

```
CREATE TABLE table name(
属性名 数据类型 NOT NULL,
...
)
```

在上述语句中，"属性名"参数表示要设置非空约束的字段名字。

【例11.15】执行SQL语句NOT NULL，在数据库company中创建表t_dept时，设置deptno字段为NK约束。具体步骤如下：

步骤01　执行SQL语句CREATE DATABASE，创建数据库company。具体SQL语句如下：

```
CREATE DATABASE company;
USE company;
```

步骤02　执行SQL语句CREATE TABLE，创建表t_dept。具体SQL语句如下：

```
CREATE TABLE t_dept(
deptno INT(20) NOT NULL,
dname VARCHAR(20),
loc VARCHAR(40)
);
```

在创建表t_dept时，通过SQL语句NOT NULL设置字段deptno为NK约束。

步骤 03 为了检验t_dept表中的字段deptno是否被设置为NK约束，执行SQL语句DESC。具体SQL语句如下：

```
DESC t_dept;
```

执行结果如下：

```
| Field  | Type        | Null | Key | Default | Extra |

| deptno | int         | NO   |     | NULL    |       |
| dname  | varchar(20) | YES  |     | NULL    |       |
| loc    | varchar(40) | YES  |     | NULL    |       |
```

在表t_dept中，字段deptno已经被设置为NOT NULL约束，如果用户插入的记录中该字段为空值，则数据库管理系统会报如下错误：

```
ERROR 1048(23000):Column 'deptno' cannot be null
```

3. 设置字段的默认值（DEFAULT）

当为数据库表中插入一条新记录时，如果没有为某个字段赋值，那么数据库系统会自动为这个字段插入默认值。设置数据库表中某字段的默认值非常简单，在MySQL数据库管理系统中通过SQL语句DEFAULT来实现，其语法形式如下：

```
CREATE TABE table name(
属性名 数据类型 DEFAULT 默认值,
...
);
```

在上述语句中，"属性名"参数表示要设置默认值的字段名字，"默认值"参数为该字段的默认值。

【例11.16】执行SQL语句DEFAULT，在数据库company中创建表t_dept时，设置dname字段的默认值为xiaoshou。具体步骤如下：

步骤 01 执行SQL语句CREATE DATABASE，创建数据库company。具体SQL语句如下：

```
CREATE DATABASE company;
USE company;
```

步骤 02 执行SQL语句CREATE TABLE，创建表t_dept。具体SQL语句如下：

```
CREATE TABLE t_dept(
deptno INT NOT NULL,
dname VARCHAR(20) DEFAULT 'xiaoshou',
loc VARCHAR(40)
);
```

在创建表t_dept时，通过SQL语句DEFAULT设置了字段dname的默认值为xiaoshou。

4. 设置唯一约束（UNIQUE，UK）

当数据库表中的某个字段上的内容不允许重复时，则可以使用UK约束进行设置。UK约束在创建数据库表时为某些字段加上UNIQUE约束条件，保证所有记录中该字段上的值不重复。如果用户插入的记录中该字段上的值与其他记录里该字段上的值重复，则数据库管理系统会报错。设置表中某字段的UK约束非常简单，在MySQL数据库管理系统中通过SQL语句UNIQUE来实现，其语法形式如下：

```
CREATE TABLE table_name(
属性名 数据类型 UNIQUE,
...
);
```

在上述语句中，"属性名"参数表示要设置唯一约束的字段名字。

【例11.17】执行SQL语句UNIQUE，在数据库company中创建表t_dept时，设置dname字段为UK约束。具体步骤如下：

步骤01 执行SQL语句CREATE DATABASE，创建数据库company。具体SQL语句如下：

```
CREATE DATABASE company;
USE company;
```

步骤02 执行SQL语句CREATE TABLE，创建表t_dept。具体SQL语句如下：

```
CREATE TABLE t_dept(
deptno INT,
dname VARCHAR(20) UNIQUE,
1oc VARCHAR(40)
);
```

在创建表t_dept时，通过SQL语句NOT NULL设置了字段dname为UK约束。

步骤03 为了检验t_dept表中的字段dname是否被设置为NK约束，执行SQL语句DESC。具体SQL语句内容如下：

```
DESC t_dept;
```

表t_dept中的字段dname已经被设置为NOT NULL约束，如果用户插入的记录在该字段上有重复值，则数据库管理系统会报如下错误：

```
ERROR 1062(23000):Duplicate entry 'b' for key 'dname'
```

步骤04 如果想给字段dname上的UK约束设置一个名字，可以执行SQL语句CONSTRAINT。具体SQL语句如下：

```
CREATE TABLE t dept(
deptno INT,
dname VARCHAR(20),
loc VARCHAR(40),
CONSTRAINT uk_dname UNIQUE(dname)
);
```

在上述语句中，通过关键字CONSTRAINT设置了唯一约束的标识符。

5. 设置主键约束（PRIMARY KEY，PK）

当想用数据库表中的某个字段来唯一标识所有记录时，可以使用PK约束进行设置。PK约束在创建数据库表时为某些字段加上PRIMARY KEY约束条件，该字段就可以唯一地标识所有记录。

之所以在数据库表中设置主键，是为了便于数据库管理系统快速地查找到表中的记录。在具体设置主键约束时，必须满足主键字段的值是唯一、非空的。由于主键可以是单一字段，也可以是多个字段，因此其分为单字段主键和多字段主键。

1）单字段主键

设置表中某字段的PK约束非常简单，在MySQL数据库管理系统中通过SQL语句PRIMARY KEY来实现，其语法形式如下：

```
CREATE TABLE table_name
属性名 数据类型 PRIMARY KEY,
...
);
```

在上述语句中，"属性名"参数表示要设置PK约束的字段名字。

【例11.18】执行SQL语句UNIQUE，在数据库company中创建表t_dept时，设置deptno字段为PK约束。具体步骤如下：

步骤 01 执行SQL语句CREATE DATABASE，创建数据库company。具体SQL语句如下：

```
CREATE DATABASE company;
USE company;
```

步骤 02 执行SQL语句CREATE TABLE，创建表t_dept。具体SQL语句如下：

```
CREATE TABLE t_dept(
deptno INT PRIMARY KEY,
dname VARCHAR(20),
loc VARCHAR(40)
);
```

上述语句在创建表t_dept时，通过SQL语句PRIMARY KEY设置字段deptno为PK约束。

步骤 03 为了检验t_dept表中的字段deptno是否被设置为PK约束，执行SQL语句DESC。具体SQL语句如下：

```
DESC t_dept;
```

表t_dept中的字段deptno已经被设置为PK约束，同时可以发现主键约束相当于非空约束加上唯一约束。如果用户插入的记录中该字段上有重复值，则数据库管理系统会报如下错误：

```
ERROR 1062(23000):Duplicate entry'1'for key 'PRIMARY'
```

如果用户插入的记录中该字段上的值为NULL，则数据库管理系统会报如下错误：

```
ERROR 1048(23000):Column 'deptno' cannot be null
```

步骤04 如果想给字段deptno上的PK约束设置一个名字，可以执行SQL语句CONSTRAINT。具体SQL语句如下：

```
CREATE TABLE t_dept(
deptno INT,
dname VARCHAR(20),
loc VARCHAR(40),
CONSTRAINT pk_deptno PRIMARY KEY(deptno)
);
```

在上述语句中，通过关键字CONSTRAINT设置了主键约束的标识符。执行上面的SQL语句，其结果如下：

```
mysql> desc t_dept;

| Field  | Type        | Null | Key | Default | Extra |

| deptno | int         | NO   |     | NULL    |       |
| dname  | varchar(20) | YES  |     | NULL    |       |
| loc    | varchar(40) | YES  |     | NULL    |       |

3 rows in set (0.01 sec)
```

```
mysql> desc t_dept;

| Field  | Type        | Null | Key | Default | Extra |

| deptno | int         | NO   | PRI | NULL    |       |
| dname  | varchar(20) | YES  |     | NULL    |       |
| loc    | varchar(40) | YES  |     | NULL    |       |

3 rows in set (0.00 sec)
```

2）多字段主键

当主键由多个字段组合而成时，则需要通过SQL语句CONSTRAINT来设置PK约束，其语法形式如下：

```
CREATE TABLE table_name(
属性名 数据类型,
...
【CONSTRAINT约束名】PRIMARY KEY(属性名,属性名...)
);
```

在上述语句中，在字段定义完之后统一设置主键，PRIMARY KEY关键字的括号中的字段可以有多个，用逗号隔开，以实现设置多字段主键。

【例11.19】执行SQL语句CONSTRAINT，在数据库company中创建表t_dept时，设置deptno和dname字段为PK约束。具体步骤如下：

步骤01 执行SQL语句CREATE DATABASE，创建数据库company。具体SQL语句如下：

```
CREATE DATABASE company;
USE company;
```

步骤02 执行SQL语句CREATE TABLE，创建表t_dept。具体SQL语句如下：

```
CREATE TABLE t_dept(
deptno INT,
dname VARCHAR(20),
loc VARCHAR(40),
CONSTRAINT pk_dname_deptno PRIMARY KEY(deptno,dname)
```

在创建表t_dept时，通过PRIMARY KEY设置字段deptno和dname为PK约束。

6. 设置字段值自动增加（AUTO_INCREMENT）

AUTO_INCREMENT是MySQL唯一扩展的完整性约束，它表示当为数据库表中插入新记录时，字段上的值会自动生成唯一的ID。在具体设置AUTO_INCREMENT约束时，一张数据库表中只能有一个字段使用该约束，该字段的数据类型必须是整数类型。由于设置AUTO_INCREMENT约束后的字段会生成唯一的ID，因此该字段也经常会设置成主键。

设置表中某字段值的自动增加约束非常简单，在MySQL数据库管理系统中通过SQL语句AUTO_INCREMENT来实现，其语法形式如下：

```
CREATE TABE table_name(
属性名 数据类型AUTO_INCREMENT,
...
);
```

在上述语句中，"属性名"参数表示要设置自动增加约束的字段名字，默认情况下，该字段的值从1开始增加，每增加一条记录，该字段的值就会在前一条记录的基础上加1。

【例11.20】执行SQL语句AUTO_INCREMENT，在数据库company中创建表tdept时，设置deptno字段为AUTO_INCREMENT和PK约束。具体步骤如下：

步骤 01 执行SQL语句CREATE DATABASE，创建数据库company。具体SQL语句如下：

```
CREATE DATABASE company;
USE company;
```

步骤 02 执行SQL语句CREATE TABLE，创建表t_dept。具体SQL语句如下：

```
CREATE TABLE t_dept(
deptnO INT PRIMARY KEY AUTO_INCREMENT,
dname VARCHAR(20),
loc VARCHAR(40)
);
```

在创建表t_dept时，通过SQL语句AUTO_INCREMENT和PRIMARY KEY设置字段deptno为自动增加和PK约束。

步骤 03 为了检验t_dept表中的字段deptno是否被设置为自动增加和PK约束，执行SQL语句DESC。具体SQL语句如下：

```
DESC t_dept;
```

表t_dept中的字段deptno已经被设置为AUTO_INCREMENT和PK约束。

7. 设置外键约束（FOREIGN KEY，FK）

前面介绍的完整性约束都是在单表中进行设置，而外键约束则保证了多张表（通常为两张表）之间的参照完整性，即构建于两张表的两个字段之间的参照关系。

设置外键约束的两张表之间会具有父子关系，即子表中某个字段的取值范围由父表决定。例如，表示一种部门和雇员关系，即每个部门有多个雇员。首先应该有两张表——部门表和雇员表，然后雇员表中有一个表示部门编号的字段deptno，它依赖于部门表的主键。这样字段

deptno就是雇员表的外键，通过该字段部门表和雇员表建立了关系。

在具体设置FK约束时，设置FK约束的字段必须依赖于数据库中已经存在的父表的主键，同时外键可以为NULL。

设置表中某字段的FK约束非常简单，在MySQL数据库管理系统中通过SQL语句FOREIGN KEY来实现，其语法形式如下：

```
CREATE TABLE table_name(
属性名 数据类型
属性名 数据类型
...
CONSTRAINT 外键约束名FOREIGN KEY(属性名1)
REFERENCES 表名(属性名2)
);
```

在上述语句中，"外键约束名"参数用来标识约束名，"属性名1"参数是子表中设置外键的字段名，"属性名2"参数是父表中设置主键约束的字段名。

【例11.21】执行SQL语句FOREIGN KEY，在数据库company中创建部门表（t_dept）和雇员表（t_employee），设置雇员表字段deptno为外键约束，表示一个部门中有多个雇员的关系。具体步骤如下：

步骤 01 执行SQL语句CREATE DATABASE，创建数据库company。具体SQL语句如下：

```
CREATE DATABASE company;
USE company;
```

步骤 02 执行SQL语句CREATE TABLE，创建表t_dept，具体SQL语句如下：

```
CREATE TABLE t_dept(
deptno INT PRIMARY KEY,
dname VARCHAR(20),
loc VARCHAR(40)
);
```

在创建表t_dept时，通过SQL语句PRIMARY KEY设置字段deptno为PK约束。

步骤 03 执行SQL语句CREATE TABLE，创建表t_employee。具体SQL语句如下：

```
CREATE TABLE t_employee(
empno INT PRIMARY KEY,
ename VARCHAR(20),
job VARCHAR(40),
MGR INT,
Hiredate DATE,
sal DOUBLE(10,2),
comm DOUBLE(10,2),
deptno INT,
CONSTRAINT fk_deptno FOREIGN KEY(deptno)
REFERENCES t_dept(deptno)
);
```

在创建表t_employee时，通过SQL语句PRIMARY KEY设置字段empno为PK约束，通过SQL语句FOREIGN KEY设置字段deptno为FK约束，参考表t_dept中主键约束字段deptno。

在具体设置外键时，子表t_employee中所设外键字段的数据类型必须与父表t_dept中所参考的字段的数据类型一致，例如，两者都是INT数据类型。如果不满足这样的关系，在创建子表t_employee时，就会出现如下错误：

```
ERROR 1005(HY000):Can't create table 'company.t_employee'(errno:150)
```

步骤 04 为了检验t_employee表中的字段deptno是否被设置为FK约束，执行SQL语句DESC。具体SQL语句如下：

```
DESC t_employee;
```

执行结果如下所示，表t_employee中的字段deptno已经被设置为FK约束。

```
mysql> desc t_employee;
+----------+--------------+------+-----+---------+-------+
| Field    | Type         | Null | Key | Default | Extra |
+----------+--------------+------+-----+---------+-------+
| empno    | int          | NO   | PRI | NULL    |       |
| ename    | varchar(20)  | YES  |     | NULL    |       |
| job      | varchar(40)  | YES  |     | NULL    |       |
| MGR      | int          | YES  |     | NULL    |       |
| Hiredate | date         | YES  |     | NULL    |       |
| sal      | double(10,2) | YES  |     | NULL    |       |
| comm     | double(10,2) | YES  |     | NULL    |       |
| deptno   | int          | YES  | MUL | NULL    |       |
+----------+--------------+------+-----+---------+-------+
8 rows in set (0.00 sec)
```

如果用户插入的记录中，该字段上没有参考父表t_dept中字段deptno的值，则数据库管理系统会报如下错误：

```
  ERROR 1452 (23000): Cannot add or update a child row: a foreign key constraint fails
('company'.t_employee',CONSTRAINT 'fk_deptno' FOREIGN KEY('deptno') REFERENCES
('t_dept'('deptno'))
```

第 12 章

MySQL的索引与视图操作

在MySQL数据库中，数据库对象表是存储和操作数据的逻辑结构，而本章所要介绍的数据库对象索引则是一种有效组合数据的方式。通过索引对象，可以快速查询到表中的特定记录，因此它是一种提高性能的常用方式。

此外，本章还将详细介绍MySQL提供的一个新特性——视图（view），通过视图操作，不仅可以实现查询的简化，还能提高安全性。

12.1　创建和查看索引

数据库对象索引其实与书的目录非常类似，主要是为了提高从表中检索数据的速度。由于数据存储在数据库表中，因此索引是创建在数据库表对象上的，由表中的一个字段或多个字段生成的键组成，这些键存储在数据结构（B-树或哈希表）中。通过MySQL可以快速有效地查找与键值相关联的字段。根据索引的存储类型，可以将索引分为B型树索引和哈希索引。

索引的出现，除了可以提高数据库管理系统的查找速度之外，还可以保证字段的唯一性，从而实现数据库表的完整性。MySQL支持6种索引，分别为普通索引、唯一索引、全文索引、单列索引、多列索引和空间索引。

12.1.1　创建和查看普通索引

索引的操作包括创建索引、查看索引和删除索引。所谓创建索引，就是在表的一个字段或多个字段上建立索引。在MySQL中，可以通过3种方式来创建索引，分别为创建表时创建索引、在已经存在的表上创建索引和通过SQL语句ALTER TABLE创建索引。

所谓普通索引，就是在创建索引时，不附加任何限制条件（唯一、非空等限制）。该类型的索引可以创建在任何数据类型的字段上。

1. 创建表时创建普通索引

查看帮助文档可以发现，在MySQL数据库管理系统中创建普通索引是通过SQL语句INDEX来实现的，其语法形式如下：

```
CREATE TABLE table name(
属性名 数据类型,
属性名 数据类型,
...
属性名 数据类型,
INDEX|KEY【索引名】(属性名1【(长度)】【ASC|DESC】)
);
```

在上述语句中，INDEX或KEY参数用来指定字段为索引，"索引名"参数用来指定所创建的索引名，"属性名1"参数用来指定索引所关联的字段的名称，"长度"参数用来指定索引的长度，ASC参数用来指定为升序排序，DESC参数用来指定为降序排序。

在创建索引时，可以指定索引的长度。这是因为不同存储引擎定义了表的最大索引数和最大索引长度。

MySQL所支持的存储引擎对每张表至少支持16个索引，总索引长度至少为256字节。

【例12.1】执行SQL语句INDEX，在数据库company的表t_dept的deptno字段上创建索引。具体步骤如下：

步骤01 执行SQL语句USE，选择数据库company。具体SQL语句如下：

```
USE company;
```

步骤02 执行SQL语句INDEX，在创建表t_dept时在字段deptno上创建索引。具体SQL语句如下：

```
CREATE TABLE t_dept(
deptno INT,
dname VARCHAR(20),
loc VARCHAR(40),
INDEX index_deptno(deptno)
);
```

上述语句在创建表t_dept的同时设置了字段deptno的索引对象index_deptno。

步骤03 为了校验数据库表t_dept中的索引是否创建成功，执行SQL语句SHOW CREATE TABLE。具体SQL语句如下：

```
SHOW CREATE TABLE `t_dept` \G
```

上述SQL语句的执行结果如下：

```
mysql> show create table t_dept\G
*************************** 1. row ***************************
       Table: t_dept
Create Table: CREATE TABLE `t_dept` (
  `deptno` int DEFAULT NULL,
  `dname` varchar(20) DEFAULT NULL,
  `loc` varchar(40) DEFAULT NULL,
  KEY `index_deptno` (`deptno`)
) ENGINE=InnoDB DEFAULT CHARSET=utf8mb4 COLLATE=utf8mb4_0900_ai_ci
1 row in set (0.00 sec)
```

执行结果显示，已经在数据库表t_dept上创建了一个名为index_deptno索引，它所关联的字段为deptno。

步骤 04 为了校验数据库表t_dept中的索引是否被使用，执行SQL语句EXPLAIN。具体SQL语句如下：

```
EXPLAIN
SELECT * FROM t_dept WHERE deptno=1\G
```

在上述语句中，通过关键字EXPLAIN来校验字段deptno的索引对象是否被启用。其结果如下。

执行结果显示，由于possible_keys和key字段处的值都为所创建的索引名index_deptno，说明该索引已经存在，而且已经开始启用。

2. 在已经存在的表上创建普通索引

在MySQL数据库管理系统中创建普通索引，除了通过SQL语句INDEX来实现外，还可以通过SQL语句CREATE INDEX来实现，其语法形式如下：

```
CREATE INDEX索引名
ON表名(属性名【(长度)】【ASC|DESC】)
```

在上述语句中，CREATE INDEX关键字用来创建索引，"索引名"参数用来指定要创建的索引名，ON关键字用来指定要创建索引的表名称。至于其他内容，则与"创建表时创建普通索引"的语法一致。

【例12.2】 执行SQL语句INDEX，在数据库company的表t_dept的deptno字段上创建索引。具体步骤如下：

步骤 01 执行SQL语句USE，选择数据库company，并通过SQL语句DESC查看该数据库中已经存在的表t_dept的信息。具体SQL语句如下：

```
USE company;
DESC t_dept;
```

步骤 02 执行SQL语句CREATE INDEX，在表t_dept中创建关联字段deptno的普通索引对象index_deptno。具体SQL语句如下：

```
CREATE INDEX index_deptno
ON t_dept(deptno);
```

上述语句创建了关联表t_dept中字段deptno的索引index_deptno。

步骤 03 为了校验数据库表t_dept中的索引是否创建成功，执行SQL语句SHOW CREATE TABLE。具体SQL语句内容如下：

```
SHOW CREATE TABLE t_dept\G
```

在数据库表t_dept上创建了一个名为index_deptno的索引，它所关联的字段为deptno。

3. 通过SQL语句ALTER TABLE创建普通索引

除了使用上述两种方式来创建普通索引外，在MySQL数据库管理系统中还可以通过SQL语句ALTER来创建普通索引，其语法形式如下：

```
ALTER TABLE table_name
ADD INDEX|KEY索引名(属性名【(长度)】【ASC|DESC】)
```

在上述语句中，INDEX或KEY关键字用来指定创建普通索引，"索引名"参数用来指定要创建的索引名，"属性名"参数用来指定索引所关联的字段的名称，"长度"参数用来指定索引的长度，ASC参数用来指定为升序排序，DESC参数用来指定为降序排序。

【例12.3】执行SQL语句ALTER TABLE，在数据库company的表t_dept的deptno字段上创建普通索引。具体步骤如下：

步骤 01 执行SQL语句USE，选择数据库company，并通过SQL语句DESC查看该数据库中已经存在的表t_dept的信息。具体SQL语句如下：

```
USE company;
DESC t_dept;
```

步骤 02 执行SQL语句ALTER TABLE，在表t_dept中创建关联字段deptno的普通索引对象index_deptno。具体SQL语句如下：

```
ALTER TABLE t_dept
ADD INDEX index_deptno(deptno);
```

上述语句创建了关联表t_dept中字段deptno的普通索引index_deptno。

步骤 03 为了校验数据库表t_dept中的索引是否创建成功，执行SQL语句SHOW CREATE TABLE。具体SQL语句如下：

```
SHOW CREATE TABLE t_dept\G
```

在数据库表t_dept上创建了一个名为index_deptno的索引，它所关联的字段为deptno。

12.1.2 创建和查看唯一索引

所谓唯一索引，就是在创建索引时，限制索引的值必须唯一。通过该类型的索引可以更快速地查询某条记录。在MySQL中，根据创建索引的方式，可以分为自动索引和手动索引两种。所谓自动索引，是指在数据库表里设置完整性约束时，该表会被系统自动创建索引。所谓手动索引，是指手动在表上创建索引。当为表中的某个字段设置主键或唯一完整性约束时，系统就会自动创建关联该字段的唯一索引。

1. 创建表时创建唯一索引

在MySQL数据库管理系统中，创建唯一索引通过SQL语句UNIQUE INDEX来实现，其语法形式如下：

```
CREATE TABLE table_name(
属性名 数据类型,
属性名 数据类型,
...
属性名 数据类型,
UNIQUE INDEX|KEY【索引名】(属性名1【(长度)】【ASC|DESC】)
```

上述语句比创建普通索引多了一个SQL关键字UNIQUE，其中UNIOUE INDEX或UNIQUE KEY表示创建唯一索引。

【例12.4】执行SQL语句UNIQUE INDEX，在数据库company的表t_dept的deptno字段上创建唯一索引。具体步骤如下：

步骤01 执行SQL语句USE，选择数据库company。具体SQL语句如下：

```
USE company;
```

步骤02 执行SQL语句UNIQUE INDEX，在创建表t_dept时，在字段deptno上创建唯一索引。具体SQL语句如下：

```
CREATE TABLE t_dept(
deptno INT UNIQUE,
dname VARCHAR(20),
loc VARCHAR(40),
UNIQUE INDEX index_deptno(deptno)
);
```

在创建表t_dept的同时设置了关于字段deptno的唯一索引对象index_deptno。

步骤03 为了校验数据库表t_dept中的索引是否创建成功，执行SQL语句SHOW CREATE TABLE。具体SQL语句如下：

```
SHOW CREATE TABLE t_dept \G
```

在数据库表t_dept上创建了一个名为index_deptno的唯一索引，它所关联的字段为deptno。

步骤04 为了校验数据库表t_dept中的索引是否被使用，执行SQL语句EXPLAIN。具体SQL语句内容如下：

```
EXPLAIN
SELECT * FROM t_dept WHERE deptno=10 \G
```

possible_keys和key字段处的值都为所创建的索引名index_deptno，说明该索引已经存在，而且已经开始启用。

2. 在已经存在的表上创建唯一索引

在MySQL数据库管理系统中创建唯一索引，除了通过SQL语句UNIQUE INDEX来实现外，还可以通过SQL语句CREATE UNIQUE INDEX来实现，其语法形式如下：

```
CREATE UNIQUE INDEX索引名
ON表名(属性名【(长度)】【ASC|DESC】)
```

在上述语句中，CREATE UNIQUE INDEX关键字用来创建唯一索引。

【例12.5】执行SQL语句INDEX，在数据库company中已经创建好的表t_dept上，创建关联字段deptno的唯一索引。具体步骤如下：

步骤01 执行SQL语句USE，选择数据库company，并通过SQL语句DESC查看该数据库中已经存在的表t_dept的信息。具体SQL语句如下：

```
USE company;
```

　　和

```
DESC t_dept;
```

步骤02 执行SQL语句CREATE UNIQUE INDEX，在表t_dept中创建关联字段deptno的唯一索引对象index_deptno。具体SQL语句如下：

```
CREATE UNIQUE INDEX index_deptno
ON t_dept(deptno);
```

上述语句创建了关联表t_dept中字段deptno的唯一索引index_deptno。

步骤03 为了校验数据库表t_dept中的唯一索引是否创建成功，执行SQL语句SHOW CREATE TABLE。具体SQL语句如下：

```
SHOW CREATE TABLE t_dept \G
```

在数据库表t_dept上创建了一个名为index_deptmo的唯一索引，它所关联的字段为deptno。

3. 通过SQL语句ALTER TABLE创建唯一索引

除了用上述两种方式创建唯一索引外，在MySQL数据库管理系统中还可以通过SQL语句ALTER来创建唯一索引，其语法形式如下：

```
ALTER TABLE table_name
ADD UNIQUE INDEX|KEY索引名(属性名【(长度)】【ASC|DESC】)
```

在上述语句中，UNIQUE INDEX或KEY关键字用来指定创建唯一索引，"索引名"参数用来指定要创建的索引名，"属性名"参数用来指定索引所关联的字段的名称，"长度"参数用来指定索引的长度，ASC参数用来指定为升序排序，DESC参数用来指定为降序排序。

【例12.6】执行SQL语句ALTER TABLE，在数据库company的表t_dept的deptno字段上创建唯一索引。具体步骤如下：

步骤 01　执行SQL语句USE，选择数据库company，并通过SQL语句DESC查看该数据库中已经存在的表t_dept的信息。具体SQL语句如下：

```
USE company;
```

和

```
DESC t_dept;
```

步骤 02　执行SQL语句ALTER TABLE，在表t_dept中创建关联字段deptno的唯一索引对象index_deptno。具体SQL语句如下：

```
ALTER TABLE t_dept
ADD UNIQUE INDEX index_deptno(deptno);
```

上述语句创建了关联表t_dept中字段deptno的唯一索引index_deptno。

步骤 03　为了校验数据库表t_dept中的索引是否创建成功，执行SQL语句SHOW CREATE TABLE。具体SQL语句如下：

```
SHOW CREATE TABLE t_dept \G
```

在数据库表t_dept上创建了一个名为index_depto的索引，它所关联的字段为deptno。

12.1.3　创建和查看全文索引

全文索引主要关联在数据类型为CHAR、VARCHAR和TEXT的字段上，以便能够更加快速地查询数据量较大的字符串类型的字段。MySQL从3.23.23版本开始支持全文索引，但只能在存储引擎为MyISAM的数据库表上创建全文索引。在默认情况下，全文索引的搜索执行方式为不区分大小写；如果全文索引所关联的字段为二进制数据类型，则以区分大小写的搜索方式执行。

1. 创建表时创建全文索引

在MySQL数据库管理系统中，创建全文索引可以通过SQL语句FULL TEXT INDEX来实现，其语法形式如下：

```
CREATE TABLE table_name(
属性名 数据类型,
属性名 数据类型,
...
属性名 数据类型,
FULL TEXT INDEX|KEY【索引名】(属性名1【(长度)】【ASC|DESC】)
);
```

上述语句比创建普通索引多了一个SQL关键字FULL TEXT，其中FULL TEXT INDEX或FULL TEXT KEY表示创建全文索引。

【例12.7】执行SQL语句FULL TEXT INDEX，在数据库company的表tdept的loc字段上创建全文索引。具体步骤如下：

步骤01 执行SQL语句USE，选择数据库company。具体SQL语句如下：

```
USE company;
```

步骤02 执行SQL语句FULL TEXT INDEX，在创建表t_dept时，在字段1oc上创建全文索引。具体SQL语句如下：

```
CREATE TABLE t_dept(
deptno INT,
dname VARCHAR(20),
loc VARCHAR(40),
FULL TEXT INDEX index_loc(loc)
)ENGINE=MyISAM;
```

上述语句创建了关联表t_dept中字段1oc的全文索引index_loc。

步骤03 为了校验数据库表t_dept中的全文索引是否创建成功，执行SQL语SHOW CREATE TABLE。具体SQL语句如下：

```
SHOW CREATE TABLE t_dept \G
```

在数据库表t_dept上创建了一个名为index_loc的全文索引，它所关联的字段为loc。

步骤04 为了校验数据库表t_dept中的索引是否被使用，执行SQL语句EXPLAIN。具体SQL语句如下：

```
EXPLAIN
SELECT * FROM t_dept WHERE dname='xiaoshou';
```

possible_keys和key字段处的值都为创建的索引名index_dname_loc，说明该索引已经存在，而且已经开始启用。

2. 在已经存在的表上创建全文索引

查看帮助文档可以发现，在MySQL数据库管理系统中创建全文索引，除了通过SQL语句FULL TEXT INDEX来实现外，还可以通过SQL语句CREATE FULL TEXT INDEX来实现，其语法形式如下：

```
CREATE FULL TEXT INDEX索引名
ON表名(属性名【(长度)】【ASC|DESC】)
```

在上述语句中，CREATE FULL TEXT INDEX关键字表示用来创建全文索引。

【例12.8】执行SQL语句INDEX，在数据库company中已经创建好的表t_dept上，创建关联字段1oc的全文索引。具体步骤如下：

步骤01 执行SQL语句USE，选择数据库company。具体SQL语句如下：

```
USE company;
```

查看已经存在的表t_dept的定义信息。具体SQL语句如下：

```
DESC t dept;
```

步骤 02 执行SQL语句CREATE FULL TEXT INDEX，在表t_dept中创建关联字段loc的全文索引对象index_deptno。具体SQL语句如下：

```
CREATE FULL TEXT INDEX index_loc
ON t_dept (loc);
```

上述语句创建了关联表t_dept中字段loc的全文索引index_loc。

步骤 03 为了校验数据库表t_dept中的全文索引是否创建成功，执行SQL语句SHOW CREATE TABLE。具体SQL语句如下：

```
SHOW CREATE TBLE t_dept \G
```

在数据库表t_dept上创建了一个名为index_loc的全文索引，它所关联的字段为loc。

3. 通过SQL语句ALTER TABLE创建全文索引

除了用上述两种方式来创建全文索引外，在MySQL数据库管理系统中还可以通过SQL语句ALTER来创建全文索引，其语法形式如下：

```
ALTER TABLE table_name
ADD FULL TEXT INDEX|KEY索引名(属性名【(长度)】【ASC|DESC】)
```

在上述语句中，FULL TEXT INDEX或KEY关键字用来指定创建全文索引，"索引名"参数用来指定要创建的索引名，"属性名"参数用来指定索引所关联的字段的名称，"长度"参数用来指定索引的长度，ASC参数用来指定为升序排序，DESC参数用来指定为降序排序。

【例12.9】执行SQL语句ALTER TABLE，在数据库company的表t_dept的loc字段上创建全文索引。具体步骤如下：

步骤 01 执行SQL语句USE，选择数据库company，并通过SQL语句DESC查看该数据库中已经存在的表t_dept的信息。具体SQL语句如下：

```
USE company;
```

和

```
DESC t_dept;
```

步骤 02 执行SQL语句ALTER TABLE，在表t_dept中创建关联字段loc的全文索引对象index_loc。具体SQL语句如下：

```
ALTER TABLE t_dept
ADD FULL TEXT INDEX index_loc(loc);
```

上述语句创建了关联表t_dept中字段loc的全文索引index_loc。

步骤 03 为了校验数据库表t_dept中的索引是否创建成功，执行SQL语句SHOW CREATE TABLE。具体SQL语句如下：

```
SHOW CREATE TABLE t_dept \G
```

在数据库表t_dept上创建了一个名为index_loc的索引，它所关联的字段为loc。

12.1.4 创建和查看多列索引

所谓多列索引，是指在创建索引时，所关联的字段不是一个字段，而是多个字段。虽然可以通过所关联的字段进行查询,但是只有当查询条件中使用了所关联字段中的第一个字段时，多列索引才会被使用。

1. 创建表时创建多列索引

在MySQL数据库管理系统中，创建多列索引是通过SQL语句INDEX来实现的，其语法形式如下：

```
CREATE TABLE table_name(
属性名 数据类型,
属性名 数据类型
...
属性名 数据类型,
INDEX|KEY【索引名】(属性名1【(长度)】【ASC|DESC】
...
属性名n【(长度)】【ASC|DESC】)
);
```

在上述语句中，创建索引时，所关联的字段至少大于一个。

【例12.10】执行SQL语句INDEX，在数据库company的表t_dept的dname和loc字段上创建多列索引。具体步骤如下：

步骤01 执行SQL语句USE，选择数据库company。具体SQL语句如下：

```
USE company;
```

步骤02 执行SQL语句INDEX，在创建表t_dept时，在dname和loc字段上创建多列索引。具体SQL语句如下：

```
CREATE TABLE t_dept(
deptno INT,
dname VARCHAR(20),
loc VARCHAR(40),
KEY index_dname_loc(dname,loc)
);
```

在上述语句中，创建表t_dept的同时设置了关于字段deptno和loc的多列索引对象index_dname_loc。

步骤03 为了校验数据库表t_dept中的多列索引是否创建成功，执行SQL语句SHOW CREATE TABLE。具体SQL语句如下：

```
SHOW CREATE TABLE t_dept \G
```

在数据库表t_dept上创建了一个名为index_dname_loc的多列索引，它所关联的字段为dname和loc。

步骤 04 为了校验数据库表t_dept中的索引是否被使用，执行SQL语句EXPLAIN。具体SQL语句内容如下：

```
EXPLAIN
SELECT * FROM t_dept WHERE dname='xiaoshou' \G
```

　　possible_keys和key字段处的值都为所创建的索引名index_dname_loc，说明该索引已经存在，而且已经开始启用。

2. 在已经存在的表上创建多列索引

在MySQL数据库管理系统中创建多列索引，除了可以在创建表时实现之外，还可以为已经存在的表设置多列索引，其语法形式如下：

```
CREATE INDEX索引名
ON表名(属性名【(长度)】【ASC|DESC】
...
属性名n【(长度)】【ASC|DESC】
);
```

上述语句比创建普通索引多关联了几个字段。

【例12.11】执行SQL语句CREATE INDEX，在数据库company的表t_dept的dname和loc字段上创建多列索引。具体步骤如下：

步骤 01 执行SQL语句USE，选择数据库company，并通过SQL语句DESC查看该数据库中已经存在的表t_dept的信息。具体SQL语句如下：

```
USE company;
```

　　和

```
DESC t_dept;
```

步骤 02 执行SQL语句CREATE INDEX，在表t_dept中创建关联字段dname和loc的多列索引对象index_dname_loc。具体SQL语句如下：

```
CREATE INDEX index_dname_loc
ON t_dept(dname,loc);
```

　　上述语句创建了关联表t_dept中字段dname和loc的多列索引index_dname_loc。

步骤 03 为了校验数据库表t_dept中的索引是否创建成功，执行SQL语句SHOW CREATE TABLE。具体SQL语句如下：

```
SHOW CREATE TABLE t_dept \G
```

　　已经在数据库表t_dept上创建了一个名为index_dname_loc的多列索引，它所关联的字段为dname和loc。

3. 通过SQL语句ALTER TABLE创建多列索引

除了用上述两种方式来创建多列索引外，在MySQL数据库管理系统中还可以通过SQL语句ALTER来创建多列索引，其语法形式如下：

```
ALTER TABLE table_name
ADD INDEX|KEY索引名(属性名【(长度)】【ASC|DESC】
...
属性名n【(长度)】【ASC|DESC】)
```

在上述语句中，INDEX或KEY关键字用来指定创建索引，由于涉及的字段为多个，因此创建的是多列索引。

【例12.12】执行SQL语句ALTER TABLE，在数据库company的表t_dept的deptno和Loc字段上创建多列索引。具体步骤如下：

步骤 01 执行SQL语句USE，选择数据库company，并通过SQL语句DESC查看该数据库中已经存在的表t_dept的信息。具体SQL语句如下：

```
USE company;
```

和

```
DESC t_dept;
```

步骤 02 执行SQL语句CREATE INDEX，在表t_dept中创建关联字段dname和loc的多列索引对象index_dname_loc，具体SQL语句如下：

```
ALTER TABLE t_dept
ADD INDEX index_dname_loc(dname,loc);
```

在上述语句中创建了关联表t_dept中字段dname和loc的多列索引index_dname_loc。

步骤 03 为了校验数据库表t_dept中的索引是否创建成功，执行SQL语句SHOW CREATE TABLE。具体SQL语句内容如下：

```
SHOW CREATE TABLE t_dept \G
```

在数据库表t_dept上创建了一个名为index_dname_loc的多列索引，它所关联的字段为dname和loc。

12.2 删 除 索 引

所谓删除索引，就是删除表中已经创建的索引。之所以要删除索引，是因为这些索引会降低表的更新速度，影响数据库的性能。本节将详细介绍如何删除索引。

在MySQL数据库管理系统中，删除索引通过SQL语句DROP INDEX来实现，其语法形式如下：

```
DROP INDEX index_name
ON table_name
```

在上述语句中，index_name参数表示要删除的索引的名字，table_name参数表示要删除的索引所在的表对象。

【例12.13】执行SQL语句DROP INDEX，在数据库company里删除表对象t_dept中的索引对象index_dname_loc。具体步骤如下：

步骤01 执行SQL语句USE，选择数据库company，并通过SQL语句SHOW CREATE TABLE 查看该数据库中表t_dept的信息。具体SQL语句如下：

```
USE company;
```

和

```
SHOW CREATE TABLE t_dept \G
```

步骤02 为了校验数据库表t_dept中的索引是否被使用，执行SQL语句EXPLAIN。具体SQL语句如下：

```
EXPLAIN
SELECT * FROM t_dept WHERE dname='xiaoshou' \G
```

步骤03 执行SQL语句DROP INDEX，删除索引对象index_dname_loc。具体SQL语句如下：

```
DROP INDEX index_dname_loc ON t_dept;
```

步骤04 为了校验数据库company中是否还存在索引对象index_dname_loc，执行SQL语句SHOW CREATE TABLE。具体SQL语句如下：

```
SHOW CREATE TABE t_dept \G
```

t_dept表中已经不存在索引对象index_dname_loc。

12.3　创 建 视 图

在具体操作表前，有时要求只能操作部分字段，而不是全部字段。例如，公司中员工的工资一般是保密的，如果因为程序员的一时疏忽而向查询中多写入了关于"工资"的字段，则会让员工的"工资"显示给所有能够查看该查询结果的人，这时就需要限制程序员操作的字段。

为了提高复杂SQL语句的复用性和表操作的安全性，MySQL数据库管理系统从5.0.1版本开始提供了视图特性。所谓视图，本质上是一种虚拟表，其内容与真实的表相似，包含一系列带有名称的列和行数据。但是，视图在数据库中并不以存储的数据值形式存在。行和列数据来自定义视图的查询所引用的基本表。并且在具体引用视图时动态生成。

视图使程序员只关心感兴趣的某些特定数据和他们所负责的特定任务。这样程序员只能看到视图中定义的数据，而不是视图所引用的表中的数据，从而提高了数据库中数据的安全性。视图的特点如下：

- 视图的列可以来自不同的表，是表的抽象和在逻辑意义上建立的新关系。
- 视图是由基本表（实表）产生的表（虚表）。
- 视图的建立和删除不影响基本表。
- 对视图内容的更新（添加、删除和修改）直接影响基本表。

● 当视图来自多个基本表时，不允许添加和删除数据。

1. 创建视图的语法形式

虽然视图可以被看作一种虚拟表，但是它在物理上是不存在的，即数据库管理系统没有专门的位置为视图存储数据。根据视图的概念可以发现，其数据来源于查询语句。因此，创建视图的语法为：

```
Create view view_name
AS 查询语句
```

和创建表一样，视图名不能和表名、其他视图名重名。根据上述语法可以发现，视图的功能实际上就是封装了复杂的查询语句。下面将通过一个具体的实例来说明如何创建视图。

【例12.14】在数据库view中，由水果产物表t_product创建出隐藏价格字段price的视图view_select_product。水果产物表中的数据如表12.1所示。

表 12.1　t_product

id	name	price	order_id
1	apple	6.5	1
2	banana	4.5	1
3	orange	1.5	2
4	pear	2.5	3

步骤01 执行SQL语句USE，选择数据库view。具体SQL语句如下：

```
USE view;
```

步骤02 选择进入数据库view后，执行SQL语CREATE VIEW，创建视图对象view_select_product。具体创建语句如下：

```
CREATE VIEW view_select_product
AS
SELECT id,name
FROM t_product;
```

在上述代码中创建一个名为view_select_product的视图。通过对代码的观察可以发现，实际上代码里写的是一个表查询语句，只不过是把这个查询语句封装起来重新起了一个别名，以便以后可以重复使用。

在SQL语句命名规范中，视图一般以view_xxx或者v_xxx的样式来命名。

步骤03 创建完视图后，即可进行查询视图操作，那么如何使用视图呢？其实非常简单，可以将视图当作表一样来执行查询操作。具体查询语句如下：

```
SELECT *
FROM view_select_product;
```

通过查询结果可以发现，虽然查询视图和查询表格很相似，但是视图可以实现信息的隐藏。同时，如果想在多个地方重复实现该功能，只需查询视图，而不需要每次都编写视图所封装的详细查询语句。

2. 创建各种视图

由于视图的功能实际上是封装查询语句，那么是不是任何形式的查询语句都可以封装在视图里呢？下面将通过具体实例详细介绍各种形式的视图。

【例12.15】在数据库view中，存在分别表示学生和组的表t_student和t_group，学生表中的数据如表12.2所示，组表中的数据如表12.3所示。

表 12.2　t_student

id	name	sex	group_id
1	dazhi_1	M	1
2	dazhi_2	M	1
3	dazhi_3	W	2
4	dazhi_4	W	2
5	dazhi_5	M	2
6	dazhi_6	M	2
7	dazhi_7	W	3
8	dazhi_8	W	3
9	dazhi_9	M	4

表 12.3　t_group

id	name
1	group_1
2	group_2
3	group_3
4	group_4
5	group_5

步骤 01　封装实现查询常量语句的视图，即所谓的常量视图，具体SQL语句如下：

```
CREATE VIEW view_test_1
AS
SELECT 3.1415926;
```

步骤 02　封装使用聚合函数（SUM、MIN、MAX、COUNT等）的查询语句的视图，具体SQL语句如下：

```
CREATE VIEW view_test_2
AS
SELECT COUNT(name) FROM t_student;
```

步骤 03　封装实现了排序功能（ORDER BY）的查询语句的视图，具体SQL语句如下：

```
CREATE VIEW view_test_3
As
SELECT name
FROM t_student
ORDER BY id DESC;
```

步骤 04　封装实现了表内连接的查询语句的视图，具体SQL语句如下：

```
CREATE VIEW view_test_4
AS
SELECT s.name
FROM t_student as s,t_group as g
WHERE s.group_id=g.id AND g.id=2;
```

步骤 05 封装实现了表外连接（LEFT JOIN和RIGHT JOIN）的查询语句的视图，具体SQL语句如下：

```
CREATE VIEW view_test_5
AS
SELECT s.name
FROM t_student as s
LEFT JOIN t_group as g
ON s.group_id=g.id
WHERE g.id=2;
```

步骤 06 封装实现了子查询的相关查询语句的视图，具体SQL语句如下：

```
CREATE VIEW view_test_6
AS
SELECT s.name
FROM t_student AS s
WHERE s.group_id IN(SELECT id FROM t_group);
```

步骤 07 封装实现了记录联合（UNION和UNION ALL）的查询语句的视图，具体SQL语句如下：

```
CREATE VIEW view_test_7
AS
SELECT id,name FROM t_student
UNION ALL
SELECT id,name FROM t_group;
```

12.4 查看视图

创建完视图后，经常需要查看视图信息。那么如何在MySQL数据库管理系统中查看视图呢?发现有许多可以实现查看视图的语句，例如，SHOW TABLES、SHOW TABLE STATUS、SHOW CREATE VIEW等。如果要使用这些语句，首先确保拥有SHOW VIEW的权限。

1. SHOW TABLES语句查看视图名

从MySQL 5.1版本开始，执行SHOW TABLES语句时不仅会显示表的名字，同时也会显示视图的名字。

下面演示通过SHOW TABLES语句查看数据库company中视图和表的功能，具体SQL语句如下：

```
USE company;
SHOW TABLES;
```

在上述语句中，首先进入数据库company，然后显示该数据库里所有的表名和视图名。

2. SHOW TABLE STATUS语句查看视图详细信息

与SHOW TABLES语句一样，SHOW TABLE STATUS语句不仅会显示表的详细信息，同时也会显示视图的详细信息。SHOW TABLES TATUS语句的语法如下：

```
SHOW TABLE STATUS【FROM db_name】【LIKE 'pattern'】
```

在上述语句中，参数db_name用来设置数据库，关键字SHOW TABLE STATUS表示将显示所设置数据库里的表和视图的详细信息。

【例12.16】下面演示SHOW TABLE STATUS语句的功能，用来实现查看名为view_test_2的视图的详细信息。具体步骤如下：

步骤01 执行SHOW TABLE STATUS语句，查看company数据库里视图和表的详细信息。具体SQL语句如下：

```
SHOW TABLE STATUS
FROM company \G
```

上述语句用来实现查看company数据库里所有表和视图的详细信息。

步骤02 执行SHOW TABLE STATUS语句，查看名为view_test_2的视图的详细信息，具体SQL语句如下：

```
SHOW TABLE STATUS
FROM company
LIKE "view_test_2" \G
```

上述语句用来实现查看视图对象view_test_2的详细信息。

3. SHOW CREATE VIEW语句查看视图定义信息

如果想查看关于视图的定义信息，可以通过语句SHOW CREATE VIEW来实现。其语法如下：

```
SHOW CREATE VIEW view_name
```

在上述语句中，view_name参数表示所要查看定义信息的视图名称。

【例12.17】下面演示SHOW CREATE VIEW语句的功能，用来实现查看名为view_test_2视图的定义信息。具体步骤如下：

步骤01 执行SQL语句USE，选择数据库company。具体SQL语句如下：

```
USE company;
```

步骤02 进入数据库view后，执行SQL语SHOW CREATE VIEW，查看名为view_test_2视图的定义信息。具体SQL语句如下：

```
SHOW CREATE VIEW view_test_2 \G
```

在上述SQL语句中，通过关键字SHOW CREATE VIEW查看视图对象view_test_2的定义信息。

上述语句的执行结果如下：

```
mysql> SHOW CREATE VIEW view_test_2 \G
*************************** 1. row ***************************
                View: view_test_2
         Create View: CREATE ALGORITHM=UNDEFINED DEFINER=`root`@`localhost` SQL SECURITY DEFINER VIEW `view_test_2` AS select c
ount(`t_student`.`name`) AS `COUNT(name)` from `t_student`
character_set_client: gbk
collation_connection: gbk_chinese_ci
1 row in set (0.00 sec)
```

根据执行结果可以发现，SHOW CREATE VIEW语句返回两个字段，分别为表示视图名的View字段和关于视图定义的Create View字段。

4. DESCRIBE | DESC语句查看视图设计信息

要查看关于视图的设计信息，可以通过语句DESCRIBE或DESC来实现。DESCRIBE和DESC的语法如下：

```
DESCRIBE|DESC viewname
```

在上述语句中，viewname参数表示所要查看设计信息的视图名称。

【例12.18】下面演示DESCRIBE语句的功能，用来实现查看名为view_test_2的视图的设计信息。具体步骤如下：

步骤01 执行SQL语句USE，选择数据库company。具体SQL语句如下：

```
USE company;
```

步骤02 进入数据库company后，执行SQL语句DESCRIBE，查看名为view_test_2的视图的设计信息。具体SQL语句如下：

```
DESCRIBE view_test_2;
```

步骤03 由于DESC语句是DESCRIBE语句的缩写，因此查看view_test_2视图设计信息的SQL语句可以改写如下：

```
DESC view_test_2;
```

执行上述语句，可以发现关键字DESCRIBE和DESC的执行效果一样。

5. 通过系统表查看视图信息

当MySQL数据库安装成功后，会自动创建系统数据库information_schema。在该数据库中存在一个包含视图信息的表格views，通过查看表格views可以查看所有视图的相关信息。

【例12.19】下面演示通过查看系统表information_schema.views来查看视图对象view_test_2相关信息的功能。具体步骤如下：

步骤01 执行SQL语句USE，选择数据库information_schema。具体SQL语句如下：

```
USE information_schema;
```

步骤02 进入数据库information_schema后，执行SQL语句SELECT查询表views里的数据信息。具体SQL语句如下：

```
SELECT *
FROM views
```

```
WHERE table_name='view_test_2' \G
```

上述SQL语句的执行结果如下所示，在表views里，可以看到字段table_name值为view_test_2的数据信息。

```
mysql> use information_schema;
Database changed
mysql> SELECT *
    -> FROM views
    -> WHERE table_name='view_test_2' \G
*************************** 1. row ***************************
       TABLE_CATALOG: def
        TABLE_SCHEMA: company
          TABLE_NAME: view_test_2
     VIEW_DEFINITION: select count(`company`.`t_student`.`name`) AS `COUNT(name)` from `company`.`t_student`
        CHECK_OPTION: NONE
        IS_UPDATABLE: NO
             DEFINER: root@localhost
        SECURITY_TYPE: DEFINER
CHARACTER_SET_CLIENT: gbk
COLLATION_CONNECTION: gbk_chinese_ci
1 row in set (0.02 sec)
```

12.5　删除与修改视图

我们知道，视图的操作包括创建视图、查看视图、删除视图和修改视图。本节将详细介绍如何删除与修改视图。

1. 删除视图

通过DROP VIEW语句可以一次性删除一个或者多个视图，删除视图的语法如下：

```
DROP VIEW view_name,...
```

在上述语句中，view_name参数表示要删除的视图的名称。

【例12.20】下面演示DROP VIEW语句的功能，用来实现删除视图对象view_test_2。具体步骤如下：

步骤 01 执行SQL语句USE，选择数据库view。具体SQL语句如下：

```
USE view;
```

步骤 02 进入数据库view后，执行SQL语句DROP VIEW，删除名为view_test_2的视图对象。具体SQL语句如下：

```
DROP VIEW view_test_2;
```

上述SQL语句通过关键字DROP VIEW实现了删除视图功能。

步骤 03 为了检验数据库company中是否还存在视图对象view_test_2，执行SQL语句SELECT。具体SQL语句如下：

```
SELECT *
FROM view_test_2;
```

执行结果显示view_test_2视图已经不存在了，说明已成功将它删除。

2. 修改视图

对于已经创建好的表，尤其是有大量数据的表。通过先删除再按照新的表定义重建表方式来修改表时，需要做许多额外的工作，例如数据的重新加载等。但是对于视图来说，由于它是"虚表"，并没有存储数据，因此完全可以通过该方式来修改视图。

【例12.21】对于创建的视图view_test_2，使用一段时间后，需要在视图view_test_2中将表示编号的字段id隐藏掉。具体步骤如下：

步骤 01 执行SQL语句USE，选择数据库company。具体SQL语句如下：

```
USE company;
```

步骤 02 为了实现新的需求功能，可以重新创建视图view_test_2。具体SQL语句如下：

```
CREATE VIEW view_test_2
AS
SELECT name
FROM t_student;
```

通过查询结果可以发现，虽然再次创建视图的语句没有任何语法错误，但是会出现视图已经存在的错误。这同时也证明在创建视图时，视图名不能重复。

步骤 03 为了解决上述问题，可以先删除视图view_test_2，然后重新创建只显示名字字段的视图view_test_2。具体SQL语句如下：

```
DROP VIEW view_test_2;
CREATE VIEW view_test_2
AS
SELECT name
FROM t_student;
```

在上述语句中，首先删除视图对象view_test_2，然后重新创建实现新的需求功能的视图对象view_test_2。

步骤 04 最后查看视图view_test_2，具体SQL语句如下：

```
SELECT *
FROM view_test_2;
```

通过查询结果可以发现，先删除视图view_test_2，然后再次创建只查询名字字段的视图view_test_2，完全可以实现本实例的要求。但是如果每次修改视图都是先删除视图，然后再次创建一个同名的视图，则显得非常麻烦。

于是MySQL为了便于用户修改视图，提供了可以实现替换的创建视图语法，此时关于创建视图的完整语法为：

```
CREATE OR REPLACE VIEW view_name
AS 查询语句
```

通过上述语句创建视图后，如果需要更改视图，则不需要先删除再创建，MySQL会自动进行删除和重建功能。

【例12.22】重新实现【实例12.21】，具体步骤如下：

步骤 01 执行SQL语句USE，选择数据库company。具体SQL语句如下：

```
USE company;
```

步骤 02 执行SQL语句CREATE OR REPLACE VIEW替换视图对象view_test_2。具体SQL语句如下：

```
CREATE OR REPLACE VIEW view_test_2
AS
SELECT name
FROM t_student;
```

步骤 03 最后查看视图view_test_2，具体SQL语句如下：

```
SELECT *
FROM view_test_2;
```

通过执行结果可以发现，SQL语句CREATE OR REPLACE VIEW完全可以实现修改视图的功能。

3. ALTER语句修改视图

与修改表一样，ALTER语句也可以修改视图，其修改视图的语法如下：

```
ALTER VIEW view_name
AS 查询语句
```

在上述语句中，参数view_name用来设置修改视图的名称。

【例12.23】下面演示ALTER VIEW语句的功能，用来实现修改视图view_test_2。具体步骤如下：

步骤 01 执行SQL语句USE，选择数据库company。具体SQL语句如下：

```
USE company;
```

步骤 02 执行SQL语句ALTER VIEW，实现修改视图view_test_2的功能。具体SQL语句如下：

```
ALTER VIEW view_test_2
AS
SELECT name
FROM t_student;
```

步骤 03 最后查看视图view_test_2，具体SQL语句如下：

```
SELECT *
FROM view_test_2;
```

通过执行结果可以发现，SQL语句ALTER VIEW完全可以实现修改视图的功能。

12.6 利用视图操作基本表

在MySQL中可以通过视图检索基本表中的数据，这是视图最基本的应用。除此之外，还可以通过视图修改基本表中的数据。

1. 检索（查询）数据

通过视图查询数据，与通过表进行查询完全相同，只不过通过视图查询比表更安全、简单、实用。在具体实现时，只需把表名换成视图名即可。

下面将演示一个具体实例，即检索视图对象view_test_2，具体SQL语句如下：

```
SELECT *
FROM view_test_2;
```

通过客户端软件SQLyog更容易检索数据，具体步骤如下：

步骤01 在"对象资源管理器"窗口中，单击数据库company中Vews节点前的加号，然后单击"view_test_2"节点。

步骤02 单击"数据"窗口，这时就会在该窗口中显示出所检索的数据。

在客户端软件SQLyog中，除了通过"数据"窗口来检索数据之外，还可以在"询问"视图中执行检索数据语句，然后在"结果"窗口中查看检索到的数据。

2. 利用视图操作基本表数据

通过前面章节可以知道，不仅可以对视图进行查询数据操作，而且还可以对视图进行更新（增加、删除和更新）数据操作。由于视图是"虚表"，因此对视图数据进行更新操作，实际上是对其基本表数据进行更新操作。在具体更新视图数据时，需要注意以下两点：

- 对视图数据进行添加、删除和删除操作，将直接影响基本表。
- 视图来自多张基本表时，不允许添加和删除数据。

在数据库view中，由t_product创建出查询所有字段的视图view_product。查询视图view_product，执行的SQL语句如下：

```
select * from view_product;
```

1）添加数据操作

【例12.24】 通过视图view_product添加一条新的数据，各列的值分别为12、pear4、10.3、2，具体SQL语句如下：

```
INSERT INTO view_product(id,name,price,order_id)
VALUES(11,'PEAR4',12.3,2);
```

在上述语句中，由于VALUES后的数据常量与视图中的列一一对应，因此视图名view_product后的列名可以不写，语句可以改写如下：

```
INSERT INTO view_product
VALUES(11,'PEAR4',12.3,2);
```

2）删除数据操作

【例12.25】 通过视图view_product删除名称为apple1的数据，具体SQL语句如下：

```
DELETE FROM view_product
WHERE name='apple1';
```

3）更新数据操作

【例12.26】 将视图view_product中名称为pear1的水果价格修改为3.5，具体SQL语句如下：

```
UPDATE view_product
SET price=3.5
WHERE name='pear1';
```

第 13 章
MySQL的触发器操作

触发器是MySQL的数据库对象之一，用来实现由一些表事件触发的某个操作，它与数据库对象表紧密相关。触发器与编程语言中的函数非常类似，都需要声明、执行等。但是触发器的执行不是由程序调用，也不是由手工启动，而是由事件来触发、激活，从而执行其包含的操作。触发器的操作包含创建触发器、查看触发器和删除触发器，这些操作同样也是数据库管理中最基本、最重要的操作。

MySQL在触发如下语句时，就会自动执行所设置的操作：

* DELETE语句。
* INSERT语句。
* UPDATE语句。

其他SQL语句则不会激活触发器。

在具体应用中，之所以经常使用触发器，是因为该对象能够加强数据库表中数据的完整性约束和业务规则等。MySQL从5.0版本才开始支持触发器，因此本书的内容适用于高级的版本。在SQLyog客户端工具的"对象资源管理器"中，每个数据库节点下都拥有一个树形路径结构，而每个具体数据库节点下的每个子节点中其实都存在触发器。

13.1　创建触发器

触发器的操作包括创建触发器、查看触发器及删除触发器。本节将详细介绍如何创建触发器。按照激活触发器时所执行的语句数目，可以将触发器分为"只有一条执行语句的触发器"和"包含多条执行语句的触发器"。

1. 创建只有一条执行语句的触发器

在MySQL中，创建只有一条执行语句的触发器通过SQL语句CREATE TRIGGER来实现，其语法形式如下：

```
create trigger trigger_name
BEFORE|AFTER trigger_EVENT
ON TABLE_NAME FOR EACH ROW trigger_STMT
```

在上述语句中：

- trigger_name参数表示要创建的触发器的名字，在具体创建触发器时，触发器标识符不能与已经存在的触发器重复。除了上述要求外，建议将触发器名命名（标识符）为trigger_xxx或者tri_xxx。
- BEFORE和AFTER参数指定了触发器执行的时间，其中前者是指在触发器事件之前执行触发器语句，后者是指在触发器事件之后执行触发器语句。
- trigger_EVENT参数表示触发事件即触发器执行条件，包含DELETE、INSERT和UPDATE语句；TABLE_NAME参数表示触发事件操作表的名字。
- FOR EACH ROW参数表示任何一条记录上的操作满足触发事件都会触发该触发器。
- trigger_STMT参数表示激活触发器后被执行的语句。

下面将通过一个具体的实例来说明如何创建触发器。

【**例13.1**】在数据库company中存在两个表对象：部门表（t_dept）和日记表（t_diary）。执行SQL语句CREATE TRIGGER创建触发器，实现向部门表中插入记录时，会在插入之前向日记表中插入当前时间。具体步骤如下：

步骤01 执行SQL语句DESC，查看数据库company中部门表（t_dept）和日记表（t_diary）的信息。具体SQL语句如下：

```
DESC t_dept;
```

　　　　和

```
DESC t_diary;
```

　　　语句执行结果分别如下所示。

步骤02 执行SQL语句CREATE TRIGGER，创建触发器tri_diarytime。具体SQL语句如下：

```
CREATE TRIGGER tri_diarytime
BEFORE INSERT
ON t_dept FOR EACH ROW
INSERT INTO t_diary VALUES(NULL,'t_dept',now());
```

上述语句创建了触发器tri_diarytime，当向部门表中插入任意一条记录时，就会在插入操作之前向表t_diary中插入当前时间记录。

步骤 03 为了校验数据库company中触发器tri_diarytime的功能，可以向表t_dept中插入一条记录，然后查看表t_diary中是否执行插入当前时间操作。具体SQL语句如下：

```
INSERT INTO t_dept VALUES(1,'xiaoshoudept','shenyang');
SELECT *
FROM t_diary;
```

在上述语句中，首先向表t_dept中插入一条数据记录，然后查看表t_diary中的数据记录。语句执行结果如下：

```
mysql> INSERT INTO t_dept VALUES(1,'xiaoshoudept','shenyang');
Query OK, 1 row affected (0.03 sec)

mysql> SELECT *
    -> FROM t_diary;
+---------+-----------+---------------------+
| diaryno | tablename | diarytime           |
+---------+-----------+---------------------+
|    NULL | t_dept    | 2024-03-30 17:14:13 |
+---------+-----------+---------------------+
1 row in set (0.00 sec)
```

执行结果显示，在向表t_dept中插入记录之前，会向表t_diary中插入当前时间，从而可以发现tri_diarytime触发器创建成功。

步骤 04 对于初级用户，当创建触发器时，经常会发生如下所示的错误。

```
CREATE TRIGGER tri_diarytime
AFTER INSERT
ON t_dept FOR EACH ROW
INSERT INTO t_diary VALUES(NULL,'t_dept',now());
```

语句执行结果如下：

```
mysql> CREATE TRIGGER tri_diarytime
    -> AFTER INSERT
    -> ON t_dept FOR EACH ROW
    -> INSERT INTO t_diary VALUES(NULL,'t_dept',now());
ERROR 1359 (HY000): Trigger already exists
```

之所以不能正确创建触发器tri_diarytime，是因为该触发器已经存在。

2. 创建包含多条执行语句的触发器

在MySQL中创建有多条执行语句的触发器通过SQL语句CREATE TRIGGER来实现，其语法形式如下：

```
create trigger trigger_name
BEFORE|AFTER trigger_EVENT
ON TABLE_NAME FOR EACH ROW
BEGIN
Trigger_STMT
END
```

在上述语句中，比"只有一条执行语句的触发器"语法多出来了关键字BEGIN和END，在这两个关键字之间为要执行的多条执行语句的内容，执行语句之间用分号隔开。

在MySQL中，一般情况下用"；"作为语句的结束符号，可是在创建触发器时，需要用到"；"作为执行语句的结束符号。为了解决该问题，可以使用关键字DELIMITER，例如"DELIMITER $$"，可以用来实现将结束符号设置成"$$"。

下面将通过一个具体的实例来说明如何创建包含多条执行语句的触发器。

【例13.2】在数据库company中存在两个表对象：部门表（t_dept）和日记表（t_diary）。执行SQL语句CREATE TRIGGER创建触发器，实现当向部门表中插入记录时，就会在插入之后向日记表中插入两条记录。具体步骤如下：

步骤01 执行SQL语句DESC，查看数据库company中部门表（t_dept）和日记表（t_diary）的信息。具体SQL语句如下：

```
DESC t_dept;
```

　　和

```
DESC t_diary;
```

步骤02 执行SQL语句CREATE TRIGGER，创建触发器tri_diarytime3。具体SQL语句如下：

```
DELIMITER $$
CREATE TRIGGER tri_diarytime3
AFTER INSERT
ON t_dept FOR EACH ROW
BEGIN
INSERT INTO t_diary VALUES(NULL,'t_dept',now());
INSERT INTO t_diary VALUES(NULL,'t_dept',now());
END
$$
DELIMITER ;
```

在上述语句中，首先通过"DELIMITER $$"语句设置结束符号为"$$"，然后在关键字BEGIN和END之间编写了执行语句列表，最后通过"DELIMITER ;"语句将结束符号还原成默认结束符号"；"

执行上面的SQL语句，其结果如下：

```
mysql> CREATE TRIGGER tri_diarytime3
    -> AFTER INSERT
    -> ON t_dept FOR EACH ROW
    -> BEGIN
    -> INSERT INTO t_diary VALUES(NULL,'t_dept',now());
    -> INSERT INTO t_diary VALUES(NULL,'t_dept',now());
    -> END
    -> $$
Query OK, 0 rows affected (0.02 sec)

mysql> DELIMITER ;
```

步骤03 为了校验数据库company中触发器tri_diarytime3的功能，可以向表t_dept中插入一条记录，然后查看表t_diary中是否执行插入当前时间操作。具体SQL语句如下：

```
INSERT INTO t_dept VALUES(2,'xiaoshoudept','shenyang');
SELECT * FROM t_diary;
```

执行上面的SQL语句，其结果分别如下所示。

```
mysql> SELECT * FROM t_diary;
+---------+-----------+---------------------+
| diaryno | tablename | diarytime           |
+---------+-----------+---------------------+
|       1 | t_dept    | 2024-03-30 17:14:13 |
|       2 | t_dept    | 2024-03-30 21:39:57 |
|       3 | t_dept    | 2024-03-30 21:39:57 |
|       4 | t_dept    | 2024-03-30 21:39:57 |
|       5 | t_dept    | 2024-03-30 21:39:57 |
+---------+-----------+---------------------+
5 rows in set (0.00 sec)
```

```
mysql> INSERT INTO t_dept VALUES(2,'xiaoshoudept','shenyang');
Query OK, 1 row affected (0.01 sec)
```

执行结果显示，在向表t_dept中插入记录之后，会向表tri_diarytime中插入两条记录，从而可以发现tri_diarytime3触发器创建成功。

13.2　查看触发器

在MySQL中，可以通过两种方式来查看触发器，分别为通过SHOW TRIGGERS语句查看触发器和通过查看系统表triggers查看触发器。

1. 通过SHOW TRIGGERS语句查看触发器

对于初级用户，当创建触发器时，经常会发生"ERROR 1359(HY000):Trigger already exists"的错误。那么如何查看MySQL中已经存在的触发器呢?在MySQL中查看已经存在的触发器，可以通过SQL语句SHOW TRIGGERS来实现，其语法形式如下:

```
SHOW TRIGGERS \G
```

```
             Trigger: tri_diarytime3
               Event: INSERT
               Table: t_dept
           Statement: BEGIN
INSERT INTO t_diary VALUES(NULL,'t_dept',now());
INSERT INTO t_diary VALUES(NULL,'t_dept',now());
END
              Timing: AFTER
             Created: 2024-03-30 21:34:29.53
            sql_mode: ONLY_FULL_GROUP_BY,STRICT_TRANS_TABLES,NO_ZERO_IN_DATE,NO_ZERO_DATE,ERROR_FOR_DIVISION_BY_ZERO,NO_ENGINE_
SUBSTITUTION
             Definer: root@localhost
character_set_client: gbk
collation_connection: gbk_chinese_ci
  Database Collation: utf8mb4_0900_ai_ci
2 rows in set (0.01 sec)
```

执行完"SHOW TRIGGERS"语句后，会显示一个列表。在该列表中会显示所有触发器的信息，例如:

- Trigger参数表示触发器的名称。
- Event参数表示触发器的激活事件。
- Table参数表示触发器对象触发事件所操作的表。
- Statement参数表示触发器激活时所执行的语句。
- Timing参数表示触发器所执行的时间。

其他参数不重要，现阶段不需要掌握。

2. 通过查看系统表triggers查看触发器

在MySQL中，在系统数据库information_schema中存在一个存储所有触发器信息的系统表triggers，因此查询该表格的记录也可以实现查看触发器功能。

系统表triggers中提供触发器的所有详细信息。

【例13.3】执行SQL语句SELECT，查询数据库company中的触发器对象。具体步骤如下：

步骤 01 执行SQL语句USE，选择数据库information_schema。具体SQL语句如下：

```
USE information_schema;
```

步骤 02 执行SQL语句SELECT，查看系统表triggers中的所有记录。具体SQL语句如下：

```
SELECT * FROM triggers \G
```

执行结果中会显示MySQL中所有触发器对象的详细信息。除了显示所有触发器对象外，还可以查询指定触发器的详细信息。具体SQL语句如下：

```
SELECT * FROM TRIGGERS WHERE TRIGGER_NAME='tri_diarytime2' \G
```

执行结果中会显示所指定触发器对象tri_diarytime2的详细信息。与前面的方式相比，这种方式使用起来更加方便、灵活。

对于MySQL用户来说，很少使用语句"SHOW TRIGGERS"和语句"SELECT * FROM triggers \G"来查询触发器的详细信息。因为在MySQL中，随着时间的推移，触发器肯定会增多，如果查询所有触发器的详细信息，将显示许多的信息，不便于找到所需的触发器的信息。

13.3　删除触发器

在MySQL中，可以通过两种方式来删除触发器，即通过DROP TRIGGER语句和通过工具来实现删除触发器。

1. 通过DROP TRIGGER语句删除触发器

在MySQL中，删除触发器可以通过SQL语句DROP TRIGGER来实现，其语法形式如下：

```
DROP TRIGGER trigger_name
```

在上述语句中，trigger_name参数表示要删除的触发器的名称。

【例13.4】执行SQL语句DROP TRIGGER，在company数据库中删除触发器对象tri_diarytime。具体步骤如下：

步骤 01 执行SQL语句USE，选择数据库company。具体SQL语句如下：

```
USE company;
```

步骤 02 进入数据库company后，执行SQL语句DROP TRIGGER，删除名为tri_diarytime的触发器对象。具体SQL语句如下：

```
DROP TRIGGER tri_diarytime;
```

步骤 03 为了检验数据库company中是否还存在触发器对象tri_diarytime，执行SQL语句SHOW
TRIGGERS。具体SQL语句如下：

```
SHOW TRIGGERS \G
```

执行结果显示没有任何触发器对象，表示删除触发器对象tri_diarytime成功。

2. 通过工具来删除触发器

在客户端软件SQLyog中，不仅可以通过在"Query"窗口中执行DROP TRIGGER语句来
删除触发器，还可以通过向导来实现。具体步骤如下：

步骤 01 在"对象资源管理器"窗口中，单击数据库company中"触发器"节点前的加号，然后右
击"tri_diarytime"节点，从弹出的快捷菜单中选择"删除触发器"命令。

步骤 02 此时弹出对话框来确定是否删除触发器，单击"是"按钮后，数据库company中"触发器"
节点里就没有任何触发器对象了。

第 14 章

MySQL的数据操作

通过前面章节的内容可以发现，数据库是存储数据库对象的仓库，而数据库基本对象——表，则用来存储数据。在MySQL中，关于数据的操作（CRUD），包含插入数据记录操作、查询数据记录操作、更新数据记录操作和删除数据记录操作。在MySQL中，可以通过SQL语句中的DML语句来实现数据的操作，其中通过INSERT语句实现数据的插入，通过UPDATE语句实现数据的更新和通过DELETE语句实现数据的删除。

14.1 插入数据记录

插入数据记录是数据操作中常见的操作，用于实现向表中增加新的数据记录。在MySQL中，可以通过INSERT INTO语句来实现插入数据记录。该SQL语句有如下几种使用方式：

- 插入完整数据记录。
- 插入数据记录的一部分。
- 插入多条数据记录。
- 插入查询结果。

1. 插入完整数据记录

在MySQL中，语句INSERT INTO插入完整数据记录的语法形式如下：

```
INSERT INTO table_name (field1,field2,field3,...,fieldn)
VALUES(valuel,value2,value3,...,valuen)
```

在上述语句中，参数table_name表示要插入完整记录的表名，参数fieldn表示表中的字段名字，参数valuen表示要插入的数值。参数fieldn与参数valuen一一对应。

【例14.1】执行SQL语句INSERT INTO，向数据库company中的部门表（t_dept）中插入一条完整数据记录，其值分别为1、xiaoshoudeptl和shenyang1。具体步骤如下：

步骤01 执行SQL语句DESCRIBE，查看数据库company中部门表（t_dept）的信息。具体SQL语句如下：

```
DESCRIBE t_dept;
```

步骤02 执行SQL语句INSERT INTO，插入完整数据记录。具体SQL语句如下：

```
INSERT INTO t_dept(deptno,dname,loc)
VALUES(1,'xiaoshoul','shenyangl');
```

上述语句的执行结果如下所示。实现了插入完整数据记录，其值为1、xiaoshoudeptl和shenyang1。

由于表t_dept中包含3个字段，所以插入的值也应该是3个。同时插入的值的类型也应该与字段类型一致，即字段dname和loc的数据类型为字符串，因此插入的值xiaoshoudept和shenyang需要加上单引号（'）表示字符串。

步骤03 为了校验部门表（t_dept）中数据记录是否插入成功，可以使用SQL语句SELECT。具体SQL语句如下：

```
SELECT *
FROM t_dept;
```

在MySQL中插入完整数据记录，除了可以使用上面的语法外，还可以省略字段参数，其语法形式如下：

```
INSERT INTO table_name
VALUES(valuel,value2,value3,...,valuen)
```

在上述语句中，参数table_name表示要插入完整记录的表名，参数valuen表示要插入的数值，参数valuen的个数与表中字段数一致，即插入的数值会与表中字段一一对应。

【例14.2】与【例14.1】一样，向数据库company中的部门表（t_dept）中插入一条完整数据记录，其值分别为2、xiaoshou2和shenyang2。具体步骤如下：

步骤01 执行SQL语句INSERT INTO，插入完整数据记录。具体SQL语句如下：

```
INSERT INTO t_dept
VALUES(2,'xiaoshou2','shenyang2');
```

上述语句实现了插入完整数据记录，其值为2、xiaoshou2和shenyang2。

步骤 02 为了校验部门表（t_dept）中数据记录是否插入成功，可以使用SQL语句SELECT。具体SQL语句如下：

```
SELECT *
FROM t_dept;
```

如果表中的字段比较多，可以使用省略字段参数的语法，但是此时程序阅读性和灵活性都比较差，而且数据值顺序必须与字段顺序一致。当使用不省略字段参数的语法形式时，数据值的顺序可以随意调整，只要与所写字段顺序一致即可。

2. 插入数据记录的一部分

插入数据记录时，除了可以插入完整数据记录之外，还可以插入指定字段的部分数据记录。在MySQL中，通过SQL语句INSERT INTO插入数据记录的一部分的语法形式如下：

```
INSERT INTO table_name(fieldl,field2,field3,...,fieldn)
VALUES(valuel,value2,value3,...,valuen)
```

在上述语句中，参数fieldn表示表中部分的字段名字，参数valuen表示所要插入的部分数值。最后参数fieldn与参数valuen会一一对应。

【例14.3】执行SQL语句INSERT INTO，向数据库company中的部门表（t_dept）中插入一条部分数据记录，其中字段dname的值为xiaoshou2、字段loc的值为shemyang2。具体步骤如下：

步骤 01 执行SQL语句DESC，查看数据库company中部门表（t_dept）的信息。具体SQL语句如下：

```
DESC t_dept;
```

根据执行结果可以发现，字段deptno为主键，并且由MySQL控制实现自动增加约束。

步骤 02 执行SQL语句INSERT INTO，插入部分数据记录。具体SQL语句如下：

```
INSERT INTO t_dept(dname,loc)
VALUES('xiaoshou2','shenyang2');
```

在实现插入部分数据记录时，所插入数值必须与所需插入数值的字段个数相同。顺序一致。

步骤 03 为了校验部门表（t_dept）中的数据记录是否插入成功，可以使用SQL语句SELECT。具体SQL语句如下：

```
SELECT
FROM t_dept;
```

在具体开发中，除了"自动增加"约束的字段不需要插入数值外，具有"默认值"约束的字段也不需要插入数值。因为对于没有插入值的字段，MySQL会为其插入默认值，而这个默认值是在创建表时设置的。

3. 插入多条数据记录

在具体插入数据记录时，除了可以一次插入一条数据记录外，还可以一次插入多条数据记录。在具体实现一次插入多条数据记录时，同样可以分为一次插入多条完整记录和一次插入多条部分记录。

1）一次插入多条完整数据记录

在MySQL中，通过SQL语句INSERT INTO一次插入多条完整的记录的语法形式如下：

```
INSERT INTo table_name (field1,field2,field3,...,fieldn)
VALUES(valuell,value21,value31,...,valuen1),
(value12,value22,value32,...,valuen2),
(value13,value23,value33,...,valuen3),
...
(valuelm,value2m,value3m,...,valuenm);
```

上述语句与一次插入一条完整数据记录的语法相比多了参数m，该参数表示一次插入m条完整数据记录。在具体使用时，只要记录中数值与字段参数field相对应即可，即字段参数field的顺序可以与表的字段顺序不一致。

除了上述语法外，还有另一种语法形式：

```
INSERT INTO table_name
VALUES(value11,value21,value31,...,valuen1),
(value12,value22,value32,...,valuen2),
(value13,value23,value33,...,valuen3),
...
(valuelm,value2m,value3m,...,valuenm);
```

在上述语句中，虽然没有字段参数field，但也可以正确插入多条完整数据记录，不过每条数据记录中的数值顺序必须与表中字段的顺序一致。

【例14.4】执行SQL语句INSERT INTO，向数据库company的部门表（t_dept）中一次插入多条完整数据记录，其值为(1,'xiaoshoudeptl','shenyang1')、(2,'xiaoshoudept2','shenyang2')、(3,'xiaoshoudept3','shenyang3')、(4,'xiaoshoudept4','shenyang4')和(5,'xiaoshoudept5','shenyang5')。具体步骤如下：

步骤01 执行SQL语句DESC，查看数据库company中部门表（t_dept）的信息。具体SQL语句如下：

```
DESCRIBE t_dept;
```

步骤02 执行SQL语句INSERT INTO，插入多条完整数据记录。具体SQL语句如下：

```
INSERT INTO t_dept
VALUES (1,'xiaoshoudept1','shenyang1'),
(2,'xiaoshoudept2','shenyang2'),
(3,'xiaoshoudept3','shenyang3'),
(4,'xiaoshoudept4','shenyang4'),
(5,'xiaoshoudept5','shenyang5');
```

上述语句实现了一次插入5条完整数据记录。

步骤03 为了校验部门表（t_dept）中的数据记录是否插入成功，可以使用SQL语句SELECT。具体SQL语句如下：

```
SELECT *
FROM t_dept;
```

执行结果显示，表t_dept的5条数据记录插入成功。

2）一次插入多条部分数据记录

在MySQL中，通过SQL语句INSERT INTO一次插入多条部分记录的语法形式如下：

```
INSERT INTO table_name(field1,field2,field3,...,fieldn)
VALUES(value11,value21,value31,...,valuen1),
(value12,value22,value32,...,valuen2),
(value13,value23,value33,...,valuen3),
...
(value1m,value2m,value3m,...,valuenm);
```

在上述语句中，参数fieldn是表中部分的字段名字，记录(value11,value21,value31,…,valuen1)表示所要插入的第一条记录的部分数值，记录(value1m,value2m,value3m,…,valuenm)表示所要插入的第m条记录的部分数值。在具体应用时，参数fieldn与参数valuen需要一一对应。

【例14.5】执行SQL语句INSERT INTO，向数据库company的部门表（t_dept）中插入多条部分数据记录，其中字段 dname 和字段 loc 的值为 ('xiaoshoudept1','shenyang1')、('xiaoshoudept2','shenyang2')、('xiaoshoudept3','shenyang3')、('xiaoshoudept4','shenyang4') 和 ('xiaoshoudept5','shenyang5')。具体步骤如下：

步骤01 执行SQL语句DESC，查看数据库company中部门表（t_dept）的信息，具体SQL语句如下：

```
DESC t_dept;
```

执行结果如下：

根据执行结果可以发现，字段deptno为主键，并且由MySQL控制实现自动增加约束。

步骤02 执行SQL语句INSERT INTO，一次插入多条部分数据记录。具体SQL语句如下：

```
INSERT INTO t_dept(dname,loc)
VALUES('xiaoshoudept1','shenyang1'),
('xiaoshoudept2','shenyang2'),
('xiaoshoudept3','shenyang3'),
('xiaoshoudept4','shenyang4'),
('xiaoshoudept5','shenyang5');
```

上述语句实现了一次插入5条部分数据记录。

在实现插入部分数据记录时，所插入数值必须与所需插入数值的字段个数相同、顺序一致。

步骤03 为了校验部门表（t_dept）中的数据记录是否插入成功，可以使用SQL语句SELECT。具体SQL语句如下：

```
SELECT *
FROM t_dept;
```

执行结果显示，表t_dept的5条数据记录不仅插入成功，而且该记录中没有数值插入的字段已由"自动增加"约束生成值。

4. 插入查询结果

在MySQL中，通过SQL语句INSERT INTO除了可以将数据值插入表中外，还可以将另一张表中的查询结果插入表中，从而实现表数据值的复制功能。其语法形式如下：

```
INSERT INTO table_namel(field11,field12,field13,...,fieldln)
SELECT(field21,field22,field23,field2n)
FROM table_name2
WHERE...
```

在上述语句中，参数table_name1表示要插入数值的表，参数table_name2表示要插入的数值是从哪张表查询出来的，参数(feld11,feld12,feld13,…,fieldln)表示表table_namel中要插入值的字段，参数(field21,field22,field23,…,feld2n)表示表table_name2所查询值的字段。参数(feld11,feld12.field13,…,fieldln)与参数(feld21,field22,field23,…,feld2n)的个数与类型必须一致。

【例14.6】执行SQL语句INSERT INTO，向数据库company的部门表（t_dept）中插入表t_leader中关于字段dname和loc的查询结果。具体步骤如下：

步骤01 执行SQL语句DESC，查看数据库company中部门表（t_dept）和领导表（t_leader）的信息。具体SQL语句如下：

```
DESC t_dept;
```

和

```
DESC t_leader;
```

领导表（t_leader）的信息如下：

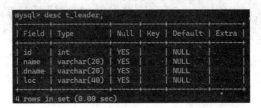

步骤02 执行SQL语句SELECT，查看数据库company中领导表（t_leader）中的数据记录。具体SQL语句如下：

```
SELECT *
FROM t_leader;
```

语句执行结果如下：

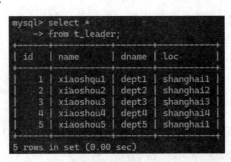

步骤 03 执行SQL语句INSERT INTO，插入查询结果中的数据记录。具体SQL语句如下：

```
INSERT INTO t_dept(dname,loc)
SELECT dname,loc
FROM t_leader;
```

语句执行结果如下：

执行结果显示，查询结果中的数据记录值已经成功插入表t_dept中。

14.2　更新数据记录

更新数据记录是数据操作中常见的操作，用于更新表中已经存在的数据记录中的值。在MySQL中，可以通过UPDATE语句来实现更新数据记录，该SQL语句有如下几种使用方式：

- 更新特定数据记录。
- 更新所有数据记录。

1. 更新特定数据记录

在MySQL中，通过SQL语句UPDATE来更新特定数据记录的语法形式如下：

```
UPDATE table_name
SET field1=valuel,
field2=value2,
field3=value3,
WHERE CONDITION;
```

在上述语句中，参数table_name表示要更新数据记录的表名，参数field表示表中要更新数值的字段名字，参数value$n$表示更新后的数值，参数CONDITION指定更新满足条件的特定数据记录。

【例14.7】在数据库company中的部门表（t_dept）中执行SQL语句UPDATE，使名称（字段dname）为xiaoshoudept1的部门的地址（字段loc）由shenyangl更新成shenyang2。具体步骤如下：

步骤 01 执行SQL语句DESC，查看数据库company中部门表（t_dept）的信息。具体SQL语句如下：

```
DESCRIBE t_dept;
```

步骤 02 执行SQL语句SELECT，查询表中所有数据记录。具体SQL语句如下：

```
SELECT *
FROM t_dept;
```

上面的SQL语句的执行结果如下：

```
mysql> select * from t_dept;
+--------+--------------+------------+
| deptno | dname        | loc        |
+--------+--------------+------------+
|      1 | xiaoshoudept1 | shenyang1  |
|      2 | xiaoshoudept2 | shenyang2  |
|      3 | xiaoshoudept3 | shenyang3  |
|      4 | xiaoshoudept4 | shenyang4  |
|      5 | xiaoshoudept5 | shenyang5  |
|      6 | dept1        | shanghai1  |
|      7 | dept2        | shanghai2  |
|      8 | dept3        | shanghai3  |
|      9 | dept4        | shanghai4  |
|     10 | dept5        | shanghai1  |
+--------+--------------+------------+
10 rows in set (0.00 sec)
```

步骤 03 执行SQL语句UPDEATE，更新数据记录。具体SQL语句如下：

```
UPDATE t_dept
SET loc='shenyang2'
WHERE dname='xiaoshoudept1';
```

步骤 04 为了校验部门表（t_dept）中的数据记录是否更新成功，可以使用SQL语句SELECT查看。具体SQL语句如下：

```
SELECT *
FROM t_dept;
```

2. 更新所有数据记录

在MySQL中，通过SQL语句UPDATE来更新所有数据记录的语法形式如下：

```
UPDATE table_name
SET field1=value1,
field2=value2,
field3=value3,
WHERE CONDITION;
```

在上述语句中，为了更新所有的数据记录，参数CONDITION需要满足表table_name中所有的数据记录，或者无WHERE语句。

【例14.8】执行SQL语句UPDATE，将数据库company的部门表（t_dept）中的所有数据记录中的部门地址（字段loc）都更新成shenyang6。具体步骤如下：

步骤 01 执行SQL语句DESC，查看数据库company中部门表（t_dept）的信息，具体SQL语句如下：

```
DESCRIBE t_dept;
```

步骤 02 执行SQL语句SELECT，查询表中所有数据记录。具体SQL语句如下：

```
SELECT *
FROM t_dept;
```

步骤 03 执行SQL语句UPDEATE，更新数据记录。具体SQL语句如下：

```
UPDATE t_dept
SET loc='shenyang6'
WHERE deptno<7;
```

执行结果显示，所有数据记录的地址已经更新成shenyang6。

步骤 **04** 在具体执行SQL语句UPDEATE时，如果没有关于WHERE的语句，将更新所有的数据记录。
具体SQL语句如下：

```
UPDATE t_dept
SET loc='shenyang8'
```

步骤 **05** 为了校验部门表（t_dept）中的数据记录是否更新成功，可以使用SQL语句SELECT查看。
具体SQL语句如下：

```
SELECT *
FROM t_dept;
```

14.3　删除数据记录

删除数据记录是数据操作中常见的操作，用于删除表中已经存在的数据记录。在MySQL
中，可以通过DELETE语句来删除数据记录，该SQL语句有如下几种使用方式：

- 删除特定数据记录。
- 删除所有数据记录。

1. 删除特定数据记录

在MySQL中，通过SQL语句DELETE FROM来删除特定数据记录的语法形式如下：

```
DELETE FROM table_name
WHERE CONDITION
```

在上述语句中，参数table_name表示要删除数据记录的表名，参数CONDITION指定删除
满足条件的特定数据记录。

【例14.9】执行SQL语句DELETE，在数据库company的部门表（t_dept）中，删除名称（字
段dname）为xiaoshoudept1的部门。具体步骤如下：

步骤 **01** 执行SQL语句DESC，查看数据库company中部门表（t_dept）的信息。具体SQL语句如下：

```
DESCRIBE t_dept;
```

步骤 **02** 执行SQL语句SELECT，查询表中所有数据记录。具体SQL语句如下：

```
SELECT *
FROM t_dept;
```

步骤 **03** 执行SQL语句DELETE FROM，删除数据记录。具体SQL语句如下：

```
DELETE FROM t_dept
WHERE dname='xiaoshoudept1';
```

步骤 **04** 为了校验部门表（t_dept）中数据记录是否删除成功，可以使用SQL语句SELECT查看。
具体SQL语句如下：

```
SELECT *
FROM t_dept;
```

执行结果显示，名字（字段dname）叫'xiaoshoudeptl'的部门记录已经被删除。

2. 删除所有数据记录

在MySQL中，通过SQL语句DELETE FROM删除所有数据记录的语法形式如下：

```
DELETE FROM table_name
WHERE CONDITION
```

在上述语句中，为了删除所有的数据记录，参数CONDITION需要满足表table_name中所有的数据记录，或者无WHERE语句。

【例14.10】执行SQL语句DELETE FROM，在数据库company中的部门表（t_dept）中，删除所有数据记录。具体步骤如下：

步骤 01 执行SQL语句DESC，查看数据库company中部门表（t_dept）的信息。具体SQL语句如下：

```
DESCRIBE t_dept;
```

步骤 02 执行SQL语句SELECT，查询表中所有数据记录。具体SQL语句如下：

```
SELECT *
FROM t_dept;
```

步骤 03 执行SQL语句DELETE FROM，删除所有数据记录。具体SQL语句如下：

```
DELETE FROM t_dept
WHERE deptno<6;
```

为了实现删除所有数据记录，表t_dept中的所有记录都应该满足条件deptno<6。由于表t_dept中deptno的最大值为5，因此完全满足条件。

步骤 04 为了校验部门表（t_dept）中数据记录是否删除成功，可以使用SQL语句SELECT查看。具体SQL语句如下：

```
SELECT *
FROM t_dept;
```

执行结果显示，所有数据记录都已经被删除。

步骤 05 在具体执行SQL语句DELETE FROM时，如果没有关于WHERE的语句，将删除所有的数据记录。具体SQL语句如下：

```
DELETE FROM t_dept;
```

步骤 06 为了校验部门表（t_dept）中数据记录是否删除成功，可以使用SQL语句SELECT查看。具体SQL语句如下：

```
SELECT *
FROM t_dept;
```

执行结果显示，所有数据记录都已经被删除。

第 15 章 MySQL的单表与多表数据查询操作

上一章介绍了数据的插入、更新和删除操作，本章将详细介绍数据的查询操作，即查询数据记录操作。内容包含简单数据记录查询、条件数据记录查询、排序数据记录查询、限制数据记录查询数量、统计函数和分组数据记录查询。

15.1 简单数据记录查询

为了便于讲解，本节所涉及的查询数据记录操作都是针对数据库company中表示雇员信息的表t_employee。雇员表（t_employee）的结构如图15.1所示，关于雇员表（t_employee）的所有数据记录如图15.2所示。

Field	Type	Null	Key	Default	Extra
empno	int	YES		NULL	
ename	varchar(20)	YES		NULL	
job	varchar(40)	YES		NULL	
MGR	int	YES		NULL	
Hiredate	date	YES		NULL	
sal	double(10,2)	YES		NULL	
bonus	double(10,2)	YES		NULL	
deptno	int	YES		NULL	

图 15.1 雇员表（t_employee）的结构

empno	ename	job	MGR	Hiredate	sal	bonus	deptno
240069	SMITH	CLERK	230034	2024-03-31	5000.00	NULL	201
240071	ALLEN	SALESMAN	220021	2024-02-29	5400.00	450.00	202
240075	WARD	MANAGER	240013	2024-03-05	7800.00	600.00	203
240081	JONES	PRESIDENT	NULL	2023-12-27	19000.00	NULL	101

图 15.2 雇员表（t_employee）的所有数据记录

查询数据记录，是指从数据库对象表中获取所要求的数据记录。该操作不仅是MySQL中数据的基本操作之一，还是使用频率最高、最重要的数据操作。MySQL提供了多种数据查询方法，以满足用户各种不同的需求。

在MySQL中，数据记录查询通过SQL语句SELECT来实现，简单数据记录查询的语法形式如下：

```
SELECT fieldl,field2,...,fieldn
FROM table_name;
```

在上述语句中，参数fieldn表示要查询的字段名字，参数table_name表示要查询数据记录的表名。实现简单数据记录查询的SQL语句有如下几种使用方式：

- 简单数据查询。
- 避免重复数据查询。
- 实现数学四则运算数据查询
- 设置显示格式数据查询。

15.1.1　简单数据查询

1. 查询所有字段数据

下面将通过一个具体的实例来说明如何实现查询所有字段数据。

【例15.1】执行SQL语句SELECT，在数据库company中，查询雇员表（t_employee）中所有字段的数据。具体步骤如下：

步骤 **01** 执行SQL语句USE，选择数据库company。具体SQL语句如下：

```
USE company;
```

步骤 **02** 执行SQL语句SELECT，查询所有字段数据。具体SQL语句如下：

```
SELECT empno,ename,job,MGR,Hiredate,sal,bonus,deptno
FROM t_employee;
```

在上述语句中，由于要查询所有字段的数据，因此关键字SELECT后面的字段列表包含了表中所有字段。这种方式比较灵活，如果需要改变字段显示的顺序，只需调整SELECT关键字后面的字段列表顺序即可。

步骤 **03** 调整SELECT关键字后面的字段顺序，使empno字段在最后一列显示，具体SQL语句如下：

```
SELECT ename,job,MGR,Hiredate,sal,comm,deptno,empno
FROM t_employee;
```

2. "*"符号的使用

查询所有字段数据，除了使用上面的方式外，还可以通过符号"*"来实现，具体语法形式如下：

```
SELECT *
FROM table_name
```

在上述语句中，符号"*"可以表示参数table_name表中的所有字段。

【例15.2】与【例15.1】一样，查询雇员表（t_employee）中所有字段的数据。具体步骤如下：

步骤01 执行SQL语句USE，选择数据库company。具体SQL语句如下：

```
USE company;
```

步骤02 执行SQL语句SELECT，查询所有字段数据。具体SQL语句如下：

```
SELECT *
FROM t_employee;
```

通过设置关键字SELECT后面的内容为"*"，可以实现查询所有字段数据记录。

3. 查询指定字段数据

查询所有字段数据，需要在关键字SELECT后指定包含所有字段的列表或者符号"*"。如果需要查询指定字段数据，只需修改关键字SELECT后的字段列表为指定字段即可。

下面将通过一个具体的实例来说明如何实现查询指定字段数据。

【例15.3】执行SQL语句SELECT，在数据库company中，查询雇员表（t_employee）中empno、ename和sal字段的数据。具体步骤如下：

步骤01 执行SQL语句USE，选择数据库company。具体SQL语句如下：

```
USE company;
```

步骤02 执行SQL语句SELECT，查询指定字段数据。具体SQL语句如下：

```
SELECT empno,ename,sal
FROM t_employee;
```

在上述语句中，设置关键字SELECT后面的内容为指定字段列表，以实现查询指定字段数据记录。

执行结果显示，查询到指定的empno、ename和sal字段的数据，显示数据的顺序与SELECT关键字后的字段顺序一致。

步骤03 调整SELECT关键字后面指定字段的顺序，使ename字段在最后一列显示。具体SQL语句如下：

```
SELECT empno,sal,ename
FROM t_employee;
```

不仅实现了查询指定字段数据，而且还调整ename字段在最后一列显示。

如果SELECT关键字后面的字段不包含在所查询的表中，那么MySQL就会报错。

15.1.2　避免重复的数据查询

当在MySQL中执行简单数据查询时，有时会显示出重复数据。为了避免查询重复的数据，MySQL提供了关键字——DISTINCT。

下面将通过一个具体的实例来说明如何避免重复数据查询。

【例15.4】执行SQL语句SELECT，在数据库company中查询雇员表（t_employee）中的字段job的数据，同时实现去除重复数据。具体步骤如下：

步骤 01 执行SQL语句USE，选择数据库company。具体SQL语句如下：

```
USE company;
```

步骤 02 执行SQL语句SELECT，查询字段job数据。具体SQL语句如下：

```
SELECT job FROM t_employee;
```

在上述语句中，设置关键字SELECT后面的内容为字段job，以查询指定字段job的数据记录。

执行结果中查询到的数据里有许多重复的数据。为了避免查询到重复数据，可以使用关键字DISTINCT，该关键字的语法如下：

```
SELECT DISTINCT fieldl,field2,...,fieldn
FROM table_name
```

在上述语句中，关键字DISTINCT用于去除重复的数据。

去除job字段中的重复数据的具体SQL语句如下：

```
SELECT DISTINCT job
FROM t_employee;
```

15.1.3 实现数学四则运算的数据查询

当在MySQL中执行简单数据查询时，有时会需要实现数学四则运算，即加（+）、减（−）、乘（*）、除（/）和求余（%）。

下面将通过一个具体的实例来说明如何实现四则运算数据查询。

【例15.5】执行SQL语句SELECT，在数据库company中查询雇员表（t_employee）中每个雇员的年薪。具体步骤如下：

步骤 01 执行SQL语句DESC，查看数据库company中雇员表（t_employee）的信息。具体SQL语句如下：

```
DESC t_employee;
```

步骤 02 执行SQL语句SELECT，查询字段ename和sal的数据。由于字段sal表示每月的工资，因此在具体查询字段sal的值时需要进行简单的四则运算，具体SQL语句如下：

```
SELECT ename,sal*12
FROM t_employee;
```

在上述语句中，通过表达式"sal*12"来查询年薪。

执行结果显示已经查询到每个雇员的年薪。但是显示的查询字段为"sal*12"，不方便用户浏览。在MySQL中，提供了一种机制来修改字段名，具体语法形式如下：

```
SELECT field1 [AS] bynamefieldl,field2 [AS] bynamefield2,…fieldn [As] bynamefieldn
FROM table_name
```

在上述语句中，参数field为字段原来的名字，参数bynamefield为字段的新名字。之所以要为字段设置新的名字，是为了让显示结果更加直观，更加人性化。为了便于用户浏览所查询到数据，设置"sal*12"字段为yearsalary，具体SQL语句如下：

```
SELECT ename,sal*12 yearsalary
FROM t_employee;
```

或者

```
SELECT ename,sal*12 AS yearsalary
FROM t_employee;
```

15.1.4　设置显示格式的数据查询

在MySQL中执行简单数据查询时，有时需要设置显示格式，以方便用户浏览所查询到的数据。下面将通过一个具体的实例来演示如何设置数据的显示格式。

【例15.6】执行SQL语句SELECT，在数据库company中查询雇员表（t_employee）中每个雇员的年薪，同时以固定的格式（ename雇员的年薪为:sal）显示查询到数据。

在MySQL中提供函数CONCAT()来连接字符串，从而实现设置数据的显示格式的功能。设置数据显示格式的SQL语句如下：

```
SELECT CONCAT(ename,'雇员的年薪为: ',sal*12) yearsalary
FROM t_employee;
```

在上述语句中，通过函数CONCAT()合并字符串和字段值，以设置字段的显示格式。运行结果如下：

```
mysql> SELECT CONCAT(ename,'雇员的年薪为: ',sal*12) yearsalary
    -> FROM t_employee;

| yearsalary                      |

| SMITH雇员的年薪为: 60000.00     |
| ALLEN雇员的年薪为: 64800.00     |
| WARD雇员的年薪为: 93600.00      |
| JONES雇员的年薪为: 228000.00    |

4 rows in set (0.01 sec)
```

15.2　条件数据记录查询

在简单查询中，可以查询所有记录相关字段数据；但是在具体应用中，用户并不需要查询所有数据记录，而只需根据限制条件来查询一部分数据记录。

在MySQL中，数据查询通过SQL语句SELECT来实现，同时通过关键字WHERE对查询到的数据记录进行过滤。条件数据查询语法形式如下：

```
SELECT field1,field2,...,fieldn
FROM table_name
WHERE CONDITION
```

在上述语句中，通过参数CONDITION对数据进行条件查询。关于条件数据查询语句，可以包含如下功能：

- 带关系运算符和逻辑运算符的条件数据查询。
- 带BETWEEN AND关键字的范围查询。
- 带IS NULL关键字的空值查询。
- 带IN关键字的集合查询。
- 带LIKE关键字的模糊查询。

15.2.1　带关系运算符和逻辑运算符的条件数据查询

在MySQL中，可以通过关系运算符和逻辑运算符来编写"条件表达式"，该软件支持的关系运算符如表15.1所示，支持的逻辑运算符如表15.2所示。

表 15.1　关系运算符

运　算　符	描　　述
>	大于
<	小于
=	等于
!=(<>)	不等于
>=	大于或等于
<=	小于或等于

表 15.2　逻辑运算符

运　算　符	描　　述
AND(&&)	逻辑与
OR(‖)	逻辑或
XOR	逻辑异或
NOT(!)	逻辑非

条件表达式可以分为单条件表达式和多条件表达式。

1. 单条件表达式数据查询

下面将通过一个具体的实例来说明如何实现"单条件表达式"的数据查询。

【例15.7】执行SQL语句SELECT，在数据库company中查询雇员表（t_employee）中从事CLERK工作的雇员。具体步骤如下：

步骤01 执行SQL语句USE，选择数据库company。具体SQL语句如下：

```
USE company;
```

步骤02 执行SQL语句SELECT，通过设置条件"job='CLERK'"来查询从事CLERK工作的雇员姓名。具体SQL语句如下：

```
SELECT ename
FROM t_employee
WHERE job='CLERK';
```

已经查询到从事CLERK工作的雇员。

2. 多条件表达式数据查询

在上述具体应用中，WHERE关键字后面的条件表达式是一个字段的"="比较表达式。除了该运算符外，还可以使用">""<""<="和"!="符号来创建条件表达式。在具体应用中，有时所查询的数据需要符合多个条件，在MySQL中通过逻辑运算符来进行多条件联合查询。

下面将通过一个具体的实例来说明如何实现"多条件表达式"的数据查询。

【例15.8】执行SQL语句SELECT，在数据库company中查询雇员表（t_employee）中从事CLERK工作并且工资大于800元的雇员。具体步骤如下：

步骤 01 执行SQL语句USE，选择数据库company。具体SQL语句如下：

```
USE company;
```

步骤 02 执行SQL语句SELECT，通过设置条件"job='CLERK'"和"sal>800"来查询从事CLERK工作并且工资大于800元的雇员。具体SQL语如下：

```
SELECT ename
FROM t_employee
WHERE job='CLERK'&&sal>800;
```

在上述语句中，通过"&&"符号连接查询条件"job='CLERK'"和"sal>800"。

在上述具体应用中，WHERE关键字后面为两个条件表达式，这两个表达式分别为"="表达和">"表达式，这两个表达式通过逻辑运算符"&&"来进行连接。由于AND与"&&"符号的作用相同，因此上述SQL语句可以修改如下：

```
SELECT ename
FROM t_employee
WHERE job='CLERK' AND sal>800;
```

在MySQL中，除了"&&"外，还可以通过"||"或者XOR符号连接多个条件表达式，进行联合查询。

15.2.2　带 BETWEEN AND 关键字的范围查询

MySQL提供了关键字 BETWEEN AND,用来实现判断字段的数值是否在指定范围内的条件查询。关于该关键字的具体语法形式如下：

```
SELECT fieldl,field2,...fieldn
FROM table_name
WHERE field BETWEEN VALUE1 AND VALUE2
```

在上述语句中，通过关键字BETWEEN和AND来设置字段field的取值范围，如果字段field的值在指定的范围内，则满足查询条件，该记录就会被查询出来；否则不会被查询出来。

BETWEEN minvalue AND maxyalue，表示的是一个范围间的判断过程。这些关键字操作符只针对数字类型。

1. 符合范围的数据记录查询

下面将通过一个具体的实例来说明如何查询符合范围的数据记录。

【例15.9】执行SQL语句SELECT，在数据库company中查询雇员表（t_employee）中工资为1000～2000元的雇员。具体步骤如下：

步骤01 执行SQL语句USE，选择数据库company。具体SQL语句如下：

```
USE company;
```

步骤02 执行SQL语句SELECT，通过关键字BETWEEN和AND设置查询范围，以实现查询工资值在1000和2000元之间的雇员。具体SQL语句如下：

```
SELECT ename
FROM t_employee
WHERE sal BETWEEN 1000 AND 2000;
```

在上述语句中，通过关键字BETWEEN和AND实现范围内的查找。

2. 不符合范围的数据记录查询

下面将通过一个具体的实例来说明如何查询不符合范围的数据记录。

【例15.10】执行SQL语句SELECT，在数据库company中查询雇员表（t_employee）中工资不为1000～2000元的雇员。具体步骤如下：

步骤01 执行SQL语句USE，选择数据库company。具体SQL语句如下：

```
USE company;
```

步骤02 执行SQL语句SELECT，通过关键字NOT设置非查询范围条件。具体SQL语句如下：

```
SELECT ename
FROM t_employee
WHERE sal NOT BETWEEN 1000 AND 2000;
```

在上述语句中，通过关键字NOT BETWEEN和AND实现非范围的查找。

15.2.3 带 IS NULL 关键字的空值查询

MySQL提供了关键字IS NULL，用来实现判断字段的数值是否为空的条件查询。关于该关键字的具体语法形式如下：

```
SELECT fieldl,field2,...,fieldn
FROM table name
WHERE field IS NULL;
```

在上述语句中，通过关键字IS NULL来判断字段field的值是否为空：如果字段field的值为NULL，则满足查询条件，该记录就会被查询出来；否则不会被查询出来。在具体实现该应用时，一定要注意空值与空字符串和0的区别。

1. 空值数据记录查询

下面将通过一个具体的实例来说明如何查询空值的数据记录。

【例15.11】执行SQL语句SELECT，在数据库company中查询雇员表（t_employee）中所有不领取奖金的雇员。具体步骤如下：

步骤01 执行SQL语句USE，选择数据库company。具体SQL语句如下：

```
USE company;
```

步骤02 执行SQL语句SELECT，通过关键字IS NULL设置空值条件，以实现查询不领取奖金的雇员。具体SQL语句如下：

```
SELECT ename
FROM t_employee
WHERE bonus IS NULL;
```

在上述语句中，通过关键字IS NULL设置空值判断。执行结果如下：

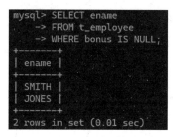

2. 不是空值的数据记录查询

下面将通过一个具体的实例来说明如何查询不是空值的数据记录。

【例15.12】执行SQL语句SELECT，在数据库company中查询雇员表（t_employee）中所有领取奖金的雇员。具体步骤如下：

步骤01 执行SQL语句USE，选择数据库company。具体SQL语句如下：

```
USE company;
```

步骤02 执行SQL语句SELECT，通过关键字IS NOT NULL设置非空值查询条件，以实现查询领取奖金的雇员。具体SQL语句如下：

```
SELECT ename
FROM t_employee
WHERE bonus IS NOT NULL;
```

步骤03 执行SQL语句SELECT，通过非逻辑运算设置非空值查询条件，以实现查询领取奖金的雇员。具体SQL语句如下：

```
SELECT ename
FROM t_employee
WHERE NOT bonus IS NULL;
```

在上述语句中，通过非逻辑运算符设置非空值判断。

15.2.4　带 IN 关键字的集合查询

MySQL提供了关键字IN，用来实现判断字段的数值是否在指定集合中的条件查询。关于该关键字的具体语法形式如下：

```
SELECT fieldl,field2,...,fieldn
FROM table_name
WHERE field IN(valuel,value2,value3,...,valuen);
```

在上述语句中，参数value*n*表示集合中的值，通过关键字IN来判断字段field的值是否在集合(valuel,value2,value3,…,value*n*)中：如果字段field的值在集合中，则满足查询条件，该记录就会被查询出来；否则不会被查询出来。

1. 在集合中的数据记录查询

下面将通过一个具体的实例来说明如何实现在集合中的数据记录查询。

【例15.13】执行SQL语句SELECT，在数据库company的雇员表（t_employee）中，查询雇员编号为7521、7782、7566和7788的雇员。具体步骤如下：

步骤01　执行SQL语句USE，选择数据库company，具体SQL语句如下：

```
USE company;
```

步骤02　执行SQL语句SELECT，通过"或逻辑运算符"连接各个等值表达式，以实现查询雇员编号为240071、240075和240081的雇员。具体SQL语如下：

```
SELECT ename
FROM t_employee
WHERE empno=240071 or empno=240075 or empno=240081;
```

步骤03　执行SQL语句SELECT，通过关键字IN设置集合查询条件，以实现查询雇员编号为240071、240075和240081的雇员。具体SQL语句如下：

```
SELECT ename
FROM t_employee
WHERE empno IN(240071,240075,240081);
```

2. 不在集合中的数据记录查询

下面将通过一个具体的实例来说明如何实现不在集合中的数据记录查询。

【例15.14】执行SQL语句SELECT，在数据库company的雇员表（t_employee）中，查询雇员编号不为240071、240075和240081的雇员。具体步骤如下：

步骤01　执行SQL语句USE，选择数据库company。具体SQL语句如下：

```
USE company;
```

步骤02　执行SQL语句SELECT，通过关键字NOT IN设置集合查询条件，以实现查询雇员编号不为240071、240075和240081的雇员。具体SQL语句如下：

```
SELECT ename
FROM t_employee
WHERE empno NOT IN(240071,240075,240081);
```

步骤03 执行SQL语句SELECT，通过"非逻辑运算"设置集合查询条件，以实现查询雇员编号不
为240071、240075和240081的雇员。具体SQL语句如下：

```
SELECT ename
FROM t_employee
WHERE NOT empno IN(240071,240075,240081);
```

3. 关于集合查询的注意点

在具体使用关键字IN时，查询的集合中即使存在NULL，也不会影响查询；如果使用关键
字NOT IN，当查询的集合中存在NULL时，不会有任何的查询结果。

【例15.15】 下面将通过一个具体的实例来说明关键字IN的注意点。具体步骤如下：

步骤01 执行SQL语句USE，选择数据库company。具体SQL语句如下：

```
USE company;
```

步骤02 执行SQL语句SELECT，与【例15.13】相比，本例的关键字IN所操作的集合中包含了NULL
值。具体SQL语句如下：

```
SELECT ename
FROM t_employee
WHERE empno IN(240071,240075,240081,NULL);
```

可以发现，对于关键字IN，即使查询的集合中存在NULL，也不会影响查询结果。

步骤03 执行SQL语句SELECT，与【例15.14】相比，本例的关键字NOT IN所操作的集合中包含
了NULL值。具体SQL语句如下：

```
SELECT ename
FROM t_employee
WHERE empno NOT IN(240071,240075,240081,NULL);
```

15.2.5　带 LIKE 关键字的模糊查询

上面所介绍的条件数据查询中，WHERE关键字后面的表达式都是针对已知的数据值进行
查询操作，但是这种查询操作并不适合任何情况。例如，查询雇员名字中包含文本"salesman"
的所有雇员，此时利用比较操作符（=）肯定是不行的，就需要通过通配符来实现模糊查询。

所谓通配符，主要用来实现匹配部分值的特殊字符。

MySQL提供了关键字LIKE，用来实现判断字段的值是否与指定的值相匹配。关于该关键
字的具体语法形式如下：

```
SELECT field1,field2,...,fieldn
FROM table_name
WHERE field LIKE value;
```

在上述语句中，参数value表示要匹配的字符串值，通过关键字LIKE来判断字段field的值

是否与value字符串相匹配：如果字段field的值与value相匹配，则满足查询条件，该记录就会被查询出来；否则不会被查询出来。在MySQL中，字符串必须加上单引号(')或者双引号(")。由于关键字LIKE可以实现模糊查询，因此该关键字后面的字符串参数除了可以是一个完整的字符串外，还可以包含通配符。LIKE关键字支持的通配符如下：

- "_"通配符，该通配符值能匹配单个字符。
- "%"通配符，该通配符值可以匹配任意长度的字符串，既可以是0个字符、1个字符，也可以是很多个字符。

1. 带有"%"通配符的查询

下面将通过一个具体的实例来说明如何实现带有"%"通配符的模糊查询。

【例15.16】执行SQL语句SELECT，在数据库company的雇员表（t_employee）中，查询名字中以字母B开头的全部雇员。具体步骤如下：

（步骤 01）执行SQL语句USE，选择数据库company。具体SQL语句如下：

```
USE company;
```

（步骤 02）执行SQL语句LIKE，查询字段ename中以字母B开头的数据记录。具体SQL语句如下：

```
SELECT ename
FROM t_employee
WHERE ename LIKE 'B%';
```

在上述语句中，设置关键字LIKE的通配符表达式为"B%"。执行结果显示，实现了查询所有名字里以字母B开头的雇员。

（步骤 03）由于在MySQL中不区分大小写，因此上述SQL语句可以修改如下：

```
SELECT ename
FROM t_employee
WHERE ename LIKE 'b%';
```

在上述语句中，设置关键字LIKE的通配符表达式为"b%"。

（步骤 04）如果想查询不是以字母B开头的全部雇员，可以执行逻辑非运算符（NOT或!）。具体SQL语句如下：

```
SELECT ename
FROM t_employee
WHERE NOT ename LIKE 'B%';
```

在上述语句中，通过非逻辑运算符设置查询条件。

2. 带有"_"通配符的查询

下面将通过一个具体的实例来说明如何实现带有"_"通配符的模糊查询。

【例15.17】执行SQL语句SELECT，在数据库company的雇员表（t_employee）中，查询雇员名中第二个字母是B的全部雇员。具体步骤如下：

步骤 **01** 执行SQL语句USE，选择数据库company。具体SQL语句如下：

```
USE company;
```

步骤 **02** 执行SQL语句LIKE，查询字段ename中第二个字母为B的数据记录。具体SQL语句如下：

```
SELECT ename
FROM t_employee
WHERE ename LIKE "_B"
```

在上述语句中，设置关键字LIKE的通配符表达式为"_B%"。

步骤 **03** 如果想查询第二个字母不是B的全部雇员，可以执行逻辑非运算符（NOT或!）。具体SQL
语句如下：

```
SELECT ename
FROM t_employee
WHERE NOT ename LIKE 'B%';
```

执行结果显示，数据库company的表t_employee中，名字中第二个字母不是B的雇员都被
显示出来。

3. 带LIKE关键字的模糊查询

在MySQL中，为了实现查找匹配字符串的数据记录，提供了LIKE关键字；同时为了查找
不匹配字符串的数据记录，提供了NOT LIKE关键字。因此，关于该关键字的具体语法形式修
改如下：

```
SELECT fieldl,field2,...,fieldn
FROM table_name
WHERE field 【NOT】 LIKE value;
```

在上述语句中加入了关键字NOT，表示查找不匹配value的数据记录。下面将通过一个具
体的实例来说明如何实现不匹配的数据记录查询。

【例15.18】执行SQL语句SELECT，在数据库company的雇员表（t_employee）中，查询
雇员名中不带有字母A的全部雇员。具体步骤如下：

步骤 **01** 执行SQL语句USE，选择数据库company，具体SQL语句如下：

```
USE company;
```

步骤 **02** 执行SQL语句LIKE，查询字段ename中没有字母为A的数据记录。具体SQL语句如下：

```
SELECT ename
FROM t employee
WHERE ename NOT LIKE '%A%';
```

执行结果显示，数据库company的表t_employee中，所有名字中不包含字母A的雇员都被
显示了出来。

步骤 **03** 该实例也可以通过逻辑非运算符（NOT或!）来实现，具体SQL语句如下：

```
SELECT ename
FROM t_employee
WHERE NOT ename LIKE '%A%';
```

LIKE关键字除了可以操作字符串类型的数据外，还可以操作其他任意类型的数据。

【例15.19】执行SQL语句SELECT，在数据库company的雇员表（t_employee）中，查询工资中带有数字5的全部雇员。具体步骤如下：

步骤 01 执行SQL语句USE，选择数据库company。具体SQL语句如下：

```
USE company;
```

步骤 02 执行SQL语句LIKE，查询工资中带有数字5的全部雇员的数据记录。具体SQL语句如下：

```
SELECT ename
FROM t_employee
WHERE sal LIKE '%5%';
```

在上述语句中，设置关键字LIKE的通配符表达式为"%5%"，该表达式中包含数字。执行结果显示，数据库company的表t_employee中，所有工资中包含数字5的雇员都被显示了出来。对于LIKE关键字，如果匹配"%%"，则表示查询所有数据记录。例如：

```
SELECT ename
FROM t_employee
WHERE sal LIKE '%%';
```

在上述语句中，设置关键字LIKE的通配符表达式为"%%"，即查询所有数据记录。

15.3　排序数据记录查询

通过条件数据查询，虽然可以查询到符合用户需求的数据记录，但是查询到的数据记录在默认情况下都是按照最初添加到表中的顺序来显示的。默认的查询结果顺序并不能满足用户的需求，于是MySQL提供了关键字ORDER BY来设置查询结果的顺序。

在MySQL中，排序数据查询结果通过SQL语句ORDER BY来实现，具体语法形式如下：

```
SELECT fieldl,field2,...,fieldn
FROM table_name
WHERE    CONDITION
ORDER BY fileldml [ASC|DESC][,fileldm2 [ASC|DESC],]
```

在上述语句中，参数fieldm表示按照该字段进行排序，参数ASC表示升序排序，参数DESC表示降序排序。默认情况下按照ASC（升序）进行排序。还可以在关键字ORDER BY后面设置多个不同的字段进行排序。

1. 按照单字段排序

在MySQL中，如果想实现按照单字段排序，则关键字ORDER BY后面只有一个字段，查询结果在显示时将按照该字段进行排序。

1）升序排序

下面将通过一个具体的实例来说明如何按照单个字段对查询结果进行升序排序。

【例15.20】执行SQL语句SELECT，在数据库company的雇员表（t_employee）中，查询所有雇员，同时按照字段sal（工资）对查询结果进行升序排序。具体步骤如下：

步骤 01 执行SQL语句USE，选择数据库company。具体SQL语句如下：

```
USE company;
```

步骤 02 执行SQL语句ORDER BY，按照字段sal的值对该表的所有数据记录进行升序排序。具体SQL语句如下：

```
SELECT *
FROM t_employee
ORDER BY sal ASC;
```

执行结果显示，在数据库company的表t_employee中，所有查询结果都按照字段sal的值从小到大进行排序。

步骤 03 由于在MySQL中关键字ORDER BY默认就是升序排序，因此上述SQL语句可以修改如下：

```
SELECT *
FROM t_employee ORDER BY sal;
```

在上述语句中，虽然没有设置排序顺序，但是默认为升序排序。

2）降序排序

下面将通过一个具体的实例来说明如何按照单个字段对查询结果进行降序排序。

【例15.21】执行SQL语句SELECT，在数据库company的雇员表（t_employee）中，查询所有雇员，同时按照字段MGR（领导编号）对查询结果进行降序排序。具体步骤如下：

执行SQL语句ORDER BY，按照字段MGR的值对该表的所有数据记录进行降序排序。具体SQL语句如下：

```
SELECT *
FROM t_employee
ORDER BY MGR DESC;
```

在上述语句中，设置关键字ORDER BY的操作字段为MGR，同时通过关键字DESC设置为降序排序。

2. 按照多字段排序

由于某字段中存在值相同的数据记录，因此该字段值的数据记录顺序没有实际意义。为了解决该问题，可以按照多字段进行排序。具体运行过程中，首先按照第一个字段进行排序，如果遇到值相同的字段则按照第二个字段进行排序，以此类推。

下面将通过一个具体的实例来说明如何按照多字段对查询结果进行排序。

【实例15.22】执行SQL语句SELECT，在数据库company的雇员表（t_employee）中，查询所有雇员，首先按照字段sal（工资）对查询结果进行升序排序，然后按照字段Hiredate（雇佣日期）进行降序排序。具体步骤如下：

步骤 01 执行SQL语句ORDER BY，首先按照字段sal的值对该表的所有数据记录进行升序排序，然后按照字段Hiredate的值进行降序排序。具体SQL语句如下：

```
SELECT *
FROM t_employee
ORDER BY sal ASC,Hiredate DESC;
```

在上述语句中，不仅设置了关键字ORDER BY的操作字段为MGR，排序顺序为ASC，还设置了操作字段为Hiredate，排序顺序为DESC。

步骤 02 由于在MySQL中关键字ORDER BY默认是升序排序，因此上述SQL语句可以修改如下：

```
SELECT *
FROM t_employee
ORDER BYsal,Hiredate DESC;
```

15.4　限制数据记录查询数量

通过条件数据查询，虽然可以查询到符合用户需求的数据记录，但是有时查询到的数据记录太多。对于这么多数据记录，如果全部显示，显然不符合实际需求。这时，可以通过MySQL提供的关键字LIMIT来限制查询结果的数量。

在MySQL中，通过SQL语句LIMIT来限制数据查询结果数量的具体语法形式如下：

```
SELECT fieldl,field2,...,fieldn
FROM table_name
WHERE CONDITION
LIMIT OFFSET_START,ROW_COUNT
```

在上述语句中，OFFSET_START参数表示数据记录的起始偏移量，ROW_COUNT参数表示显示的行数。

1. 不指定初始位置

对于MySQL提供的关键字LIMIT，如果不指定初始位置，则默认值为0，表示从第一条记录开始显示。具体语法形式如下：

```
ROW_COUNT
LIMIT row_count
```

上述SQL语句表示显示row_count条数据查询结果，如果ROW_COUNT值小于查询结果的总数量，将会从第一条数据记录开始，显示ROW_COUNT条数据记录；如果ROW_COUNT值大于查询结果的总数量，将会显示表中所有记录结果。当LIMIT后面只跟一个参数时，这个参数指定了要返回的记录的最大数目。例如，SELECT * FROM table_name LIMIT 5;将返回表中的前5条记录。

下面将通过一个具体的实例来说明当显示记录数小于查询结果时的限制操作。

【例15.23】执行SQL语句SELECT，在数据库company的雇员表（t_employee）中，查询不领奖金（字段bonus）的所有雇员，同时对于查询结果只显示两条记录。具体步骤如下：

执行SQL语句LIMIT，查询字段bonus中值为NULL的数据记录，最后只显示两条查询结果。具体SQL语句如下：

```
SELECT*
FROM t_employee
WHERE bonus IS NULL
LIMIT 2;
```

在上述语句中，设置查询数据条件为"bonus IS NULL"，最后通过关键字LIMIT设置显示数据记录数目为2。

2. 指定初始位置

LIMIT关键字经常被应用在分页系统中：对于第一页的数据记录，可以通过不指定初始位置来实现；但是对于第二页等其他页面，则必须指定初始位置（OFFSET_START），否则将无法实现分页功能。除此之外，LIMIT关键字还经常与ORDER BY关键字一起使用，即先对查询结果进行排序，然后显示其中部分数据记录。

下面将通过一个具体的实例来说明指定初始位置的限制操作。

【例15.24】执行SQL语句SELECT，在数据库company的雇员表（t_employee）中，查询不领奖金（字段bonus）的所有雇员，然后对查询结果根据入职时间（字段Hiredate）的先后顺序进行排序。同时，分两次进行显示，第一次从第1条记录开始，共显示5条记录；第二次从第6条记录开始，共显示5条记录。具体步骤如下：

步骤01 执行SQL语句LIMIT，实现第一次显示，即从第1条记录开始，共显示5条记录。具体SQL语句如下：

```
SELECT *
FROM t_employee
WHERE bonus is NULL
ORDER BY Hiredate LIMIT 0,5;
```

在上述语句中，设置查询数据条件为"bonus IS NULL"，最后通过关键字LIMIT设置显示数据记录数目为5，从第1条记录开始。

执行结果显示，在数据库company的表t_employee中，首先按照字段Hiredate的值从早到晚进行排序，然后只显示查询结果的前5条数据记录。

步骤02 在MySQL中，由于关键字LIMIT的参数OFFSET_START的值默认为0，因此上述SQL语句可以修改如下：

```
SELECT *
FROM t_employee
WHERE bonus IS NULL
ORDER BY Hiredate LIMIT 5;
```

步骤 03 执行SQL语句LIMIT，实现第二次显示，即从第6条记录开始，共显示5条记录。具体SQL
语句如下：

```
SELECT *
FROM t_employee
WHERE bonus IS NULL
ORDER BY Hiredate LIMIT 5,5;
```

在上述语句中，设置查询数据条件为"bonus IS NULL"，最后通过关键字LIMIT设置显
示数据记录数目为5，从第6条记录开始。

15.5　统计函数和分组数据记录查询

在MySQL中，很多情况下都需要进行一些统计汇总操作，比如，统计整个公司的人数或
者统计整个部门的人数，这时就会用到该软件所支持的SQL统计函数。在具体应用中，统计函
数经常与分组一起使用。

1. MySQL支持的统计函数

在MySQL中，为了实现统计功能，专门提供了5个统计函数，它们分别为：

- COUNT()函数：该统计函数实现统计表中记录的条数。
- AVG()函数：该统计函数实现计算字段值的平均值。
- SUM()函数：该统计函数实现计算字段值的总和。
- MAX()函数：该统计函数实现查询字段值的最大值。
- MIN()函数：该统计函数实现查询字段值的最小值。

利用统计函数进行查询的语法形式如下：

```
SELECT function(field)
FROM table_name
WHERE CONDITION
```

在上述语句中，利用统计函数function来统计关于字段field的值。

1）统计数据记录条数

统计函数COUNT()用于实现统计数据记录条数，可以用来确定表中记录的条数或符合特
定条件的记录的条数。该统计函数实现可以使用以下两种方式：

- COUNT(*)：该方式可以实现对表中记录进行统计，而不管表字段中包含的是NULL值还是
  非NULL值。
- COUNT(field)：该方式可以实现对指定字段的记录进行统计，在具体统计时将忽略NULL值。

下面将通过一个具体的实例来说明统计函数COUNT()的使用方法。

【例15.25】执行SQL语句SELECT，在数据库company的雇员表（t_employee）中，统计雇员人数。具体步骤如下：

步骤 **01** 利用统计函数COUNT()对雇员记录进行统计，具体SQL语句如下：

```
SELECT COUNT(*) number
FROM t_employee;
```

在上述语句中，通过统计函数COUNT()获取雇员的人数，结果如下：

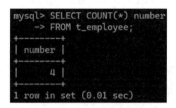

步骤 **02** 在具体使用统计函数COUNT()时，除了可以操作符号"*"外，还可以操作相应字段。例如，如果想实现统计领奖金的雇员人数，可通过如下SQL语句来实现：

```
SELECT COUNT(bonus) number
FROM t_employee;
```

在上述语句中，设置统计函数COUNT()的参数为字段bonus，统计领取奖金的雇员人数。

步骤 **03** 为了实现统计领奖金的雇员人数，需要统计特定条件的记录的条数，具体SQL语句如下：

```
SELECT COUNT(bonus)number
FROM t_employee
WHERE NOT bonus=0;
```

在上述语句中，由于奖金数（字段bonus）有的为0，也算是没有领取奖金，因此设置查询条件为"NOT bonus=0"。

2）统计计算平均值

统计函数AVG()首先用来实现统计计算特定字段值之和，然后求得该字段的平均值。该函数可以用来计算指定字段的平均值或符合特定条件的指定字段的平均值。与COUNT()统计函数相比，该统计函数只有一种使用方式：

- AVG(field)使用方式：该方式可以实现对指定字段的平均值进行计算，在具体统计时将忽略NULL值。

下面将通过一个具体的实例来说明统计函数AVG()的使用方法。

【例15.26】执行SQL语句SELECT，在数据库company的雇员表（t_employee）中，计算雇员领取的平均奖金数。具体步骤如下：

步骤 **01** 利用统计函数AVG()计算雇员领取的奖金的平均值，具体SQL语句如下：

```
SELECT AVG(bonus) average
FROM t_employee;
```

在上述语句中，通过统计函数AVG()获取雇员领取的奖金的平均值。

虽然AVG(bonus)在具体运行时，忽略了值为NULL的数据记录，但是却没有忽略值为0的数据记录，不符合实际需求。

步骤02 为了计算关于奖金的平均值，需要计算特定条件记录的奖金平均值，具体SQL语句如下：

```
SELECT AVG(bonus) average
FROM t_employee
WHERE NOT bonus=0;
```

在上述语句中，由于奖金数（字段bonus）有的为0值，也算是没有领取奖金，因此设置查询条件为"NOT bonus=0"。

3）统计计算求和

统计函数SUM()用来计算指定字段值之和或符合特定条件的指定字段值之和，与COUNT()统计函数相比，该统计函数也只有一种使用方式：

- SUM(field)使用方式：该方式可以实现计算指定字段值之和，在具体统计时将忽略NULL值。

下面将通过一个具体的实例来说明统计函数SUM()的使用方法。

【例15.27】执行SQL语句SELECT，在数据库company的雇员表（t_employee）中，计算雇员的工资（字段sal）总和。具体步骤如下：

步骤01 利用统计函数SUM()计算雇员领取的工资的总和，具体SQL语句如下：

```
SELECT SUM(sal) sumvalue
FROM t_employee;
```

在上述语句中，通过指定统计函数SUM()的参数为sal获取雇员领取的工资的总和。

步骤02 在具体运行SUM()统计函数时，会忽略NULL值，因此也可以用该函数统计雇员领取的奖金的总和，具体SQL语句如下：

```
SELECT SUM(bonus) sumvalue
FROM t_employee;
```

在上述语句中，通过指定统计函数SUM()的参数为bonus获取雇员领取的奖金的总和。

步骤03 为了计算领取的奖金的总和，需要计算特定条件记录的奖金总和，具体SQL语句如下：

```
SELECT SUM(bonus) sumvalue
FROM t_employee
WHERE NOT bonus=0;
```

在上述语句中，由于奖金数（字段bonus）有的为0值，也算是没有领取奖金，因此设置查询条件为"NOT bonus=0"。

4）统计计算最大值和最小值

MAX()和MIN()分别用来计算指定字段值中的最大值和最小值，或符合特定条件的指定字段值中的最大值和最小值。与COUNT()统计函数相比，这些统计函数也只有一种使用方式。

- MAX(field)使用方式：该方式可以实现计算指定字段值中的最大值，在具体统计时将忽略 NULL值。
- MIN(field)使用方式：该方式可以实现计算指定字段值中的最小值，在具体统计时将忽略 NULL值。

下面将通过一个具体的实例来说明统计函数MAX()和MIN()的使用方法。

【例15.28】执行SQL语句SELECT，在数据库company的雇员表（t_employee）中，计算 雇员领取的工资（字段sal）的最大值和最小值。具体步骤如下：

步骤01 利用统计函数MAX()和MIN()分别获取雇员领取的工资的最大值和最小值，具体SQL语句 如下：

```
SELECT MAX(sal) maxval,MIN(sal) minval
FROM t_employee;
```

在上述语句中，通过统计函数MAX()获取雇员领取的工资的最大值，通过统计函数MIN() 获取雇员领取的工资的最小值。

步骤02 在具体运行MAX()和MIN()统计函数时，会忽略NULL值，因此也可以用这两个函数统计 雇员领取的奖金的最大值和最小值，具体SQL语句如下：

```
SELECT MAX(bonus) maxval,MIN(bonus) minval
FROM t_employee;
```

在上述语句中，通过统计函数MAX()获取雇员领取的奖金的最大值，通过统计函数MIN() 获取雇员领取的奖金的最小值。

步骤03 当计算领取的奖金的最大值和最小值时，值为0的不参与运行，这时就需要计算特定条件 记录的最大值和最小值，具体SQL语句如下：

```
SELECT MAX(bonus) maxval,MIN(bonus) minval
FROM t_employee
WHERE NOT bonus=0;
```

在上述语句中，由于奖金数（字段bonus）有的为0值，也算是没有领取奖金，因此设置查 询条件为"NOT bonus=0"。

2. 关于统计函数的注意点

对于MySQL所支持的统计函数，如果操作的表中没有任何数据记录，则COUNT()函数返 回0，而其他函数则返回NULL。

【例15.29】执行SQL语句SELECT，在数据库company的部门表（t_dept）中，按照部门 编号（字段deptno）对所有雇员进行分组。具体步骤如下：

步骤01 执行SQL语句USE，选择数据库company。具体SQL语句如下：

```
USE company;
```

步骤 02 事先清空表t_dept中的数据，执行相应SQL语句显示表t_dept的结构和该表的数据记录，具体SQL语句如下：

```
DESC t_dept;
SELECT *
FROM t_dept;
```

执行结果显示表t_dept中没有任何数据记录。

步骤 03 利用统计函数COUNT()统计部门数，具体SQL语句如下：

```
SELECT COUNT(deptno) number
FROM t_dept;
```

由于表t_dept中没有任何数据记录，因此执行结果显示的值为0。

步骤 04 利用统计函数AVG()、SUM()、MAX()、MIN()统计部门数据记录，具体SQL语句如下：

```
SELECT AVG(deptno) average,
SUM(deptno) summer,
MAX(deptno) maxval,
MIN(deptno) minval
FROM t_dept;
```

由于表t_dept中没有任何数据记录，因此执行结果显示的值为NULL。

3. 简单分组查询

MySQL提供了5个统计函数来帮助用户统计数据，使用用户可以很方便地实现对记录进行统计条数、计算求和、计算平均数、计算最大值和计算最小值，而不需要查询所有数据。

在具体使用统计函数时，都是针对表中所有记录数或特定条件（WHERE子句）的数据记录进行统计计算。但在实际应用中，经常会把所有数据记录进行分组，然后对分组后的数据记录进行统计计算。

在MySQL中，分组通过SQL语句GROUP BY来实现，分组数据查询语法形式如下：

```
SELECT function()
FROM table_name
WHERE CONDITION
GROUP BY field;
```

在上述语句中，通过参数field对数据记录进行分组。

【例15.30】执行SQL语句SELECT，在数据库company的雇员表（t_employee）中，按照部门编号（字段deptno）对所有雇员进行分组。具体步骤如下：

步骤 01 执行SQL语句GROUP BY，对所有数据记录进行分组。具体SQL语句如下：

```
SELECT deptno,COUNT(*)
FROM t_employee
GROUP BY deptno;
```

在上述语句中，设置关键字GROUP BY的字段为deptno，即表示通过字段deptno的值进行分组。

步骤 02 执行结果显示了4条记录。由于数据库company的表t_employee中字段deptno的值分别为201、202、203和101，因此首先将所有数据记录按照这4个值分成四组。

步骤 03 在具体设置关键字GROUP BY时，如果所针对的字段没有重复值，将会发生什么情况呢？按照雇员编号（字段empno）分组的SQL语如下：

```
SELECT COUNT(*)
FROM t_employee
GROUP BY empno;
```

在具体设置关键字GROUP BY时，如果所针对的字段没有重复值，则查询结果将返回该字段的唯一值，并且与这些唯一值相关的聚合函数（如COUNT、SUM、AVG等）通常将针对每个唯一值进行计算。在上述语句中，设置关键字GROUP BY的字段为empno，但是在表t_employee中该字段的值没有任何重复值。

4. 实现统计功能分组查询

MySQL如果只实现简单的分组查询，是没有任何实际意义的。因为关键字GROUP BY单独使用时，默认查询出每个分组中的随机的一条记录，具有很大的不确定性。分组关键字建议与统计函数一起使用。

如果想显示每个分组中的字段，可以通过函数GROUP CONCAT()来实现。该函数可以实现显示每个分组中的指定字段值，具体语法形式如下：

```
SELECT GROUP CONCAT(field)
FROM table_name
WHERE CONDITION
GROUP BY field;
```

下面将通过一个具体的实例来说明函数GROUP CONCAT()和统计函数的使用方法。

【例15.31】 执行SQL语句SELECT，在数据库company的雇员表（t_employee）中，按照部门编号（字段deptno）对所有雇员进行分组，同时显示出每组中的雇员名（字段ename）和每组中成员的个数。具体步骤如下：

步骤 01 执行SQL语句GROUP_CONCAT()，显示每个分组中所指定的字段值。具体SQL语句如下：

```
SELECT deptno,GROUP_CONCAT(ename)enames
FROM t_employee
GROUP BY deptno;
```

在上述语句中，设置关键字GROUP BY的字段为deptno，同时通过函数GROUP_CONCAT()获取每组中指定参数的记录元素，结果如下：

```
mysql> SELECT deptno,GROUP_CONCAT(ename)enames
    -> FROM t_employee
    -> GROUP BY deptno;
+--------+----------------+
| deptno | enames         |
+--------+----------------+
|    101 | JONES          |
|    201 | SMITH          |
|    202 | ALLEN,ALAND    |
|    203 | WARD           |
+--------+----------------+
4 rows in set (0.01 sec)
```

步骤 02 执行统计函数COUNT()，显示每个分组中雇员的个数，具体SQL语句如下：

```
SELECT deptno,GROUP_CONCAT(ename) enames,COUNT(ename) number
FROM t_employee
GROUP BY deptno;
```

在上述语句中，设置关键字GROUP BY的字段为deptno，通过统计函数COUNT()统计每组中的记录数。结果如下：

	deptno	enames		number
☐	101	JONES	5B	1
☐	201	SMITH	5B	1
☐	202	ALL...	11B	2
☐	203	WARD	4B	1

5. 实现多个字段分组查询

在MySQL中使用关键字GROUP BY时，其子句除了可以是一个字段外，还可以是多个字段，即可以按多个字段进行分组。多字段分组数据查询语法形式如下：

```
SELECT GROUP_CONCAT(field),function(field)
FROM table_name
WHERE CONDITION
GROUP BY fieldl,field2,...,fieldn;
```

在上述语句中，首先会按照字段field1进行分组，然后针对每组按照字段field2进行分组，以此类推。

下面将通过一个具体的实例来说明多字段分组的使用方法。

【例15.32】 执行SQL语句SELECT，在数据库company的雇员表（t_employee）中，首先按照部门编号（字段deptno）对所有雇员进行分组，然后按照雇佣日期（字段Hiredate）对每组进行分组，同时显示出每组中的雇员名（字段ename）和个数。具体步骤如下：

步骤 01 执行SQL语句GROUP BY，按照字段deptno进行分组，具体SQL语句如下：

```
SELECT deptno
FROM t_employee
GROUP BY deptno;
```

在上述语句中，设置关键字GROUP BY的字段为deptno，即通过部门编号进行分组。

步骤 02 执行SQL语句GROUP BY，按照字段deptno和Hiredate进行分组，具体SQL语句如下：

```
SELECT deptno,Hiredate
```

```
FROM t_employee
GROUP BY deptno,Hiredate;
```

在上述语句中，不仅设置关键字GROUP BY的字段为deptno，同时还增加了一个字段Hiredate。

步骤 03 执行SQL语句GROUP_CONCAT()和统计函数COUNT()，显示每个分组中雇员名称和雇员个数，具体SQL语句如下：

```
SELECT deptno,Hiredate,GROUP_CONCAT(ename) enames,COUNT(ename)
FROM t_employee
GROUP BY deptno,Hiredate;
```

在上述语句中，不仅通过函数GROUP_CONCAT()获取每组中的记录元素，而且还通过统计函数COUNT()统计每组中的记录数。

6. 实现HAVING子句限定分组查询

在MySQL中如果想对分组进行条件限制，一定不能通过关键字WHERE来实现，因为该关键字主要用来实现条件限制数据记录。为了解决上述问题，MySQL专门提供了关键字HAVING来实现条件限制分组数据记录。HAVING关键字的查询语法形式如下：

```
SELECT function(field)
FROM table_name
WHERE CONDITION
GROUP BY fieldl,field2,...,fileldn
HAVING CONDITION;
```

在上述语句中，通过关键字HAVING来指定分组后的条件。下面将通过一个具体的实例来说明关键字HAVING的使用方法。

【例15.33】执行SQL语句SELECT，在数据库company的雇员表（t_employee）中，首先按照部门编号（字段deptno）对所有雇员进行分组，然后显示平均工资高于2000的雇员名字。具体步骤如下：

步骤 01 执行SQL语句GROUP BY，按照字段deptno进行分组。具体SQL语句如下：

```
SELECT deptno
FROM t_employee
GROUP BY deptno;
```

在上述语句中，设置关键字GROUP BY的字段为deptno，即通过部门编号进行分组。

步骤 02 执行统计函数AVG()，显示每组中的平均工资。具体SQL语句如下：

```
SELECT deptno,AVG(sal) average
FROM t_employee
GROUP BY deptno;
```

步骤 03 执行SQL语句HAVING、GROUP_CONCAT()和统计函数COUNT()，显示平均工资大于2000的每个分组中的雇员名称和雇员个数。具体SQL语句如下：

```
SELECT deptno,AVG(sal) average,GROUP_CONCAT(ename) enames,COUNT(ename) number
```

```
FROM t_employee
GROUP BY deptno
HAVING AVG(sa1)>2000;
```

在上述语句中，不仅通过统计函数AVG()获取每个部门的平均工资，还通过函数GROUP_CONCAT()显示每个部门的雇员名，通过函数COUNT()统计出每个部门的雇员人数；最后通过关键字HAVING进行条件限制。

15.6　连　接　操　作

MySQL也支持连接查询，在具体实现连接查询操作时，首先将两张或两张以上的表按照某个条件连接起来，然后查询所要求的数据记录。

连接操作是关系数据操作中专门用于数据库操作的关系运算。本节主要介绍5种连接操作。

15.6.1　自连接

内连接查询中存在一种特殊的等值连接——自连接。所谓自连接，就是指表与其自身进行连接。下面将通过一个具体的实例来说明如何实现自连接。

【例15.34】执行SQL语句INNER JOIN…ON，在数据库company中，查询每个雇员的姓名、职位、领导姓名。

（1）确定需要查询的表和所查询字段的来源。

根据需求需要查询两张表——雇员表（t_employee）和领导表（t_employee），前者需要查询出雇员的姓名和职位；后者需要查询出领导的姓名。

由于表t_employee综合了雇员和领导的信息，因此表t_employee既是雇员表也是领导表。

（2）确定关联匹配条件。

t_employee.mgr（雇员表的领导编号）=t_employee.empno（领导表的领导编号）。

步骤01 执行SQL语句USE，选择数据库company，具体SQL语句如下：

```
USE company;
```

步骤02 执行SQL语句SELECT，查询每一位雇员的姓名和职位，具体SQL语句如下：

```
SELECT e.ename employeename,e.job
FROM t_employee e;
```

执行结果中成功显示出关于雇员的姓名和职位。

步骤03 修改上述SQL语句，为查询中引入领导表，同时添加一条消除笛卡儿积的匹配条件，具体SQL语句如下：

```
SELECT e.ename employeename,e.job,l.ename leadername
FROM t_employee e INNER JOIN t_employee l
        ON e.mgr=l.empno;
```

在上述语句中，采用ANSI（美国国家标准学会）连接语法形式，设置笛卡儿积的匹配条件为"e.mgr=l.empno"。结果如下：

☐ employeename	job	leadername
☐ ALAND	SALESMAN	JONES

步骤 04 上述SQL语句通过"SELECT FROM WHERE"关键字也可以实现，具体SQL语句如下：

```
SELECT e.ename employeename,e.job,l.ename leadername
FROM t_employee e,t_employee l
WHERE e.mgr=l.empno;
```

☐ employeename	job	leadername
☐ ALAND	SALESMAN	JONES

在上述语句中，为WHERE关键字设置匹配条件为"e.mgr=l.empno"。结果如下：

执行结果显示，虽然SQL语句内容不同，但是执行结果一致，即在MySQL中，两种方式的SQL语句执行效果一致。

当表的名称特别长时，直接使用表名很不方便，或者在实现表自连操作时，直接使用表名没办法区分表。为了解决这些问题，MySQL提供了一种机制来为表取别名，具体语法形式如下：

```
SELECT fieldl,field2,...fieldn [AS] otherfieldn
FROM table_namel [AS]other_table_namel,...table_namen [AS]other_table_namen
```

在上述语句中，参数table_name为表原来的名字，参数othertable_name为表新的名字。之所以要为表设置新的名字，是为了让SQL语句更加直观，更加人性化，实现更加复杂的功能。

于是实例中的如下SQL语句：

```
SELECT e.ename employeename,e.job
FROM t_employee e;
```

可以修改为：

```
SELECT e.ename employeename,e.job
FROM t_employee As e;
```

15.6.2　等值连接

内连接查询中的等值连接，就是在关键字ON后的匹配条件中通过等于关系运算符（=）来实现等值条件。

下面将通过一个具体的实例来说明如何实现等值连接。

【例15.35】执行SQL语句INNER JOIN…ON，在数据库company中，查询每个雇员的编号、姓名、职位、部门名称、位置。

（1）确定需要查询的表和所查询字段的来源。

根据要求需要查询两张表——部门（t_dept）和雇员表（t_empoyee），前者需要查询出部门的名称和位置，后者需要查询出雇员的编号、姓名和职位。

（2）确定关联匹配条件：t_dept.deptno（部分表的部门编号）=t_employee.deptno（雇员表的部门编号）。

步骤01 执行SQL语句SELECT，查询每一位雇员的编号、姓名和职位。具体SQL语句如下：

```
SELECT e.empno,e.ename,e.job
FROM t_employee e;
```

执行结果中成功显示出雇员的编号、姓名和职位。

步骤02 修改上述SQL语句，在查询中引入部门表，同时添加一条消除笛卡儿积的匹配条件，具体SQL语句如下：

```
SELECT e.empno,e.ename,e.job,d.dname,d.location
FROM t_employee e INNER JOIN t_dept d
ON e.deptno=d.deptno;
```

执行结果中成功显示出雇员的编号、姓名、职位、部门名称和位置。

步骤03 上述SQL语句采用了ANSI连接语法形式。通过"SELECT FROM WHERE"关键字也可以实现相同功能，具体SQL语句如下：

```
SELECT e.empno,e.ename,e.job,d.dname,d.location
FROM t_employee e,t_dept d
WHERE e.deptno=d.deptno;
```

在上述实例中，连接的表都是2张，下面语句将实现多表（三张表）等值连接。

```
SELECT e.empno,e.ename employeename,e.sal,e.job,l.ename
leadername,d.dname,d.location
FROM t_employee e,t_employee l,t_dept d
WHERE e.mgr=l.empno AND l.deptno=d.deptno;
```

15.6.3 不等连接

内连接查询中的不等连接，就是在关键字ON后的匹配条件中通过除了等于关系运算符之外的其他关系运算符来实现不等条件。可以使用的关系运算符包含">"">="">="<""<=""和"!="等。下面将通过一个具体的实例来说明如何实现不等连接。

【例15.36】执行SQL语句INNER JOIN…ON，在数据库company中，查询雇员编号大于其领导编号的每个雇员的姓名、职位、领导姓名。

（1）确定需要查询的表和所查询字段的来源。

根据要求需要查询两张表——雇员表（t_employee）和领导表（t_employee），前者需要查询出雇员的姓名和职位；后者需要查询出领导的姓名。

（2）确定关联匹配条件：

- t_employee.mgr（雇员表的领导编号）=t_employee.empno（领导表的领导编号）。
- t_employee.empno（雇员表的雇员编号）>t_employee.empno（领导表的领导编号）。

步骤 01 执行SQL语句SELECT，查询每一位雇员的姓名和职位。具体SQL语句如下：

```
SELECT e.ename employeename,e.job
FROM t_employee e;
```

步骤 02 修改上述SQL语句，在查询中引入领导表，同时添加一条消除笛卡儿积的匹配条件，具体SQL语句如下：

```
SELECT e.ename employeename,e.job,l.ename leadername
FROM t_employee e INNER JOIN t_employee l
ON e.mgr=l.empno AND e.empno>l.empno ;
```

执行结果中成功显示出雇员的姓名、职位和领导姓名。

步骤 03 上述SQL语句采用了ANSI连接语法形式，通过"SELECT FROM WHERE"关键字也可以实现相同功能，具体SQL语句如下：

```
SELECT e.ename employeename,e.job,l.ename leadername
FROM t_employee e,t_employee l
WHERE e.mgr=l.empno AND e.empno>l.empno;
```

15.6.4　外连接

在MySQL中，外连接查询会返回所操作的表中至少一张表的所有数据记录。数据查询通过SQL语句OUTER JOIN…ON来实现，因此，外连接数据查询的语法形式如下：

```
SELECT fieldl,field2,...,fieldn
FROM join_tablename1 LEFT|RIGHT|FULL [OUTER] JOIN join_tablename2
ON ioin_condition
```

在上述语句中，参数field*n*表示所要查询的字段名字，来源于所连接的表join_tablenamel和join_tablename2；关键字OUTER JOIN表示表进行外连接；参数join_condition表示进行匹配的条件。

按照外连接关键字，外连接查询可以分为如下3类：

- 左外连接。
- 右外连接。
- 全外连接。

为了便于讲解，本节涉及的外关联查询数据记录操作，都针对的是数据库company中表示部门信息的表t_dept和表示雇员信息的表t_employee。

1. 左外连接

外连接查询中的左外连接，就是指在新关系中执行匹配条件时，以关键字LEFT JOIN左边的表为参考表。

【例15.37】执行SQL语句LEFT JOIN…ON，在数据库company中，查询每个雇员的姓名、职位、领导姓名。由于名为JONES的雇员位于公司最高位，因此没有领导信息。本实例中要显示出名为JONES的雇员信息。

（1）确定需要查询的表和所查询字段的来源。

根据要求需要查询两张表——雇员表（t_employee）和领导表（t_employee），前者需要查询出雇员的姓名和职位，后者需要查询出领导的姓名。

（2）确定关联匹配条件：t_employee.mgr（雇员表的领导编号）=t_employee.empno（领导表的领导编号）。

步骤 01 执行SQL语句SELECT，查询每一位雇员的姓名和职位。具体SQL语句如下：

```
SELECT e.ename employeename,e.job
FROM t_employee e;
```

执行结果中成功显示出雇员的姓名和职位。

步骤 02 修改上述SQL语句，在查询中引入领导表，同时添加一条消除笛卡儿积的匹配条件，具体SQL语句如下：

```
SELECT e.ename employeename,e.job,l.ename leadername
FROM t_employee e LEFT JOIN t_employee l
ON e.mgr=l.empno;
```

执行结果如下：

employeename	job	leadername
SMITH	CLERK	(NULL)
ALLEN	SALESMAN	(NULL)
WARD	MANAGER	(NULL)
JONES	PRESIDENT	(NULL)
ALAND	SALESMAN	JONES

执行结果中成功显示出雇员的姓名、职位和其领导姓名，同时还显示出姓名为JONES的雇员的相应信息。由于雇员JONES没有领导，因此该记录中领导姓名（字段leaderame）的值为NULL。

步骤 03 修改上述SQL语句为等值连接的内连接，具体SQL语句如下：

```
SELECT e.ename employeename,e.job,l.ename leadername
FROM t_employee e INNER JOIN t_employee l
ON e.mgr=l.empno;
```

执行结果如下：

执行结果显示，等值连接SQL语句显示出了雇员的领导姓名信息。

2. 右外连接

外连接查询中的右外连接，就是指在新关系中执行匹配条件时，以关键字RIGHT JOIN右边的表为参考表。

下面将通过一个具体的实例来说明如何实现右外连接。

【例15.38】执行SQL语句RIGHT JOIN…ON，在数据库company中，查询每个雇员的编号、姓名、职位、部门名称和位置。

（1）确定需要查询的表和所查询字段的来源。

根据要求需要查询两张表——部门表（t_dept）和雇员表（t_employee），前者需要查询出部门的名称和位置，后者需要查询出雇员的编号、姓名、职位。

（2）确定关联匹配条件：t_dept.deptno（部门表的部门编号）=t_employee.deptno（雇员表的部门编号）。

步骤 01 执行SQL语句SELECT，查询每一位雇员的编号、姓名、职位。具体SQL语句如下：

```
SELECT e.empno,e.ename,e.job
FROM t_employee e;
```

执行结果中成功显示出关于雇员的编号、姓名和职位。

步骤 02 修改上述SQL语句，在查询中引入部门表，同时添加一条消除笛卡儿积的匹配条件，具体SQL语句如下：

```
SELECT e.empno,e.ename,e.job,d.dname,d.loc
FROM t_dept d RIGHT JOIN t_employee e
ON e.deptno=d.deptno;
```

执行结果如下：

执行结果中成功显示出雇员的编号、姓名、职位及其部门名称和地址。

步骤 03 修改上述SQL语句为等值连接的内连接，具体SQL语句如下：

```
SELECT e.empno,e.ename,e.job,d.dname,d.loc
FROM t_employee e,t_dept d
WHERE e.deptno=d.deptno;
```

执行结果如下：

执行结果显示，等值连接比右外连接的显示范围更窄。

15.7 合并查询数据记录

在MySQL中，通过关键字UNION来实现并操作，即通过UNION将多个SELECT语句的查询结果合并在一起组成新的关系，具体语法形式如下：

```
SELECT fieldl,field2,...,fieldn
FROM tablename1
UNION|UNION ALL
SELECT fieldl,field2,...,fieldn
FROM tablename2
UNION|UNION ALL
SELECT fieldl,field2,...fieldn
FROM tablename3
...
```

上述语句中存在多条查询数据记录语句，每条查询数据记录语句之间使用关键字UNION或UNION ALL进行连接。

为了便于讲解，本节所涉及的并操作，都针对的是数据库company中表示计算机系学生的表c_student和表示音乐系学生的表m_student。计算机系学生的表（c_student）的所有数据记录如图15.3所示，音乐系学生的表（m_student）的所有数据记录如图15.4所示。

name	sex
cliergou1	男
cliergou2	女
cliergou2	女
cliergou2	女
cliergou5	男
cmliergou1	男
cmliergou2	女

图 15.3 c_student

name	sex
mliergou1	男
mliergou2	女
mliergou3	男
mliergou4	女
mliergou5	男
cmliergou1	男
cmliergou2	女

图 15.4 m_student

1. 带有关键字UNION的合并操作

关键字UNION会把查询结果直接合并在一起，同时去掉重复的数据记录。下面将通过一个具体的实例来说明如何使用关键字UNION。

【例15.39】执行SQL语句SELECT，在数据库company中，合并计算机系学生和音乐系学生的数据记录信息。具体步骤如下：

执行SQL语句UNION，合并查询数据记录，具体SQL语句如下：

```
SELECT *
FROM c_student
UNION
SELECT *
FROM m_student;
```

执行结果中成功显示出合并后的数据记录，同时去掉了重复的数据记录，使新关系里没有任何重复的数据记录。

2. 带关键字UNION ALL的合并操作

关键字UNION ALL会把查询结果直接合并在一起，不会去掉重复的数据记录。下面将通过一个具体的实例来说明如何使用关键字UNION ALL。

【例15.40】执行SQL语句SELECT，在数据库company中，合并计算机系学生和音乐系学生的数据记录信息。具体步骤如下：

执行SQL语句UNION ALL，合并查询数据记录，具体SQL语句如下：

```
SELECT*
FROM c_student
UNION ALL
SELECT *
FROM m_student;
```

执行结果中成功显示出合并后的数据记录，但是没有去掉重复的数据记录，即新关系里存在重复的数据记录。

15.8　子　查　询

在MySQL中，虽然可以通过连接查询实现多表查询，但却不建议使用。这是因为连接查询的性能很差。因此出现了连接查询的替代者——子查询。在具体开发应用中，MySQL推荐使用子查询来实现多表查询。

所谓子查询，就是指在一个查询之中嵌套了其他的若干查询，即在一个SELECT查询语句的WHERE或FROM子句中包含另一个SELECT查询语句。在查询语句中，外层SELECT查询语句称为主查询，WHERE子句中的SELECT查询语句称为子查询，也称为嵌套查询。通过子查询可以实现多表查询，该查询语句中可能包含IN、ANY、ALL和EXISTS等关键字。除此之外，还可能包含比较运算符。理论上子查询可以出现在查询语句的任意位置，但是在实际开发中，子查询经常出现在WHERE和FROM子句中。

1. 返回结果为单行单列或单行多列的子查询

当子查询的返回结果为单行单列或单行多列的数据记录时，该子查询语句一般在主查询语句的WHERE子句里，通常包含比较运算符号（"＞""＜""＝""!="等）。

1）返回结果为单行单列的子查询

下面将通过一个具体的实例来说明如何实现返回结果为单行单列子的查询。

【例15.41】执行SQL语句SELECT，在数据库company中，查询雇员表（t_employee）中工资比ALLEN还要高的全部雇员信息。具体步骤如下：

步骤01 执行SQL语句SELECT，查询名为ALLEN的雇员的工资。具体SQL语句如下：

```
SELECT sal
FROM t_employee
WHERE ename='ALLEN';
```

执行结果中成功显示出ALLEN的工资为5400元。

步骤 02 由于上述SQL语句返回单行单列，因此可以在主查询的WHERE子句中出现。编写主查询实现本实例需求，具体SQL语句如下：

```
SELECT *
FROM t_employee
WHERE sal>(
SELECT sal
FROM t_employee
WHERE ename='ALLEN');
```

执行结果中成功显示出工资比ALLEN还要高的全部雇员信息。

2）单行多列的子查询

WHERE子句中的子查询除了是返回单行单列的数据记录外，还可以是返回单行多列的数据记录，不过这种子查询很少出现。

下面将通过一个具体的实例来说明如何实现返回结果为单行多列的子查询。

【例15.42】执行SQL语句SELECT，在数据库company中，查询雇员表（t_employee）中工资和职位与SMITH一样的全部雇员信息。具体步骤如下：

步骤 01 执行SQL语句SELECT，查询名为SMITH的雇员的工资和职位。具体SQL语句如下：

```
SELECT sal,job
FROM t_employee
WHERE ename='SMITH';
```

步骤 02 由于上述SQL语句返回单行多列，因此可以在主查询的WHERE子句中出现。编写主查询实现本实例需求，具体SQL语句如下：

```
SELECT ename,sal,iob
FROM t_employee
WHERE(sal,job)=(
SELECT sal,job
FROM t_employee
WHERE ename='SMITH');
```

执行结果中成功显示出与SMITH的工资和职位一样的全部雇员信息。

2. 返回结果为多行单列的子查询

当子查询的返回结果为多行单列的数据记录时，该子查询语句一般会在主查询语句的WHERE子句里出现，通常会包含IN、ANY、ALL、EXISTS等关键字。

1）带有关键字IN的子查询

当主查询的条件在子查询的结果中时，就可以通过关键字IN来进行判断；相反，如果想实现主查询的条件不在子查询的结果中，就可以通过关键字NOT IN来进行判断。下面将通过一个具体的实例来说明如何实现带有关键字IN和NOT IN的子查询。

【例15.43】执行SQL语句SELECT，在数据库company中，查询雇员表（t_employee）中的数据记录，这些数据记录的部门编号（字段deptno）必须在部门表（t_dept）中出现。具体步骤如下：

步骤 01 执行SQL语句SELECT，查询部门表t_dept中所有部门的编号（字段deptno）。具体SQL语句如下：

```
SELECT deptno
FROM t_dept;
```

执行结果中成功显示出部门的所有编号。

步骤 02 由于上述SQL语句返回多行单列，因此可以在主查询的WHERE子句中出现。编写主查询实现本实例需求，具体SQL语句如下：

```
SELECT *
FROM t_employee
WHERE deptno IN(
SELECT deptno
FROM t_dept);
```

执行结果中成功显示出各个部门中雇员的详细信息。

步骤 03 如果想通过子查询来查询不属于部门表的雇员的详细信息，可以通过如下SQL语句来实现：

```
SELECT *
FROM t_employee
WHERE deptno NOT IN(
SELECT deptno
FROM t_dept);
```

2）带有关键字ANY的子查询

关键字ANY用来表示主查询的条件为满足子查询返回的结果中的任意一条数据记录。该关键字有3种匹配方式：

- =ANY：其功能与关键字IN一样。
- >ANY(>=ANY)：比子查询中返回的数据记录中最小的还要大（大于或等于）的数据记录。
- <ANY(<=ANY)：比子查询中返回的数据记录中最大的还要小（小于或等于）的数据记录。

下面将通过一个具体的实例来说明如何实现带有关键字ANY的子查询。

【例15.44】执行SQL语句SELECT，在数据库company中，查询雇员表（t_employee）中的雇员的姓名（字段ename）和工资（字段sal），这些雇员的工资不低于职位（字段job）为MANAGER的工资。具体步骤如下：

步骤 01 执行SQL语句SELECT，查询雇员表t_employee中职位为MANAGER的工资。具体SQL语句如下：

```
SELECT sal
FROM t_employee
```

```
WHERE job='MANAGER';
```

步骤 02 由于上述SQL语句返回多行单列，因此可以在主查询的WHERE子句中出现。编写主查询
实现本实例需求，具体SQL语句如下：

```
SELECT ename,sal
FROM t_employee
WHERE sal>ANY(SELECT sal
FROM t_employee
WHERE job='MANAGER');
```

执行结果中成功显示工资不低于职位为MANAGER的雇员的姓名和工资。

步骤 03 如果想查询工资待遇为职位MANAGER或该职位以上的雇员姓名和工资，可以通过如下
SQL语句实现：

```
SELECT ename,sal
FROM t_employee
WHERE sal>=ANY(SELECT sal
FROM t_employee
WHERE job='MANAGER');
```

3）带有关键字ALL的子查询

关键字ALL用来表示主查询的条件为满足子查询返回的结果中的所有数据记录。该关键字
有以下两种匹配方式。

- >ALL（>=ALL）：比子查询中返回的数据记录中最大的还要大（大于或等于）的数据记录。
- <ALL（<=ALL）：比子查询中返回的数据记录中最小的还要小（小于或等于）的数据记录。

下面将通过一个具体的实例来说明如何实现带有关键字ALL的子查询。

【例15.45】执行SQL语句SELECT，在数据库company中，查询雇员表（t_employee）中
雇员的姓名（字段ename）和工资（字段sal），这些雇员的工资高于职位（字段job）为MANAGER
的工资。具体步骤如下：

步骤 01 执行SQL语句SELECT，查询雇员表t_employee中职位为MANAGER的工资。具体SQL语
句如下：

```
SELECT sal
FROM t_employee
WHERE job='MANAGER';
```

执行结果中成功显示出职位为MANAGER的雇员的工资信息。

步骤 02 由于上述SQL语句返回多行单列，因此可以在主查询的WHERE子句中出现。编写主查询
实现本实例需求，具体SQL语句如下：

```
SELECT enamer,sal
FROM t_employee
WHERE sal>ALL(
SELECT sal
FROM t_employee
```

```
WHERE job='MANAGER');
```

执行结果中成功显示出工资高于职位为MANAGER的雇员的姓名和工资，所以只要工资高于该值的雇员都符合要求。

步骤 03 如果想查询雇员工资待遇为职位MANAGER中的最大值或该职位以上的雇员的姓名和工资，可以通过如下SQL语句实现：

```
SELECT ename,sal
FROM t employee
WHERE sal>=ALL(SELECT sal
FROM t_employee
WHERE job='MANAGER');
```

执行结果中成功显示工资待遇为职位MANAGER中的最大值或该职位以上的雇员姓名和工资。

4）带有关键字EXISTS的子查询

关键字EXISTS是一个布尔类型，当返回结果集时为TRUE，不能返回结果集时为FALSE。查询时EXISTS对外表采用遍历方式逐条查询，每次查询都会比较EXISTS的条件语句。如果EXISTS里的条件语句返回记录行，则条件为真，此时返回当前遍历到的记录；反之，如果EXISTS里的条件语句不能返回记录行，则丢弃当前遍历到的记录。

下面将通过一个具体的实例来说明如何实现带有关键字EXISTS和NOT EXISTS的子查询。

【例15.46】执行SQL语句SELECT，在数据库company中查询部门表（t_dept）中的部门编号（deptno）和部门名字（dname），如该部门没有员工，则显示该部门。具体步骤如下：

步骤 01 执行SQL语句SELECT，查询雇员表t_employee和部门表t_dept，条件为雇员表中的部门编号等于部门表中的部门编号。具体SQL语句如下：

```
SELECT *
FROM t_employee a,t_dept c
WHERE a.deptno=c.deptno
```

步骤 02 由于上述SQL语句返回多行单列，因此可以在主查询的WHERE子句中出现。编写主查询实现本实例需求，具体SQL语句如下：

```
SELECT *
FROM t_dept c
WHERE NOT EXISTS(
SELECT *
FROM t_employee WHERE deptno=c.deptno);
```

步骤 03 如需显示出有雇员的部门编号和名称，则可以使用以下SQL语句：

```
SELECT *
FROM t_dept c
WHERE EXISTS(
SELECT *
FROM t_employee
WHERE deptno=c.deptno);
```

该查询首先遍历部门表t_dept中的记录，如遍历到第一条记录，把部门编号（t_dept.deptno）传给子查询，当子查询有返回结果时，表示条件为真，此时打印出遍历的第一条记录，然后依次遍历其他记录，判断方法类似。

3. 返回结果为多行多列的子查询

当子查询的返回结果为多行多列的数据记录时，该子查询语句一般会在主查询语句的FROM子句里，被当作一张临时表来处理。

下面将通过一个具体的实例来说明如何实现返回结果为多行多列的子查询，同时理解子查询的优势。

【例15.47】执行SQL语句SELECT，在数据库company中，查询雇员表（t_employee）中各部门的部门编号、部门名称、部门地址、雇员人数和平均工资。具体步骤如下：

步骤 01 通过内连接来实现本实例需求，具体SQL语句如下：

```
SELECT d.deptno,d.dname,d.location,COUNT(e.empno)number,AVG(e.sal)average
FROM t_employee e INNER JOIN t_dept d
ON e.deptno=d.deptno
GROUP BY d.deptno,d.dname,d.location;
```

执行结果中成功显示出各部门的部门编号、部门名称、部门地址、雇员人数和平均工资。在具体运行过程中，关于笛卡儿积的数据记录数，可以通过如下SQL语句来实现：

```
SELECT COUNT(*)number
FROM t_employee e,t_dept d;
```

步骤 02 通过子查询来实现本实例需求。由于子查询返回的结果为多行多列，因此该子查询在主查询FROM子句里，具体SQL语句如下：

```
SELECT d.deptno,d.dname,d.location,number,average
FROM t_dept d Inner JOIN(
SELECT deptno dno,COUNT(empno)number,AVG(sal)average
FROM t_employee
GROUP BY deptno)
employee ON d.deptno=employee.dno;
```

执行结果中成功显示出各部门的部门编号、部门名称、部门地址、雇员人数和平均工资。在具体运行过程中，关于笛卡儿积的数据记录数，可以通过如下SQL语句来实现：

```
SELECT COUNT(*) number
FROM t_dept d ,(
SELECT deptno dno,COUNT(empno)number,AVG(sal)average
FROM t_employee
GROUP BY deptno)employee;
```

对比查询结果，可以看出子查询的执行效率更高。

第 16 章

MySQL的运算符与常用函数

尽管所有数据库软件都支持SQL语句，但是每种数据库软件都拥有自己特定的运算符。如果想有效使用数据库软件，除了会使用SQL语句外，还需要掌握各种运算符。MySQL提供的运算符包含算术运算符、比较运算符、逻辑运算符和位运算符4类。

每个程序员都知道函数的重要性，丰富的函数往往能使程序员的工作事半功倍。MySQL各种函数以方便用户使用，包括操作字符串的函数、操作数值的函数、操作日期的函数和获取系统信息的函数等。

16.1　使用算术运算符

算术运算符是常用运算符之一，同时也是MySQL用户必须掌握的运算符之一。在MySQL中，算术运算符包含加、减、乘、除、求模运算。是否灵活地使用算术运算符，是衡量MySQL用户水平高低的标准之一。

【例16.1】下面通过具体实例演示各种算术运算符的使用。具体步骤如下：

步骤 01　执行SQL语句SELECT，获取各种算术运算后的结果。具体SQL语句如下：

```
SELECT 8+3 加法操作,
8-3 减法操作,
8*3 乘法操作,
8/2 除法操作,
8 DIV 2 除法操作,
8%3 求模操作,
8 MOD 3 求模操作;
```

结果如下：

所有的算术运算符都可以同时运算多个操作数，但是除运算符（/和DIV）和求模运算符（%和MOD）的操作数最好是两个。

步骤02 算术运算符除了可以直接操作数值外，还可以操作表中的字段。例如，计算雇员的年薪，具体SQL语句如下：

```
SELECT ename 雇员,sal 月工资,sal*12 薪
FROM t_employee;
```

执行结果显示，成功查询出每个雇员的年薪。

步骤03 对于MySQL中的除运算符（/和DIV）和求模运算符（%和MOD），如果除数为0，将是非法运算，返回结果为NULL。具体SQL语句如下：

```
SELECT 6/0 除法操作,
6 DIV 0 除法操作,
6%0 求模操作,
6 MOD 0 求模操作;
```

执行结果如下，当除数为0时返回NULL。

16.2 使用比较运算符

MySQL所支持的比较运算符如表16.1所示。

表 16.1 比较运算符

运　算　符	描　　　述
>	大于
<	小于
=（<=>）	等于
!=（<>）	不等于
>=	大于或等于
<=	小于或等于
BETWEEN AND	在什么范围内
IS NULL	判空

（续表）

运　算　符	描　　述
IN	存在于指定集合中
LIKE	通配符匹配
REGEXP	正则表达式匹配

1. 常用的比较运算符

常用的比较运算符包含实现相等比较的运算符"="和">"，实现不相等比较的运算符"!="和"<=>"，实现大于和大于或等于比较的运算符">"和">="，实现小于和小于或等于比较的运算符"<"和"<="。

【例16.2】下面通过具体实例演示常用比较运算符的使用。具体步骤如下：

步骤01 执行带有"="和"<=>"比较运算符的SQL语句SELECT，来理解这些比较运算符的作用。具体SQL语句如下：

```
SELECT 1=1 数值比较,
'xiaoshou'='xiaoshou' 字符串比较,
1+6=3+3 表达式比较,
3<=>3 数值比较,
'liergou'<=>'liergou' 字符串比较,
1+4<=>3+3 表达式比较;
```

结果如下：

数值比较	字符串比较	表达式比较	数值比较	字符串比较	表达式比较
1	1	0	1	1	0

执行结果显示，"="和"<=>"比较运算符可以判断数值、字符串和表达式等是否相等。如果相等则返回1；否则返回0。

步骤02 "="和"<=>"比较运算符在比较字符串是否相等时，依据字符的ASCII码来进行判断。前者不能操作NULL（空值），而后者却可以。执行操作NULL的SQL语句具体内容如下：

```
SELECT NULL<=>NULL '<=>符号效果',
NULL=NULL '=符号效果';
```

结果如下：

<=>符号效果	=符号效果
1	NULL

步骤03 与"="和"<=>"比较运算符正好相反，符号"!="和"<>"用来判断数值、字符串和表达式等是否不相等。如果不相等则返回1；否则返回0。执行带有"!="和"<>"比较运算符的SQL语句SELECT，来理解该比较运算符的作用，具体SQL语句如下：

```
SELECT 1<>1 数值比较,
'dayunhui'<>'dayunhui' 字符串比较,
```

```
1+2<>3+3 表达式比较,
1!=1 数值比较,
'liergou'!='liergou' 字符串比较,
1+2!=3+3 表达式比较;
```

结果如下：

数值比较	字符串比较	表达式比较	数值比较	字符串比较	表达式比较
0	0	1	0	0	1

与 "=" 和 "<=>" 比较运算符相比，"!=" 和 "<>" 这两个比较运算符不能操作NULL（空值）。

步骤 04 执行带有 ">" ">=" "<" 和 "<=" 比较运算符的SQL语句SELECT，来理解这些比较运算符的作用，具体SQL语句如下：

```
SELECT 1>=1 数值比较,
'liergou'>='liergeu' 字符串比较,
1+2>=3+3 表达式比较,
1>1 '>符号使用',
'cjgong'<='cjgocg' as'<=符号使用',
1+2<3+3 '<符号使用';
```

结果如下：

数值比较	字符串比较	表达式比较	>符号使用	<=符号使用	<符号使用
1	1	0	0	0	1

2. 实现特殊功能的比较运算符

除了常用的比较运算符外，还可以实现具有特殊功能的比较运算符，例如正则表达式。所谓正则表达式，就是通过模式去匹配一类字符串。MySQL支持的模式字符如表16.2所示。

表 16.2　MySQL 支持的模式字符

模式字符	含　　义
^	匹配字符串的开始部分
$	匹配字符串的结束部分
.	匹配字符串中的任意一个字符
[字符集合]	匹配字符集合中的任意一个字符
[^字符集合]	匹配字符集合外的任意一个字符
str1|str2|str3	匹配str1、str2和st3中的任意一个字符串
*	匹配字符，包含0个和1个
+	匹配字符，包含1个
字符串{N}	字符串出现N次
字符串(M, N)	字符串出现至少M次，最多N次

【例16.3】下面通过具体实例来演示正则表达式的经典应用，具体步骤如下：

步骤 01 执行带有 "^" 模式字符的SQL语句SELECT，实现比较是否以特定字符或字符串开头，如果相符合则返回1，否则返回0。具体SQL语句如下：

```
SELECT 'liergouzi' REGEXP '^l' 特定字符开头,
'liergouzilier' REGEXP '^lier' 特定字符串开头;
```

执行结果如下：

步骤 02 执行带有 "$" 模式字符的SQL语句SELECT，实现比较是否以特定字符或字符串结尾，如果相符合则返回1；否则返回0。具体SQL语句如下：

```
SELECT 'liergouzi' REGEXP 'i$' 特定字符结尾,
'liergouzia' REGEXP 'zia$' 特定字符串结尾;
```

执行结果如下：

步骤 03 执行带有 "." 模式字符的SQL语句SELECT，实现比较是否包含固定数目的任意字符，如果相符合则返回1，否则返回0。具体SQL语句如下：

```
SELECT 'liergou' REGEXP '^l.....u$' 匹配5个任意字符;
```

步骤 04 执行带有 "[ ]" 和 "[^]" 模式字符的SQL语句SELECT，可以实现比较是否包含指定字符中和指定字符外的任意一个字符，如果相符合则返回1，否则返回0。具体SQL语句如下：

```
SELECT 'liergouzia' REGEXP '[abc]' 指定字符中的字符,
'liergouzizaijianea' REGEXP '[a-zA-Z]' 指定字符中的集合区间,
'liergouzi' REGEXP '[^abc]' 指定字符外的字符,
'liergouzibianma001209' REGEXP '[^a-zA-Z0-9]' 指定字符外的集合区间;
```

在 "[]" 模式字符中，如果需要匹配多个字符中的任意一个，则多个字符之间不需要用逗号（,）隔开；如果需要匹配一个集合，经常通过字符 "-" 隔开，例如，a-z表示从a~z的所有字母，A-Z表示从A~Z的所有字母，0-9表示从0~9的所有数字。集合与集合之间也不需要用逗号隔开。

步骤 05 执行带有 "*" 和 "+" 模式字符的SQL语句SELECT，可以实现比较是否包含多个指定字符，具体SQL语句如下：

```
SELECT 'liergouzi' REGEXP 'a*z',
'liergouzi' REGEXP 'a+z';
```

执行结果如下：

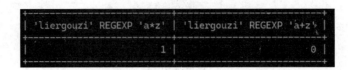

执行结果显示，通过模式字符"*"和"+"，可以匹配字符z之前是否有多个字符a，不过前者可以表示0个或任意个字符，而后者至少表示一个字符。因此显示结果分别为1和0。

步骤 06 执行带有"|"模式字符的SQL语句SELECT，可以实现比较是否包含指定字符串中任意一个字符串，如果相符合则返回1，否则返回0。具体SQL语句如下：

```
SELECT 'liergouzizaijia' REGEXP 'erg' 指定单个字符串
'liergouzizaijia' REGEXP 'erg|ergou' 指定多个字符串
```

执行结果显示，通过模式字符"|"可以匹配指定的任意一个字符串，如果只有一个字符串，则不需要模式字符"|"。

当指定多个字符串时，需要用"|"模式字符将多个字符串隔开，每个字符串与"|"之间不能有空格，因为MySQL会将空格也当作一个字符。

步骤 07 执行带有"{M}"或"{M,N}"模式字符的SQL语句SELECT，可以实现比较是否包含多个指定字符串，具体SQL语句如下：

```
SELECT 'cccjgong' REGEXP 'c{3}' 匹配3个c,
'cccjgongg' REGEXP 'g{2}' 匹配2个g,
'cgong' REGEXP 'cj{1,2}' 至少1个最多2个,
'cjcjgong' REGEXP 'cj{1,2}' 至少1个最多2个;
```

执行结果显示，c{3}表示字符串c连续出现3次，cj{1,2}表示字符串cj至少出现1次，最多连接出现2次。

通过上述内容可以发现，正则表达式的功能非常强大，使用正则表达式可以灵活地设置字符串匹配的条件。

16.3 使用逻辑运算符

逻辑运算符也是常用运算符之一，同时也是MySQL用户必须掌握的运算符之一。在MySQL中，逻辑运算符包含与、或、非和异或运算。是否灵活地使用逻辑运算符，是衡量MySQL用户水平高低的标准之一。MySQL支持的逻辑运算符如表16.3所示。

表 16.3 MySQL 支持的逻辑运算符

运 算 符	描 述	表达式形式
AND(&&)	与	X1 AND X2
OR(‖)	或	X1 OR X2
NOT(!)	非	NOT X1
XOR	异或	X1 XOR X2

【**例16.4**】下面通过具体实例演示各种逻辑运算符的使用，具体步骤如下：

步骤 01 执行带有"&&"或者"AND"逻辑运算符的SQL语句SELECT，来理解这些逻辑运算符的作用，具体SQL语句如下：

```
SELECT 3 AND 4,
0 AND 4,
0 AND NULL,
3 AND NULL,
3 && 4,
0 && 4,
0 && NULL,
3 && NULL;
```

执行结果显示，逻辑运算符AND与&&的作用一样，当所有操作数不为0且不为NULl（空值）时，返回1；当存在任何一个操作数为0时，返回0；当存在任意一个操作数为NULL且没有操作数为0时，返回NULL。

AND与&&符号可以有多个操作数同时进行与运算，例如6AND5AND7。

步骤 02 执行带有"||"或者"OR"逻辑运算符的SQL语句SELECT，来理解这些逻辑运算符的作用，具体SQL语句如下：

```
SELECT 3 OR 4,
0 OR 4,
0 OR 0,
0 OR NULL,
3 OR NULL,
3 || 4,
0 || 4,
0 || 0,
0 || NULL,
3 || NULL\G
```

执行结果显示，逻辑运算符中OR与||的作用一样，当所有操作数中存在任何一个操作数不为0时，返回1；当所有操作数中不包含非0的数字，但包含NULL（空值），返回NULL；当所有操作数都为数字0时，返回0。

OR与||符号可以有多个操作数同时进行与运算，例如4OR6OR7。

步骤 03 执行带有"!"或者"NOT"逻辑运算符的SQL语句SELECT，来理解这些逻辑运算符的作用。具体SQL语句如下：

```
SELECT NOT 3,
NOT 0,
NOT NULL,
! 3,
! 0,
! NULL;
```

执行结果显示，逻辑运算符中NOT与||的作用一样，同时它们也是逻辑运算符中唯一的单

操作数运算符。如果操作数为非0的数字，则返回0；如果操作数为0，则返回1；如果操作数为NULL（空值），则返回NULL。

步骤04 执行带有"XOR"逻辑运算符的SQL语句SELECT，来理解这些逻辑运算符的作用。具体SQL语句如下：

```
SELECT 3 XOR 40 XOR 0,
NULL XOR NULL,
0 XOR 4,
0 XOR NULL,
3 XOR NULL;
```

执行结果显示，对于逻辑运算符XOR，如果操作数中包含NULL（空值），则返回NULL；如果操作数同为数字0或者同为非0数字，则返回0；如果一个操作数为0而另一个操作数不为0，则返回1。

XOR符号可以有多个操作数同时进行与运算，例如6XOR4XOR7。

16.4 使用位运算符

位运算符也是常用运算符之一，同时也是MySQL用户必须掌握的运算符之一。在MySQL中，位运算符包含按位与、按位或、按位取反、按位异或、按位左移和按位右移。MySQL支持的位运算符如表16.4所示。

表 16.4 MySQL 支持的位运算符

运　算　符	描　　述
&	按位与
|	按位或
~	按位取反
^	按位异或
<<	按位左移
>>	按位右移

【例16.5】下面通过具体实例演示各种位运算符的使用，具体步骤如下：

步骤01 执行带有"&"位运算符的SQL语句SELECT，来理解该位运算符的作用。具体SQL语句如下：

```
SELECT 5&6,BIN(5&6) 二进制数,
4&5&6,BIN(4&5&6) 二进制数;
```

由于5的二进制数为101，6的二进制数为110，这两个二进制数在对应位上进行与运算的结果为100，转换成十进制数为4。二进制数100（十进制数4）与二进制数101（十进制数5）进行位与运算的结果为100，再与110（十进制数6）进行位与运算的结果为100，转换成十进制数为4。

通过执行结果可以发现，所谓按位与，就是MySQL在具体运行时，首先把操作数由十进制数转换成二进制数，然后按位进行与操作，即1与1为1，其他的为0，最后将位与后的结果转换成十进制数。&符号可以有多个操作数同时进行按位与运算，例如3&4&5，在具体运算时按照从左到右的顺序依次计算。

步骤 02 执行带有 "|" 位运算符的SQL语句SELECT，来理解该位运算符的作用。具体SQL语句如下：

```
SELECT 5|6,BIN(5|6) 二进制数,
4|5|6,BIN(4|5|6) 二进制数;
```

由于5的二进制数为101，6的二进制数为110，这两个二进制数在对应位上进行或运算的结果为111，转换成十进制数为7。二进制数100（十进制数4）与二进制数101（十进制数5）进行位或运算的结果为101，再与110（十进制数6）进行位或运算的结果为111，转换成十进制数为7。

通过执行结果可以发现，所谓按位或，就是MySQL在具体运行时，首先把操作数由十进制数转换成二进制数，然后按位进行或操作，即1与任何数的位或运算的结果为1，0与0的位或运算的结果为0，最后将位或后的结果转换成十进制数。"|"符号可以有多个操作数同时进行按位或运算，在具体运算时按照从左到右的顺序依次计算。

步骤 03 执行带有 "~" 位运算符的SQL语句SELECT，来理解该位运算符的作用。具体SQL语句如下：

```
SELECT ~4,BIN(~4)二进制数;
```

结果如下：

"~"是位运算符中唯一的单操作数位运算符。虽然4的二进制数为100，但是MySQL中用8字节（64位）表示字量，于是需要在100二进制数前面用0补足64位。将该二进制数在对应位上进行取反运算，结果为前61位为1而最后3位为011，转换成十进制数为18446744073709551611。

通过执行结果可以发现，所谓按位取反，就是MySQL在具体运行时，首先把操作数由十进制数转换成二进制数，然后按位进行取反操作，即1取反运算的结果为0，0取反运算的结果为1，最后将取反后的结果转换成十进制数。

步骤 04 执行带有 "^" 位运算符的SQL语句SELECT，来理解该位运算符的作用。具体SQL语句如下：

```
SELECT 4^5,BIN(4^5) 二进制数;
```

由于4的二进制数为100，5的二进制数为101，这两个二进制数在对应位上进行异或运算的结果为001，转换成十进制数为1。

步骤 05 执行带有 "<<" 和 ">>" 位运算符的SQL语句SELECT，来理解这些运算符的作用。具体SQL语句如下：

```
SELECT BIN(5)二进制数,
5<<4,BIN(5<<4)二进制数,5>>1,BIN(5>>1)二进制数;
```

结果如下：

二进制数	5<<4	二进制数	5>>1	二进制数
101	80	1010000	2	10

由于5的二进制数为101，向左移动4位后的运算结果为1010000，转换成十进制数为80；向右移动1位后的运算结果为10，转换成十进制数为2。

16.5　使用字符串函数

MySQL支持各种函数以方便用户使用，包括操作字符串的函数、操作数值的函数、操作日期的函数、获取系统信息的函数等。MySQL所支持的字符串函数如表16.5所示。

表 16.5　MySQL 所支持的字符串函数

函　　数	功　　能
CANCAT(str1,str2,…,str$n$)	连接字符串str1、str2、…、str$m$为一个完整字符串
INSERT(str,x,y,instr)	将字符串str从第x位置开始，y个字符长的子串替换为字符串instr
LOWER(str)	将字符串str中所有字符变为小写
UPPER(str)	将字符串str中所有字符变为大写
LEFT(str,x)	返回字符串str中最左边的x个字符
RIGHT(str,x)	返回字符串str中最右边的x个字符
LPAD(str,n,pad)	使用字符串pad对字符串str最左边进行填充，直到长度为n个字符
RPAD(str,n,pad)	使用字符串pad对字符串str最右边进行填充，直到长度为n个字符
LTRIM(str)	去掉字符串str左边的空格
RTRIM(str)	去掉字符串str右边的空格
REPEAT(str,x)	返回字符串str重复x次的结果
REPLACE(str,a,b)	使用字符串b替换字符串str中所有出现的字符串a
STRCMP(str1,str2)	比较字符串str1和str2
TRIM(str)	去掉字符串str行头和行尾的空格
SUBSTRING(str,x,y)	返回字符串str中从x位置起y个字符长度的字符串

1. 合并字符串的函数CONCAT()和CONCAT_WS()

在MySQL中，可以通过函数CONCAT()和CONCAT_WS()将传入的参数连接成为一个字符串。函数CONCAT()的定义如下：

```
CONCAT(S1,S2,…,SN)
```

该函数会将传入的参数连接起来并返回合并后的字符串类型数据。如果其中一个参数为NULL，则返回值为NULL。

【例16.6】下面通过具体实例演示函数CONCAT()的使用，具体步骤如下：

步骤01 执行SQL函数CONCAT()，实现合并字符串"My""S"和"QL"，具体SQL语句如下：

```
SELECT CONCAT('MY','S','QL') 合并后的字符串;
```

执行结果显示，实现了合并传入的字符串的功能，即将字符串"My""S"和"QL"合并成一个字符串"MySQL"并返回。

步骤02 执行SQL函数CONCAT()，实现合并字符串"My""S""QL"和NULL，具体SQL语句如下：

```
SELECT CONCAT('MY','S','QL',NULL) 合并后的字符串;
```

执行结果显示，当传入的参数值中有一个值为NULL时，返回的结果值为NULL。

步骤03 执行SQL函数CONCAT()，实现合并当前时间（CURDATE()）和数值12.34，具体SQL语句如下：

```
SELECT CONCAT(CURDATE(),12.34) 合并后的字符串;
```

执行结果中成功显示出日期（2024-04-05）和数值12.34合并后的字符串，即CONCAT()函数不仅可以接收字符串参数，还可以接收其他类型参数。

函数CONCAT_WS()的全称为CONCAT With Separator，是函数CONCAT()的特殊形式。函数CONCAT_WS()的定义如下：

```
CONCAT_WS(SEP,S1,S2,...,SN)
```

该函数与CONCAT()相比，多了一个表示分隔符的SEP参数，即它不仅将传入的其他参数连接起来，还会通过分隔符将各个字符串分开。分隔符可以是一个字符串，也可以是其他参数。如果分隔符为NULL，则返回结果为NULL。函数会忽略任何分隔符参数后的NULL。

【例16.7】下面通过具体实例演示函数CONCAT_WS()的使用。具体步骤如下：

步骤01 执行SQL函数CONCAT_WS()，实现带有区号的电话功能。具体SQL语句如下：

```
SELECT CONCAT_WS('-','021',85672222) 合并后的字符串;
```

执行结果显示，实现了通过分隔符（-）将传入的参数隔开的功能，即它将字符串"021"和85672222合并成一个字符串，同时通过符号-将合并后的字符串分隔开。

步骤02 执行SQL函数CONCAT_WS()，设置分隔符参数的值为NULL，具体SQL语句如下：

```
SELECT CONCAT_WS(NULL,'029',86592222)合并后的字符串;
```

执行结果显示，当传入的第一个参数值为NULL时，返回的结果值为NULL。

步骤03 执行SQL函数CONCAT_WS()，设置分隔符参数后的值中存在NULL，具体SQL语句如下：

```
SELECT CONCAT_WS('-','021',NULL,86592222) 合并后的字符串;
```

执行结果显示，当传入的参数（除第一个参数外）值中有NULL时，返回的结果将忽略NULL，因此返回结果为"021-86592222"。

2. 比较字符串大小的函数STRCMP()

在MySQL中，可以通过函数STRCMP()比较传入的字符串对象。函数STRCMP()的定义如下：

```
STRCMP(str1,str2)
```

该函数用来比较字符串参数str1和str2，如果参数str1大于str2，则返回1；如果参数str1小于str2，则返回-1；如果参数str1等于str2，则返回0。

下面通过具体实例演示STRCMP()函数的使用：

【例16.8】执行SQL函数STRCMP()，比较一些字符串，具体SQL语句如下：

```
SELECT STRCMP('abc','abd'),
STRCMP('abc' ,'abc '),
STRCMP('abc','abb');
```

3. 获取字符串长度的函数LENGTH()和获取字符数的函数CHAR_LENGTH()

在MySQL中，可以通过LENGTH()和CHAR_LENGTH()函数获取字符串的长度和字符数。函数LENGTH()的定义如下：

```
LENGTH(str)
```

该函数会获取传入的参数str的长度。

函数CHAR_LENGTH()的定义如下：

```
CHAR_LENGTH(str)
```

该函数会获取传入的参数str的字符数。

【例16.9】下面通过具体实例演示LENGTH()和CHAR_LENGTH()函数的使用，具体步骤如下：

步骤 01 执行SQL函数LENGTH()，计算英文字符串"MySQL"和中文字符串"民族英雄郑成功"的字节长度，具体SQL语句如下：

```
SELECT 'MySQL' 英文字符串,
LENGTH('MySQL') 字符串字节长度,
'民族英雄郑成功' 中文字符串,
LENGTH('民族英雄郑成功')字符串字节长度;
```

结果如下：

英文字符串	字符串字节长度	中文字符串	字符串字节长度
MySQL	5	民族英雄郑成功	21

步骤 02 执行SQL语句的CHAR_LENGTH()函数，计算英文字符串"MySQL"和中文字符串"民族英雄郑成功"的字符长度，具体SQL语句如下：

```
SELECT 'MYSQL' 英文字符串,
CHAR_LENGTH('MYSQL') 字符串字符长度,
'民族英雄郑成功' 中文字符串,
CHAR_LENGTH('民族英雄郑成功') 字符串字符长度;
```

结果如下:

英文字符串	字符串字符长度	中文字符串	字符串字符长度
MYSQL	5	民族英雄郑成功	7

字符串 "MySQL" 共有5个字符, 但是占有6字节空间。这是因为每个字符串都会以 "\0" 结束, 结束符 "\0" 也会占用1字节空间。根据执行结果可以发现, LENGTH()与CHAR_LENGTH() 函数作用一样, 会获取字符串的字符数, 而不是所占空间的大小。

4. 实现字母大小写转换的函数UPPER()和LOWER()

在MySQL中, 可以通过UPPER()和UCASE()函数实现将字符串的所有字母转换成大写字母。函数UPPER()的定义如下:

```
UPPER(S)
```

该函数会将传入的字符串对象S中的所有字母转换成大写字母。

除了UPPER()函数外, 还可以通过UCASE()函数来实现将字符串的所有字母转换成大写字母, 其具体定义如下:

```
UCASE(S)
```

下面通过具体实例演示UPPER()的和UCASE()函数的使用。

【例16.10】执行SQL函数UPPER()和UCASE(), 将字符串 "mysql" 中的所有小写字母转换成大写字母, 具体SQL语句如下:

```
SELECT 'mysql' 字符串,
UPPER('mysql') 转换后的字符串,
UCASE('mysql') 转换后的字符串;
```

与UPPER()函数的作用相反, LOWER()和LCASE()函数实现将字符串中所有的字母转换成小写字母。UPPER()函数的定义如下:

```
LOWER(S)
```

该函数会将传入的字符串对象S中的所有字母转换成小写字母。
LCASE()函数的定义如下:

```
LCASE(S)
```

下面通过具体实例演示LOWER()和LCASE()函数的使用。

【例16.11】执行SQL函数LOWER()和LCASE(), 将字符串 "MYSQL" 中的所有大写字母转换成小写字母, 具体SQL语句如下:

```
SELECT 'MYSQL' 字符串,
LOWER('mysql') 转换后的字符串,
LCASE('mysql') 转换后的字符串;
```

5. 查找字符串

在MySQL中提供了丰富的函数去查找字符串的位置，包括FIND_IN_SET()、FIELD()、LOCATE()、POSITION()和INSTR()函数，同时还提供了查找指定位置的字符串的函数ELT()。

1）返回字符串位置的FIND_IN_SET()函数

在MySQL中，可以通过FIND_IN_SET()函数获取相匹配字符串的位置。FIND_IN_SET()函数的定义如下：

```
FIND_IN_SET(strl,str2)
```

该函数将会返回在字符串str2中与str1相匹配的字符串的位置，str2字符串中将包含若干个用逗号隔开的字符串。

下面通过具体实例演示FIND_IN_SET()函数的使用。

【例16.12】执行FIND_IN_SET()函数，查找与字符串"MySQL"相匹配的位置，具体SQL语句如下：

```
SELECT FIND_IN_SET('MySQL','oracle,sql server,MySQL')位置;
```

执行结果中成功显示出关于字符串相匹配的位置。

2）返回指定字符串位置的FIELD()函数

在MySQL中，可以通过FIELD()函数获取相匹配字符串的位置。FIELD()函数的定义如下：

```
FIELD(str,strl,str2,...)
```

该函数将会返回第一个与字符串str匹配的字符串的位置。

下面通过具体实例演示FIELD()函数的使用。

【例16.13】执行FIELD()函数，查找第一个与字符串"MySQL"相匹配的位置，具体SQL语句如下：

```
SELECT FIELD('MySQL','oracle','sql server','MySQL') 位置;
```

结果如下：

3）返回与子字符串相匹配的开始位置的函数

在MySQL中，可以通过3个函数获取与子字符串相匹配的开始位置，它们分别为LOCATE()、POSITION()和INSTR()函数。LOCATE()函数的定义如下：

```
LOCATE(strl,str)
```

该函数将会返回参数str中字符串str1的开始位置。其他两个函数的定义如下：

```
POSITION(str1 IN str)
```

和

```
INSTR(str,str1)
```

下面通过具体实例演示LOCATE()、POSITION()和INSTR()函数的使用。

【例16.14】执行相应函数，查找相匹配的开始位置，具体SQL语句如下：

```
SELECT LOCATE('SQL','MYSQL')位置,
POSITION('SQL' IN 'MYSQL')位置,
INSTR('MYSQL','SQL')位置;
```

结果如下：

4）返回指定位置的字符串的ELT()函数

在MySQL中，可以通过ELT()函数获取指定位置的字符串。ELT()函数的定义如下：

```
ELT(n,str1,str2...)
```

该函数将会返回第n个字符串。

下面通过具体实例演示ELT()函数的使用。

【例16.15】执行ELT()函数，查找指定位置的字符串，具体SQL语句如下：

```
SELECT ELT(1,'MySQL','oracle','sqlserver') 第1个位置的字符串;
```

结果如下：

5）选择字符串的MAKE_SET()函数

在MySQL中，可以通过MAKE_SET()函数获取字符串。MAKE_SET()函数的定义如下：

```
MAKE_SET(num, str1, str2,...,strn)
```

该函数首先会将数值num转换成二进制数，然后按照二进制数从参数str1,str2,…,strn中选取相应的字符串。在通过二进制数来选择字符串时，按从右到左的顺序读取该值，如果值为1，则选择该字符串，否则不选择该字符串。

下面通过具体实例演示MAKE_SET()函数的使用。

【例16.16】执行MAKE_SET()函数，获取相应字符串，具体SQL语句如下：

```
SELECT BIN(5) 二进制数,
MAKE_SET(5,'MySQL','Oracle','SQL Server','PostgreSQL') 选取后的字符串,
```

```
BIN(7) 二进制数,
MAKE_SET(7,'MySQL','Oracle','SQL Server','PostgreSQL')选取后的字符串;
```

结果如下：

二进制数	选取后的字符串	二进制数	选取后的字符串
101	MySQL,SQL Server	111	MySQL,Oracle,SQL Server

6. 从现有字符串中截取子字符串

MySQL提供了丰富的函数去实现截取子字符串功能，包括LEFT()、RIGHT()、SUBSTRING()和MID()函数。

1）从左边或右边截取子字符串

在MySQL中，可以通过LEFT()函数获取字符串中从左边数的部分字符串，可以通过RIGHT()函数获取字符串中从右边数的部分字符串。LEFT()函数的定义如下：

```
LEFT(str,num)
```

该函数会返回字符串str中的包含前num个字母（从左边数）的字符串。

RIGHT()函数的定义如下：

```
RIGHT(str,num)
```

函数会返回字符串str中的包含后num个字母（从右边数）的字符串。

下面通过具体实例演示LEFT()和RIGHT()函数的使用。

【例16.17】执行LEFT()和RIGHT()函数，获取字符串"mysql"中的前2个字母和后3个字母的字符串，具体SQL语句如下：

```
SELECT 'MYSQL' 字符串,
LEFT('MYSQL',2) 前2个字符串,
RIGHT('MYSQL',3) 后3个字符串;
```

结果如下：

字符串	前2个字符串	后3个字符串
MYSQL	MY	SQL

2）截取指定位置和长度的子字符串

在MySQL中，可以通过SUBSTRING()和MID()函数截取指定位置和长度的子字符串。SUBSTRING()函数的定义如下：

```
SUBSTRING(str,num,len)
```

该函数会返回字符串str中的第num个位置、开始长度为len的子字符串。

MID()函数的定义如下：

```
MID(str,num,len)
```

下面通过具体实例演示SUBSTRING()和MID()函数的使用。

【例16.18】执行SUBSTRING()和MID()函数，获取字符串"oraclemysql"中的子字符串"mysql"，具体SQL语句如下：

```
SELECT 'oraclemysql' 字符串,
SUBSTRING('oraclemysql',7,5) 截取子字符串,
MID('oraclemysql',7,5) 截取子字符串;
```

结果如下：

字符串	截取子字符串	截取子字符串
oraclemysql	mysql	mysql

7．去除字符串的首尾空格

MySQL提供了丰富的函数去实现去除字符串空格的功能，包括LTRIM()、RTRIM()和TRIM()函数。

1）去除字符串开始处的空格

在MySQL中，可以通过LTRIM()函数去掉字符串开始处的空格。LTRIM()函数的定义　如下：

```
LTRIM(str)
```

该函数会返回去掉开始处（左边）空格的字符串str。
下面通过具体实例演示LTRIM()函数的使用。

【例16.19】执行LTRIM()函数，去除字符串" MySQL "左边的空格。在具体处理时，操作的字符串为" MySQL "，该字符串的左右两边各有一个空格。因为空格显示不太明显，所以在该字符串左右两边与字符"-"连接起来。具体SQL语句如下：

```
SELECT CONCAT('-',' MYSQL ','-') 原来的字符串,
CHAR_LENGTH(CONCAT('-',' MYSQL ','-')) 原来的字符串长度,
CONCAT('-',LTRIM(' MYSQL '),'-') 处理后的字符串,
CHAR_LENGTH(CONCAT('-',LTRIM(' MYSQL '),'-')) 处理后的字符串长度;
```

结果如下：

原来的字符串	原来的字符串长度	处理后的字符串	处理后的字符串长度
- MYSQL -	9	-MYSQL -	8

执行结果显示，能够正确去掉字符串" MySQL "左边的空格。

2）去除字符串结束处的空格

在MySQL中，可以通过RTRIM()函数去掉字符串结束处的空格。函数RTRIM()的定义　如下：

```
RTRIM(str)
```

该函数会返回去掉结束处（右边）空格的字符串str。

下面通过具体实例演示RTRIM()函数的使用。

【例16.20】执行RTRIM()函数，去除字符串" MySQL "右边的空格，具体SQL语句如下：

```
SELECT CONCAT('-',' MYSQL ','-')原来的字符串,
CHAR_LENGTH(CONCAT('-',' MYSQL ','-')) 原来的字符串长度,
CONCAT('-',RTRIM(' MYSQL '),'-') 处理后的字符串,
CHAR_LENGTH(CONCAT('-',RTRIM(' MYSQL '),'-')) 处理后的字符串长度;
```

结果如下：

原来的字符串	原来的字符串长度	处理后的字符串	处理后的字符串长度
- MYSQL -	9	- MYSQL-	8

执行结果显示，能够正确去掉字符串" MySQL "右边的空格。

3）去除字符串首尾空格

在MySQL中，可以通过TRIM()函数去掉字符串首尾空格。TRIM()函数的定义如下：

```
TRIM(str)
```

该函数会返回去掉首尾空格的字符串str。下面通过具体实例演示TRIM()函数的使用。

【例16.21】执行TRIM()函数，去除字符串" MySQL "的首尾空格，具体SQL语句如下：

```
SELECT CONCAT('-',' MYSQL ','-') 原来的字符串,
CHAR_LENGTH(CONCAT('-',' MYSQL ','-')) 原来的字符串长度,
CONCAT('-',TRIM(' MYSQL '),'-') 处理后的字符串,
CHAR_LENGTH(CONCAT('-',TRIM(' MYSQL '),'-')) 处理后的字符串长度;
```

结果如下：

原来的字符串	原来的字符串长度	处理后的字符串	处理后的字符串长度
- MYSQL -	9	-MYSQL-	7

执行结果显示，能够正确去掉字符串" MySQL "的首尾空格。

8. 替换字符串

MySQL中提供了丰富的函数去实现替换字符串功能，包括INSERT()和REPLACE()函数。

1）使用INSERT()函数

INSERT()函数的定义如下：

```
INSERT(str,pos,len,newstr))
```

该函数会将字符串str中的pos位置开始、长度为len的字符串用字符串newstr来替换。如果参数pos的值超过字符串长度，则返回值为原始字符串str；如果len的长度大于原来字符串（str）

中剩余字符串的长度，则从位置pos开始进行全部替换。若任何一个参数为NULL，则返回值为NULL。

【例16.22】下面通过具体实例演示INSERT()函数的使用，具体步骤如下：

步骤 01 执行INSERT()函数，实现字符串替换功能，具体SQL语句如下：

```
SELECT '这是MySQL数据库管理系统' 字符串,
INSERT('这是MySQL数据库管理系统',3,5,'Oracle') 转换后的字符串;
```

结果如下：

字符串	转换后的字符串
这是MySQL数据库管理系统	这是Oracle数据库管理系统

执行结果显示，实现了将字符串"这是MySQL数据库管理系统"中的字符串"MySQL"用"Oracle"替换。

步骤 02 执行INSERT()函数，设置替换的起始位置大于字符串长度，具体SQL语句如下：

```
SELECT '这是MySQL数据库管理系统' 字符串,
CHAR_LENGTH('这是MySQL数据库管理系统') 字符串字符数,
INSERT('这是MySQL数据库管理系统',16,15,'Oracle') 转换后的字符串;
```

因为传入的替换的起始位置大于字符串长度，所以返回原字符串"这是MySQL数据库管理系统"。

步骤 03 执行INSERT()函数，设置要替换的长度大于原来字符串中剩余字符串的长度，具体SQL语句如下：

```
SELECT '这是MySQL数据库管理系统' 字符串,
CHAR_LENGTH('MySQL数据库管理系统') 剩余字符数,
INSERT('这是MySQL数据库管理系统',3,15,'Oracle') 转换后的字符串;
```

因为要替换的长度大于原来字符串中剩余字符串的长度，所以从起始位置开始进行全部替换，返回原字符串"这是Oracle"。

2）使用REPLACE()函数

在MySQL中，除了INSERT()函数外，还可以通过REPLACE()函数来实现替换字符串功能。INSERT()函数的定义如下：

```
REPLACE(str,substr,newstr)
```

该函数会将字符串str中的子字符串substr用字符串newstr来替换。

下面通过具体实例演示REPLACE()函数的使用。

【例16.23】执行REPLACE()函数，实现字符串替换功能，具体SQL语句如下：

```
SELECT '这是MySQL数据库管理系统' 原字符串,
REPLACE('这是MySQL数据库管理系统','MySQL','Oracle') 替换后的字符串;
```

执行结果显示，实现了将字符串"这是MySQL数据库管理系统"中的字符串"MySQL"用"Oracle"替换。

16.6　使用数值函数

数值函数是常用函数之一，也是MySQL用户必须掌握的函数之一。在MySQL中，除了字符串类型外，数值处理也占了很大一部分，因此是否灵活地使用数值函数，是衡量MySQL用户水平高低的标准之一。MySQL支持的常用数值函数如表16.6所示。

表 16.6　MySQL 支持的常用数值函数

函　　数	功　　能
ABS(x)	返回数值x的绝对值
CEIL(x)	返回大于x的最大整数值
FLOOR(x,y)	返回小于x的最大整数值
MOD(x,y)	返回x模y的值
RAND()	返回0~1的随机数
ROUND(x,y)	返回数值x四舍五入后有y位小数的数值
TRUNCAT(x,y)	返回数值x截断为y位小数的数值

1. 获取随机数

在具体应用中，有时需要获取随机数。在MySQL中，可以通过RAND()和RAND(x)函数来获取随机数。这两个函数都会返回0~1的随机数，其中RAND()函数每次返回的数是完全随机的，而RAND(x)函数每次返回的随机数值是相同的。

下面通过具体实例演示函数RAND()和RAND(x)的使用。

【例16.24】执行相应函数，获取随机数，具体SQL语句如下：

```
SELECT RAND(),RAND(),RAND(4),RAND(4);
```

结果如下：

RAND()	RAND()	RAND(4)	RAND(4)
0.8760259336568657	0.5758070364369146	0.15595286540310166	0.15595286540310166

2. 获取整数的函数

在具体应用中，有时需要获取整数。在MySQL中，可以通过CEIL()（CEILING()）和FLOOR()函数实现获取整数操作。CEIL()函数的定义如下：

```
CEIL(x)
```

该函数返回大于或等于数值x的最小整数。

FLOOR()函数的定义如下:

```
FLOOR(x)
```

该函数返回小于或等于数值x的最大整数。

【例16.25】执行CEIL()和CEILING()函数, 获取整数的数值, 具体SQL语句如下:

```
SELECT CEIL(5.2),CEIL(-3.5),CEILING(6.3),CEILING(-1.5);
```

结果如下:

【例16.26】执行FLOOR()函数, 获取整数的数值, 具体SQL语句如下:

```
SELECT FLOOR(5.3),FLOOR(-1.5);
```

结果如下:

3. 截取数值函数

在具体应用中, 有时需要对数值的小数位数进行截取。在MySQL中, 可以通过TRUNCATE()函数实现截取操作。TRUNCATE()函数的定义如下:

```
TRUNCATE(x,y)
```

该函数返回数值x保留到小数点后y位的值。

【例16.27】执行TRUNCATE()函数, 获取截取操作后的数值, 具体SQL语句如下:

```
SELECT TRUNCATE(123.5678,2),
TRUNCATE(1234.45678,-1);
```

结果如下:

TRUNCATE(123.5678,2)	TRUNCATE(1234.45678,-1)
123.56	1230

4. 四舍五入函数

在具体应用中, 有时需要对数值进行四舍五入操作。在MySQL中, 可以通过ROUND()函数实现四舍五入操作。ROUND()函数的定义如下:

```
ROUND(x)
```

该函数返回数值x经过四舍五入操作后的数值。

```
ROUND (x,y)
```

该函数返回数值x保留到小数点后y位的值，在具体截取数值时需要进行四舍五入操作。下面通过具体实例演示ROUND()函数的使用。

【例16.28】执行ROUND()函数，获取四舍五入操作后的数值，具体SQL语句如下：

```
SELECT ROUND(123.5678),
ROUND(-123.5678),
ROUND(123.5678,2),
ROUND(123.5678,-1);
```

结果如下：

ROUND(123.5678)	ROUND(-123.5678)	ROUND(123.5678,2)	ROUND(123.5678,-1)
124	-124	123.57	120

16.7　使用日期和时间函数

除了字符串函数和数值函数外，日期和时间函数也是常用函数之一，同时也是MySQL用户必须掌握的函数之一。在MySQL中，日期和时间处理也占了很大一部分。

MySQL支持的常用日期和时间函数如表16.7所示。

表 16.7　MySQL 支持的常用日期和时间函数

函　　数	功　　能
CURDATE()	获取当前日期
CURTIME()	获取当前时间
NOW()	获取当前的日期和时间
UNIX_TIMESTAMP(date)	获取日期date的UNIX时间戳
FROM_UNIXTIME()	获取UNIX时间戳的日期值
WEEK(date)	返回日期date为一年中的第几周
YEAR(date)	返回日期date的年份
HOUR(time)	返回时间time的小时值
MINUTE(time)	返回时间time的分钟值
MONTHNAME(date)	返回时间time的月份值

1. 获取当前日期和时间的函数

在具体应用中，经常需要获取当前日期和时间。在MySQL中，不仅提供了获取当前日期和时间的函数，还提供了获取当前日期的函数和获取当前时间的函数。

1）获取当前日期和时间

在 MySQL 中，可以通过4个函数获取当前日期和时间，它们分别为NOW()、CURRENT_TIMESTAMP()、LOCALTIME()和SYSDATE()。这4个函数不仅可以获取当前日期和时间，而且显示的格式也一样。不过在具体应用中，推荐使用NOW()函数。

下面通过具体实例演示NOW()、CURRENT_TIMESTAMP()、LOCALTIME()和SYSDATE()函数的使用。

【例16.29】执行相应函数，获取当前日期和时间，具体SQL语句如下：

```
SELECT NOW() now方式,
CURRENT_TIMESTAMP() timestamp方式,
LOCALTIME() localtime方式,
SYSDATE() systemdate方式;
```

结果如下：

now方式	timestamp方式	localtime方式	systemdate方式
2024-04-06 19:32:27	2024-04-06 19:32:27	2024-04-06 19:32:27	2024-04-06 19:32:27

2）获取当前日期

在 MySQL 中，可以通过两个函数获取当前日期，它们分别为 CURDATE() 和 CURRENT_DATE()。这两个函数不仅可以获取当前日期，而且显示的格式也一样。不过在具体应用中，推荐使用CURDATE()函数。

下面通过具体实例演示CURDATE()和CURRENT_DATE()函数的使用。

【例16.30】执行相应函数，获取当前日期，具体SQL语句如下：

```
SELECT CURDATE() curdate方式,
CURRENT_DATE() current_date方式;
```

3）获取当前时间

在 MySQL 中，可以通过两个函数获取当前时间，它们分别为 CURTIME() 和 CURRENT_TIME()。这两个函数不仅可以获取当前时间，而且显示的格式也一样。不过在具体应用中，推荐使用CURTIME()函数。

下面通过具体实例演示CURTIME()和CURRENT_TIME()函数的使用。

【例16.31】执行相应函数，获取当前时间，具体SQL语句如下：

```
SELECT CURTIME() curtime方式,
CURRENT_TIME() current_time方式;
```

2. 通过各种方式显示日期和时间

在具体应用中，可以通过各种方式来显示日期和时间，最常用的方式为UNIX和UTC。本节将详细介绍显示日期和时间的这两种方式。

1）通过UNIX方式显示日期和时间

所谓UNIX，是Unix epoch、Unix time、POSIX time或Unix timestamp的缩写，中文为时间戳。根据ISO-8601规范，该方式将显示从1970年1月1日开始所经过的秒数。即一分钟表示为UNIX时间戳格式为60秒，一小时表示为UNIX时间戳格式为3600秒；一天表示为UNIX时间为86400秒。

MySQL提供UNIX_TIMESTAMP()函数返回时间戳格式的时间，FROM_UNIXTIME()函数将时间戳格式时间转换成普通格式的时间。

【例16.32】执行相应函数，以UNIX格式显示时间，具体SQL语句如下：

```
SELECT NOW()当前时间,
UNIX_TIMESTAMP(NOW()) UNIX格式,
FROM_UNIXTIME(UNIX_TIMESTAMP(NOW())) 普通格式;
```

结果如下：

当前时间	UNIX格式	普通格式
2024-04-06 19:45:24	1712403924	2024-04-06 19:45:24

当UNIX_TIMESTAMP()函数没有传入参数时，则会显示当前日期和时间的时间戳形式；当UNIX_TIMESTAMP()函数传入某个时间参数时，会显示所传入时间的时间戳形式。

【例16.33】执行相应函数，以UNIX格式显示当前时间，具体SQL语句如下：

```
SELECT NOW() 当前时间,
UNIX_TIMESTAMP() UNIX格式,
UNIX_TIMESTAMP(NOW()) UNIX格式;
```

结果如下：

当前时间	UNIX格式	UNIX格式
2024-04-06 19:48:13	1712404093	1712404093

执行结果显示，UNIX_TIMESTAMP()和UNIX_TIMESTAMP(NOW())函数返回了相同时间戳的值。

2）通过UTC方式显示日期和时间

所谓UTC，是Universal Coordinated Time的缩写，中文为国际协调时间。MySQL提供了两个函数UTC_DATE()和UTC_TIME()来实现日期和时间的UTC格式显示。

【例16.34】执行相应函数，以UTC格式显示当前时间，具体SQL语句如下：

```
SELECT NOW() 当前日期和时间,
UTC_DATE() UTC日期,
UTC_TIME() UTC时间;
```

结果如下：

当前日期和时间	UTC日期	UTC时间
2024-04-06 19:53:57	2024-04-06	11:53:57

3. 获取日期和时间各部分值

在MySQL中，可以通过各种函数来获取当前日期和时间的各部分值，其中YEAR()函数返回日期中的年份，QUARTER()函数返回日期属于第几个季度，MONTH()函数返回日期属于第几个月，WEEK()函数返回日期属于第几个星期，DAYOFMONTH()函数返回日期属于当前月

的第几天，HOUR()函数返回时间的小时值，MINUTE()函数返回时间的分钟值，SECOND()
函数返回时间的秒值。

【例16.35】执行相应函数，演示获取日期和时间各部分值的功能，具体SQL语句如下：

```
SELECT NOW() 当前日期和时间,
YEAR(NOW()) 年,
QUARTER(NOW()) 季度,
MONTH(NOW()) 月,
WEEK(NOW()) 星期,
DAYOFMONTH(NOW()) 天,
HOUR(NOW()) 小时,
MINUTE(NOW()) 分,
SECOND(NOW()) 秒;
```

结果如下：

当前日期和时间	年	季度	月	星期	天	小时	分	秒
2024-04-06 19:57:38	2024	2	4	13	6	19	57	38

如果要获取日期和时间的各部分值，就需要记住上述各种函数，比较麻烦。于是MySQL又
提供了一个EXTRACT()函数来统一获取日期和时间的各部分值。EXTRACT()函数的定义如下：

```
EXTRACT(type FROM date)
```

该函数会从日期和时间参数date中获取指定类型参数type的值。type参数的取值可以是
YEAR、MONTH、DAY、HOUR、MINUTE和SECOND。

【例16.36】执行EXIRACT()函数，获取日期和时间各部分的值，具体SQL语句如下：

```
SELECT NOW()当前日期和时间,
EXTRACT(YEAR FROM NOW()) 年,
EXTRACT(MONTH FROM NOW()) 月,
EXTRACT(DAY FROM NOW()) 天,
EXTRACT(HOUR FROM NOW()) 小时,
EXTRACT(MINUTE FROM NOW()) 分,
EXTRACT(SECOND FROM NOW()) 秒;
```

结果如下：

当前日期和时间	年	月	天	小时	分	秒
2024-04-06 20:03:14	2024	4	6	20	3	14

4. 计算日期和时间的函数

MySQL中提供了两种类型的计算日期和时间的函数，第一种为与默认日期和时间（0000
年1月1日）的函数；第二种为与指定日期和时间相互操作的函数。

1）与默认日期和时间相互操作

MySQL中提供了两个函数来实现与默认日期和时间的操作，分别为TO_DAYS()和FROM_DAYS()。

- TO_DAYS(date)函数：该函数计算日期参数date与默认日期和时间（0000年1月1日）之间相隔的天数。
- FROM_DAYS(number)函数：该函数计算从默认日期和时间（0000年1月1日）开始经历number天后的日期和时间。

【例16.37】执行相应函数，获取当前日期和时间与默认日期和时间的间隔，具体SQL语句如下：

```
SELECT NOW()当前日期和时间,
TO_DAYS(NOW())相隔天数,
FROM_DAYS(TO_DAYS(NOW()))一段时间后日期和时间;
```

结果如下：

执行结果显示，TO_DAYS()和FROM_DAYS()函数实现与默认日期和时间的操作。在具体应用中，有时需要获取两个指定日期之间相隔的天数，这时就需要MySQL提供的DATEDIFF()函数，该函数的定义如下：

```
DATEDIFF(date1,date2)
```

该函数会返回日期参数date1与date2之间相隔的天数。

【例16.38】执行相应函数，获取两个日期之间的相隔天数，具体SQL语句如下：

```
SELECT NOW() 当前日期和时间,
DATEDIFF(NOW(),'2000-12-01') 相隔天数;
```

结果如下：

2）与指定日期和时间相互操作

在MySQL中提供了两个函数来实现与指定日期的操作，分别为ADDDATE()和SUBDATE()函数。

- ADDDATE(date,n)函数：该函数计算日期参数date加上n天后的日期。
- SUBDATE(date,n)函数：该函数计算日期参数date减去n天后的日期。

【例16.39】执行相应函数，获取5天前和5天后的日期，具体SQL语句如下：

```
SELECT CURDATE() 当前日期,
ADDDATE(CURDATE(),5) '5天后日期',
SUBDATE(CURDATE(),5) '5天前日期';
```

结果如下：

当前日期	5天后日期	5天前日期
2024-04-06	2024-04-11	2024-04-01

ADDDATE()和SUBDATE()函数除了可以接收上述参数外，还可以接收其他参数，具体定义如下：

```
ADDDATE(d,INTERVAL expr type)
```

该函数返回日期参数d加上一段时间后的日期，表达式参数expr决定了时间的长度，参数type决定了所操作的对象。

```
SUBDATE(d,INTERVAL expr type)
```

该函数返回日期参数d减去一段时间后的日期，表达式参数expr决定了时间的长度，参数type决定了所操作的对象。参数type的取值包括YEAR、MONTH、DAY、HOUR、MINUTE、SECOND、YEAR_MONTH、DAY_HOUR、DAY_MINUTE、DAY_SECOND、HOUR_MINUTE、HOUR_SECOND、MINUTE_SECOND。

【例16.40】执行相应函数，获取2年3个月前和2年3个月后的日期，具体SQL语句如下：

```
SELECT CURDATE() 当前日期,
SUBDATE(CURDATE(),INTERVAL '2,3' YEAR_MONTH) '2年3个月前的日期',
ADDDATE(CURDATE(),INTERVAL '2,3' YEAR_MONTH) '2年3个月后的日期';
```

结果如下：

当前日期	2年3个月前的日期	2年3个月后的日期
2024-04-06	2022-01-06	2026-07-06

16.8　使用系统信息函数

除了上述各种函数外，系统信息函数也是MySQL用户必须掌握的函数之一。在MySQL中，通过系统信息函数可以获取关于数据库和数据库对象的各种信息。MySQL支持的常用系统信息函数如表16.8所示。

表 16.8　MySQL 支持的常用系统信息函数

函　　数	作　　用
VERSION()	返回数据库的版本号
DATABASE()	返回当前数据库名
USER()	返回当前用户
LAST_INSERT_ID()	返回最近生成的AUTOINCREMENT值

1. 获取MySQL系统信息

在具体应用中，经常需要获取的系统信息有MySQL版本号、数据库名和连接数据库的用户名。

【例16.41】执行MySQL相应函数，获取常用的系统信息，具体SQL语句如下：

```
SELECT
VERSION() 版本号,
DATABASE() 数据库名,
USER() 用户名;
```

结果如下：

版本号	数据库名	用户名
8.3.0	company	root@localhost

2. 获取AUTO_INCREMENT约束的最后ID值

在MySQL中设计表时，经常会设置一个名为ID的字段，同时还会设置该字段为主键和自动增长（AUTO_INCREMENT）约束。在具体应用中，由于主键ID的值由MySQL来控制，而不是由用户输入，因此有时需要查看最后生成的具有AUTO_INCREMENT约束字段的ID值。为了实现上述功能，MySQL专门提供了LAST_INSERT_ID()函数。

【例16.42】执行LAST_INSERT_ID()函数，获取具有AUTO_INCREMENT约束的最后的ID值，具体步骤如下：

步骤 01 执行SQL语句CREATE TABLE，创建表t_autoincrement。具体SQL语句如下：

```
CREATE TABLE t_autoincrement(
ID INT(11) NOT NULL AUTO_INCREMENT UNIQUE
);
```

步骤 02 为了便于测试，通过SQL语句INSERT INTO向表t_autoincrement中插入1条测试数据。具体SQL语句如下：

```
INSERT INTO t_autoincrement VALUES(NULL);
```

步骤 03 执行LAST INSERT ID()函数，获取自动增长的最后生成的ID值。具体SQL语句如下：

```
SELECT LAST_INSERT_ID();
```

结果如下：

LAST_INSERT_ID()
1

第 **17** 章

MySQL的存储过程与函数操作

本章所要介绍的数据库对象——存储过程和函数，用来实现将一组关于表操作的SQL语句代码当作一个整体来执行。它们也是与表关联最紧密的数据库对象。在数据库系统中，当调用存储过程和函数时，会执行这些对象中设置的SQL语句组，从而实现相应的功能。

存储过程和函数的操作包含创建存储过程和函数、修改存储过程和函数以及删除存储过程和函数。这些操作同样也是数据库管理中最基本、最重要的操作。

17.1　创建存储过程和函数

在具体应用中，一个完整的操作会包含多条SQL语句，在执行过程中需要根据前面SQL语句的执行结果有选择地执行后面的SQL语句。为了解决该问题，MySQL提供了数据库对象——存储过程和函数。

要执行存储过程和函数，需要手动调用存储过程和函数的名字并指定相应的参数，而不是由事件触发激活。

存储过程和函数有什么区别呢?这两者的区别主要在于函数必须有返回值，而存储过程则没有。存储过程的参数类型远远多于函数的参数类型。

1. 创建存储过程的语法形式

在MySQL中，创建存储过程通过SQL语句CREATE PROCEDURE来实现，其语法形式如下:

```
CREATE PROCEDURE procedure_name([procedure_parameter[,...]])
[characteristic...1 routine_body
```

说明如下:

（1）procedure_name参数表示所要创建的存储过程的名字。

（2）procedure_parameter参数表示存储过程的参数。procedure_parameter中每个参数的语法形式如下：

```
[IN|OUT|INOUT] parameter_name type
```

每个参数由3部分组成，分别为输入/输出类型、参数名和参数类型。其中输入/输出类型有3种：IN，表示输入类型；OUT，表示输出类型；INOUT，表示输入/输出类型。parameter_name表示参数名。type表示参数类型，可以是MySQL支持的任意一种数据类型。

（3）characteristic参数表示存储过程的特性，它的取值有以下5种：

- LANGUAGE SQL：表示存储过程的routine_body部分由SQL语句组成，为MySQL默认的语句。
- [NOT]DETERMINISTIC：表示存储过程的执行结果是否确定。如果值为DETERMINISTIC，表示执行结果是确定的，即执行存储过程时，如果输入相同的参数将得到相同的输出；如果值为NOT DETERMINISTIC，表示执行结果不确定，即相同的输入可能得到不同的输出。默认值为DETERMINISTIC。
- {CONTAINS SQL|NO SQL|READS SQL DATA|MODIFIES SQL DATA}：表示使用SQL语句的限制。如果值为CONTAINS SQL，表示可以包含SQL语句，但不包含读或写数据的语句；如果值为NO SQL，表示不包含SQL语句；如果值为READS SQL DATA，表示包含读数据的语句；如果值为MODIFIES SQL DATA表示包含写数据的语句。默认值为CONTAINS SQL。
- SQL SECURITY {DEFINER|INVOKER}：设置谁有权限来执行。如果值为DEFINER，表示只有定义者自己才能够执行；如果值为INVOKER，表示调用者可以执行。默认值为DEFINER。
- COMMENT 'string'：表示注释语句。

（4）routine_body参数表示存储过程的SQL语句代码，可以用BEGIN...END来标志SQL语的开始和结束。

在具体创建存储过程时，不能与已经存在的存储过程重名，推荐将存储过程名命名（标识符）为procedure_xxx或者proce_xxx。

2. 创建函数语法形式

在MySQL中，创建函数通过SQL语句CREATE FUNCTION来实现，其语法形式如下：

```
CREATE FUNCTION function_name([function_parameter[,...]])
[characteristic...] routine_body
```

说明如下：

（1）function_name参数表示要创建的函数的名字。

（2）function_parameter参数表示函数的参数。function_parameter中每个参数的语法形式如下：

```
Parameter_name type
```

每个参数由两部分组成：parameter_name表示参数名；type表示参数类型，可以是MySQL支持的任意一种数据类型。

（3）characteristic参数表示函数的特性，该参数的取值与存储过程中的取值相同。

（4）routine_body参数表示函数的SQL语句代码，可以用BEGIN...END来标示SQL语句的开始和结束。

在具体创建函数时，不能与已经存在的函数重名，推荐将函数名命名（标识符）为function_xxx或者func_xxx。

3. 创建简单的存储过程和函数

前面详细介绍了关于存储过程和函数的语法形式，下面将通过具体的实例来讲述如下应用存储过程和函数。

【例17.1】执行SQL语句CREATE PROCEDURE，在数据库company中，创建查询雇员表（t_employee）中所有雇员工资的存储过程。具体步骤如下：

步骤01　执行SQL语句USE，选择数据库company。具体SQL语句如下：

```
USE company;
```

步骤02　执行SQL语句CREATE PROCEDURE，创建名为proc_eemployee_sal的存储过程。具体SQL语句如下：

```
DELIMITER $$
CREATE PROCEDURE proce_employee_sal()
COMMENT '查询所有雇员的工资'
BEGIN
SELECT sal
FROM t_employee;
END $$
DELIMITER ;
```

在上述代码中，创建了一个名为proce_employee_sal的存储过程，主要用来实现通过SELECT语句从t_employee表中查询sal字段值，从而实现查询雇员工资的功能。结果如下：

执行结果没有显示任何错误，表示该存储过程对象proce_employee_sal已经创建成功。在创建存储过程时，经常通过命令"DELIMITER$$"将SQL语句的结束符由";"修改成"$$"。这主要是因为SQL语句的默认结束符为";"，而存储过程中的SQL语句也需要用分号来结束，将结束符号修改成"$$"后，就可以在执行过程中避免冲突。不过最后一定不要忘记通过命令"DELIMITER ;"将结束符号修改成SQL语句中默认的结束符号。

【例17.2】执行SQL语句CREATE FUNCTION，在数据库company中，创建查询雇员表（t_employee）中某个雇员工资的函数。具体步骤如下：

选择数据库company，执行CREATE FUNCTION，创建名为func_employee_sal的函数，具体SQL语句如下：

```
USE company;
DELIMITER $$
CREATE FUNCTION func_employee_sal (empno INT(10))
RETURNS DOUBLE(10,2)
COMMENT '查询某个雇员的工资'
DETERMINISTIC
BEGIN
RETURN (SELECT sal
FROM t_employee
WHERE t_employee.empno=empno);
END $$
DELIMITER ;
```

在上述代码中，创建了一个名为func_employee_sal的函数，该函数拥有一个类型为INT(10)、名为empno的参数，返回值为DOUBLE(10,2)类型。SELECT语句从t_employee表中查询empno字段值等于传入参数empno值的记录，同时将该条记录的sal字段值返回。

17.2　存储过程和函数的表达式

在MySQL中，除了支持标准的存储过程和函数外，还对它们进行了扩充，引入了表达式。与其他高级语言的表达式一样，存储过程和函数的表达式由变量、运算符和流程控制来构成。运算符在第16章已经过了，本节主要介绍变量和流程控制。

1. 操作变量

变量是表达式中最基本的元素，可以用来临时存储数据。对于MySQL来说，可以通过变量存储从表中查询到的数据等。下面将介绍如何声明变量和给变量赋值。

1）声明变量

在MySQL中，定义变量通过关键字DECLARE来实现（在过程或函数中声明），其语法形式如下：

```
DECLARE var_name[,...] type [DEFAULT value]
```

在上述语句中，参数var_name表示所要声明的变量的名字；参数TYPE表示所要声明的变量的类型；DEFAULT value用来设置变量的默认值，如果无该语句，则默认值为NULL。在具体声明变量时，可以同时定义多个变量。

这个声明要添加到存储过程或函数中。

2）赋值变量

在MySQL中，为变量赋值通过关键字SET来实现，其语法形式如下：

```
SET var_name=expr[,...]
```

在上述语句中，参数var_name表示所要赋值的变量的名字；参数expr是关于变量的赋值表达式。在为变量赋值时，可以同时为多个变量赋值，各个变量的赋值语句之间用逗号隔开。除了上述语法外，为变量赋值，还可以通过"SELECT…INTO"语句来实现，其语法形式如下：

```
SELECT field_name[,...] INTO var_name [,...]
FROM table_name
WHERE condition
```

上述语句表示将查询到的结果赋值给变量，参数field_name表示查询的字段名，参数var_name表示变量名。当将查询结果赋值给变量时，该查询语句的返回结果只能是单行。

【例17.3】下面将通过具体的实例来演示如何声明变量和为变量赋值。具体步骤如下：

步骤01 执行带有关键字DECLARE的语句，声明一个名为employee_sal的变量。具体SQL语句如下：

```
DECLARE employee_sal INT DEFAULT 1000;
```

上述语句声明了一个表示雇员工资的变量employee_sal，并设置该变量的默认值为1000。

步骤02 执行带有关键字SET的语句，为变量employee_sal赋值。具体SQL语句如下：

```
DECLARE employee_sal INT DEFAULT 1000;
SET employee_sal=3500;
```

上述语句首先声明了一个表示雇员工资的变量employee_sal，其默认值为1000，然后设置该变量的值为3500。

步骤03 将查询结果赋值给变量，即将表t_employee中empno为"240069"的记录中字段sal的值赋值给变量employee_sal。具体SQL语句如下：

```
SELECT sal INTO employee_sal
FROM t_employee
WHERE empno=240069;
```

在上述语句中通过SELECT…INTO语句将表t_employee里相应数据记录中字段sal的值赋值给变量employee_sal。

2. 操作条件

在高级编程语言中，为了提高语言的安全性，提供了异常处理机制。对于MySQL，也提供了一种机制来提高安全性，即"条件"。条件用来定义在处理过程中遇到问题时的相应处理步骤。

1）定义条件

在MySQL中，定义条件通过关键字DECLARE来实现，其语法形式如下：

```
DECLARE condition_name CONDITION FOR condition_value
condition_value:
SQLSTATE[VALUE] sqlstate_value
|mysql_error_code
```

在上述语句中，参数condition_name表示要定义的条件名称；参数condition_value用来设置条件的类型；参数sqlstate_value和mysql_error_code用来设置条件的错误。

2）定义处理程序

在MySQL中，定义处理程序程序通过关键字DECLARE来实现，其语法形式如下：

```
DECLARE handler_type HANDLER FOR conition_valuel[,...] sp_statement
Handler_type:
CONTINUE
|EXIT
|UNDO
condition_value:
SQLSTATE [VALUE] sqlstate_value
|condition_name
|SQLWARNING
|NOT FOUND
|SQLEXCEPTION
|mysql_error_code
```

在上述语句中，参数condition_name表示要定义的条件名称；参数condition_value指示激活处理程序的特定条件或条件类别；参数mysql_error_code表示错误代码的整数字面量，例如5217表示"unknown column"。

3. 使用游标

通过前面的知识，我们可以了解到MySQL的查询语句能够返回多条记录。那么，在表达式中应如何逐一处理这些记录呢？MySQL通过游标提供了解决方案。游标可以引用由SELECT语句返回的行集合，即满足WHERE子句条件的所有行，这个完整的行集合被称为结果集。应用程序需要一种机制来逐行或连续几行地处理结果集，而游标通过每次指向一条记录来实现与应用程序的交互。可以将游标视为一种特殊的数据类型，它允许遍历结果集，类似于指针或数组中的索引。

游标不仅可以用于定位结果集的特定行，还可以用于搜索结果集中的一行或多行数据，甚至可以对结果集中的当前行执行数据修改操作。

下面将介绍如何声明、打开、使用和关闭游标。

1）声明游标

在MySQL中，声明游标通过关键字DECLARE来实现，其语法形式如下：

```
DECLARE cursor_name CURSOR FOR select_statement;
```

在上述语句中，参数cursor_name表示游标的名称，参数select_statement表示SELECT语句。因为游标需要遍历结果集中的每一行，增加了服务器的负担，导致游标不高效。如果游标操作的数据超过1万行，那么应该采用其他方式。另外，如果使用了游标，还应尽量避免在游标循环中进行表连接的操作。

2）打开游标

在MySQL中，打开游标通过关键字OPEN来实现，其语法形式如下：

```
OPEN cursor_name
```

在上述语句中，参数cursor_name表示要打开的游标名称。注意，打开一个游标时，游标并不指向第一条记录，而是指向第一条记录的前边。

3）使用游标

在MySQL中，使用游标通过关键字FETCH来实现，其语法形式如下：

```
FETCH cursor_name INTO var_name [,var_name]...
```

在上述语句中，将游标cursor_name中SELECT语句的执行结果保存到变量参数var_name中。变量参数var_name必须在游标使用之前定义。使用游标类似于高级语言中的数组遍历，当第一次使用游标时，游标指向结果集中的第一条记录。

4）关闭游标

在MySQL中，关闭游标通过关键字CLOSE来实现，其语法形式如下：

```
CLOSE cursor_name
```

在上述语句中，参数cursor_name表示要关闭的游标名称。

下面将通过具体实例来演示游标的使用方法。

【例17.4】本例统计工资大于900元的雇员人数，此功能可以直接通过WHERE条件和COUNT()函数直接完成。具体步骤如下：

步骤 01 执行带有关键字DECLARE的语句，声明一个名为cursor_employee的游标。具体SQL语句如下：

```
DECLARE cursor_employee
CURSOR FOR SELECT sal FROM t_employee;
```

上述语句声明了一个名为cursor_employee的游标，SELECT语句实现查询所有雇员的工资。

步骤 02 执行带有关键字OPEN的语句，打开游标cursor_employee。具体SQL语句如下：

```
OPEN cursor_employee;
```

步骤 03 执行带有关键字FETCH的语句，通过游标cursor_employee将查询结果赋值给变量，即将表temployee中所有记录中字段sal的值赋值给变量employee_sal。具体SQL语句如下：

```
FETCH cursor_emplayee INTO employee_sal;
```

步骤 04 执行带有关键字CLOSE的语句，关闭游标cursor_employee。具体SQL语句如下：

```
CLOSE cursor_employee;
```

在具体使用游标时，游标必须在处理程序之前且在变量和条件之后声明，并且最后一定要关闭游标。本实例的完整代码如下：

```
DROP PROCEDURE IF EXISTS employee_count;
DELIMITER $
#创建存储过程
CREATE PROCEDURE employee_count
(OUT NUM INTEGER)
```

```
BEGIN
#声明变量
DECLARE employee_sal INTEGER;
DECLARE flag INTEGER;
#声明游标
DECLARE cursor_employee
CURSOR FOR SELECT sal FROM t_employee;
DECLARE CONTINUE HANDLER FOR NOT FOUND SET flag=1;
#设置结束标志
SET flag=0;
SET NUM=0;
#打开游标
OPEN cursor_employee;
#遍历游标指向的结果集
FETCH cursor_employee INTO employee_sal;
WHILE flag<>1 DO
IF employee_sal >900 THEN
SET num=num+1;
END IF;
FETCH cursor_employee INTO employee_sal;
END WHILE;
#关闭游标
CLOSE cursor_employee;
END
$
DELIMITER ;
```

上述实例创建了一个存储过程，并使用游标遍历结果集中的每一行，如果发现工资大于900元，则变量NUM加1，最后统计出符合条件的记录条数。如需调用此存储过程，可以使用以下方法：

```
#调用存储过程
mysql>CALL employee_count(@count);
mysql>select @count;
```

结果如下：

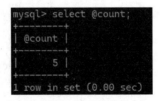

除了使用WHILE…END WHILE遍历结果集以外，游标的遍历还有以下两种方式：

- LOOP…END LOOP。
- REPEAT…END REPEAT。

使用LOOP循环遍历重写【例17.4】，代码如下：

```
DROP PROCEDURE IF EXISTS employee_count;
DELIMITER $
```

```
#创建存储过程
CREATE PROCEDURE employee_count
(OUT NUM INTEGER)
BEGIN
#声明变量
DECLARE employee_sal INTEGER;
DECLARE flag INTEGER;
#声明游标
DECLARE cursor_employee
CURSOR FOR SELECT sal FROM t_employee;
DECLARE CONTINUE HANDLER FOR NOT FOUND SET flag=1;
#设置结束标志
SET flag=0;
SET NUM=0;
#打开游标
OPEN cursor_employee;
#遍历游标
FETCH cursor_employee INTO employee_sal;
loop label:LOOP
IF employee_sal >900 THEN
SET num=num+1;
END IF;
FETCH cursor_employee INTO employee_sal;
if(flag=1)then
LEAVE loop_label;
end if;
END LOOP;
#关闭游标
CLOSE cursor_employee;
END
$
DELIMITER ;
```

使用REPEAT循环遍历重写【例17.4】，代码如下：

```
DROP PROCEDURE IF EXISTS employee_count;
DELIMITER $
#创建存储过程
CREATE PROCEDURE employee_count
(OUT NUM INTEGER)
BEGIN
#声明变量
DECLARE employee_sal INTEGER;
DECLARE flag INTEGER;
#声明游标
DECLARE cursor_employee
CURSOR FOR SELECT sal FROM t_employee;
DECLARE CONTINUE HANDLER FOR NOT FOUND SET flag=1;
#设置结束标志
SET flag=0;
SET NUM=0;
#打开游标
```

```
OPEN cursor_employee;
#遍历游标
FETCH cursor_employee INTO employee_sal;
REPEAT
IF employee_sal>900 THEN
SET num=num+1;
END IF;
FETCH cursor_employee INTO employee_sal;
UNTIL flag=1
END REPEAT;
#关闭游标
CLOSE cursor_employee;
END
$
DELIMITER ;
```

由于使用游标需要把结果集中的记录一条一条地取出来进行处理，增加了服务器的负担，导致处理效率低下，因此能不使用游标就尽量不要使用。

4. 使用流程控制

流程控制语句主要用来控制语句的执行顺序，例如顺序、条件和循环。下面将介绍如何实现条件控制语句和循环控制语句。

1）条件控制语句

在MySQL中，可以通过关键字IF和CASE来实现条件控制语句：IF语句在具体进行条件控制时，根据是否满足条件，执行不同的语句；而CASE语句则可以实现更复杂的条件控制。

IF语句的语法形式如下：

```
IF search_condition THEN statement_list
[ELSE IF search_condition THEN statement_list]...
[ELSE search_condition]
END IF
```

在上述语句中，参数search_condition表示条件的判断；参数statement_list表示不同条件的执行语句。

CASE语句的语法形式如下：

```
CASE case_value
WHEN when_value THEN statement_list
[WHEN when_value THEN statement_list]...
[ELSE statement_list]
END CASE
```

在上述语句中，参数case_value表示条件判断的变量，参数when_value表示条件判断变量的值，参数statement_list表示不同条件的执行语句。

2）循环控制语句

在MySQL中，可以通过关键字LOOP、WHILE和REPEAT来实现循环控制语句。其中后两个关键字用来实现带有条件的循环控制语句，即对于关键字WHILE，只有在满足条件的基础上才执行循环体，而关键字REPEAT则是在满足条件时退出循环体。

LOOP语句的语法形式如下：

```
[begin_label:] LOOP
Statement_list
END LOOP [end_label]
```

在上述语句中，参数begin_label和end_label分别表示循环开始和结束的标志，这两个标志必须相同，并且可以省略；关键字LOOP表示循环体的开始，END LOOP表示循环体的结束；参数statement_list表示所执行的循环体语句。

对于循环语句，如果想退出正在执行的循环体，可以通过关键字LEAVE来实现，其语法形式如下：

```
LEAVE label
```

在上述语句中，参数label表示循环的标志。

实现循环控制的WHILE语句的语法形式如下：

```
[begin_label:]WHILE search_condition DO
statement_list
END WHILE [end_label]
```

在上述语句中，参数search_condition表示循环的执行条件，当满足该条件时才执行循环体statement_list。

实现循环控制的REPEAT语句的语法形式如下：

```
[begin_label:] REPEAT search_condition DO
statement_list
END REPEAT [end_label]
```

在上述语句中，参数search_condition表示循环的执行条件，当满足该条件时则跳出循环体statement_list。

17.3　查看与修改存储过程和函数

存储过程和函数的操作包括创建存储过程和函数、查看存储过程和函数、更新存储过程和函数，以及删除存储过程和函数。本节将详细介绍如何查看与修改存储过程和函数。

1. 通过SHOW PROCEDURE STATUS语句查看存储过程状态信息

对于初级用户，当创建存储过程时，如果数据库中已经存在该存储过程，则会发生"ERROR 1304"错误。为了避免上述错误，在创建存储过程之前，需要查看MySQL中是否已经存在具有该标识符的存储过程。如果需要在MySQL中查看已经存在的存储过程，可以通过SQL语句SHOW PROCEDURE来实现，其语法形式如下：

```
SHOW PROCEDURE STATUS [LIKE 'pattern'] \G
```

在上述代码中，关键字SHOW PROCEDURE STATUS表示查看存储过程，参数LIKE 'pattern'用来设置所要查询的存储过程名称。

【例17.5】执行SQL语句SHOW PROCEDURE STATUS，在数据库company里查询存储过程对象proce_employee_sal。具体步骤如下：

步骤01 执行SQL语句USE，选择数据库company。具体SQL语句如下：

```
USE company;
```

步骤02 执行SQL语句SHOW PROCEDURE STATUS，查询存储过程对象proce_employee_sal。具体SQL语句如下：

```
SHOW PROCEDURE STATUS LIKE 'proce_employee_sal' \G
```

结果如下：

2. 通过SHOW FUNCTION STATUS语句查看函数状态信息

对于初级用户，当创建函数时，如果数据库中已经存在该函数，则会发生"ERROR 1304<42000>:…"错误。

为了避免上述错误，在创建函数之前，需要查看MySQL中是否已经存在具有该标识符的函数。那么如何查看MySQL中已经存在的函数呢？这可以通过SQL语句SHOW FUNCTION来实现，其语法形式如下：

```
SHOW FUNCTION STATUS [LIKE 'pattern'] \G
```

在上述代码中，关键字SHOW FUNCTION STATUS表示查看函数，参数LIKE 'pattern'用来设置所要查询的函数名称。

【例17.6】执行SQL语句SHOW FUNCTION STATUS，在数据库company中查询函数对象func_employee_sal。具体步骤如下：

步骤01 执行SQL语句USE，选择数据库company。具体SQL语句如下：

```
USE company;
```

步骤02 执行SQL语句SHOW FUNCTION STATUS，查询函数对象func_employee_sal。具体SQL语句如下：

```
SHOW FUNCTION STATUS LIKE 'func_employee_sal' \G
```

结果如下：

```
mysql> SHOW FUNCTION STATUS LIKE 'func_employee_sal' \G
*************************** 1. row ***************************
                  Db: company
                Name: func_employee_sal
                Type: FUNCTION
            Language: SQL
             Definer: root@localhost
            Modified: 2024-04-14 10:49:09
             Created: 2024-04-14 10:49:09
       Security_type: DEFINER
             Comment: 查询某个雇员的工资
character_set_client: utf8mb4
collation_connection: utf8mb4_0900_ai_ci
  Database Collation: utf8mb4_0900_ai_ci
1 row in set (0.01 sec)
```

3. 通过查看系统表information_schema.routines实现查看存储过程和函数的信息

在MySQL的系统数据库information_schema中，存在一个存储所有存储过程和函数信息的系统表routines。因此，通过查询该表的记录也可以实现查看存储过程和函数的功能。

【例17.7】执行SQL语句SELECT，查询数据库company中的存储过程和函数对象。具体步骤如下：

步骤01 执行SQL语句USE，选择数据库information_schema。具体SQL语句如下：

```
USE information_schema;
```

步骤02 执行SQL语句SELECT，查看系统表routines中的所有记录。具体SQL语句如下：

```
SELECT * FROM routines \G
```

执行结果显示了MySQL中所有的存储过程和函数的详细信息。

步骤03 除了显示所有存储过程和函数对象外，还可以查询指定存储过程和函数的详细信息。通过系统表routines查询关于存储过程对象proce_employee_sal的信息，具体SQL语句如下：

```
SELECT *
FROM ROUTINES
WHERE SPECIFIC_NAME='proce_employee_sal' \G
```

执行结果显示了指定存储过程对象proce_employee_sal的详细信息。与前面的方式相比，这种方式使用起来更加方便、灵活。

4. 通过SHOW CREATE PROCEDURE语句查看存储过程定义信息

除了使用上述两种方式来查看存储过程对象外，当在创建存储过程之前，还可以通过关键字SHOW CREATE PROCEDURE来查看存储过程定义信息，其语法形式如下：

```
SHOW CREATE PROCEDURE proce_name
```

在上述语句中，关键字SHOW CREATE PROCEDURE表示查看存储过程定义信息，参数proce_name用来设置所要查询的存储过程名称。

【例17.8】执行SQL语句SHOW CREATE PROCEDURE，在数据库company中查询存储过程对象proce_employee_sal。具体步骤如下：

步骤01 执行SQL语句USE，选择数据库company。具体SQL语句如下：

```
USE company;
```

步骤 02 执行SQL语句SHOWCREATE PROCEDURE，查询存储过程对象proce_employee_sal。具体SQL语句如下：

```
SHOW CREATE PROCEDURE proce_employee_sal \G
```

结果如下：

```
mysql> SHOW CREATE PROCEDURE proce_employee_sal \G
*************************** 1. row ***************************
          Procedure: proce_employee_sal
           sql_mode: ONLY_FULL_GROUP_BY,STRICT_TRANS_TABLES,NO_ZERO_IN_DATE,NO_ZERO_DATE,ERROR_FOR_DIVISION_BY_ZERO,NO_ENGINE_
SUBSTITUTION
   Create Procedure: CREATE DEFINER='root'@'localhost' PROCEDURE `proce_employee_sal`()
    COMMENT '查询所有雇员的工资'
BEGIN
SELECT sal
FROM t_employee;
END
character_set_client: utf8mb4
collation_connection: utf8mb4_0900_ai_ci
  Database Collation: utf8mb4_0900_ai_ci
1 row in set (0.00 sec)
```

5. 通过SHOW CREATE FUNCTION语句查看函数定义信息

对于有经验的用户，在创建函数之前，还可以通过关键字SHOW CREATE FUNCTION来查看函数定义信息，其语法形式如下：

```
SHOW CREATE FUNCTION func_name
```

在上述语句中，关键字SHOW CREATE FUNCTION表示查看函数定义信息，参数func_name用来设置所要查询的函数名称。

【例17.9】执行SQL语句SHOW CREATE FUNCTION，在数据库company中查询函数对象func_employee_sal。具体步骤如下：

步骤 01 执行SQL语句USE，选择数据库company。具体SQL语句如下：

```
USE company;
```

步骤 02 执行SQL语句SHOW CREATE FUNCTION，查询函数对象func_employee_sal。具体SQL语句如下：

```
SHOW CREATE FUNCTION func_employee_sal \G
```

6. 修改存储过程

对于已经创建好的存储过程和函数，使用一段时间后，就需要进行一些定义上的修改。在MySQL中，可以通过ALTER PROCEDURE语句实现修改存储过程，可以通过ALTER FUNCTION语句实现修改函数。

1）修改存储过程

在MySQL中，通过SQL语ALTER PROCEDURE来修改存储过程的语法形式如下：

```
ALTER PROCEDURE procedure_name
[characteristic...]
```

在上述语句中，procedure_name参数表示所要修改的存储过程的名字；characteristic参数指定修改后的存储过程的特性，与定义存储过程时相比，该参数的取值只能是如下值：

```
|{CONTAINS SQL|NO SQL|READS SQL DATA|MODIFIES SQL DATA}
|SQL SECURITY {DEFINER|INVOKER}
|COMMENT 'string'
```

此外，要修改的存储过程必须已经存在于数据库中。

【例17.10】执行SQL语句ALTER TABLE，将数据库company中t_dept表的名称修改为tab_dept。具体步骤如下：

步骤01 执行SQL语句USE，选择数据库company。具体SQL语句如下：

```
USE company;
```

步骤02 执行SQL语句ALTER TABLE，修改表t_dept的名称为tab_dept。具体SQL语句如下：

```
ALTER TABLE t_dept
RENAME tab_dept;
```

步骤03 为了校验数据库company中是否已经将t_dept表修改为tab_dept表，执行SQL语句DESC。具体SQL语句内容如下：

```
DESC t_dept;
```

2）修改函数

在MySQL中通过SQL语句ALTER FUNCTION来修改函数的语法形式如下：

```
ALTER FUNCTION function_name[characteristic...]
```

在上述语句中，function_name参数表示所要修改的函数的名字；characteristic参数指定修改后的函数的特性，与定义函数时相比，该参数的取值只能是如下值：

```
|CONTAINS SQL|NO SQL|READS SQL DATA|MODIFIES SQL DATA}
|SQL SECURITY(DEFINER|INVOKER}
|COMMENT 'string'
```

此外，所要修改的函数必须已经存在于数据库中。

17.4　删除存储过程和函数

在MySQL中，可以通过两种方式来删除存储过程和函数，分别为通过DROP语句和通过工具来删除存储过程和函数。

1. 通过DROP语句删除存储过程

在MySQL中，删除存储过程通过SQL语句DROP PROCEDURE来实现，其语法形式如下：

```
DROP PROCEDURE proce_name
```

在上述语句中，关键字DROP PROCEDURE用来表示删除存储过程，proce_name参数表示所要删除的存储过程名称。

【例17.11】执行SQL语句DROP PROCEDURE，在company数据库中删除存储过程对象proce_employee_sal。具体步骤如下：

步骤 01 执行SQL语句USE，选择数据库company。具体SQL语句如下：

```
USE company;
```

步骤 02 执行SQL语句DROP PROCEDURE，删除存储过程对象proce_employee_sal。具体SQL语句如下：

```
DROP PROCEDURE proce_employee_sal;
```

步骤 03 最后通过系统表routines查询是否还存在存储过程对象proce_employee_sal。具体SQL语句如下：

```
SELECT *
FROM INFORMATION_SCHEMA.ROUTINES
WHERE SPECIFIC_NAME='proce_employee_sal' \G
```

执行结果如下：

□ SPECIFIC_NAME	ROUTINE_CATALOG	ROUTINE_SCHEMA	ROUTINE_NAME	ROUTINE_TYPE	DATA_TYPE	CHARACTER_MAXIMUM_LENGTH	CHARACTI
□ proce_employee_sal	def	company	proce_employee_sal	PROCEDURE		0B	(NULL)

2. 通过DROP语句删除函数

在MySQL中，删除函数通过SQL语句DROP FUNCTION来实现，其语法形式如下：

```
DROP FUNCTION func_name;
```

在上述语句中，关键字DROP FUNCTION用来表示删除函数，func_name参数表示所要删除的函数名称。

【例17.12】执行SQL语句DDROP FUNCTION，在company数据库中删除函数对象func_employee_sal。具体步骤如下：

步骤 01 执行SQL语句USE，选择数据库company。具体SQL语句如下：

```
USE company;
```

步骤 02 执行SQL语句DROP FUNCTION，删除函数对象func_employee_sal。具体SQL语句如下：

```
DROP FUNCTION func_employee_sal;
```

步骤 03 最后通过系统表routines查询是否还存在函数对象func_employee_sal。具体SQL语句如下：

```
SELECT *
FROM INFORMATION_SCHEMA.ROUTINES
WHERE SPECIFIC_NAME='func_employee_sal' \G
```

执行结果如下：

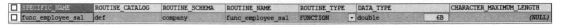

□ SPECIFIC_NAME	ROUTINE_CATALOG	ROUTINE_SCHEMA	ROUTINE_NAME	ROUTINE_TYPE	DATA_TYPE	CHARACTER_MAXIMUM_LENGTH	
□ func_employee_sal	def	company	func_employee_sal	FUNCTION	double	6B	(NULL)

结果显示，数据库管理系统中已经不存在函数对象func_employee_sal了。

第 18 章

MySQL的事务与安全机制

当多个用户同时访问同一份数据时，可能会出现一个用户在修改数据的同时，其他用户也发起了更改请求。为了保证数据从一个一致的状态平滑过渡到另一个一致的状态，引入事务的概念是必要的。MySQL提供了多种存储引擎，其中InnoDB和BDB支持事务。InnoDB存储引擎主要利用UNDO日志和REDO日志来实现事务功能。相比之下，MyISAM和MEMORY存储引擎不支持事务。

MySQL中通常包含许多重要的数据，为了确保这些数据的安全性和完整性，MySQL专门提供了一套完整的安全性机制，即通过为MySQL用户赋予适当的权限来提高数据的安全性。MySQL中主要包含两种用户——root用户和普通用户，其中前者为超级管理员，拥有MySQL提供的一切权限，而普通用户则只能拥有创建时被赋予的权限。

18.1 事 务 概 述

MySQL中提供了多种事务型存储引擎，如InnoDB和BDB等。为了支持事务，InnoDB存储引擎引入了与事务处理相关的UNDO日志和REDO日志。同时，事务依赖于MySQL提供的锁机制。锁机制将在18.4节进行介绍。

1. REDO日志

在事务执行期间，需要将事务日志记录相应的日志文件中，这些日志称为REDO日志。每当执行SQL语句以更新数据库时，首先将REDO日志写入日志缓冲区。在客户端执行COMMIT命令进行提交时，日志缓冲区内的内容将被刷新到磁盘。这个刷新过程可以通过参数innodb_flush_log_at_trx_commit来控制其方式或时间间隔。REDO日志在磁盘中对应的文件是以ib_logfileN命名的文件，其中N是一个数字。这些文件默认的大小为5MB，不过建议将其设置为512MB，以便能够容纳较大的事务。在MySQL发生崩溃时，系统恢复会重新执行REDO日志中的记录，ib_logfile0和ib_logfile1就是这些REDO日志文件的实例。

2. UNDO日志

与REDO日志相反，UNDO日志主要用于事务异常时的数据回滚，具体内容就是复制事务前的数据库内容到UNDO缓冲区，然后在合适的时间将内容刷新到磁盘。与REDO日志不同的是，磁盘上不存在单独的UNDO日志文件，所有的UNDO日志均存放在表空间对应的.ibd数据文件中，即使MySQL服务启用了独立表空间，也依然如此。UNDO日志又被称为回滚段。

18.2　MySQL事务控制语句

在MySQL中，可以使用BEGIN开始事务，使用COMMIT结束事务，中间可以使用ROLLBACK回滚事务。MySQL通过SET AUTOCOMMIT、START TRANSACTION、COMMIT和ROLLBACK等语句支持本地事务。具体语法如下：

```
START TRANSACTION | BEGIN [WORK]
COMMIT [WORK] [AND [NO] CHAIN] [[NO] RELEASE]
ROLLBACK [WORK] [AND [NO] CHAIN] [[NO] RELEASE]
SET AUOCOMMIT={0|1}
```

MySQL中的事务是默认提交的，如需对某些语句进行事务控制，则使用START TRANSACTION或者BEGIN开始一个事务比较方便。这样事务结束之后可以自动回到自动提交的方式。

下面通过一个实例来说明MySQL的事务控制。

【例18.1】本例实现的功能为更新表中的一条记录。为保证数据从一个一致性状态更新到另外一个一致性状态，采用事务完成更新过程，如更新失败或有其他原因，可以使用回滚。此例执行时对应的MySQL默认隔离级别为REPEATABLE-READ，隔离级别的内容将在下一节介绍。执行过程如下：

```
#查看MySQL隔离级别
mysql>SHOW VARIABLES LIKE 'tx_isolation';
#创建测试需要的表，注意存储引警为InnoDB
mysql>USE databasetest;
mysql>CREATE TABLE test_1(
id INT,
username VARCHAR(20)
)ENGINE=InnoDB;
mysqI>INSERT INTO test_1 VALUES
(1,'petter'),
(2,'bob'),
(3,'allen'),
(4,'aron');
mysql>SELECT * FROM test_1;
```

结果如下：

```
mysql> SELECT * FROM test_1;
+----+----------+
| id | username |
+----+----------+
|  1 | petter   |
|  2 | bob      |
|  3 | allen    |
|  4 | aron     |
+----+----------+
4 rows in set (0.00 sec)
```

```
#开启一个事务
mysql>BEGIN;
#更新一条记录
mysql>UPDATE test_1
SET username='test'
WHERE id=1;
#提交事务
mysql>COMMIT;
#发现记录已经更改生效
mysql>SELECT * FROM test_1;
```

结果如下：

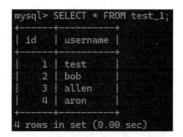

```
mysql> SELECT * FROM test_1;
+----+----------+
| id | username |
+----+----------+
|  1 | test     |
|  2 | bob      |
|  3 | allen    |
|  4 | aron     |
+----+----------+
4 rows in set (0.00 sec)
```

```
#开启另外一个事务
mysql>BEGIN;
mysql>UPDATE test_1
SET username='petter'
WHERE id=1;
mysql>SELECT * FROM test_1;
```

结果如下：

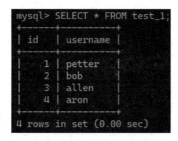

```
mysql> SELECT * FROM test_1;
+----+----------+
| id | username |
+----+----------+
|  1 | petter   |
|  2 | bob      |
|  3 | allen    |
|  4 | aron     |
+----+----------+
4 rows in set (0.00 sec)
```

```
#回滚事务
mysql>ROLLBACK;
#此时发现数据已经回滚
mysql>SELECT * FROM test_1;
```

结果如下：

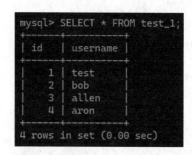

18.3　MySQL事务隔离级别

SQL标准定义了4种事务隔离级别，指定了事务中哪些数据改变时其他事务可见，哪些数据改变时其他事务不可见。低级别的隔离级别可以支持更高的并发处理，同时占用的系统资源更少。

1. READ-UNCOMMITTED（读取未提交内容）

在该隔离级别，所有事务都可以看到其他未提交事务的执行结果。由于其性能不比其他级别高很多，因此此隔离级别在实际应用中一般很少使用。读取未提交的数据被称为脏读（dirty read）。

当MySQL的隔离级别为READ-UNCOMMITTED时，首先开启A和B两个事务，在B事务更新但未提交之前，A事务读取到了更新后的数据，但由于B事务回滚，因此A事务出现了脏读的现象。

2. READ-COMMITTED（读取提交内容）

这是大多数数据库系统默认的隔离级别，但并不是MySQL默认的隔离级别。它满足了隔离的简单定义：一个事务从开始到提交前所做的任何改变都是不可见的，其他事务只能看见已经提交事务所做的改变。这种隔离级别也支持所谓的不可重复读（nonrepeatable read），因为同一事务的其他实例在该实例处理期间可能会有新的数据提交，导致数据改变，所以同一查询可能返回不同结果。

当MySQL的隔离级别为READ-COMMITTED时，首先开启A和B两个事务，在B事务更新并提交后，A事务读取到了更新后的数据，此时处于A事务中的查询出现了不同的查询结果，即不可重复读现象。

3. REPEATABLE-READ（可重读）

这是MySQL默认的事务隔离级别，能确保同一事务的多个实例在并发读取数据时，会看到同样的数据行。但它理论上会导致另一问题：幻读（phantom read）。例如，第1个事务对一张表中的数据进行了修改，这种修改涉及表中的全部数据行；同时，第2个事务也修改这张表中的数据，这种修改是向表中插入一行新数据。那么，以后就会发生操作第1个事务的用户发现表中还有没有修改的数据行。InnoDB和Falcon存储引擎通过多版本并发控制（MVCC）机制解决了该问题。

InnoDB通过为每个数据行增加两个隐含值的方式来实现多版本并发控制。这两个隐含值记录了行的创建时间以及过期时间。每一行存储事件发生时的系统版本号，每一次开始一个新事务时版本号会自动加1。每个事务都会保存开始时的版本号，每个查询根据事务的版本号来查询结果。

4. Serializable（可串行化）

可串行化是事务隔离的最高级别，它通过强制性事务排序来保证事务之间不会相互冲突，从而消除幻读问题。简单来说，这一级别是通过在每个读取的数据行上施加共享锁来实现的。然而，在这个级别上，可能会导致大量事务超时和锁竞争现象，因此一般不推荐使用。

MySQL的默认隔离级别为REPEATABLE-READ，首先开启A和B两个事务，在B事务更新并提交后，A事务读取到的仍然是之前的数据，保证了在同一事务中读取到的数据都是同样的。在同一个事务中，不推荐使用不同存储引擎的表，COMMIT、ROLLBACK只能对事务类型的表进行提交和回滚。

MySQL中所有的DDL语句是不能回滚的，并且部分DDL语句会造成隐式的提交。比如，ALTER TABLE、TRUNCATE TABLE和DROP TABLE等。

18.4　InnoDB锁机制

为了处理数据库中的并发控制问题，例如在同一时间点上，多个客户端对同一张表执行更新或查询操作，为了确保数据的一致性，必须对这些并发操作进行适当控制。这正是锁机制的作用所在。此外，锁机制也是实现MySQL不同事务隔离级别的关键，它为每个级别提供必要的保障。

1. 锁的类型

1）共享锁

共享锁的代号是S，是Share的缩写，共享锁的粒度是行或者元组（多个行）。一个事务获取了共享锁之后，可以对锁定范围内的数据执行读操作。

2）排他锁

排他锁的代号是X，是eXclusive的缩写，排他锁的粒度与共享锁相同，也是行或者元组。一个事务获取了排他锁之后，可以对锁定范围内的数据执行写操作。

如有两个事务A和B，如果事务A获取了一个元组的共享锁，那么事务B还可以立即获取这个元组的共享锁，但不能立即获取这个元组的排他锁，必须等到事务A释放共享锁之后。如果事务A获取了一个元组的排他锁，那么事务B不能立即获取这个元组的共享锁，也不能立即获取这个元组的排他锁，必须等到事务A释放排他锁之后。

3）意向锁

意向锁是一种表锁，锁定的粒度是整张表，分为意向共享锁（IS）和意向排他锁（IX）两类。意向锁表示一个事务有意对数据上共享锁或者排他锁。"有意"表示事务想执行操作但还没有真正执行。锁和锁之间的关系，要么是相容的，要么是互斥的。

- 锁a和锁b相容：操作同样一组数据时，如果事务T1获取了锁a，事务T2还可以获取锁b。
- 锁a和锁b互斥：操作同样一组数据时，如果事务T1获取了锁a，事务T2在T1释放锁a之前无法获取锁b。

2. 锁粒度

锁的粒度主要分为表锁和行锁。表锁管理锁的开销最小，同时允许的并发量也最小。MyISAM存储引擎使用该锁机制。当要写入数据时，把整张表记录上锁，此时其他读、写动作一律等待。同时，一些特定的动作（如ALTER TABLE）执行时使用的也是表锁。

行锁可以支持最大的并发。InnoDB存储引擎使用该锁机制。如果要支持并发读/写，建议采用InnoDB存储引擎，因为它采用的是行级锁，可以获得更多的更新性能。

18.5　MySQL提供的权限

为了确保数据库中数据的安全性和完整性，MySQL提供了一套完整的安全性机制，即通过为MySQL用户赋予适当的权限来提高数据的安全性。本节主要介绍MySQL提供的权限。

1. 系统表mysql.user

在系统数据库mysql中，存在一张非常重要的名为user的权限表，通过SQL语句DESC关键字查看表结构，可以发现该表拥有39个字段。这些字段大致可以分为4类，分别为用户字段、权限字段、安全字段和资源控制字段。

1）用户字段

系统表mysql.user中的用户字段包含以下3个，主要用来判断用户是否能够登录成功。

- Host：主机名。
- User：用户名。
- Password：密码。

当用户登录时，首先会到系统表mysql.user中判断用户字段，如果这3个字段能够同时匹配，则允许登录。当创建新用户时，实际上会设置用户字段中所包含的这3个字段。当修改用户密码时，实际上会修改用户字段中的Password字段。

2）权限字段

系统表mysql.user中拥有一系列以"_priv"字符串结尾的字段。这些字段决定了用户权限。

```
select * from mysql.user \G
```

3）安全字段

系统表mysql.user中的安全字段包含以下4个，主要用来判断用户是否能够登录成功。

- ssl_type：支持SSL标准加密的安全字段。

- ssl_cipher：支持SSL标准加密的安全字段。
- x509_issuer：支持x509标准的字段。
- x509_subject：支持x509标准的字段。

在MySQL中，包含ssl字符串的字段主要用来实现加密，包含x509字符串的字段主要用来标识用户。由于MySQL的字段通常不支持SS1标准，因此该软件提供相应语句来查看字段是否支持ssl标准，具体内容如下：

```
SHOW VARIABLES LIKE 'have_openssl';
```

结果如下：

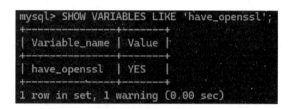

4）资源控制字段

系统表mysql.user中的资源控制字段包含以下4个，字段的默认值为0，表示没有限制。

- max_questions：每小时允许执行多少次查询。
- max_updates：每小时允许执行多少次更新。
- max_conneetions：每小时可以建立多少次连接。
- max_user_connections：单个用户可以同时具有的连接数。

2. 系统表mysql.db和mysql.host

在系统数据库mysql中，权限表除了表user外，还有表db和表host。这两张表中都存储了某个用户对相关数据库的权限，结构大致相同。这两张表所拥有的字段大致可以分为用户字段和权限字段两类。

1）用户字段

系统表mysql.db中的用户字段包含以下3个：

- Host：主机名。
- User：用户名。
- Db：数据库名。

系统表mysql.host是系统表mysql.db的扩展，包含以下两个字段：

- Host：主机名。
- Db：数据库名。

当查找某个用户的权限时，首先从系统表mysql.db中查找，如果找不到Host字段的值，则会到系统表mysql.host中去查找。在具体查找用户权限时，系统表mysql.host很少被使用到，通常系统表mysql.db中的数据记录就已经满足需求。

2）权限字段

查看系统表mysql.db和mysql.host的结构，可以发现这两张表的权限字段几乎相同，只不过前者比后者多了两个字段。

- Create_routine_priv：创建存储过程或函数的权限。
- Alter_routine_priv：修改存储过程或函数的权限。

3．其他权限表

在系统数据库mysql中，除了上述介绍的权限表外，还有表tables_priv和columns_priv。其中表tables_priv用来实现单张表的权限设置，表columns_priv用来实现单个字段列的权限设置。

1）系统表mysql.tables_priv的结构

执行带有DESC关键字的SQL语句，查询表tables_priv的结构。具体SQL语句如下：

```
DESC tables_priv \G
```

执行结果如下：

Field	Type		Null	Key	Default		Extra
Host	char(255)	9B	NO	PRI		0B	
Db	char(64)	8B	NO	PRI		0B	
User	char(32)	8B	NO	PRI		0B	
Table_name	char(64)	8B	NO	PRI		0B	
Grantor	varchar(288)	12B	NO	MUL		0B	
Timestamp	timestamp	9B	NO		CURRENT_T...	17B	DEFAULT_GENERATED on update CUR...
Table_priv	set('Select','Insert','Update','Delete','Create','Drop',...	129B	NO			0B	
Column_priv	set('Select','Insert','Update','References')	44B	NO			0B	

通过执行结果可以发现，表tables_priv中包含8个字段，其中前4个分别表示主机名、数据库名、用户名和表名；字段Grantor表示权限是由谁设置的；字段Timestamp表示存储更新的时间；字段Table_priv表示对表进行操作的权限，其值可以是SELECT、INSERT、UPDATE、DELETE、CREATE、DROP、GRANT、REFERENCES、INDEX和ALTER中的任意一项；字段Column_priv表示对表中字段列进行操作的权限，其值可以是SELECT、INSERT、UPDATE和REFERENCES中的任意一项。

2）系统表columns_priv的结构

执行带有DESC关键字的SQL语句，查询表columns_priv的结构。具体SQL语句如下：

```
DESC columns_priv \G
```

执行结果如下：

Field	Type		Null	Key	Default		Extra
Host	char(255)	9B	NO	PRI		0B	
Db	char(64)	8B	NO	PRI		0B	
User	char(32)	8B	NO	PRI		0B	
Table_name	char(64)	8B	NO	PRI		0B	
Column_name	char(64)	8B	NO	PRI		0B	
Timestamp	timestamp	9B	NO		CURRENT_T...	17B	DEFAULT_GENERATED on update CURRENT_TIMESTAMP
Column_priv	set('Select','Insert','Update','Refe...	44B	NO			0B	

通过执行结果可以发现，表columns_priv中包含7个字段，与系统表mysql.tables_priv相比，该表中具有Column_name字段，该字段表示可以对哪些字段列进行操作。

4. 系统表procs_priv的结构

执行带有DESC关键字的SQL语句，查询表procs_priv的结构。具体SQL语句如下：

```
DESC procs_priv \G
```

执行结果如下：

Field	Type		Null	Key		Default		Extra
Host	char(255)	9B	NO	PRI			0B	
Db	char(64)	8B	NO	PRI			0B	
User	char(32)	8B	NO	PRI			0B	
Routine_name	char(64)	8B	NO	PRI			0B	
Routine_type	enum('FUNCTION','PROCEDURE')	28B	NO	PRI		(NULL)	0K	
Grantor	varchar(288)	12B	NO	MUL			0B	
Proc_priv	set('Execute','Alter Routine',...	38B	NO				0B	
Timestamp	timestamp	9B	NO			CURRENT_T...	17B	DEFAULT_GENERATED on update CURRENT_TIMESTAMP

通过执行结果可以发现，表procs_priv包含8个字段，前3个字段分别表示主机名、数据库名和用户名；字段Routine_name表示存储过程或函数的名称；字段Routine_type表示数据库对象类型，其值只能是PROCEDURE（存储过程）和FUNCTION（函数）之一；字段Grantor表示存储权限是谁设置的；字段Proc_priv表示拥有的权限，其值可以是Execute、AlterRoutine和Grant；字段Timestamp表示存储更新的时间。

18.6　MySQL提供的用户机制

用户应该对所需的数据具有适当的访问权限，即用户不能对过多的数据库对象具有过多的访问权，这是MySQL的安全基础。为了实现数据的安全性和完整性，MySQL专门提供了一整套用户管理机制。用户管理机制包括登录和退出MySQL服务器、创建用户、删除用户、修改用户密码和为用户赋权限等内容。

1. 登录和退出MySQL

连接MySQL服务器的完整DOS命令如下：

```
mysql -h hostname|hostIP -p port -u usename -p DatabaseName -e "SQL语句"
```

上述命令中各参数的含义如下：

- -h：用来指定所连接的MySQL服务器的地址。可以用两种方式来表示：参数hostname表示主机名，参数hostIP表示主机IP地址。
- -p：用来指定所连接的MySQL服务器的端口号。由于MySQL在安装过程中，其端口号为默认为3306。因此，如果没有指定该参数，则默认通过端口3306连接MySQL服务器。
- -u：用来指定哪个用户要连接MySQL服务器。
- -p：表示将提示输入密码。
- DatabaseName：用来指定连接到MySQL服务器后，登录到哪一个数据库中。如果没有指定，则默认为系统数据库mysql。
- -e：用来指定所执行的SQL语句。

【例18.2】在DOS窗口中，通过root用户登录到MySQL服务器的数据库company中，具体命令如下：

```
mysql -h 127.0.0.1 -u root -p company
```

在上述命令中，通过值127.0.01指定所连接的MySQL服务器的地址，参数-u指定了登录MySQL服务器的用户，参数-p表示会出现提示输入密码的信息，最后的值company指定了所连接的数据库。

执行上述命令，结果如下：

```
Microsoft Windows [版本 10.0.22621.3296]
(c) Microsoft Corporation。保留所有权利。

C:\Users\liguo>mysql -h 127.0.0.1 -u root -p company
Enter password:
```

在具体连接MySQL服务器时，可以直接设置用户密码，不过该密码需要直接加在参数-p的后面，中间不能有空格。

【例18.3】在DOS窗口中，通过root用户登录到MySQL服务器的数据库company中，同时执行查询表t_dept中所有数据记录的SQL语句。具体命令如下：

```
mysql -h 127.0.0.1 -u root -p company -e "SELECT * FROM t_dept";
```

在上述命令中，通过参数-e指定了所执行的SQL语句，结果如下：

```
C:\Users\liguo>mysql -h 127.0.0.1 -u root -p company -e "SELECT * FROM t_dept";
Enter password: ****************
+--------+--------------+-----------+
| deptno | dname        | loc       |
+--------+--------------+-----------+
|      1 | xiaoshoudept1 | shenyang1 |
|      2 | xiaoshoudept2 | shenyang2 |
|      3 | xiaoshoudept3 | shenyang3 |
|      4 | xiaoshoudept4 | shenyang4 |
|      5 | xiaoshoudept5 | shenyang5 |
|      6 | dept1        | shanghai1 |
|      7 | dept2        | shanghai2 |
|      8 | dept3        | shanghai3 |
|      9 | dept4        | shanghai4 |
|     10 | dept5        | shanghai1 |
+--------+--------------+-----------+
```

退出MySQL服务器的DOS命令如下：

```
EXIT|QUIT
```

使用命令EXIT或OUIT都可以退出MySQL服务器。使用QUIT的缩写形式"\q"也可以退出MySQL服务器。

2. 创建普通用户

在安装MySQL时，默认创建一个名为root的用户，由于该用户拥有超级权限，因此可以对整个服务器具有完全的控制。如果每次都通过root用户登录MySQL服务器进行各种数据库操作，是不合适的，因为该用户的权限太大了。

在具体操作MySQL中的数据库对象时，应该严格杜绝使用root用户登录MySQL服务器，仅在绝对需要时使用。

在具体开发应用中，创建一系列的普通用户，分别为专门用于管理的用户、专门供开发人员使用的用户等。在MySQL中，可以通过以下3种方式来创建普通用户（具有普通权限的用户）。

1）执行CREATE USER语句来创建普通用户

在MySQL中，创建普通用户可以通过SQL语句CREATE USER来实现，其语法形式如下：

```
CREATE USER username[IDENTIFIED BY [PASSWORD]'password']
[,username[IDENTIFIED BY [PASSWORD] 'password']]
...
[,username[IDENTIFIED BY [PASSWORD] 'password']]
```

在上述语句中，关键字USER用来设置用户的名字，值usermame表示所设置的用户，由用户名和主机名构成；关键字IDENTIFIED BY用来设置用户的密码，值password表示所设置的用户密码，如果它是一个普通的字符串，则不需要关键字PASSWORD，该关键字主要用来对密码进行加密。

【例18.4】执行SQL语句CREATE USER，创建名为denglg、密码为123456的用户。具体步骤如下：

步骤01 通过root用户连接到MySQL数据库，具体SQL语句如下：

```
mysql -h 127.0.0.1 -u root -p company
```

结果如下：

步骤02 执行SQL语句CREATE USER，创建普通用户，具体SQL语句如下：

```
CREATE USER 'denglg'@'localhost' IDENTIFIED BY '123456';
```

结果如下：

2）执行INSERT语句来创建普通用户

根据前面的知识可以知道，系统权限表mysql.user中存储了关于用户的信息，所以可以通过向该表插入数据记录来创建用户。当向系统表mysql.user中插入数据记录时，一般只需插入Host、User和Password这3个字段的值即可，具体语法形式如下：

```
INSERT INTO user(Host,User,Password)
VALUES('hostname','username',PASSWORD('password'));
```

上述语句通过关键字INSERT INTO向表user中插入一条数据记录，同时为所插入的数据记录设置了字段Host、User和Password的值。

具体创建用户时，由于表mysql.user中字段ssl_cipher、x509_issuer、x509_subject没有默认值，因此还需要设置这些字段的值。对于字段Password的值，一定要使用PASSWORD()函数进行加密。

【例18.5】执行SQL语句CREATE USER，创建名为denglg1、密码为123456的用户。具体步骤如下：

步骤01 通过root用户连接到MySQL数据库，具体SQL语句如下：

```
mysql -h 127.0.0.1 -u root -p company
```

步骤02 执行SQL语句INSERT INTO，创建用户，具体SQL语句如下：

```
INSERT INTO mysql.user(Host,User,Password,ssl_cipher,x509_issuer,x509_subject)
VALUES('localhost','denglg1',PASSWORD('123456'),'','','');
```

执行结果显示，已经为MySQL创建了一个名为denglg1、密码为123456的用户。这时如果在DOS窗口通过该用户登录MySQL服务器，不会登录成功。因为名为denglg1用户还没有生效。

步骤03 执行命令FLUSH，使用户denglg1生效，具体命令内容如下：

```
FLUSH PRIVILEGES;
```

这时如果在DOS窗口中通过该用户重新登录MySQL服务器，就不会登录失败。

```
mysql -h 127.0.0.1 -u denglg1 -p123456
```

3）执行GRANT语句来创建用户

虽然CREATE USER语句和INSERT INTO语句都可以创建普通用户，但是这两种方式不便于为用户赋权限。于是MySQL又提供GRANT语句，该语句不仅可以创建用户，还可以对用户赋权限。

在MySQL中，通过SQL语句GRANT来创建用户的语法形式如下：

```
GRANT priv_type ON databasename.tablename
TO username[IDENTIFIED BY [PASSWORD] 'password']
[,username[IDENTIFIED BY [PASSWORD] 'password']]
…
[,username[IDENTIFIED BY [PASSWORD] 'password']]
```

在上述语句中，参数priv_type表示所创建的用户的权限；参数databasename.tablename表示所创建的用户的权限范围，即只能在指定的数据库和表上使用这些权限；其他部分与CREATE USER语句一致。

【例18.6】执行SQL语句GRANT，创建名为denglg2、密码为123456的用户，同时设置其他只有SELECT权限。具体步骤如下：

步骤 **01** 通过root用户连接到MySQL数据库，具体SQL语句如下：

```
mysql -h 127.0.0.1 -u root -pliguo_deng001209
```

结果如下：

```
C:\Users\liguo>mysql -h 127.0.0.1 -u root -pliguo_deng001209
mysql: [Warning] Using a password on the command line interface can be insecure.
Welcome to the MySQL monitor.  Commands end with ; or \g.
Your MySQL connection id is 27
Server version: 8.3.0 MySQL Community Server - GPL

Copyright (c) 2000, 2024, Oracle and/or its affiliates.

Oracle is a registered trademark of Oracle Corporation and/or its
affiliates. Other names may be trademarks of their respective
owners.

Type 'help;' or '\h' for help. Type '\c' to clear the current input statement.
```

步骤 **02** 执行SQL语句GRANT，实现创建用户，具体SQL语句如下：

```
GRANT SELECT ON company.t_dept
TO 'denglg2'@'localhost' IDENTIFIED BY '123456';
```

执行结果显示，已经为MySQL创建了一个名为denglg2、密码为123456的用户，该用户只对表company.t_dept具有查询权限。

3. 修改超级权限用户root的密码

在MySQL中，修改超级权限用户root的密码可以通过3种方式来实现，分别为通过mysqladmin命令修改密码、通过SET语句修改密码和更新系统表mysql.user中的数据记录。

1）通过mysqladmin命令修改root用户的密码

在MySQL中，修改root用户密码的命令如下：

```
mysqladmin -u username -p password "new_password"
```

在上述命令中，参数u表示用户名，参数p表示密码，password为关键字，参数new_password必须用双引号（""）引起来。

【例18.7】执行命令mysqladmin，修改root用户的密码为123456。具体步骤如下：

步骤 **01** 在DOS窗口里，执行命令mysqladmin：

```
mysqladmin -u root -p password "123456"
```

在上述命令中，修改超级root用户的密码为123456。

步骤 **02** 在执行命令mysgladmin的过程中，只有输入正确的旧密码才可以成功修改密码。修改密码后就可以通过新的密码进行登录，具体内容如下：

```
mysql -h 127.0.0.1 -u root p123456
```

在上述命令中，通过修改后的密码登录MySQL服务器。

在执行mysqladmin命令时，有时会出现错误"mysqladmin不是内部或外部命令"。这是因为MySQL安装目录里的path路径没有添加到path环境变量里。

2）通过SET语句修改root用户的密码

当通过root用户登录到MySQL服务器后，可以通过SET语句修改root用户的密码。其语法形式如下：

```
SET PASSWORD=PASSWORD("new_password");
```

在上述语句中，需要通过函数PASSWORD()来加密新密码new_password。

【例18.8】执行SQL语句SET，修改用户root的密码为123456。具体步骤如下：

步骤 01 通过root用户连接到MySQL数据库，具体SQL语句如下：

```
mysql -h 127.0.0.1 -u root -pliguo_deng001209
```

步骤 02 执行SQL语句SET，修改root用户的密码为123456，具体内容如下：

```
SET PASSWORD=PASSWORD("123456");
```

3）通过更新系统表mysql.user中的数据记录来修改root用户的密码

当通过root用户登录到MySQL服务器后，就可以通过更新系统表mysql.user中的数据记录来修改root用户的密码。具体语法形式如下：

```
UPDATE user SET password=PASSWORD("new password")
WHERE user="root" AND host="localhost";
```

在上述SQL语句中，通过UPDATE语句更新表user中字段password的值，条件为user="root" AND host="localhost"。

【例18.9】执行SQL语句UPDATE，更新系统表user中的信息。具体步骤如下：

步骤 01 通过用户root连接到MySQL数据库。具体SQL语句如下：

```
mysql -h 127.0.0.1 -u root -proot
```

步骤 02 执行SQL语句USE，选择数据库mysql。具体SQL语句如下：

```
USE mysql;
```

步骤 03 执行SQL语句UPDATE，修改root用户的密码为123456。具体SQL语句如下：

```
UPDATE USER SET PASSWORD=PASSWORD("123456")
WHERE USER='ROOT' AND HOST='LOCALHOST';
```

根据执行结果可以发现，已经成功将root用户的密码修改为123456。

4. 利用拥有超级权限的root用户修改普通用户的密码

通过超级权限root用户修改普通用户的密码也有3种方式，分别为通过GRANT命令修改密码、通过SET语句修改密码和更新系统表mysql.user中的数据记录。为了便于讲解，下面将创建一个名为dliguo、密码为dliguo的用户，具体语法如下：

```
GRANT SELECT,CREATE,DROP ON *.*
TO 'dliguo'@'localhost' IDENTIFIED BY 'dliguo' WITH GRANT OPTION;
```

在上述语句中，创建普通用户dliguo，同时设置该用户的密码为dliguo。

1）通过GRANT命令修改用户dliguo的密码

在MySQL中，通过GRANT命令来修改dliguo用户密码的语法形式如下：

```
GRANT priv_type ON database.table
TO user[IDENTIFIED BY [PASSWORD] 'new_password']
```

在上述语句中，参数priv_type用来设置普通用户的权限；参数database.table用来设置用户的权限范围；参数user表示新用户，由用户名和主机名构成；值new_password表示为用户设置的新密码，参数new_password必须用双引号（""）引起来。

【例18.10】利用具有超级用户权限的root用户，修改普通用户dliguo的密码为123456。具体步骤如下：

步骤01　通过root用户连接到MySQL数据库，具体SQL语句如下：

```
mysql -h 127.0.0.1 -u root -p
create user 'dliguo'@'localhost' identified by '123456';
```

步骤02　执行SQL语句GRANT，修改普通用户dliguo的密码，具体SQL语句如下：

```
GRANT SELECT,CREATE,DROP ON *.*
TO 'dliguo'@'localhost' IDENTIFIED BY '123456';
GRANT SELECT, CREATE, DROP ON *.* TO 'dliguo'@'localhost' IDENTIFIED BY 'password';
```

步骤03　为了校验密码修改是否成功，首先通过命令EXIT退出root用户，然后通过用户dliguo利用密码123456重新登录MySQL服务器。具体SQL语句如下：

```
EXIT;
mysql -h 127.0.0.1 -u dliguo -p123456
```

在上述语句中，首先通过命令EXIT退出root用户的登录，然后通过用户dliguo重新登录MySQL。

2）通过SET语句修改用户dliguo的密码

当通过root用户登录到MySQL服务器后，可以通过SET语句修改普通用户dliguo的密码。其语法形式如下：

```
SET PASSWORD FOR 'username'@'hostname'=PASSWORD("new_password");
```

在上述语句中，参数usemame用来表示普通用户的用户名，参数new_password用来表示所要设置的新密码。

【例18.11】执行SQL语句SET，修改用户dliguo的密码为123456。具体步骤如下：

步骤01　通过root用户连接到MySQL数据库，具体SQL语句如下：

```
mysql -h 127.0.0.1 -u root-proot
```

步骤02　执行SQL语句SET，修改用户dliguo的密码为123456，具体内容如下：

```
SET PASSWORD FOR
```

```
'dliguo'@'localhost'=PASSWORD("123456");
```

在MySQL 5.7.6及更高版本，以及MariaDB10.1.20及更高版本中，PASSWORD()函数已被弃用，我们应该使用更安全的ALTER USER语句来更改用户密码。

5. 删除普通用户

在MySQL中，可以通过两种方式来删除用户，分别为通过DROPUSER语句和通过删除系统表mysql.user 里相应数据记录实现删除用户。

1）通过DROP USER语句删除普通用户

在MySQL中，删除普通用户通过SQL语句DROP USER来实现，其语法形式如下：

```
DROP USER user1[user2]...
```

在上述语句中，参数user表示所要删除的用户，在MySQL中，用户由用户名（user）和主机名（host）组成。

【例18.12】执行SQL语句DROP USER，删除用户dliguo。具体步骤如下：

步骤 01 通过root用户连接到MySQL数据库软件，具体SQL语句如下：

```
mysql -h 127.0.0.1 -u root -proot
```

步骤 02 执行SQL语句DROP USER，删除用户dliguo，具体内容如下：

```
DROP USER 'dliguo'@'localhost';
```

在上述语句中，通过关键字DROP USER实现删除用户功能。

步骤 03 为了校验用户dliguo是否删除成功，首先通过命令EXIT退出root用户的登录，然后通过用户dliguo利用密码123456重新登录MySQL服务器，具体内容如下：

```
EXIT
Mysql -h 127.0.0.1-u dliguo -p123456
```

在上述语句中，首先通过命令EXIT退出root用户的登录，然后通过用户dliguo重新登录MySQL。

2）通过删除系统表mysql.user中的数据记录实现删除dliguo用户

当通过root用户登录到MySQL服务器后，就可以通过删除系统表mysql.user中的数据记录来删除dliguo用户。具体语法形式如下：

```
DELETE FROM user
WHERE user="dliguo" AND host="localhost";
```

在上述SQL语句中，通过DELETE语句删除表user中相应的数据记录，该数据记录的条件为user="dliguo" AND host="localhost"。

18.7　权 限 管 理

为了进行权限管理，MySQL在数据库mysql的user表中存储了各种类型的权限。权限管理是指登录到MySQL数据库服务器的用户需要进行权限验证，只有拥有了权限，才能进行该权限相对应的操作。合理的权限管理能够保证数据库系统的安全，不合理的权限管理会给数据库服务器带来严重的安全隐患。

18.7.1　对用户进行授权

权限管理包含授权、查看权限和收回权限。本节将详细介绍如何对用户进行授权。授权是指为用户赋予相应的权限。在进行授权操作之前，首先需要用户具有GANT权限。

在MySQL中，对用户授权通过SQL语句GRANT来实现，其语法形式如下：

```
GRANT priv_type[(column_list)]ON database.table
TO user [IDENTIFIED BY [PASSWORD]'password']
[,user [IDENTIFIED BY [PASSWORD]'password']]
...
[WITH with_option[with option]...]
```

在上述语句中，参数priv_type表示权限的类型；参数column_list表示权限作用的字段，当省略该参数时表示作用于整张表；参数database.table表示数据库中的某张表；参数user表示用户，由用户名和主机名构成；关键字IDENTIFIED BY用来设置密码；至于参数with_option，其值只能是下面5个值中的一个：

- GRANT OPTION：被授权的用户可以将权限授予其他用户。
- MAX_OUERIES_PER_HOUR count：设置每小时可以执行count次查询。
- MAX_UPDATES_PER_HOUR count：设置每小时可以执行count次更新。
- MAX_CONNECTIONS_PER_HOUR count：设置每小时可以建立count次查询。
- MAX_USER_CONNECTIONS count：设置单个用户可以同时具有count个连接。

【例18.13】执行SQL语句GRANT，为用户dliguo授予相应权限。

步骤01 由于root用户为超级管理员，拥有MySQL提供的一切权限，因此可以通过该用户连接到MySQL数据库服务器进行授权操作，具体SQL语句如下：

```
mysql -h 127.0.0.1 -u root -proot
```

步骤02 执行SQL语句GRANT，创建一个名为dliguo、密码为dliguo的用户，同时设置该用户对所有数据库里的数据具有SELECT、UPDATE、DROP以及GRANT权限，具体SQL语句如下：

```
GRANT SELECT,CREATE,DROP *.*
To 'dliguo'@'localhost' IDENTIFIED BY 'dliguo' WITH GRANT OPTION;
```

在上述命令中，创建超级用户dliguo，同时对该用户赋予SELECT和UPDATE权限。在

MySQL 5.7.6以后的版本，密码的指定方式变为IDENTIFIED BY 'password'，而不是之前的 PASSWORD BY 'password'。如果读者正在使用的是MySQL8.0+，则应该使用CREATE USER和 GRANT语句的组合来创建用户并授予权限，因为password认证方式已经被废弃。

步骤 03 为了校验修改授权是否成功，查询系统表mysql.user中关于用户dliguo的数据记录，具体 SQL语句如下：

```
SELECT host,user,password,select_priv,update_priv,grant_priv,drop_priv
FROM mysql.user
WHERE user="dliguo" \G
```

上述SQL语句表示在表user中查看字段user中值为dliguo的数据记录。

步骤 04 通过命令EXIT退出root用户的登录，然后通过普通用户dliguo登录MySQL服务器进行授权 操作，具体SQL语句如下：

```
EXIT
mysql -h 127.0.0.1 -u dliguo -pdliguo
```

在上述语句中，首先通过命令EXIT退出用户root的登录，然后用户dliguo重新登录MySQL。

步骤 05 执行SQL语句GRANT，通过用户dliguo为用户dliguo_1授权，具体SQL语句如下：

```
GRANT SELECT,CREATE,DROPON *.*
TO 'dliguo_1'@'localhost';
```

在上述语句中，为用户dliguo_1授予了SELECT、CREATE、DROP以及GRANT权限。

18.7.2 查看用户拥有的权限

在MySQL中，可以通过查看系统表mysqLuser中的数据记录来查看相应用户的权限。除了 该种方式外，MySQL还专门提供了SQL语句SHOW GRANTS来查看权限。其语法形式如下：

```
SHOW GRANTS FOR user
```

在上述语句中，关键字SHOW GRANTS表示查看用户权限；参数user用来设置用户，由用 户名和主机名构成，具体格式为'username'@'localhost'。

【例18.14】执行SQL语句SHOW GRANTS，查看用户dliguo所拥有的权限，具体SQL语 句如下：

```
SHOW GRANTS
FOR 'dliguo'@'localhost'\G
```

18.7.3 收回用户拥有的权限

既然可以给用户授权，那么就应该能够收回赋予用户的权限。

在MySQL中，收回权限通过SQL语句REVOKE来实现，其语法形式如下：

```
REVOKE priv_type[(column_list)] ON database.table
```

```
FROM user1 [IDENTIFIED BY[PASSWORD]'password']
...
[,user2 [IDENTIFIED BY[PASSWORD]'password']]
```

由于收回权限语法与授权语法非常相似，就不详细介绍其中各个参数。

除了上述语法形式外，MySQL还专门提供了一种回收全部权限的SQL语句，具体语法形式如下：

```
REVOKE ALL PRIVILEGES,GRANT OPTION
FROM User1 [IDENTIFIED BY[PASSWORD]'password']
...
[,user2 [IDENTIFIED BY[PASSWORD]'password']]
```

上述语句主要用来回收用户所拥有的全部权限。

【例18.15】执行SQL语句SHOW GRANTS，回收用户dliguo拥有的SELECT权限，具体SQL语句如下：

```
REVOKE SELECT ON *.*
FROM 'dliguo'@'localhost';
```

在上述语句中，回收了用户dliguo拥有的SELECT权限。

第 **19** 章
MySQL的日志管理与数据库维护

为了维护MySQL服务器，经常需要在MySQL中进行日志操作，包括启动日志文件、查看日志文件、停止日志文件和删除日志文件。这些操作是数据库管理中最基本、最重要的操作。

在任何数据库环境中，计算机系统的各种软硬件故障、人为破坏及用户误操作等是不可避免的，这就有可能导致数据丢失、服务器瘫痪等严重后果。为了有效防止数据丢失，并将损失降到最低，用户应定期对MySQL数据库服务器进行维护。

19.1　MySQL支持的日志

日志操作是数据库维护中最重要的手段之一。由于日志文件会记录MySQL服务器的各种信息，因此当MySQL服务器遭到意外损害时，不仅可以通过日志文件来查看出错的原因，还可以通过日志文件进行数据恢复。

下面将简单介绍各类日志文件的作用。

- 二进制日志：该日志文件会以二进制形式记录数据库的各种操作，但不记录查询语句。
- 错误日志：该日志文件会记录MySQL服务器启动、关闭和运行时出错等信息。
- 通用查询日志：该日志文件记录MySQL服务器的启动和关闭信息、客户端的连接信息、更新数据记录SQL语句和查询数据记录SQL语句。
- 慢查询日志：该日志文件记录执行时间超过指定时间的各种操作。通过工具分析慢查询日志，可以定位MySQL服务器性能瓶颈所在。

在MySQL支持的日志文件里，除了二进制日志文件外，其他日志文件都是文本文件。默认情况下，MySQL只会启动错误日记文件，而其他日志文件则需要手动启动。

19.2　操作二进制日志

二进制日志是MySQL中非常重要的日志之一，它详细记录了数据库的变化情况，即SQL语句中的DDL和DML语句，但是不包含数据记录查询操作。通过二进制日志文件，可以详细了解MySQL数据库中进行了哪些操作。

二进制日志的操作包括启动二进制日志、查看二进制日志、停止二进制日志和删除二进制日志。

1. 启动二进制日志

默认情况下，二进制日志是关闭的，如果想启动二进制日志，可以通过设置MySQL服务器的配置文件my.ini来实现。具体内容如下：

```
[mysqld]
log-bin[=dir\[filename]
```

在上述语句中，参数dir用来指定二进制文件的存储路径；参数filename用来指定二进制文件的文件名，具体格式为filename.number，其中number的格式为000001、0000002、000003等。在具体启动二进制日志时，如果没有设置参数dir和flename，二进制日志文件将使用默认名字——主机名-bin.number，保存到默认目录——数据库数据文件里。

每次重启MySQL服务器都会生成一个新的二进制日志文件。在这些日志文件的文件名里，filename部分不会改变，但是number的值会不断递增。

在MySQL中，与二进制日志相关的文件除了保存内容的flename.number文件外，还有一个关于二进制日志文件列表的文件flename.index。

【例19.1】修改MySQL的配置文件my.ini，启动二进制日志。具体步骤如下：

步骤01 打开my.ini配置文件，在[mysqld]组里添加相应语句，具体内容如下：

```
[mysqld]
log-bin
```

第一次重启MySQL服务器后，将出现如图19.1所示的效果。

从图19.1中可以发现，如果没有为二进制日志配置文件目录和文件名，将在默认路径——数据库数据文件（C:\Program Files\MySQL\MySQL Server8.3\data）里创建一个名为BRUCE_DEE-bin.0000001（主机名-bin.0000001）的文件。如果再次重启MySQL服务器，将创建一个flename部分不变，number值递增的文件（BRUCE_DEE-bin.000002）。

步骤02 在启动二进制日志文件时，二进制日志文件最好不要与数据库的数据文件放在同一磁盘上。这样当存放数据的磁盘遭到破坏后，就可以通过二进制日志文件进行恢复。打开my.ini配置文件，在[mysqld]组里添加相应语句，具体内容如下：

```
[mysqld]
log-bin=C:\ProgramData\MySQL\MySQL Server 8.3\Data
```

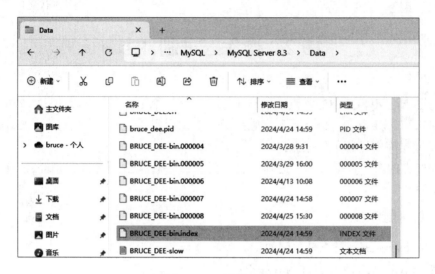

图 19.1　二进制日志

2. 查看二进制日志

由于二进制日志文件使用二进制格式保存信息，因此如果直接打开该文件，将显示乱码。如果需要查看二进制日志文件，可以通过执行命令mysqlbinlog来实现，具体语法形式如下：

```
mysqlbinlog filename.number
```

在上述命令中，参数flename.number表示所要查看的二进制日志文件。

【例19.2】查看MySQL服务器的二进制日志，具体步骤如下：

步骤01 执行命令cd，进入存放二进制日志文件的目录，具体内容如下：

```
cd C:\ProgramData\MySQL\MySQL Server 8.3\Data
```

步骤02 执行命令mysqlbinlog，查看名为BRUCE_DEE-bin.0000001的二进制日志，具体内容如下：

```
mysqlbinlog BRUCE_DEE-bin.0000001
```

3. 停止二进制日志

在MySQL服务器的配置文件my.ini里，如果在[mysqld]组中添加了log-bin内容，那么MySQL服务器将会一直开启二进制日志功能，即用户对MySQL服务器的各种操作都将记录到二进制日志文件里。如果想停止二进制日志功能，只需删除[mysqld]组里的log-bin内容即可。

在具体操作MySQL服务器时，有时某些操作不需要记录到二进制日志文件里，这时如果先删除文件my.ini的[mysqld]组里的log-bin内容，那么执行完这些操作后，还需要重新在[mysqld]组里添加log-bin内容。

为了解决上述问题，MySQL专门提供一个SET语句，实现暂停二进制日志功能，具体内容如下：

```
SET SQL_LOG_BIN=0
SET SQL_LOG_BIN=1
```

在上述语句中，当设置SQL_LOG_BIN的值为0时，表示暂停二进制日志功能；当设置SET SQL_LOG_BIN的值为1时，表示重新开启二进制日志功能，只有拥有SUPER权限的用户才可以执行SET语句。

4. 删除二进制日志

如果要删除二进制日志文件，需要通过执行命令RESET MASTER、PURGE MASTER LOGS TO和PURGE MASTER LOGS BEFORE来实现。具体语法形式分别如下：

```
RESET MASTER;
```

执行上述命令，可以删除所有二进制日志文件。

```
PURGE MASTER LOGS To filename.number
```

执行上述命令，可以删除编号小于number的所有二进制日志文件。

```
PURGE MASTER LOGS BEFORE "yyyy-mm-dd hh:MM:ss"
```

执行上述命令，可以删除指定时间（yyyy-mm-dd hh:MM:ss）之前创建的所有二进行日志文件。

【例19.3】删除相应的二进制日志文件。

步骤01 执行命令PURGE MASTER LOGS TO，删除编号小于0000004的所有二进制日志文件：

```
PURGE MASTER LOGS To 'BRUCE_DEE-bin.0000004';
```

步骤02 执行命令PURGE MASTER LOGS BEFORE，删除在2024-4-30 8:05:01之前创建的所有二进制日志文件：

```
PURGE MASTER LOGS BEFORE '2024-4-30 8:05:01';
```

步骤03 执行命令RESET MASTER，删除所有二进制日志文件：

```
RESET MASTER;
```

19.3　操作错误日志

错误日志也是MySQL中非常重要的日志之一，它详细记录了MySQL服务器的开启、关闭和错误信息。

错误日志的操作包括启动错误日志，查看错误日志和删除错误日志。

1. 启动错误日志

在MySQL数据库服务器里，错误日志默认是开启的，同时该种类型的日志也无法被禁止。错误日志一般存放在MySQL服务器的数据文件夹下（C:\ProgramData\MySQL\MySQL Server8.3\Data）。错误日志文件通常的名称格式为hostname.err，其中参数hostname表示MySQL服务器的主机名，如图19.2所示。

图 19.2　错误日志

如果想修改错误日志的存放目录，可以通过设置MySQL服务器的配置文件my.ini来实现，具体内容如下：

```
[mysqld]
error-bin[=dir\[filename]
```

在上述语句中，参数dir用来指定错误文件的存储路径；参数filename用来指定错误文件的文件名。如果没有在文件my.ini里设置错误日志的相关信息，那么错误日志文件将使用默认名字——主机名.error，保存到默认目录——数据库数据文件里。

2. 查看错误日志

之所以要查看错误日志，是因为该日志文件里记录了MySQL服务器开启和关闭的时间，以及具体运行过程中出现的异常信息，通过这些信息可以了解MySQL服务器的运行状态。

由于错误日志是以文本文件的形式存储内容的，所以可以直接使用普通文本工具来查看。

3. 删除错误日志

如果需要删除错误日志，可以通过执行命令mysqladmin来实现，具体语法形式如下：

```
mysqladmin -u root -p flush-logs
```

执行上述命令，MySQL服务器会创建一个新的错误日志，然后将旧的错误日志覆盖掉了。

19.4　通用查询日志

通用查询日志也是MySQL中非常重要的日志之一，它主要用来记录用户对于MySQL服务器的所有操作，包含MySQL服务器的启动和关闭信息、客户端的连接信息、更新数据记录SQL语句和查询数据记录SQL语句。由于该日志记录了客户端连接MySQL的所有请求，如果当前实例的访问量较大，那么此日志的大小会急剧增加，会抢占系统IO，导致影响MySQL的性能。一般建议关闭此日志，需要时可以通过设置环境变量打开。

通用查询日志的操作包括启动通用查询日志、查看通用查询日志、停止通用查询日志和删除通用查询日志。

1. 启动通用查询日志

默认情况下，通用查询日志是关闭的，如果想启动通用查询日志，可以通过设置MySQL服务器的配置文件my.ini来实现，具体内容如下：

```
[mysqld]
log [=dir\[filename]]
```

在上述语句中，参数dir用来指定通用查询日志文件的存储路径；参数filename用来指定通用查询日志的文件名，具体格式为filename.log。在具体启动通用查询日志时，如果没有设置参数dir和filename，那么日志文件将使用默认名字——主机名.log，保存到默认目录——数据库数据文件里。

以上方法是通过配置文件指定开启了通用查询日志，此时需要重启MySQL服务器才能使设置生效。除此之外，还可以通过设置MySQL的环境变量动态地控制通用查询日志的开启与关闭。通过设置环境变量general_log进行通用查询日志的动态控制，就不需要重启MySQL服务器。操作示例如下：

```
#通过设置环境变量general_log进行通用查询日志的动态控制，on表示开启
mysql>set global general_log=on;
mysql>show variables like '%general_log%'\G;
```

结果如下：

```
mysql> show variables like '%general_log%'\G;
*************************** 1. row ***************************
Variable_name: general_log
        Value: OFF
*************************** 2. row ***************************
Variable_name: general_log_file
        Value: BRUCE_DEE.log
2 rows in set, 1 warning (0.01 sec)
```

在上述示例中，参数general_log用于动态控制通用查询日志的开启与关闭，on表示开启通用查询日志，general_log_file变量指定了通用查询日志文件所处的位置。

2. 查看通用查询日志

如果想了解用户最近的操作，可以查看通用查询日志。由于通用查询日志是以文本文件的形式存储内容的，因此可以直接使用普通文本工具来查看。

3. 停止通用查询日志

通用查询日志启动后，可以通过两种方法来停止。一种是通过设置MySQL服务器的配置文件my.ini来实现，具体内容如下：

```
[mysqld]
#log [=dir\[filename]]
```

在上述语句中，通过将相关配置注释掉，然后重启MySQL服务器，来停止通用查询日志。

上述方法需要重启MySQL服务器，这在某些场景（比如有业务量访问的情况）下是不允许的，这时可以通过另一种方法来动态地控制通用查询日志的开启与关闭：通过设置MySQL的环境变量general_log为关闭状态可以停止通用查询日志。操作示例如下。

```
#通过设置环境变量general_log进行通用查询日志的动态控制，off表示关闭
mysql>set global general_log=off;
#查看相关环境变量
mysql>show variables like '%general_log%'\G;
```

4. 删除通用查询日志

如果需要删除通用查询日志，可以通过执行命令mysqladmin来实现。具体语法形式如下：

```
mysqladmin -u root -p flush-logs
```

执行上述命令，MySQL服务器会创建一个新的通用查询日志，覆盖旧的通用查询日志。如果需要备份旧的日志文件，则必须先将旧的日志文件复制出来或者改名，然后再次执行命令mysqladmin。在具体删除通用查询日志时，一旦执行mysqladmin命令，就会先删除旧的通用查询日志文件，然后创建一个新的通用查询日志。

19.5 慢查询日志

慢查询也是MySQL中非常重要的日志之一，主要用来记录执行时间超过指定时间的查询语句。通过查看该类型日志文件，可以查找到哪些查询语句的执行效率低，以便找出MySQL服务器的性能瓶颈，从而进行优化。

慢查询日志的操作包括启动慢查询日志、查看慢查询日志、分析慢查询日志、停止慢查询日志和删除慢查询日志。

1. 启动慢查询日志

默认情况下，慢查询日志是关闭的，如果想启动慢查询日志，可以通过设置MySQL服务器的配置文件my.ini来实现。具体内容如下：

```
[mysqld]
log-slow-queries[=dir\[filename]]
long_query_time=n
```

在上述语句中，参数dir用来指定慢查询日志文件的存储路径；参数filename用来指定慢查询日志的文件名，具体格式为filename-slow.log。在具体启动慢查询日志时，如果没有设置参数dir和filename，慢查询日志文件将使用默认名字——主机名-slow.log，保存到默认目录——数据库数据文件里。参数n用来设置时间，该参数的单位为秒。如果没有设置long_query_time选项，则默认时间为10秒。

通过上述方法虽然开启了MySQL服务器的慢查询日志，但需要重启MySQL服务器以使设置生效。这在某些场景（比如有业务量访问的）情况下是不允许的，这时可以通过另外一种方法动态地控制慢查询日志的开启与停止：通过设置MySQL的环境变量slow_query_log为开启状

态可以启动该日志。操作示例如下：

```
#通过设置环境变量slow_query_log进行慢查询日志的动态控制，on表示开启
mysql>set global slow_query_log=on;
#设置慢查询日志最大允许的时间，单位为秒
mysql>set global long_query_time=2;
```

在通过环境变量开启慢查询日志时，slow_query_log对当前登录的连接实时生效，而long_query_time针对当前连接并不生效，是对新增的连接有效。如需启用修改后的变量值，需要重新连接MySQL。

2. 查看慢查询日志

如果想了解执行时间超过指定时间的查询语句，以便定位MySQL服务器的性能瓶颈，可以查看慢查询日志。

由于慢查询日志是以文本文件的形式存储内容的，因此可以直接使用普通文本工具来查看。

3. 分析慢查询日志

MySQL提供了对应的工具用于分析MySQL慢查询日志的内容，比如，查看慢查询次数最多的语句或者慢查询时间最长的语句，对应的工具为mysqldumpslow.pl，常用的参数如下：

- -s：分析慢查询日志指定排序参数，可选的值有：al，表示平均锁定时间；ar，表示平均返回记录数。
- at，表示平均查询时间。
- -t：表示只显示指定的行数。

操作示例如下：

```
#分析慢查询日志
C:\Program Files\MySQL\MySQL Server 8.3\bin>mysqldumpslow.pl -s at -t 1
"C:\ProgramData\
MySQL\MySQL Server 8.3\Data\BRUCE_DEE-slow.log"
```

在上述示例中，使用mysqldumpslow.pl分析慢查询日志，"-s at"表示将分析的结果按平均查询时间排序，"-t 1"表示只显示符合条件的第1条。

在分析慢查询日志时，mysqldumpslow.pl为由Perl语言编写的脚本，执行该脚本需要对应的Perl语言环境，Perl环境的安装包可以在http://www.perl.org/下载。

4. 停止慢查询日志

如需停止慢查询日志，可以通过设置MySQL服务器的配置文件my.ini来实现，具体内容如下：

```
[mysqld]
#log-slow-queries[=dir\[filename]]
#long_query_time=n
```

通过将对应配置注释掉，可以停止MySQL慢查询日志。

通过上述方法虽然停止了MySQL服务器的慢查询日志，但需要重启MySQL服务器，这在某些场景（比如有业务量访问的情况）下是不允许的，这时可以通过另外一种方法动态地控制慢查询日志的开启与停止：通过设置MySQL的环境变量slow_query_log为关闭状态可以停止该日志。操作示例如下：

```
#通过设置环境变量slow_query_log进行慢查询日志的动态控制，off表示关闭
mysql>set global slow_query_log=off;
```

5. 删除慢查询日志

如果需要删除慢查询日志，可以通过Windows的删除命令直接将慢查询日志文件删除，然后使用以下命令重新创建对应文件。具体语法形式如下：

```
#删除慢查询日志文件
C:\Program Files\MySQL\MySQL Server 8.3\bin>del C:\ProgramData\MySQL\MySQL Server 8.3\Data\BRUCE_DEE-slow.log
#重新刷新慢查询日志
mysqladmin -u root -p flush-logs
```

执行上述命令，MySQL服务器会创建一个新的慢查询日志，此时慢查询日志内容为空。如果需要备份旧的日志文件，则必须先将旧的日志文件复制出来或者改名，然后再次执行命令mysqladmin。

19.6　MySQL数据库维护

MySQL数据库维护是确保数据库长期稳定运行并保持最佳性能的一系列活动。数据库维护操作包含数据的备份、还原、导出和导入。

1. 通过复制数据文件实现数据备份

备份数据是数据库维护中常用的操作，通过备份后的数据文件可以在数据库发生故障后还原和恢复数据。

由于MySQL服务器中的数据文件是基于磁盘的文本文件，因此最简单、直接的备份操作就是直接将数据文件复制出来。由于MySQL服务器的数据文件在服务器运行时期总是处于打开和使用的状态，因此文本文件副本备份不一定总是有效。为了解决该问题，在具体复制数据文件时，需要先停止MySQL数据库服务器。

为了保证所备份数据的完整性，在停止MySQL数据库服务器之前，需要先执行FLUSH TABLES语句将所有数据写入数据文件里。

在Windows操作系统下，MySQL数据库服务器的数据文件经常存放在以下三个路径之一：

- C:\mysql\date目录。
- C:\Documents and Settings\All Users\Application DataMySQL\MySQL Server 8.3\data目录。
- C:\Program Files\MySQL\MySQL Server 8.3\data目录（本书MySQL数据库服务器所安装的目录）。

如果需要进行备份操作，可以直接复制上述相关目录里的数据文件。

虽然停止MySQL数据库服务器后就可以复制数据文件实现数据备份，但是这不是最好的备份方法。因为实际情况下，MySQL数据库服务器不允许被停止，同时该种方式对InnoDB存储引擎的表也不适合。通过复制数据文件方式实现数据备份的方式，只适合存储引警为MyISAM的表。

2. 通过命令mysqldump实现数据备份

除了可以通过复制数据文件实现数据备份外，还可以通过其他方式来实现。在MySQL中，经常通过命令mysqldump实现数据备份。该命令会将包含数据的表结构和数据内容保存在相应的文本文件。即具体执行时，首先会检查需要备份数据的表结构，在相应的文本文件中生成CREATE语句；然后检查数据内容，在相应的文本文件中生成INSERT INTO语句。将来如果需要还原数据，只需执行文本文件中的CREATE语句和INSERT INTO语句。下面将详细介绍命令mysqldump的使用方式。

1）备份一个数据库

在MySQL中，通过命令mysqldump来备份一个数据库的命令形式如下：

```
C:\Users\liguo>mysqldump -u username -p dbname
table1 table2...tablen
>backupname.sql
```

在上述语句中，参数usermame表示用户名；参数dbname表示数据库；参数table表示要备份的表，如果没有参数table，则表示备份整个数据库；参数backupname表示生成的备份文件。

备份文件一般以.sql为扩展名，也可以使用其他扩展名，不过.sql扩展名的文件给人的感觉就是与数据库相关的文件。

【例19.4】通过超级用户root登录到MySQL服务器，备份company数据库下的t_dept表。

在DOS窗口中执行命令mysgldump，备份数据库company下的表t_dept，具体内容如下：

```
C:\Users\liguo>Mysqldump -u root -p company t_dept>C:\data\t_dept_back.sql
```

```
C:\Users\liguo>Mysqldump -u root -p company t_dept>C:\data\t_dept_back.sql
Enter password: *****************
```

在上述语句中，通过用户root对数据库company里的表t_dept进行备份，同时设置备份文件为C:\data磁盘下的文件t_dept_back.sql。结果如图19.3所示，在C:\data磁盘下成功备份了数据库文件t_dept_back.sql。

2）备份多个数据库

在MySQL中，备份多个数据库也是通过命令mysqldump来实现的，其语法形式如下：

```
mysqldump -u username -p --databases dbname1 dbname2 ... dbnamen>backupname.sql
```

上述语句中多出一个名为databases的选项，该选项用来设置要备份的数据库。

图 19.3　备份结果

【例19.5】通过超级root用户登录到MySQL服务器，备份company和company1数据库。具体步骤如下：

在DOS窗口中执行命令mysqldump，备份数据库company和company1，具体内容如下：

```
mysqldump -u root -p --databases company company1>C:\data\database_company_back.sql
```

3）备份所有数据库

在MySQL中，通过命令mysqldump来备份所有数据库的语法形式如下：

```
mysqldump -u username -p --all -databases>backupname.sql
```

上述语句中多出一个名为all的选项，用来实现备份所有数据库，

【例19.6】通过超级root用户登录到MySQL服务器，备份所有数据库。具体步骤如下：
在DOS窗口中执行命令mysqldump，备份所有数据库，具体内容如下：

```
mysqldump -u root -p --all -databases>C:\data\all_databases_back.sql
```

在上述语句中，通过--all -databases选项备份了所有数据库。

3. 通过复制数据文件实现数据还原

还原数据是数据库维护中常用的操作，利用备份文件可以将MySQL数据库服务器还原到备份时的状态，这样就可以将管理员的非常规操作和计算机的故障造成的相关损失降到最小。前面介绍了通过复制数据文件实现数据备份，现在可以通过复制备份文件来实现还原操作。在通过复制数据文件实现数据还原时，必须保证两个MySQL数据库的主版本号一致，因为只有MySQL数据库主版本号相同，才能保证两个MySQL数据库的文件类型也相同。由于通过复制数据文件实现数据备份，对存储引擎类型为InnoDB的表不可用，仅对存储引擎为MyISAM类型的表有效。因此，通过复制数据文件实现数据还原也只对存储类型为MyISAM类型的表有效。

关于MySQL数据库服务器的版本号，第一个数字表示主版本号，只有主版本号一致的MySQL数据文件，其文件类型才会相同。

4. 通过命令mysql实现数据还原

除了可以通过复制数据文件实现数据还原外，还可以通过其他方式来实现。在MySQL中，经常通过命令mysql实现数据还原其语法形式如下：

```
mysqldump -u username -p [dbname]< backupname.sql
```

在上述语句中，参数username表示用户名；参数backupname表示用来还原的备份文件；参数dbname用来指定数据库的名称，可以指定也可以不指定，指定数据库时表示还原该数据库下的表，不指定数据库时表示还原备份文件中的所有数据库。

在具体执行命令mysql时，将执行备份文件中的CREATE和INSERT INTO语句，即通过执行CREATE语句创建数据库，通过执行INSERT INTO语句插入所备份的表中的数据。

通过超级root用户登录到MySQL服务器，然后利用前面生成的各种备份文件还原MySQL数据库服务器。例如，执行命令mysql，还原数据库company中的表t_dept，具体命令内容如下：

```
mysql-u root -p<C:\t_dept_back.sql
```

在上述语句中，通过root用户利用C磁盘下的文件t_dept_back.sql，对数据库company里的表t_dept进行还原。

如果要利用备份文件还原多数据库，即通过备份文件database_company_back.sql还原数据库company和companynew里的表，则执行命令mysql，还原数据库company中的表t_dept。具体命令内容如下：

```
mysql -u root -p<C:\database_company_back.sql
```

在上述语句中，通过root用户利用C磁盘下的文件database_company_back.sql，对数据库company和companynew进行还原。

5. 实现数据库表导出到文本文件

通过对数据库表进行的导出和导入操作，可以在MySQL数据库服务器与其他数据库服务器间（SQL SERVER、ORACLE）轻松移动数据。导出操作是指将数据从MySQL数据库表里复制到文本文件；导入操作是指将数据从文本文件加载到MySQL数据库表里。下面将详细介绍实现数据库表导出到文本文件的方法。

在具体实现导出操作时，经常会使用以下两种形式：

● 利用SELECT…INTO OUTFILE语句方式。
● 利用mysqldump命令方式。

下面将详细介绍实现导出操作的各种方式。

1）执行SELECT…INTO OUTFILE实现导出操作

在MySQL中，通过执行语句SELECT…INTO OUTFILE来实现将数据库表的内容导出成一个文本文件，其语法形式如下：

```
SELECT [file_name] FROM table_name
[WHERE condition]
INTO OUTFILE 'file_name'[OPTION]
```

上述语句分成两部分，第一部分为普通的数据查询语句，主要用来查询要导出到文本文件里的数据；第二部分通过参数filename指定将查询到的数据导出到哪个文本文件。参数OPTION设置相应选项，可以是下面6个值中的任何一个。

- FIELDS TERMINATED BY 'string'：用来设置字段的分隔符为字符串对象（string），默认值为 "\t"。
- FIELDS ENCLOSED BY 'char'：用来设置括上字段值的字符符号，默认情况下不使用任何符号。
- FIELDS OPTIONALLY ENCLOSED BY 'char'：用来设置括上CHAR、VARCHAR和TEXT等字段值的字符符号，默认情况下不使用任何符号。
- FIELES ESCAPED BY 'char'：用来设置转义字符的符号，默认情况下使用 "\" 字符。
- LINES STARTING BY 'char'：用来设置每行开头的字符符号，默认情况下不使用任何符号。
- LINES TERMINATED BY 'string'：用来设置每行结束的字符串符号，默认情况下使用 "\n" 字符串。

【例19.7】执行SQL语句SELECT…INTO OUTFILE，将company数据库中的表t_dept的所有数据导出到文件t_dept.txt。具体步骤如下：

步骤 01 执行SQL语句SELECT…INTO OUTFILE，将相应的数据导出到文本文件t_dept.txt里，具体SQL语句如下：

```
SELECT *
    FROM t_dept
    INTO OUTFILE 'c:\t_dept.txt';
```

步骤 02 查看文件t_dept.txt的内容可以发现，其显示格式混乱，不利于用户查看。因此，在执行SQL语句SELECT...INTO OUTFILE时，可以设置相应的OPTION选项。具体SQL语句如下：

```
SELECT *
FROM t_dept
INTO OUTFILE 'C:\data\t_dept.txt'
FIELDS TERMINATED BY '\、'
OPTIONALLY ENCLOSED BY '\"'
LINES STARTING BY '\>'
TERMINATED BY '\r\n';
```

上述语句中除了实现将表t_dept里的所有数据导出到文件t_dept.txt里，还设置了相应的显示格式，即每条数据记录为一行，每行数据记录以 ">" 开头，字段之间以 "、" 分隔，字符类型数值用引号（""）引起来。

2）mysqldump命令方式实现导出操作

mysqldump命令方式实现导出操作的命令形式如下：

```
mysqldump -u username -p dbname
    table1 table2 ...tablen
    >backupname.sql
```

在上述语句中，参数username表示用户名；参数dbname表示数据库；参数table表示所要备份的表，如果没有参数table，则表示备份整个数据库；参数backupname表示所生成的备份文件。备份文件一般以.sql为扩展名，也可以使用其他扩展名。

例如，在命令行窗口（或者终端）中执行命令mysqldump，备份数据库company下的表t_dept，具体SQL语句如下：

```
mysqldump -u root -p company t_dept> c:\t_dept_back.sql
```

6. 实现文本文件导入数据库表

在MySQL数据库服务器中，既然可以通过各种方式将数据库表导出成文本文件，那么就存在相应方式实现将文本文件导入数据库表中。这个主要通过以下两种方式来实现导入操作。

- 利用LOAD DATA INFILE语句。
- 利用mysqlimport命令。

下面将详细介绍实现导入操作的各种方式。

1）执行LOAD DATA INFILE语句实现文本文件导入数据库表

在MySQL中，通过执行LOAD DATA INFILE语句将文本文件导入数据库表的语法形式如下：

```
LOAD DATA[LOCAL] INFILE file_name INTO TABLE table_name [OPTION];
```

在上述语句中，关键字LOCAL用来指定在本地计算机中查找文本文件；参数filename用来指定文本文件的路径和名称；参数table_name用来指定表的名称；参数OPTION设置相应选项，可以是下面9个值中的任何一个。

- FIELDS TERMINATED BY 'string'：用来设置字段的分隔符为字符串对象（string），默认值为"\t"。
- FIELDS ENCLOSED BY 'char'：用来设置括上字段值的字符符号，默认情况下不使用任何符号
- FIELDS OPTIONALLY ENCLOSED BY 'char'：用来设置括上CHAR、VARCHAR和TEXT等字段值的字符符号，默认情况下不使用任何符号。
- FIELES ESCAPED BY 'char'：用来设置转义字符的符号，默认情况下使用"\"字符。
- LINES STARTING BY 'char'：用来设置每行开头的字符符号，默认情况下不使用任何符号。
- LINES TERMINATED BY 'string'：用来设置每行结束的字符符号，默认情况下使用"\n"
- IGNOREnLINES：用来实现忽略文件的前n行记录。
- (字段列表)：用来实现根据字段列表中的字段和顺序来加载记录。
- SET column=expr：用来设置列的转换条件，即所指定的列经过相应转换后才会被加载。

【例19.8】执行SQL语句LOAD DATA INFILE，将C磁盘中文件t_dept.txt里的数据记录导入数据库company的表t_dept中。具体步骤如下：

步骤 01　执行SQL语句DELETE FROM，删除表t_dept中的数据记录，然后查看表t_dept里的数据记录。具体SQL语句如下：

```
DELETE FROM t_dept;
SELECT * FROM t_dept;
```

步骤 02 执行SQL语句LOAD DATA INFILE，将文件t_dept.txt里的数据记录导入表t_dept中。具体SQL语句如下：

```
LOAD DATA INFILE 'c:\data\t_dept.txt' INTO TABLE t_dept
FIELDS TERMINATED BY '\、'
OPTIONALLY ENCLOSED BY '\" '
TERMINATED BY 'r\n';
```

在上述语句中实现了将文件t_dept.txt里的数据内容导入表t_dept中。由于文件t_dept.txt里的数据记录具有一定的格式，即每条数据记录为一行，字段之间以"、"分隔，字符类型数值用引号（""）引起来，因此在具体导入时，还需要设置相应格式。

2）利用mysqlimport命令方式实现导入操作

mysqlimport是MySQL提供的一个命令行工具，用于将数据文件导入MySQL数据库中。它的使用格式如下：

```
mysqlimport -u [用户名] -p[密码] [数据库名] [数据文件]
```

注意，-p参数后面不应有空格，直接接密码。以下是一个使用mysqlimport命令导入数据的例子：假设用户名是user，密码是password，要导入的数据库是mydatabase，数据文件是data.txt。

在命令行中输入以下命令：

```
mysqlimport -u user -ppassword mydatabase data.txt
```

这将会把data.tx文件中的数据导入mydatabase数据库中。请确保有足够的权限来执行这个命令，并且数据文件中的数据格式要与目标表的格式相匹配。如果数据文件是CSV格式，则文件名应该是data.csv；如果数据文件是其他MySQL支持的格式，则文件名应相应变化。

7. 数据库迁移

在具体使用MySQL数据库服务器的过程中，由于升级了计算机或者是升级了MySQL数据库服务器等原因，需要将数据库表中的数据从一个数据库服务器迁移到另一个数据库服务器。根据实际操作情况，可以将数据库迁移操作分成3种形式。

- 相同版本的MySQL数据库之间的迁移。
- 不同版本的MySQL数据库之间的迁移。
- 不同数据库间的迁移。

下面将详细介绍数据库迁移的各种方式。

1）相同版本的MySQL数据库之间的迁移

所谓相同版本的MySQL数据库，是指主版本号一致的数据库。该种方式的数据库迁移是最容易实现的。

对于相同版本的MySQL数据库之间的迁移，最安全和最常用的方式是先使用mysqldump命令备份数据库，然后使用mysql命令将备份文件还原到新的MySQL数据库。备份和还原操作可以同时执行，具体语法形式如下：

```
mysqldump -h hostnamel -u root -password=passwordl -all-databases
|
```

```
mysql -h hostname2 -u root -password=password2
```

在上述语句中，符号"|"用来实现将mysqldump命令备份的文件送给mysql命令；密码passwordl为hostnamel主机上的root用户的密码；密码password2为hostname2主机上的root用户的密码。

通过上述语法形式可以实现直接迁移。

2）不同版本的MySQL数据库之间的迁移

在具体使用MySQL数据库服务器的过程中，往往由于MySQL升级的原因，需要在不同版本的MySQL数据库之间进行数据迁移。该种方式下的数据库之间的迁移，分为两种方式：低版本MySQL数据库向高版本MySQL数据库迁移和高版本MySQL数据库向低版本MySQL数据库迁移。

具体实现由低版本MySQL数据库向高版本MySQL数据库迁移时，由于高版本会兼容低版本，因此该种方式也是最容易实现的操作。对于存储类型为MySIAM的表，最安全和最常用的操作是将表直接复制或者执行mysqlhotcopy命令；对于存储类型为InnoDB的表，最安全和最常用的操作是先执行mysqldump命令进行备份，再执行mysql命令将备份文件进行还原。

具体实现由高版本MySQL数据库向低版本MySQL数据库迁移时，由于低版本不兼容高版本，因此该种方式很难实现。

3）不同数据库间的迁移

在具体使用MySQL数据库服务器的过程中，有时由于客观原因，例如运营成本太高等，需要在不同数据库间进行迁移。

由于各种类型数据库服务器之间存在SQL语句不兼容的情况，不同数据库服务器之间的数据类型也有差异，因此不同数据库间的迁移没有普遍适用的解决办法。但是，不同数据库服务器间的迁移并不是完全不可能。在Windows操作系统下，如果要实现从MySQL数据库服务器向SOL SERVER数据库服务器迁移，可以通过MyODBC来实现；如果要实现从MySQL数据库服务器向ORACLE数据库服务器迁移，可以先执行mysqldump 命令导出sql文件，然后手动修改sql文件中的CREATE语句。

第**4**篇
设计与应用开发篇

本篇进入数据库的设计与应用开发环节，
综合应用前面介绍的知识，进行数据库的
设计与应用开发，提升实际开发能力。

本篇包括以下3章：

第 **20** 章
数据库设计

本章讨论数据库设计（database design）的技术和方法，主要讨论基于关系数据库管理系统的关系数据库设计。

20.1　数据库设计概述

在数据库领域内，通常把使用数据库的各类信息系统都称为数据库应用系统。例如，以数据库为基础的各种管理信息系统、办公自动化系统、地理信息系统、电子政务系统、电子商务系统等。

数据库设计，广义地讲，是数据库及其应用系统的设计，即设计整个数据库应用系统；狭义地讲，是设计数据库本身，即设计数据库的各级模式并建立数据库，这是数据库应用系统设计的一部分。本书的重点是讲解狭义的数据库设计。当然，设计一个好的数据库与设计一个好的数据库应用系统是密不可分的，一个好的数据库结构是应用系统的基础，特别在实际的系统开发项目中，两者更是密切相关、并行进行的。

下面给出数据库设计的一般定义。

数据库设计是指对于一个给定的应用环境，构造（设计）优化的数据库逻辑模式和物理结构，并据此建立数据库及其应用系统，使之能够有效地存储和管理数据，满足用户的应用需求，包括信息管理要求和数据操作要求。

- 信息管理要求是指在数据库中应该存储和管理哪些数据对象。
- 数据操作要求是指对数据对象需要进行哪些操作，如查询、增、删、改、统计等。

数据库设计的目标是为用户和各种应用系统提供一个信息基础设施和高效的运行环境。高效的运行环境是指数据库中数据的存取效率、数据库存储空间的利用率、数据库系统运行管理的效率等都是高的。

20.1.1 数据库设计的特点

大型数据库的设计和开发是一项庞大的工程，是涉及多学科的综合性技术。数据库建设是指数据库应用系统从设计、实施到运行与维护的全过程。数据库建设和一般的软件系统的设计、开发和运行与维护有许多相同之处，也有其自身的一些特点。

1. 数据库建设的基本规律

"三分技术，七分管理，十二分基础数据"是数据库设计的特点之一。

数据库建设不仅涉及技术，还涉及管理。要建设好一个数据库应用系统，开发技术固然重要，但相比之下管理更加重要。这里的管理不仅仅包括数据库建设作为一个大型的工程项目本身的项目管理，还包括该企业（即应用部门）的业务管理。

企业的业务管理更加复杂，也更重要，对数据库结构的设计有直接影响。这是因为数据库结构（即数据库模式）是对企业的业务部门数据以及各业务部门之间数据的联系的描述和抽象。业务部门数据以及各业务部门之间数据的联系是与各部门的职能、整个企业的管理模式密切相关的。

人们在数据库建设的长期实践中深刻认识到，一个企业数据库建设的过程是企业管理模式的改革和提高的过程。只有把企业的管理创新做好，才能实现技术创新，并建设好一个数据库应用系统。

"十二分基础数据"则强调了数据的收集、整理、组织和不断更新是数据库建设中的重要环节。基础数据的收集、入库是数据库建立初期工作量最大、最烦琐，也最细致的工作。在以后的数据库运行过程中更需要不断地把新数据加到数据库中，把历史数据加入数据仓库中，以便进行分析和挖掘，改进业务管理，提高企业竞争力。

2. 结构（数据）设计和行为（处理）设计相结合

数据库设计应该和应用系统设计相结合。也就是说，整个设计过程中要把数据库结构设计和对数据的处理设计密切结合起来。这是数据库设计的特点之二。

在早期的数据库应用系统开发过程中，常常把数据库设计和应用系统的设计分离开来，如图20.1所示。由于数据库设计有其专门的技术和理论，因此需要专门来讲解数据库设计。但这并不等于数据库设计和在数据库之上开发应用系统是相互分离的，相反，必须强调设计过程中数据库设计和应用系统设计的密切结合，并将之作为数据库设计的重要特点。

传统的软件工程忽视对应用中数据语义的分析和抽象。例如，结构化设计（structure design，SD）方法和逐步求精的方法着重于处理过程的特性，只要有可能就尽量推迟数据结构设计的决策。这种方法对于数据库应用系统的设计显然是不妥的。

早期的数据库设计致力于数据模型和数据库建模方法的研究，着重结构特性的设计而忽视了行为设计对结构设计的影响，这种方法也是不完善的。

我们则强调在数据库设计中要把结构特性和行为特性结合起来。

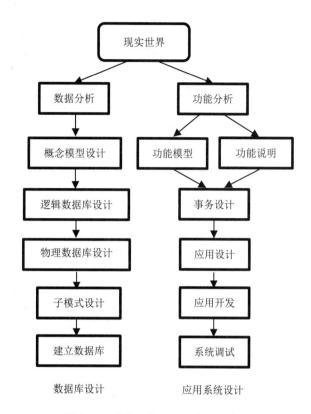

图 20.1　结构和行为分离的设计

20.1.2　数据库设计的方法

大型数据库设计是涉及多学科的综合性技术，又是一项庞大的工程项目。它要求从事数据库设计的专业人员具备多方面的知识和技术，主要包括：

- 计算机的基础知识。
- 软件工程的原理和方法。
- 程序设计的方法和技巧。
- 数据库的基本知识。
- 数据库设计技术。
- 应用领域的知识。

这样才能设计出符合具体领域要求的数据库及其应用系统。

为此，人们努力探索，提出了各种数据库设计方法。例如，新奥尔良（New Orleans）方法、基于 E-R 模型的设计方法、3NF（第三范式）的设计方法、面向对象的数据库设计方法、统一建模语言方法等。

此外，数据库工作者也一直在研究和开发数据库设计工具。经过多年的努力，数据库设计工具已经实现实用化和产品化。这些工具软件可以辅助设计人员完成数据库设计过程中的很多任务，已经普遍地用于大型数据库设计之中。

20.1.3 数据库设计的阶段

按照结构化系统设计的方法，考虑数据库及其应用系统开发全过程，将数据库设计分为 6 个阶段：需求分析阶段、概念结构设计阶段、逻辑结构设计阶段、物理结构设计阶段、数据库实施阶段以及数据库运行和维护阶段，如图 20.2 所示。

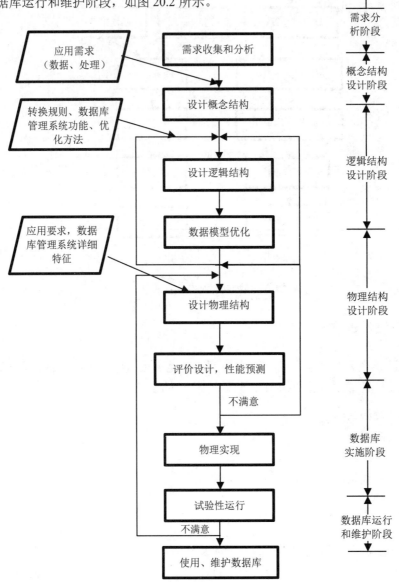

图 20.2 数据库设计阶段

在数据库设计过程中，需求分析和概念结构设计可以独立于任何数据库管理系统进行，逻辑结构设计和物理结构设计与选用的数据库管理系统密切相关。

在数据库设计开始之前，首先必须选定参加设计的人员，包括系统分析人员、数据库设计人员、应用开发人员、数据库管理员和用户代表。系统分析人员和数据库设计人员是数据库设计的核心人员，将自始至终参与数据库设计，其水平决定了数据库系统的质量。用户和数据库管理员在数据库设计中也是举足轻重的，主要参加需求分析与数据库的运行和维护，他们的积极参与（不仅仅是配合）不但能加速数据库设计，而且也是决定数据库设计质量的重要因素。应用开发人员（包括程序员和操作员）分别负责编制程序和准备软硬件环境，他们在系统实施阶段参与进来。

1. 需求分析阶段

进行数据库设计首先必须准确了解与分析用户需求（包括数据与处理）。需求分析是整个设计过程的基础，是最困难和最耗费时间的一个阶段。作为"地基"的需求分析是否做得充分与准确，决定了在其上构建数据库"大厦"的速度快慢与质量好坏。需求分析做得不好，可能会导致整个数据库设计返工重做。

2. 概念结构设计阶段

概念结构设计是整个数据库设计的关键，它通过对用户需求进行综合、归纳与抽象，形成一个独立于具体数据库管理系统的概念模型。

3. 逻辑结构设计阶段

逻辑结构设计是将概念结构转换为某个数据库管理系统所支持的数据模型，并对它进行优化。

4. 物理结构设计阶段

物理结构设计是为逻辑数据模型选取一个最适合应用环境的物理结构（包括存储结构和存取方法）。

5. 数据库实施阶段

在数据库实施阶段，设计人员运用数据库管理系统提供的数据库语言及其宿主语言，根据逻辑设计和物理设计的结果建立数据库，编写与调试应用程序，组织数据入库，并进行试运行。

6. 数据库运行和维护阶段

数据库应用系统经过试运行后即可投入正式运行。在数据库系统运行过程中必须不断地对它进行评估、调整与修改。设计一个完善的数据库应用系统是不可能一蹴而就的，它往往是上述6个阶段的不断反复。

需要指出的是，这个设计步骤既是数据库设计的过程，也包括了数据库应用系统的设计过程。在设计过程中把数据库的设计和对数据库中数据处理的设计紧密结合起来，将这两个方面的需求分析、抽象、设计、实现在各个阶段同时进行，相互参照，相互补充，以完善两方面的设计。事实上，如果不了解应用环境对数据的处理要求，或没有考虑如何去实现这些处理要求，是不可能设计一个良好的数据库结构的。有关处理特性的设计描述，包括设计原理、采用的设计方法及工具等在软件工程和信息系统设计的课程中有详细介绍，这里不再讨论。表20.1概括地给出了设计过程各个阶段关于数据特性的设计描述。

表 20.1　数据库设计各个阶段的数据设计描述

设计阶段	设计描述
需求分析	数据字典，全系统中数据项、数据结构、数据流、数据存储的描述
概念结构设计	概念模型（E-R图） 数据字典
逻辑结构设计	数据模型
物理结构设计	存储安排 存储方法选择 存储路径建立
数据库实施	创建数据库模式 装入数据 数据库试运行
数据库运行和维护	性能监测、转储/恢复、数据库重组和重构

20.1.4　数据库设计过程中的各级模式

按照20.1.3节的设计过程，数据库设计的不同阶段形成的各级模式如图20.3所示。

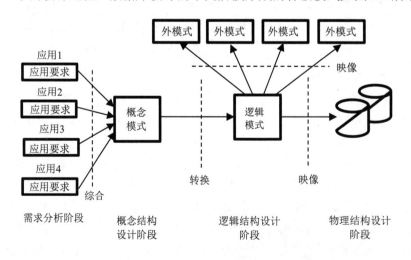

图 20.3　数据库的各级模式

在需求分析阶段综合各个用户的应用需求；在概念结构设计阶段形成独立于机器特点、独立于各个关系数据库管理系统产品的概念模式，在本篇中就是E-R图；在逻辑结构设计阶段将E-R图转换成具体的数据库产品支持的数据模型，如关系模型，形成数据库逻辑模式，然后根据用户处理的要求、安全性的考虑,在基本表的基础上建立必要的视图,形成数据的外模式;在物理结构设计阶段，根据关系数据库管理系统的特点和处理的需要进行物理存储安排，建立索引，形成数据库内模式。

下面就以图20.2的设计阶段为基础,讨论数据库设计各阶段的设计内容、设计方法和工具。

20.2 需 求 分 析

需求分析简单地说就是对用户需求进行解析的过程。它是数据库设计工作的起点，其准确性直接关系到后续设计阶段的质量和最终设计结果的合理性与实用性。需求分析的成果若能真实反映用户的实际需求，将确保设计过程中的每一步都建立在坚实的基础上，从而提高数据库设计的质量和效率。

20.2.1 需求分析的任务

需求分析的任务是通过详细调查现实世界要处理的对象（组织、部门、企业等），充分了解原系统（手工系统或计算机系统）的工作概况，明确用户的各种需求，然后在此基础上确定新系统的功能。新系统必须充分考虑今后可能的扩充和改变，不能仅仅按当前应用需求来设计数据库。

调查的重点是"数据"和"处理"，通过调查、收集与分析，获得用户对数据库的如下要求：

（1）信息要求：指用户需要从数据库中获得信息的内容与性质。由信息要求可以导出数据要求，即在数据库中需要存储哪些数据。

（2）处理要求：指用户要完成的数据处理功能对处理性能的要求。

（3）安全性与完整性要求：封锁是实现并发控制的一个非常重要的技术。

确定用户的最终需求是一件很困难的事：一方面用户缺少计算机知识，开始时无法确定计算机究竟能为自己做什么，不能做什么，因此不能准确地表达自己的需求，所提出的需求往往不断地变化；另一方面设计人员缺少用户的专业知识，不易理解用户的真正需求，甚至误解用户的需求。因此，设计人员必须不断深入地与用户交流，才能逐步确定用户的实际需求。

20.2.2 需求分析的方法

进行需求分析首先是调查清楚用户的实际要求，与用户达成共识，然后分析与表达这些需求。

调查用户需求的具体步骤如下：

步骤01 调查组织机构情况，包括了解该组织的部门组成情况、各部门的职责等，为分析信息流程做准备。

步骤 02 调查各部门的业务活动情况，包括了解各部门输入和使用什么数据，如何加工处理这些数据，输出什么信息，输出到什么部门，输出结果的格式是什么；等等。这是调查的重点。

步骤 03 在熟悉业务活动的基础上，协助用户明确对新系统的各种要求，包括信息要求、处理要求、安全性与完整性要求。这是调查的又一个重点。

步骤 04 确定新系统的边界。对前面调查的结果进行初步分析，确定哪些功能由计算机完成或将来准备让计算机完成，哪些功能由人工完成。由计算机完成的功能就是新系统应该实现的功能。

需求分析过程如图20.4所示。

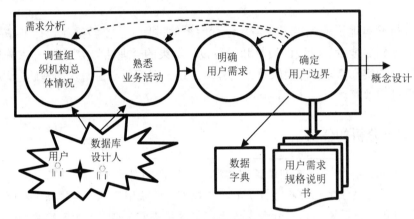

图 20.4　需求分析过程

在调查过程中，可以根据不同的问题和条件使用不同的调查方法。常用的调查方法有：

（1）跟班作业。通过亲身参加业务工作来了解业务活动的情况。

（2）开调查会。通过与用户座谈来了解业务活动情况及用户需求。

（3）请专人介绍。

（4）询问。对于某些调查中的问题可以找专人询问。

（5）设计调查表请用户填写。如果调查表设计得合理，这种方法是很有效的。

（6）查阅记录。查阅与原系统有关的数据记录。

做需求调查时往往需要同时采用上述多种方法，但无论使用何种调查方法，都必须有用户的积极参与和配合。

调查了解用户需求以后，还需要进一步分析和表达用户的需求。在众多分析方法中，结构化分析（structured analysis，SA）方法是一种简单实用的方法。SA方法从最上层的系统组织机构入手，采用自顶向下、逐层分解的方式分析系统。

对用户需求进行分析与表达后，必须提交需求分析报告给用户，征得用户的认可。

20.2.3　数据字典

数据字典是进行详细的数据收集和数据分析所获得的主要成果。它是关于数据库中数据的描述，即元数据，而不是数据本身。数据字典在需求分析阶段建立，在数据库设计过程中不断修改、充实、完善。它在数据库设计中占有很重要的地位。

数据字典通常包括数据项、数据结构、数据流、数据存储和处理过程几部分。其中数据项是数据的最小组成单位，若干个数据项可以组成一个数据结构。数据字典通过对数据项和数据结构的定义来描述数据流、数据存储的逻辑内容。

1. 数据项

数据项是不可再分的数据单位。对数据项的描述通常包括以下内容：

数据项描述={数据项名，数据项含义说明，别名，数据类型，长度，取值范围，取值含义，与其他数据项的逻辑关系，数据项之间的联系}

其中，"取值范围""与其他数据项的逻辑关系"（如该数据项等于其他几个数据项的和、该数据项值等于另一数据项的值等）定义了数据的完整性约束条件，是设计数据检验功能的依据。

可以将关系规范化理论作为指导，用数据依赖的概念分析和表示数据项之间的联系，即按实际语义写出每个数据项之间的数据依赖。它们是数据库逻辑设计阶段数据模型优化的依据。

2. 数据结构

数据结构反映了数据之间的组合关系。一个数据结构可以由若干个数据项组成，也可以由若干个数据结构组成，或由若干个数据项和数据结构混合组成。对数据结构的描述通常包括以下内容：

数据结构描述={数据结构名，含义说明，组成：{数据项或数据结构}}

3. 数据流

数据流是数据结构在系统内传输的路径。对数据流的描述通常包括以下内容：

数据流描述={数据流名，说明，数据流来源，数据流去向，组成：{数据结构}，
　　　　　　平均流量，高峰期流量}

其中，"数据流来源"是说明该数据流来自哪个过程；"数据流去向"是说明该数据流将到哪个过程去；"平均流量"是指在单位时间（每天、每周、每月等）里的传输次数；"高峰期流量"则是指高峰时期的数据流量。

4. 数据存储

数据存储是指数据结构停留或保存的地方，也是数据流的来源和去向之一。它可以是手工文档或手工凭单，也可以是计算机文档。对数据存储的描述通常包括以下内容：

数据存储描述={数据存储名，说明，编号，输入的数据流，输出的数据流，
　　　　　　组成：{数据结构}，数据量，存取频度，存取方式}

其中，"存取频度"指每小时、每天或每周存取次数及每次存取的数据量等信息；"存取方式"指是批处理还是联机处理，是检索还是更新，是顺序检索还是随机检索等；"输入的数据流"指出其来源；"输出的数据流"指出其去向。

5. 处理过程

处理过程的具体处理逻辑一般用判定表或判定树来描述。数据字典中只需要描述处理过程的说明性信息即可，通常包括以下内容：

处理过程描述={处理过程名，说明，输入：{数据流}，输出：{数据流}，处理：{简要说明}}

其中，"简要说明"主要说明该处理过程的功能及处理要求。功能是指该处理过程用来做什么（而不是怎么做）。处理要求指处理频度要求，如单位时间里处理多少事务、多少数据量响应时间要求等。这些处理要求是后面物理设计的输入及性能评价的标准。

明确地把需求收集和分析作为数据库设计的第一阶段是十分重要的。这一阶段收集到的基础数据（用数据字典来表达）是下一步进行概念设计的基础。最后，要强调两点：

（1）需求分析阶段的一个重要而困难的任务是收集将来应用所涉及的数据，设计人员应充分考虑到可能的扩充和改变，使设计易于更改，系统易于扩充。

（2）必须强调用户的参与，这是数据库应用系统设计的特点。数据库应用系统和广泛的用户有密切的联系，许多人要使用数据库，数据库的设计和建立又可能对更多人的工作环境产生重要影响。因此，用户的参与是数据库设计不可分割的一部分。在数据分析阶段，任何调查研究没有用户的积极参与都是寸步难行的。设计人员应该和用户具有共同语言，帮助不熟悉计算机的用户建立数据库环境下的共同概念，并对设计工作的最后结果承担共同的责任。

20.3 概念结构设计

将需求分析得到的用户需求抽象为信息结构（即概念模型）的过程就是概念结构设计。它是整个数据库设计的关键。本节讲解概念模型的特点，以及用 E-R 模型来表示概念模型的方法。

20.3.1 概念模型

在需求分析阶段得到的应用需求应该首先抽象为信息世界的结构，然后才能更好、更准确地用某一数据库管理系统实现这些需求。

概念模型的主要特点如下：

（1）能真实、充分地反映现实世界，包括事物和事物之间的联系，能满足用户对数据的处理要求，是现实世界的一个真实模型。

（2）易于理解。可以用它和不熟悉计算机的用户交换意见。用户的积极参与是数据库设计成功的关键。

（3）易于更改。当应用环境和应用要求改变时，能容易地对概念模型进行修改和扩充。

（4）易于向关系、网状、层次等各种数据模型转换。

概念模型是各种数据模型的共同基础，它比数据模型更独立于机器、更抽象，从而更加稳定。描述概念模型的有力工具是E-R模型。在1.2.2节详细介绍了E-R模型，下面介绍扩展的E-R模型。

20.3.2　扩展的 E-R 模型

E-R方法是抽象和描述现实世界的有力工具。用E-R图表示的概念模型独立于具体的数据库管理系统所支持的数据模型,是各种数据模型的共同基础,因而比数据模型更一般、更抽象、更接近现实世界。目前E-R模型已得到了广泛的应用,如图20.5所示为工厂物资管理E-R图。人们在基本E-R模型的基础上进行了某些方面的扩展,使其表达能力更强。

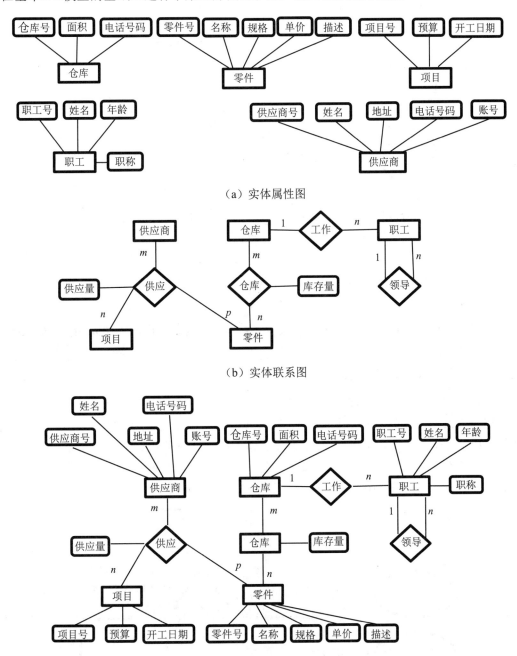

图 20.5　工厂物资管理 E-R 图

1. ISA联系

用 E-R 方法构建一个项目的模型时，经常会遇到某些实体型是某个实体型的子类型。例如，研究生和本科生是学生的子类型，学生是父类型。这种父类-子类联系称为 ISA 联系，表示"is a"的语义。例如，图 20.6 中研究生 is a 学生，本科生 is a 学生。ISA 联系用三角形来表示。

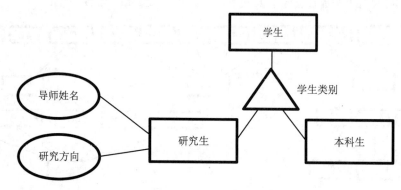

图 20.6　学生的两个子类型和分类属性

ISA联系一个重要的性质是子类继承了父类的所有属性，当然子类也可以有自己的属性。

例如，本科生和研究生是学生实体的两个子类型，它们具有学生实体的全部属性，研究生子实体型还有"导师姓名"和"研究方向"两个自己的属性。

ISA联系描述了一个实体型中实体的一种分类方法，下面对分类方法做进一步说明。

1）分类属性

根据分类属性的值把父实体型中的实体分派到子实体型中。例如在图20.6中，在ISA联系符号三角形的右边加了一个分类属性"学生类别"，它说明一个学生是研究生还是本科生由"学生类别"这个分类属性的值决定。

2）不相交约束与可重叠约束

不相交约束描述父类中的一个实体不能同时属于多个子类中的实体集，即一个父类中的实体最多属于一个子类实体集，用在ISA联系三角形中加一个叉号来表示。如图20.7表明一个学生不能既是本科生又是研究生。如果父类中的一个实体能同时属于多个子类中的实体集，则称为可重叠约束，三角符号中没有叉号表示是可重叠的。

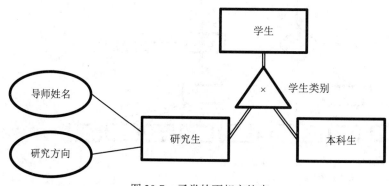

图 20.7　子类的不相交约束

3）完备性约束

完备性约束描述父类中的一个实体是否必须是某一个子类中的实体，如果是，则叫作完全特化（total specialization），否则叫作部分特化（partial specialization）。完全特化用父类到子类的双线连接来表示，单线连接则表示部分特化。假设学生只有两类，要么是本科生，要么是研究生，二者必选其一，这就是完全特化的例子。

2. 基数约束

基数约束是对实体之间一对一、一对多和多对多联系的细化。参与联系的每个实体型用基数约束来说明实体型中的任何一个实体可以在联系中出现的最少次数和最多次数。约束用一个数对"min..max"表示，$0 \leqslant min \leqslant max$。例如，0..1、1..3、1..*（*代表无穷大）。min=1的约束叫作强制参与约束，即被施加基数约束的实体型中的每个实体都要参与联系；min=0的约束叫作非强制参与约束，即被施加基数约束的实体型中的实体可以出现在联系中，也可以不出现在联系中。本书中，二元联系的基数约束标注在远离施加约束的实体型，靠近参与联系的另外一个实体型的位置。例如，图20.8（a）学生和学生证的联系中，一个学生必须拥有一本学生证，一本学生证只能属于一个学生，因此都是1..1。

在图20.8（b）中，学生和课程是多对多的联系。假设学生实体型的基数约束是20..30，表示每个学生必须选修20~30门课程；课程的一个合理的基数约束是0..*，即一门课程一般会被很多同学选修，但是有的课程可能还没有任何一位同学选修，如新开课。

在图20.8（c）班级和学生的联系中，一个学生必须加入一个班级，并只能加入一个班级，因此是1..1，标在参与联系的班级实体一边；一个班级最少有30个学生，最多有40个学生，因此是30..40，标在参与联系的学生实体一边。之所以采用这种方式，一是可以方便地读出约束的类型（一对一、一对多、多对多），如班级和学生是一对多的联系；二是一些E-R辅助绘图工具也是采用的这样的表现形式。

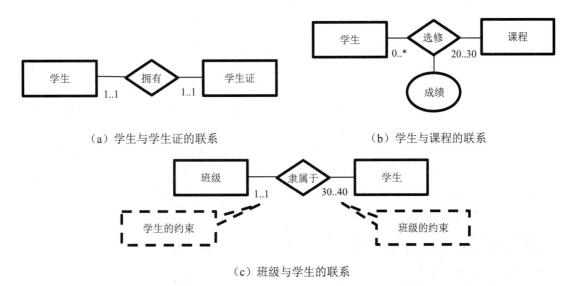

（a）学生与学生证的联系　　　　　　（b）学生与课程的联系

（c）班级与学生的联系

图 20.8　一对一、一对多、多对多的基数约束示例

3. Part-of联系

Part-of联系即部分联系，它表明某个实体型是另外一个实体型的一部分。例如汽车和轮子两个实体型，轮子实体是汽车实体的一部分，即Part-of汽车实体。Part-of联系可以分为两种情况，一种是整体实体如果被破坏，部分实体仍然可以独立存在，称为非独占的Part-of联系。例如，汽车实体型和轮子实体型之间的联系，一辆汽车车体被损毁了，但是轮子还存在，可以拆下来独立存在，也可以再安装到其他汽车上。非独占的Part-of联系可以通过基数约束来表达。在图20.9中，汽车的基数约束是4..4，即一辆汽车要有4个轮子；轮子的基数约束是0..1，这样的约束表示非强制参与联系。例如，一个轮子可以安装到一辆汽车上，也可以没有安装到任何车辆上独立存在，即一个轮子可以参与一个联系，也可以不参与。因此，在E-R图中用非强制参与联系表示非独占Part-of联系。

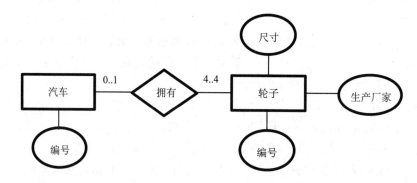

图 20.9 用非强制参与联系表示非独占的 Part-of 联系

与非独占联系相反，还有一种Part-of联系是独占联系，即整体实体如果被破坏，部分实体不能存在。在E-R图中用弱实体类型和识别联系来表示独占联系。如果一个实体型的存在依赖于其他实体型的存在，则这个实体型叫作弱实体型，否则叫作强实体型。前面介绍的绝大多数实体型都是强实体型。一般地讲，如果不能从一个实体型的属性中找出可以作为码的属性，则这个实体型是弱实体型。在E-R图中用双矩形表示弱实体型，用双菱形表示识别联系。

例如，图20.10所示为某用户从银行贷了一笔款，这笔款项一次贷出，分期归还。还款就是一个弱实体，它只有还款序号、日期和金额3个属性，第1笔还款的序号为1，第2笔还款的序号为2，以此类推，这些属性的任何组合都不能作为还款的码。还款的存在必须依赖于贷款实体，没有贷款自然就没有还款。

再看一个例子，房间和楼房的联系，如图20.11所示。每座楼都有唯一的编号或者名称，每个房间都有一个编号，如果房间号不包含楼号，则房间号不能作为码，因为不同的楼中可能有编号相同的房间，所以房间是一个弱实体。例如，信息楼500号房间及明德楼500号房间，房间号都没有包含楼号，所以该房间号不能作为码。

> 注意 由于E-R图的图形元素并没有标准化，因此不同的教材和不同的构建E-R图的工具软件之间会有一些差异。

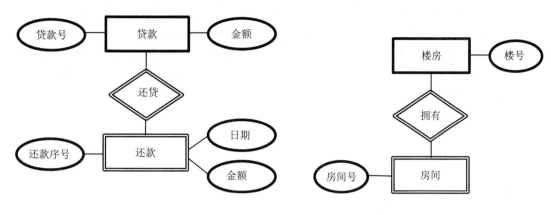

图 20.10　弱实体型和识别联系　　　　　图 20.11　房间是一个弱实体

20.3.3　UML

表示E-R图的方法有若干种，统一建模语言（UML）是其中之一。

UML是对象管理组织（object management group，OMG）的一个标准，它不是专门针对数据建模的，而是为软件开发的所有阶段提供模型化和可视化支持的规范语言，从需求规格描述到系统完成后的测试和维护，都可以用到UML。UML可以用于数据建模、业务建模、对象建模、组件建模等，它提供了多种类型的模型描述图（diagram），借助这些图可以使得计算机应用系统开发中的应用程序更易于理解。关于UML的概念、内容和使用方法等可以专门开设一门课程来讲解，已经超出本书范围，这里仅简单介绍如何用UML中的类图来建立概念模型，即E-R图。

UML中的类（class）大致对应E-R图中的实体。由于UML中的类具有面向对象的特征，它不仅描述对象的属性，还包含对象的方法（method）。方法是面向对象技术中的重要概念，在对象关系数据库中支持方法，但E-R模型和关系模型都不提供方法，因此本书在用UML表示E-R图时省略了对象方法的说明。

- 实体型：用类表示，矩形框中实体名放在上部，下面列出属性名。
- 实体的码：在属性后面加"PK"（primary key）来表示码属性。
- 联系：用类图之间的"关联"来表示。早期的UML只能表示二元关联，关联的两个类用无向边相连，在连线上面写关联的名称。例如，学生、课程及其之间的联系以及基数约束的E-R图用UML表示如图20.12所示。现在UML也扩展了非二元关联，并用菱形框表示关联，框内写联系名，用无向边分别与关联的类连接起来。

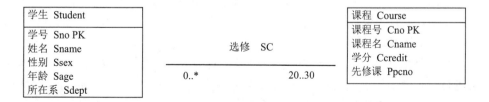

图 20.12　用 UML 的类图表示 E-R 图示例

- 基数约束：UML中关联类之间基数约束的概念、表示和E-R图中的基数约束类似。用一个数对min..max表示类中的任何一个对象可以在关联中出现的最少次数和最多次数。例如，0..1、1..3、1..*。基数约束的标注方法和上一节中的一样，在图20.12中，学生和课程的基数约束标注表示每个学生必须选修20~30门课程；一门课程一般会被很多同学选修，也可能没有同学选修，因此为0..*。
- UML中的子类：面向对象技术支持超类–子类概念，子类可以继承超类的属性，也可以有自己的属性。这些概念和E-R图的父类–子类联系或ISA联系是一致的。因此很容易用UML表示E-R图的父类–子类联系。

注意 如果计算机应用系统的设计和开发的全过程是使用UML规范的，那么开发人员自然可以采用UML对数据建模。如果计算机应用系统的设计和开发不是使用UML的，则建议在数据库设计中采用E-R模型来表示概念模型。

20.3.4 概念结构设计

前面讲解了 E-R 图的基本概念，本节将介绍在设计 E-R 图的过程中如何确定实体与属性，以及在集成 E-R 图时如何解决冲突等关键技术。

概念结构设计的第一步就是对需求分析阶段收集到的数据进行分类、组织，确定实体、实体的属性、实体之间的联系类型，形成 E-R 图。确定实体和属性看似简单，但它常常会困扰设计人员，因为实体与属性之间并没有形式上可以截然划分的界限。

1. 实体与属性的划分原则

事实上，在现实世界中具体的应用环境常常对实体和属性已经做了自然的大体划分。在数据字典中，数据结构、数据流和数据存储都是若干属性有意义的聚合，这就已经体现了这种划分。可以先从这些内容出发定义E-R图，然后进行必要的调整。在调整中遵循的一条原则是：为了简化E-R图的处理，现实世界的事物能作为属性对待的尽量作为属性对待。

那么，符合什么条件的事物可以作为属性对待呢？可以给出两条准则：

（1）作为属性，不能再具有需要描述的性质，即属性必须是不可分的数据项，不能包含其他属性。

（2）属性不能与其他实体具有联系，即E-R图中所表示的联系是实体之间的联系。

凡满足上述两条准则的事物，一般均可作为属性对待。

例如，职工是一个实体，职工号、姓名、年龄是职工的属性，职称如果没有与工资、岗位津贴、福利挂钩，换句话说，没有需要进一步描述的特性，则根据第一条准则，职称可以作为职工实体的属性；但如果不同的职称有不同的工资、岗位津贴和福利，则职称作为一个实体看待会更恰当，如图20.13所示。

又如，在医院中一个病人只能住在一个病房，病房号可以作为病人实体的一个属性；但如果病房还要与医生实体发生联系，即一个医生负责几个病房的病人的医疗工作，则根据第二条准则，病房应作为一个实体，如图20.14所示。

再如，如果一种货物只存放在一个仓库中，那么可以把仓库号作为描述货物存放地点的属性；但如果一种货物可以存放在多个仓库中，或者仓库本身又用面积作为属性，或者仓库与职工发生管理上的联系，那么就应把仓库作为一个实体，如图20.15所示。

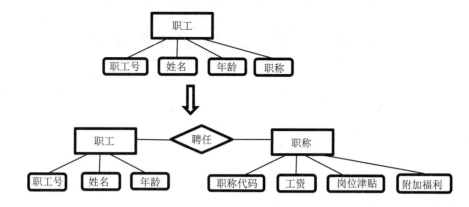

图 20.13　职称作为一个实体

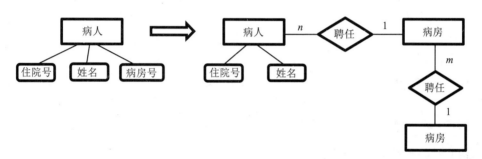

图 20.14　病房作为一个实体

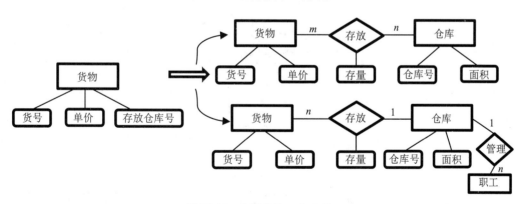

图 20.15　仓库作为一个实体

【例 20.1】销售管理子系统 E-R 图的设计。

某工厂开发管理信息系统，经过可行性分析，详细调查确定了该系统由物资管理、销售管理、劳动人事管理等子系统组成，为每个子系统组成了开发小组。

销售管理子系统开发小组的成员经过调查研究、信息流程分析和数据收集，明确了该子系统的主要功能是处理顾客和销售员送来的订单。工厂是根据订单来安排生产的；在交出货物的同时开出发票；收到顾客付款后，根据发票存根和信贷情况进行应收账款处理。通过需求分析，知道整个系统功能围绕"订单"和"应收账款"的处理来实现。数据结构中订单、顾客、顾客应收账款用得最多，是许多子功能、数据流共享的数据，因此先设计该E-R图的草图，如图20.16所示。

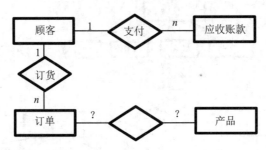

图 20.16 E-R 图的框架

然后参照需求分析和数据字典中的详尽描述，遵循前面给出的两个准则，进行如下调整：

（1）每张订单由订单号、若干头信息和订单细节组成。订单细节又由订货的零件号、数量等来描述。按照第二条准则，订单细节就不能作为订单的属性，而应该上升为实体。一张订单可以订若干产品，所以订单与订单细节两个实体之间是$1{:}n$的联系。

（2）原订单和产品的联系实际上是订单细节和产品的联系。每个订货细节对应一个产品描述，订单处理时从中获得当前单价、产品重量等信息。

（3）工厂对大宗订货给予优惠。每种产品都规定了不同订货数量的折扣，应增加一个"折扣规则"实体存放这些信息，而不应把它们放在产品实体中。

最后得到销售管理子系统E-R图如图20.17所示。

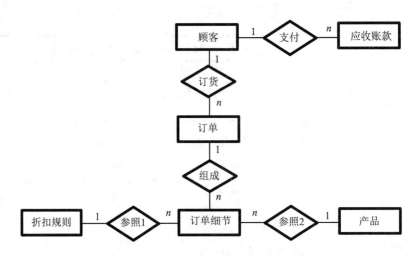

图 20.17 销售管理子系统的 E-R 图

每个实体定义的属性如下：

- 顾客：{顾客号，顾客名，地址，电话，信贷状况，账目余额}。
- 订单：{订单号，顾客号，订货项数，订货日期，交货日期，工种号，生产地点}。
- 订单细则：{订单号，细则号，零件号，订货数，金额}。

- 应收账款：{<u>顾客号</u>，<u>订单号</u>，发票号，应收金额，支付日期，支付金额，当前余额，货款限额}。
- 产品：{<u>产品号</u>，产品名，单价，重量}。
- 折扣规则：{<u>产品号</u>，订货量，折扣}。

> **注意** 为了节省篇幅，这里省略了实体属性图，实体的码用下画线标出。

2. E-R 图的集成

在开发一个大型信息系统时，经常采用的策略是自顶向下地进行需求分析，然后自底向上地设计概念结构。即首先设计各子系统的分E-R图，然后将它们集成起来，得到全局E-R图。E-R图的集成一般需要分两步，如图20.18所示。

- 合并：解决各分E-R图之间的冲突，将分E-R图合并起来生成初步E-R图。
- 修改和重构：消除不必要的冗余，生成基本E-R图。

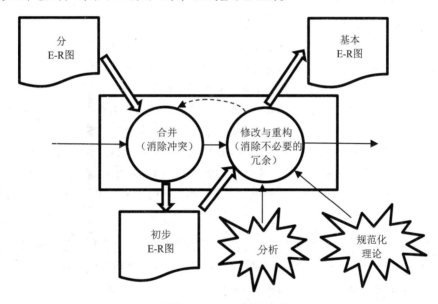

图 20.18　E-R 图的集成

1）合并E-R图，生成初步E-R图

各个局部应用所面向的问题不同，且通常是由不同的设计人员进行局部视图设计的，这就导致各个子系统的E-R图之间必定存在许多不一致的地方，称之为冲突。因此，合并这些E-R图时并不能简单地将各个E-R图画到一起，而是必须着力消除各个E-R图中的不一致，以形成一个能为全系统中所有用户共同理解和接受的统一的概念模型。合理消除各分E-R图的冲突是合并E-R图的主要工作与关键所在。

各子系统的E-R图之间的冲突主要有3类：属性冲突、命名冲突和结构冲突。

（1）属性冲突：主要包含以下两类冲突：

- 属性域冲突，即属性值的类型、取值范围或取值集合不同。例如零件号，有的部门把它定义为整数，有的部门把它定义为字符型，不同部门对零件号的编码也不同。又如年龄，某些部门以出生日期形式表示职工的年龄，而另一些部门用整数表示职工的年龄。

- 属性取值单位冲突。例如，零件的重量有的以公斤为单位，有的以斤为单位，有的以克为单位。

属性冲突理论上好解决，但实际上需要各部门讨论协商，解决起来并非易事。

（2）命名冲突：主要包含以下两类冲突：

- 同名异义，即不同意义的对象在不同的局部应用中具有相同的名字。
- 异名同义（一义多名），即同一意义的对象在不同的局部应用中具有不同的名字。

例如，对于科研项目，财务科称为项目，科研处称为课题，生产管理处称为工程。命名冲突可能发生在实体、联系一级上，也可能发生在属性一级上。其中属性的命名冲突更为常见。处理命名冲突通常也像处理属性冲突一样，可以通过讨论、协商等手段加以解决。

（3）结构冲突：主要包含以下3类冲突：

- 同一对象在不同应用中具有不同的抽象。例如，职工在某一局部应用中被当作实体，而在另一局部应用中则被当作属性。解决方法通常是把属性变换为实体或把实体变换为属性，使同一对象具有相同的抽象。但变换时仍要遵循前面讲述的两条准则。
- 同一实体在不同子系统的E-R图中包含的属性个数和属性排列次序不完全相同。这是很常见的一类冲突，原因是不同的局部应用关心的是该实体的不同侧面。解决方法是使该实体的属性取各子系统的E-R图中属性的并集，再适当调整属性的次序。
- 实体间的联系在不同的E-R图中为不同的类型。如实体E1与E2在一个E-R图中是多对多联系，在另一个E-R图中是一对多联系；又如在一个E-R图中E1与E2发生联系，而在另一个E-R图中E1、E2、E3三者之间有联系。解决方法是根据应用的语义对实体联系的类型进行综合或调整。

例如，图20.19（a）中零件与产品之间存在多对多的联系——构成，图20.19（b）中产品、零件与供应商三者之间还存在多对多的联系——供应，这两个联系互相不能包含，则在合并两个E-R图时，就应把它们综合起来，如图20.19（c）所示。

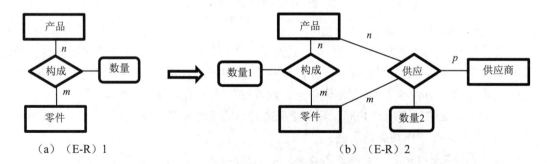

（a）（E-R）1　　　　　　　　　　　（b）（E-R）2

图 20.19　合并两个 E-R 图时的综合

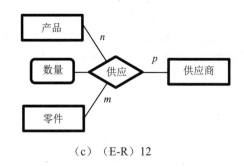

（c）（E-R）12

图 20.19　合并两个 E-R 图时的综合（续）

2）消除不必要的冗余，设计基本E-R图

在初步E-R图中可能存在一些冗余的数据和实体间冗余的联系。所谓冗余的数据是指可由基本数据导出的数据，冗余的联系是指可由其他联系导出的联系。冗余数据和冗余联系容易破坏数据库的完整性，给数据库维护增加困难，应当予以消除。消除了冗余后的初步E-R图称为基本E-R图。

消除冗余主要采用分析方法，即以数据字典和数据流图为依据，根据数据字典中关于数据项之间逻辑关系的说明来消除冗余。例如，在图20.20中，$Q_3 = Q_1 \times Q_2$，$Q_4 = \sum Q_5$，所以Q_3和Q_4是冗余数据，可以消去；并且由于Q_3被消去，产品与材料间$m{:}n$的冗余联系也应消去。

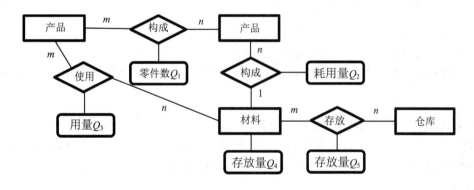

图 20.20　消除冗余

但是，并不是所有的冗余数据与冗余联系都必须消除，有时为了提高效率，不得不以冗余信息作为代价。因此，在设计数据库概念结构时，哪些冗余信息必须消除，哪些冗余信息允许存在，需要根据用户的整体需求来确定。如果人为地保留了一些冗余数据，则应把数据字典中数据关联的说明作为完整性约束条件。例如，若物种部门经常要查询各种材料的库存量，如果每次都要查询每个仓库中此种材料的库存，再对它们求和，查询效率就太低了。所以应保留Q_4，同时把$Q_4 = \sum Q_5$定义为Q_4的完整性约束条件。每当Q_5被修改后，就触发该完整性检查，作相应的修改。

除分析方法外，还可以用规范化理论来消除冗余。在规范化理论中，函数依赖的概念提供了消除冗余联系的形式化工具。具体方法如下：

（1）确定分E-R图实体之间的数据依赖。实体之间一对一、一对多、多对多的联系可以用实体码之间的函数依赖来表示。例如，在图20.21中，部门和职工之间一对多的联系可表示为职工号→部门号；职工和产品之间多对多的联系可表示为（职工号，产品号）→工作天数等。于是有函数依赖集F_L。

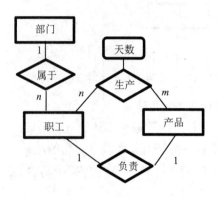

图 20.21　劳动人事管理的分 E-R 图

（2）求F_L的最小覆盖G_L，差集为$D = F_L - G_L$。

逐一考察D中的函数依赖，确定是不是冗余的联系，若是就把它去掉。由于规范化理论受到泛关系假设的限制，因此应注意下面两个问题：

- 冗余的联系一定在D中，而D中的联系不一定是冗余的。
- 当实体之间存在多种联系时，要将实体之间的联系在形式上加以区分。例如，在图20.26中，部门和职工之间另一个一对一的联系就要表示为：负责人.职工号→部门号，部门号→负责人.职工号。

【例20.2】某工厂管理信息系统的视图集成。

图20.19、图20.20、图20.21分别为该厂销售、物资和劳动人事管理的分E-R图。图20.22为该系统的基本E-R图。这里基本E-R图中各实体的属性因篇幅有限从略。在集成过程中，解决了以下问题：

- 异名同义，项目和产品含义相同。某个项目实质上是指某个产品的生产，因此统一用产品作实体名。
- 库存管理中，职工与仓库的工作关系已包含在劳动人事管理的部门与职工之间的联系中，所以可以取消。职工之间领导与被领导关系可由部门与职工（经理）之间的领导关系、部门与职工之间的从属关系两者导出，所以也可以取消。

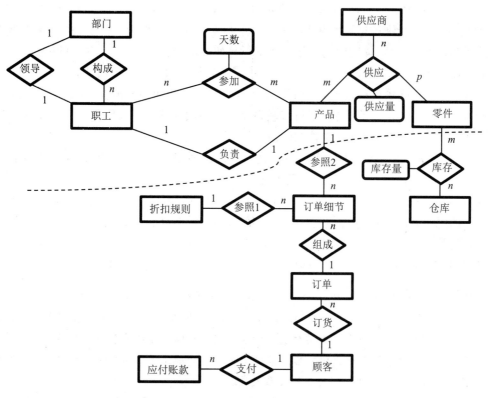

图 20.22　某工厂管理信息系统的基本 E-R 图

20.4　逻辑结构设计

　　概念结构是独立于任何一种数据模型的信息结构，逻辑结构设计的任务就是把概念结构设计阶段设计好的基本E-R图，转换为与选用数据库管理系统产品所支持的数据模型相符合的逻辑结构。

　　目前的数据库应用系统都采用支持关系数据模型的关系数据库管理系统，所以这里只介绍E-R图向关系数据模型转换的原则与方法。

20.4.1　E-R 图向关系模型转换

　　E-R图向关系模型转换要解决的问题是，如何将实体型和实体间的联系转换为关系模式，如何确定这些关系模式的属性和码。

　　关系模型的逻辑结构是一组关系模式的集合，E-R图则是由实体型、实体的属性和实体型之间的联系3个要素组成的，所以将E-R图转换为关系模型实际上就是将实体型、实体的属性和实体型之间的联系转换为关系模式。下面介绍转换的一般原则：一个实体型转换为一个关系模式，实体的属性就是关系的属性，实体的码就是关系的码。对于实体型间的联系有以下不同的情况：

（1）一个1:1联系可以转换为一个独立的关系模式，也可以与任意一端对应的关系模式合并。如果转换为一个独立的关系模式，则与该联系相连的各实体的码以及联系本身的属性均转换为关系的属性，每个实体的码均是该关系的候选码。如果与某一端实体对应的关系模式合并，则需要在该关系模式的属性中加入另一个关系模式的码和联系本身的属性。

（2）一个1:n联系可以转换为一个独立的关系模式，也可以与n端对应的关系模式合并。如果转换为一个独立的关系模式，则与该联系相连的各实体的码以及联系本身的属性均转换为关系的属性，而关系的码为n端实体的码。

（3）一个$m:n$联系转换为一个关系模式，与该联系相连的各实体的码以及联系本身的属性均转换为关系的属性，各实体的码组成关系的码或关系码的一部分。

（4）3个或3个以上实体间的一个多元联系可以转换为一个关系模式。与该多元联系相连的各实体的码以及联系本身的属性均转换为关系的属性，各实体的码组成关系的码或关系码的一部分。

（5）具有相同码的关系模式可以合并。

下面把图20.22中虚线上部的E-R图转换为关系模型。关系的码用下画线标出。

- 部门（<u>部门号</u>，部门名，经理的职工号，…）：此为部门实体对应的关系模式。该关系模式已包含了联系"领导"所对应的关系模式。经理的职工号是关系的候选码。
- 职工（<u>职工号</u>，部门号，职工名，职务，…）：此为职工实体对应的关系模式。该关系模式已包含了联系"属于"所对应的关系模式。
- 产品（<u>产品号</u>，产品名，产品组长的职工号，…）：此为产品实体对应的关系模式。
- 供应商（<u>供应商号</u>，姓名，…）：此为供应商实体对应的关系模式。
- 零件（<u>零件号</u>，零件名，…）：此为零件实体对应的关系模式。
- 参加（<u>职工号</u>，<u>产品号</u>，工作天数，…）：此为联系"参加"所对应的关系模式。
- 供应（产品号，供应商号，零件号，供应量）：此为联系"供应"所对应的关系模式。

20.4.2 数据模型的优化

数据库逻辑设计的结果不是唯一的。为了进一步提高数据库应用系统的性能，还应该根据应用需要适当地修改、调整数据模型的结构，这就是数据模型的优化。关系数据模型的优化通常以规范化理论为指导，方法为：

（1）确定数据依赖。在"20.2.3 数据字典"一节中已讲到用数据依赖的概念分析和表示数据项之间的联系，写出每个数据项之间的数据依赖。根据需求分析阶段得到的语义，分别写出每个关系模式内部各属性之间的数据依赖，以及不同关系模式属性之间的数据依赖。

（2）对于各个关系模式之间的数据依赖进行极小化处理，消除冗余的联系，具体方法已在"20.3.4 概念结构设计"一节中讲解。

（3）按照数据依赖的理论对关系模式逐一进行分析，考察是否存在部分函数依赖、传递函数依赖、多值依赖等，确定各关系模式分别属于第几范式。

（4）根据需求分析阶段得到的处理要求分析这些模式对于这样的应用环境是否合适，确定是否要对某些模式进行合并或分解。

必须注意的是，并不是规范化程度越高的关系就越优。例如，当查询经常涉及两个或多个关系模式的属性时，系统经常进行连接运算。连接运算的代价是相当高的，可以说关系模型低效的主要原因就是由连接运算引起的。这时可以考虑将这几个关系合并为一个关系。因此，在这种情况下，第二范式甚至第一范式也许是合适的。

又如，非BCNF的关系模式虽然从理论上分析会存在不同程度的更新异常或冗余，但如果在实际应用中对此关系模式只是查询，并不执行更新操作，则不会产生实际影响。因此，对于一个具体应用来说，到底规范化到什么程度需要权衡响应时间和潜在问题两者的利弊来决定。

（5）对关系模式进行必要分解，提高数据操作效率和存储空间利用率。常用的两种分解方法是水平分解和垂直分解。

水平分解是把（基本）关系的元组分为若干子集合，定义每个子集合为一个子关系，以提高系统的效率。根据"80/20原则"，一个大关系中，经常被使用的数据只是关系的一部分，约20%，可以把经常使用的数据分解出来，形成一个子关系。如果关系R上具有n个事务，而且多数事务存取的数据不相交，则R可分解为少于或等于n个子关系，使每个事务存取的数据对应一个关系。

垂直分解是把关系模式R的属性分解为若干子集合，形成若干子关系模式。垂直分解的原则是，将经常在一起使用的属性从R中分解出来形成一个子关系模式。垂直分解可以提高某些事务的效率，但也可能使另一些事务不得不执行连接操作，从而降低了效率。因此，是否进行垂直分解取决于分解后R上的所有事务的总效率是否得到了提高。垂直分解需要确保无损连接性和保持函数依赖，即保证分解后的关系具有无损连接性和保持函数依赖性。这可以用模式分解算法对需要分解的关系模式进行分解和检查。

规范化理论为数据库设计人员判断关系模式的优劣提供了理论标准，可用来预测模式可能出现的问题，使数据库设计工作有了严格的理论基础。

20.4.3　设计用户外模式

将概念模型转换为全局逻辑模型后，还应该根据局部应用需求，结合具体关系数据库管理系统的特点设计用户的外模式。

目前关系数据库管理系统一般都提供了视图概念，可以利用这一功能设计更符合局部用户需要的外模式。

定义数据库全局模式主要是从系统的时间效率、空间效率、易维护等角度出发。由于用户外模式与模式是相对独立的，因此在定义用户外模式时可以注重考虑用户的习惯与方便。具体包括以下几方面：

（1）使用更符合用户习惯的别名。在合并各分E-R图时曾做过消除命名冲突的工作，以使数据库系统中同一关系和属性具有唯一的名字。这在设计数据库整体结构时是非常必要的。用视图机制可以在设计用户视图时重新定义某些属性名，使其与用户习惯一致，以方便使用。

（2）可以对不同级别的用户定义不同的视图，以保证系统的安全性。假设有关系模式产品（产品号，产品名，规格，单价，生产车间，生产负责人，产品成本，产品合格率，质量等级），可以在产品关系上建立以下两个视图：

- 为一般顾客建立视图产品1（产品号，产品名，规格，单价）。
- 为产品销售部门建立视图产品2（产品号，产品名，规格，单价，车间，生产负责人）。
- 顾客视图中只包含允许顾客查询的属性；销售部门视图中只包含允许销售部门查询的属性；生产领导部门则可以查询全部产品数据。这样就可以防止用户非法访问本来不允许其查询的数据，从而保证了系统的安全性。

（3）简化用户对系统的使用。如果某些局部应用中经常要使用某些很复杂的查询，为了方便用户，可以将这些复杂查询定义为视图，用户每次只对定义好的视图进行查询，从而大大简化了用户的使用。

> **注意** 因为扩展E-R模型是选读部分，本章略去了扩展E-R图的集成以及向关系模型的转换。

20.5　物理结构设计

数据库在物理设备上的存储结构与存取方法称为数据库的物理结构，它依赖于选定的数据库管理系统。为一个给定的逻辑数据模型选取一个最适合应用要求的物理结构的过程，就是数据库的物理设计。

数据库的物理设计通常分为两步：

（1）确定数据库的物理结构，在关系数据库中主要指存取方法和存储结构。

（2）对物理结构进行评价，评价的重点是时间和空间效率。

如果评价结果满足原设计要求，则可进入物理实施阶段；否则，就需要重新设计或修改物理结构，有时甚至要返回逻辑设计阶段修改数据模型。

20.5.1　数据库物理设计的内容和方法

不同的数据库产品所提供的物理环境、存取方法和存储结构有很大差别，能供设计人员使用的设计变量、参数范围也很不相同。因此，没有通用的物理设计方法可循，只能给出一般的设计内容和原则。希望设计优化的物理数据库结构，使得在数据库上运行的各种事务的响应时间小、存储空间利用率高、事务吞吐率大。为此，首先对要运行的事务进行详细分析，获得选择物理数据库设计所需的参数；其次，要充分了解所用关系数据库管理系统的内部特征，特别是系统提供的存取方法和存储结构。

对于数据库查询事务，需要得到如下信息：

- 查询的关系。
- 查询条件所涉及的属性。
- 连接条件所涉及的属性。
- 查询的投影属性。

对于数据更新事务，需要得到如下信息：

- 被更新的关系。
- 每个关系上的更新操作条件所涉及的属性。
- 修改操作要改变的属性值。

除此之外，还需要知道每个事务在各关系上运行的频率和性能要求。例如，事务T必须在10s内结束，这对于存取方法的选择具有重大影响。上述这些信息是确定关系的存取方法的依据。

应该注意的是，数据库上运行的事务会不断变化、增加或减少，以后需要根据上述设计信息的变化调整数据库的物理结构。

通常关系数据库物理设计的内容主要包括为关系模式选择存取方法，以及设计关系、索引等数据库文件的物理存储结构。

下面就介绍这些设计内容和方法。

20.5.2　关系模式存取方法的选择

数据库系统是多用户共享的系统，对同一个关系要建立多条存取路径才能满足多用户的多种应用要求。物理结构设计的任务之一是根据关系数据库管理系统支持的存取方法确定选择哪些存取方法。

存取方法是快速存取数据库中数据的技术。数据库管理系统一般提供多种存取方法，常用的有索引方法和聚簇（clustering）方法。

B+树索引和hash索引是数据库中经典的存取方法，使用最普遍。

1. B+树索引存取方法的选择

所谓选择索引存取方法，实际上就是根据应用要求确定对关系的哪些属性列建立索引、哪些属性列建立组合索引、哪些索引要设计为唯一索引等。一般来说：

（1）如果一个（或一组）属性经常在查询条件中出现，则考虑在这个（或这组）属性上建立索引（或组合索引）。

（2）如果一个属性经常作为最大值和最小值等聚集函数的参数，则考虑在这个属性上建立索引。

（3）如果一个（或一组）属性经常在连接操作的连接条件中出现，则考虑在这个（或这组）属性上建立索引。

关系上定义的索引数并不是越多越好，系统为维护索引要付出代价，查找索引也要付出代价。例如，若一个关系的更新频率很高，这个关系上定义的索引数就不能太多。因为更新一个关系时，必须对这个关系上有关的索引做相应的修改。

2. hash索引存取方法的选择

选择hash存取方法的规则如下：如果一个关系的属性主要出现在等值连接条件中或主要出现在等值比较选择条件中，而且满足下列两个条件之一，则此关系可以选择hash存取方法。

（1）一个关系的大小可预知，而且不变。

（2）关系的大小动态改变，但数据库管理系统提供了动态hash存取方法。

3. 聚簇存取方法的选择

为了提高某个属性（或属性组）的查询速度，把这个（或这些）属性上具有相同值的元组集中存放在连续的物理块中，这个过程称为聚簇，该属性（或属性组）称为聚簇码（cluster key）。聚簇功能可以大大提高按聚簇码进行查询的效率。例如，假设信息系有500名学生，要查询信息系的所有学生名单，在极端情况下，这500名学生所对应的数据元组分布在500个不同的物理块上。尽管对学生关系已按所在系建有索引，由索引能很快找到信息系学生的元组标识，避免了全表扫描，但是在由元组标识去访问数据块时，就要存取500个物理块，执行500次I/O操作。如果将同一系的学生元组集中存放，则每读一个物理块就可得到多个满足查询条件的元组，从而显著地减少了访问磁盘的次数。

聚簇功能不但适用于单个关系，也适用于经常进行连接操作的多个关系，即把多个连接关系的元组按连接属性值聚集存放。这就相当于把多个关系按"预连接"的形式存放，从而大大提高连接操作的效率。

一个数据库可以建立多个聚簇，一个关系只能加入一个聚簇。选择聚簇存取方法，即确定需要建立多少个聚簇，每个聚簇中包括哪些关系。

首先设计候选聚簇，一般来说：

（1）对经常在一起进行连接操作的关系可以建立聚簇。

（2）如果一个关系的一组属性经常出现在相等比较条件中，则此单个关系可建立聚簇。

（3）如果一个关系的一个（或一组）属性上的值重复率很高，则此单个关系可建立聚簇。即对应每个聚簇码值的平均元组数不能太少，太少则聚簇的效果不明显。

然后检查候选聚簇中的关系，取消其中不必要的关系：

（1）从聚簇中删除经常进行全表扫描的关系。

（2）从聚簇中删除更新操作远多于连接操作的关系。

（3）不同的聚簇中可能包含相同的关系，一个关系可以在某一个聚簇中，但不能同时加入多个聚簇。

最后从多个聚簇方案（包括不建立聚簇）中选择一个较优的，即在这个聚簇上运行各种事务的总代价最小。

必须强调的是，聚簇只能提高某些应用的性能，而且建立与维护聚簇的开销是相当大的。对已有关系建立聚簇将导致关系中的元组移动其物理存储位置，并使此关系上原来建立的所有索引无效，必须重建。当一个元组的聚簇码值改变时，该元组的存储位置也要做相应移动，所以聚簇码值要相对稳定，以减少修改聚簇码值所引起的维护开销。因此，如果通过聚簇码进行访问或连接是该关系的主要应用，与聚簇码无关的其他访问很少或者是次要的，则可以使用聚簇。尤其当SQL语句中包含与聚簇码有关的ORDERBY、GROUPBY、UNION、DISTINCT等子句或短语时，使用聚簇特别有利，可以省去对结果集的排序操作；否则，很可能会适得其反。

20.5.3　确定数据库的物理结构

确定数据库物理结构主要指确定数据的存放位置和存储结构，包括确定关系、索引、聚簇、日志、备份等的存储安排和存储结构，确定系统配置等。

确定数据的存放位置和存储结构要综合考虑存取时间、存储空间利用率和维护代价三方面的因素。这三个方面常常是相互矛盾的，因此需要进行权衡，选择一个折中方案。

1. 确定数据的存放位置

为了提高系统性能，应该根据应用情况将数据的易变部分与稳定部分、经常存取部分和存取频率较低部分分开存放。

例如，目前很多计算机有多个磁盘或磁盘阵列，因此可以将表和索引放在不同的磁盘上，在查询时，由于磁盘驱动器并行工作，可以提高物理I/O读写的效率；也可以将比较大的表分放在两个磁盘上，以加快存取速度，这在多用户环境下特别有效；还可以将日志文件与数据库对象（表、索引等）放在不同的磁盘上，以改进系统的性能。由于各个系统所能提供的对数据进行物理安排的手段、方法差异很大，因此设计人员应仔细了解给定的关系数据库管理系统提供的方法和参数，针对应用环境的要求对数据进行适当的物理安排。

2. 确定系统配置

关系数据库管理系统产品一般都提供了一些系统配置变量和存储分配参数，供设计人员和数据库管理员对数据库进行物理优化。初始情况下，系统都为这些变量赋予了合理的默认值，但是这些值不一定适合每一种应用环境。在进行物理设计时，需要重新对这些变量赋值，以改善系统的性能。

系统配置变量很多，例如，同时使用数据库的用户数、同时打开的数据库对象数、内存分配参数、缓冲区分配参数（使用的缓冲区长度、个数）、存储分配参数、物理块的大小、物理块装填因子、时间片大小、数据库大小、锁的数目等。这些参数值影响存取时间和存储空间的分配。在物理设计时，就要根据应用环境确定这些参数值，以使系统性能最佳。

在物理设计时，对系统配置变量的调整只是初步的，在系统运行时还要根据系统实际运行情况做进一步的调整，以切实改进系统性能。

20.5.4　评价物理结构

数据库物理设计过程中需要对时间效率、空间效率、维护代价和各种用户要求进行权衡，其结果可以产生多种方案。数据库设计人员必须对这些方案进行细致的评价，从中选择一个较优的方案作为数据库的物理结构。

评价物理数据库的方法完全依赖于所选用的关系数据库管理系统，主要是从定量估算各种方案的存储空间、存取时间和维护代价入手，对估算结果进行权衡、比较，选择出一个较优的、合理的物理结构。如果该结构不符合用户需求，则需要修改设计。

20.6 数据库的实施和维护

完成数据库的物理设计之后，设计人员就要用关系数据库管理系统提供的数据定义语言和其他实用程序将数据库逻辑设计和物理设计结果严格描述出来，成为关系数据库管理系统可以接受的源代码，再经过调试产生目标模式，就可以组织数据入库了，这就是数据库实施阶段。

20.6.1 数据的载入和应用程序的调试

数据库实施阶段包括两项重要的工作，一项是数据的载入，另一项是应用程序的编码和调试。

一般数据库系统中数据量都很大，而且数据来源于部门中的各个不同的单位，数据的组织方式、结构和格式都与新设计的数据库系统有相当的差距。组织数据载入就要将各类源数据从各个局部应用中抽取出来，输入计算机，再分类转换，最后综合成符合新设计的数据库结构的形式，输入数据库。因此，这样的数据转换、组织入库的工作是相当费力、费时的。

特别是当原系统是手工数据处理系统时，各类数据分散在各种不同的原始表格、凭证、单据之中。在向新的数据库系统中输入数据时，还要处理大量的纸质文件，工作量就更大。

为提高数据输入工作的效率和质量，应该针对具体的应用环境设计一个数据录入子系统，由计算机来完成数据入库的任务。在源数据入库之前要采用多种方法对其进行检验，以防止不正确的数据入库。这部分的工作在整个数据输入子系统中是非常重要的。

现有的关系数据库管理系统一般都提供不同关系数据库管理系统之间进行数据转换的工具。若原来是数据库系统，就要充分利用新系统的数据转换工具。

数据库应用程序的设计应该与数据库设计同时进行，因此在组织数据入库的同时还要调试应用程序。应用程序的设计、编码和调试的方法、步骤在软件工程等课程中有详细讲解，这里不再赘述。

20.6.2 数据库的试运行

在原有系统的数据有一小部分已输入数据库后，就可以开始对数据库系统进行联合调试了，这又被称为数据库的试运行。

这一阶段要实际运行数据库应用程序，执行对数据库的各种操作，测试应用程序的功能是否满足设计要求。如果不满足，则要修改、调整应用程序部分，直到达到设计要求为止。

在数据库试运行时，还要测试系统的性能指标，分析其是否达到设计目标。在对数据库进行物理设计时已初步确定了系统的物理参数值，但一般情况下，设计时的考虑在许多方面只是近似估计，和实际系统运行总有一定的差距。因此，必须在试运行阶段实际测量和评价系统性能指标。事实上，有些参数的最佳值往往是在运行调试后找到的。如果测试的结果与设计目标不符，则要返回物理设计阶段重新调整物理结构，修改系统参数，某些情况下甚至要返回逻辑设计阶段修改逻辑结构。

这里特别强调两点：

- 第一，上面已经讲到组织数据入库是十分费时、费力的事，如果试运行后还要修改数据库的设计，还要重新组织数据入库，则应分期、分批地组织数据入库，先输入小批量数据做调试，待试运行基本合格后再大批量输入数据，逐步增加数据量，逐步完成运行评价。
- 第二，在数据库试运行阶段，由于系统还不稳定，硬软件故障随时都可能发生，而系统的操作人员对新系统还不熟悉，误操作也不可避免，因此要做好数据库的转储和恢复工作。一旦故障发生，能使数据库尽快恢复，尽量减少对数据库的破坏。

20.6.3　数据库的运行和维护

数据库试运行合格后，数据库开发工作就基本完成，可以投入正式运行了。但是，由于应用环境在不断变化，数据库运行过程中物理存储也会不断变化，因此对数据库设计进行评价、调整、修改等维护工作是一个长期的任务，也是设计工作的继续和提高。在数据库运行阶段，对数据库经常性的维护工作主要由数据库管理员完成。数据库的维护工作主要包括以下几个方面。

1. 数据库的转储和恢复

数据库的转储和恢复是系统正式运行后最重要的维护工作之一。数据库管理员要针对不同的应用要求制定不同的转储计划，以保证一旦发生故障，能尽快将数据库恢复到某一种致的状态，并尽可能减少对数据库的破坏。

2. 数据库的安全性、完整性控制

在数据库运行过程中，由于应用环境的变化，对安全性的要求也会发生变化，比如有的数据原来是机密的，现在则可以公开查询，而新加入的数据又可能是机密的，系统中用户的密级也会改变。这些都需要数据库管理员根据实际情况修改原有的安全性控制。同样地，数据库的完整性约束条件也会变化，也需要数据库管理员不断修正，以满足用户要求。

3. 数据库性能的监督、分析和改造

在数据库运行过程中，监督系统运行，对监测数据进行分析，找出改进系统性能的方法是数据库管理员的又一重要任务。目前有些关系数据库管理系统提供了监测系统性能参数的工具，数据库管理员可以利用这些工具方便地得到系统运行过程中一系列性能参数的值。数据库管理员应仔细分析这些数据，判断当前系统运行状况是否为最佳，应当做哪些改进，例如调整系统物理参数或对数据库进行重组织或重构造等。

4. 数据库的重组织与重构造

数据库在运行一段时间后，会因为频繁的记录增加、删除或修改操作，导致物理存储结构变得碎片化，这将降低数据的存取效率，进而影响数据库的整体性能。面对这种情况，数据库管理员需要对数据库进行重组或部分重组，特别是针对那些频繁进行数据增减的表。关系数据库管理系统通常提供了用于数据重组的实用工具。在进行数据库重组的过程中，管理员应根据原设计的需求，重新调整数据的存储位置，回收不再使用的存储空间，并优化指针链等内部结构，以提高系统的整体性能。

　　数据库的重组织并不修改原设计的逻辑和物理结构，而数据库的重构造则不同，它会部分修改数据库的模式和内模式。随着数据库应用环境的不断变化，可能会引入新的应用程序或实体，同时移除一些不再使用的应用程序，以及改变实体间的关系。这些变化可能导致现有数据库设计无法满足新的需求。因此，需要对数据库的模式和内模式进行调整。例如，在表中增加或删除某些数据项，改变数据项的类型，增加或删除某张表，改变数据库的容量，增加或删除某些索引等。当然数据库的重构也是有限的，只能做部分修改。如果应用变化太大，重构也无济于事，说明此数据库应用系统的生命周期已经结束，应该设计新的数据库应用系统了。

第 21 章

数据库编程

建立数据库后就要开发应用系统了。本章主要讲解在应用系统中如何使用编程方法对数据库进行操作的技术。

标准SQL是非过程化的查询语言，具有操作统一、面向集合、功能丰富、使用简单等多项优点。但和程序设计语言相比，高度非过程化的优点也造成了它的一个弱点：缺少流程控制能力，难以实现应用业务中的逻辑控制。SQL编程技术可以有效克服SQL语言实现复杂应用方面的不足，提高应用系统和数据库管理系统间的互操作性。

在应用系统中，使用SQL编程来访问和管理数据库中数据的方式主要有：嵌入式SQL（embedded SQL，ESQL）、过程化SQL（procedural language/SQL，PL/SQL）、存储过程和自定义函数、开放数据库互连（open data base connectivity，ODBC）、对象链接与嵌入数据库（object linking and embedding DB，OLE DB）、Java数据库连接（java data base connectivity，JDBC）等编程方式。本章将讲解这些编程技术的概念和方法。

21.1 嵌入式SQL

SQL的特点之一是在交互式和嵌入式两种不同的使用方式下，其语法结构基本上是一致的。当然在程序设计环境下，SQL语句要做某些必要的扩充。

21.1.1 嵌入式 SQL 的处理过程

嵌入式SQL是将SQL语句嵌入程序设计语言中，被嵌入的程序设计语言，如C、C++、Java等称为宿主语言，简称主语言。

对于嵌入式SQL，数据库管理系统一般采用预编译方法处理，即由数据库管理系统的预处理程序对源程序进行扫描，识别出嵌入式SQL语句，把它们转换成主语言调用语句，以使主语言编译程序能识别它们，然后由主语言的编译程序将纯的主语言程序编译成目标码。嵌入式SQL基本处理过程如图21.1所示。

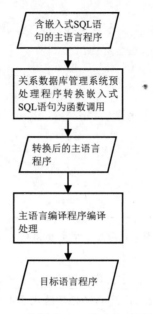

图 21.1　嵌入式 SQL 基本处理过程

在嵌入式SQL中，为了能够快速区分SQL语句与主语言语句，所有SQL语句都必须加前缀。当主语言为C语言时，语法格式为：

```
EXEC SQL <SQL语句>;
```

本书使用这个语法格式。

如果主语言为Java，则嵌入式SQL称为SQLJ，语法格式为：

```
#SQL {<SQL 语句>};
```

21.1.2　嵌入式 SQL 语句与主语言之间的通信

将SQL语句嵌入高级语言中进行混合编程，SQL语句负责操作数据库，高级语言语句负责控制逻辑流程。这时程序中会含有两种不同计算模型的语句，它们之间应该如何通信呢？数据库工作单元与源程序工作单元之间的通信主要包括：

（1）向主语言传递SQL语句的执行状态信息，使主语言能够据此信息控制程序流程，这主要用SQL通信区（SQL communication area，SQLCA）实现。

（2）主语言向SQL语句提供参数，这主要用主变量（host variable）实现。

（3）将SQL语句查询数据库的结果交主语言处理，这主要用主变量和游标实现。

1. SQL通信区

在执行SQL语句后，系统要反馈给应用程序若干信息，主要包括描述系统当前工作状态和运行环境的各种数据。这些信息将送到SQL通信区中，应用程序从SQL通信区中取出这些状态信息，据此决定接下来要执行的语句。

SQL通信区在应用程序中用EXEC SQL INCLUDE SQLCA加以定义。SQL通信区中有一个变量SQLCODE，用来存放每次执行SQL语句后返回的代码。

应用程序每执行完一条SQL语句之后都应该测试一下SQLCODE的值，以了解该SQL语句执行情况并做相应处理。如果SQLCODE等于预定义的常量SUCCESS，则表示SQL语句执行成功，否则在 SQLCODE存放错误代码。程序员可以根据错误代码查找问题。

2. 主变量

嵌入式SQL语句中可以使用主语言的程序变量来输入或输出数据。SQL语句中使用的主语言程序变量简称为主变量。主变量根据其作用的不同分为输入主变量和输出主变量。输入主变量由应用程序对其赋值，由SQL语句引用；输出主变量由SQL语句对其赋值或设置状态信息，并返回给应用程序。

一个主变量可以附带一个任选的指示变量（indicator variable）。指示变量是一个整型变量，用来"指示"所指主变量的值或条件。指示变量可以指示输入主变量是否为空值，可以检测输出主变量是否为空值，值是否被截断。

所有主变量和指示变量必须在SQL语句BEGIN DECLARE SECTION与END DECLARE SECTION之间进行说明。说明之后，主变量可以在SQL语句中任何一个能够使用表达式的地方出现。为了与数据库对象名（表名、视图名、列名等）区别，SQL语句中的主变量名和指示变量名前要加冒号（:）作为标志。

3. 游标

SQL是面向集合的，一条SQL语句可以产生或处理多条记录；而主语言是面向记录的，一组主变量一次只能存放一条记录。因此，仅使用主变量并不能完全满足SQL语句向应用程序输出数据的要求，为此嵌入式SQL引入了游标的概念，用游标来协调这两种不同的处理方式。

游标是系统为用户开设的一个数据缓冲区，存放SQL语句的执行结果，每个游标区都有一个名字。用户可以通过游标逐一获取记录并赋给主变量，交由主语言进一步处理。

4. 建立和关闭数据库连接

嵌入式SQL程序要访问数据库必须先连接数据库，关系数据库管理系统根据用户信息对连接请求进行合法性验证，只有通过了身份验证，才能建立一个可用的合法连接。

1）建立数据库连接

建立连接的嵌入式SQL语句如下：

```
EXEC SQL CONNECT TO target[AS connection-name][USER user-name];
```

其中：

- target是要连接的数据库服务器，它可以是一个常见的服务器标识串，如<dbname>@<hostname>:<port>，也可以是包含服务器标识的SQL串常量，还可以是DEFAULT。
- connection-name是可选的连接名，连接名必须是一个有效的标识符，主要用来识别一个程序内同时建立的多个连接。如果在整个程序内只有一个连接，则可以不指定连接名。

如果程序运行过程中建立了多个连接，那么执行的所有数据库单元的工作都在该操作提交时所选择的当前连接上。程序运行过程中可以修改当前连接，对应的嵌入式SQL语句为：

```
EXEC SQL SET CONNECTION connection-name|DEFAULT;
```

2）关闭数据库连接

当某个连接上的所有数据库操作完成后，应用程序应该主动释放所占用的连接资源。关闭数据库连接的嵌入式SQL语句如下：

```
EXEC SQL DISCONNECT [connection];
```

其中，connection是EXEC SQL CONNECT所建立的数据库连接。

5. 程序实例

为了能够更好地理解有关概念，下面给出一个简单的嵌入式SQL编程实例。

【例21.1】依次检查某个系的学生记录，交互式更新某些学生的年龄。

```
EXEC SOL BEGIN DECLARE SECTION;           /*主变量说明开始*/
char deptname[20];
char hsno[9];
char hsname[20];
char hssex[2];
int HSage;
int NEWAGE;
EXEC SQL END DECLARE SECTION;             /*主变量说明结束*/
long SQLCODE;
EXEC SQL INCLUDE SQLCODE;                 /*定义 SQL 通信区*/
int main(void)                            /*C语言主程序开始*/
{
int   count=0;
char  yn;                                 /*变量yn代表yes 或no*/
printf("Please choose the department name(CS/MA/IS): ");
scanf("%s",&deptname);                    /*为主变量deptname赋值*/
EXEC SQL CONNECT TO TEST@localhost:54321 USER "SYSTEM"/"MANAGER";
/*连接数据库 TEST*/
EXEC SQL DECLARE SX CURSOR FOR            /*定义游标 SX*/
SELECT Sno,Sname,Ssex,Sage               /*SX 对应的语句*/
FROM Student
WHERE SDept=:deptname;
EXEC SQL OPEN SX;                         /*打开游标SX, 指向查询结果的第一行*/
for (;;)                                  /*用循环结构逐条处理结果集中的记录*/
{EXEC SQL FETCH SX INTO :HSno,:HSname,:HSsex,:HSage;
/*推进游标，将当前数据放入主变量*/
if(SQLCA.SQLCODE!=0)                      /*SQLCODE!=0, 表示操作不成功*/
break;                                    /*利用SQLCA中的状态信息决定何时退出循环*/
if(count++==0)                            /*如果是第一行，先打出行头*/
printf("\n%-10s %-20s %-10s %-10s\n","Sno","Sname","Ssex","Sage");
printf("%-10s %-20s %-10s %-10d\n",HSno,HSname,HSsex,HSage);
/*打印查询结果*/
printf("UPDATE AGE(y/n)?");              /*询问用户是否要更新该学生的年龄*/
```

```
do{  scanf("%c",&yn);  }
while(yn!='N' && yn!='n' && yn!='Y' && yn!='y');
if (yn==-'y' || yn= ='Y')              /*如果选择更新操作*/
{ printf("INPUT NEW AGE:");
scanf("%d",&NEWAGE);                    /*用户输入新年龄到主变量中*/
EXEC SQL UPDATE Student                 /*嵌入式 SQL 更新语句*/
SET Sage=:NEWAGE
WHERE CURRENT OF SX;                    /*对当前游标指向的学生年龄进行更新*/
}
EXEC SQL CLOSE SX;                      /*关闭游标SX，不再和查询结果对应*/
EXEC SQL COMMIT WORK;                   /*提交更新*/
EXEC SQL DISCONNECT TEST;               /*断开数据库连接*/
}
```

21.1.3　不用游标的 SQL 语句

有的嵌入式SQL语句不需要使用游标，它们是说明性语句、数据定义语句、数据控制语句、查询结果为单记录的SELECT语句、非CURRENT形式的增删改语句。下面介绍查询结果为单记录的SELECT语句、非CURRENT形式的增删改语句。

1. 查询结果为单记录的SELECT语句

这类语句的查询结果只有一个，只需用INTO子句指定存放查询结果的主变量即可，不需要使用游标。

【例21.2】根据学生号码查询学生信息。

```
EXEC SQL SELECT Sno,Sname,Ssex,Sage,Sdept
INTO:Hsno,:Hname,:Hsex,:Hage,:Hdept
FROM Student
WHERE Sno=:givensno;   /*把要查询的学生的学号赋给了主变量givensno*/
```

使用查询结果为单记录的SELECT语句需要注意以下几点：

（1）INTO子句、WHERE子句和HAVING短语的条件表达式中均可以使用主变量。

（2）查询结果为空值的处理。查询返回的记录中可能某些列为空值（NULL）。为了表示空值，在INTO子句的主变量后面跟有指示变量，当查询得出的某个数据项为空值时，系统会自动将相应主变量后面的指示变量置为负值，而不再向该主变量赋值。因此，当指示变量值为负值时，不管主变量为何值，均认为主变量值为NULL。

（3）如果查询结果实际上并不是单条记录，而是多条记录，则程序出错，关系数据库管理系统会在SQL通信区中返回错误信息。

【例21.3】查询某个学生某门选修课程的成绩。假设已经把将要查询的学生的学号赋给了主变量givensno，将课程号赋给了主变量givencno。

```
EXEC SQL SELECT Sno,Cno,Grade
INTO :Hsno, :Hcno, :Hgrade:Gradeid            /*指示变量 Gradeid*/
FROM SC
WHERE Sno=:givensno AND Cno=:givencno;
```

如果Gradeid<0，则不论Hgrade为何值，均认为该学生成绩为空值。

2. 非CURRENT形式的增删改语句

有些非CURRENT形式的增删改语句不需要使用游标。在UPDATE的SET子句和WHERE子句中可以使用主变量，SET子句中还可以使用指示变量。

【例21.4】 修改某个学生选修的1号课程的成绩。

```
EXEC SQL UPDATE SC
SET Grade=:newgrade                /*修改的成绩已赋给主变量:newgrade*/
WHERE Sno=:givensno and Cno=1;     /*学号已赋给主变量:givensno*/
```

【例21.5】 某个学生新选修了某门课程，将有关记录插入SC表中。假设插入的学号已赋给主变量stdno，课程号已赋给主变量couno。由于该学生刚选修课程，成绩应为空，因此要把指示变量赋为负值。

```
gradeid=-1;                              /*gradeid为指示变量，赋为负值*/
EXEC SQL INSERT
INTO SC(Sno,Cno,Grade)
VALUES(:stdno,:couno,:gr :gradeid);  /*:stdno, :couno, :gr为主变量*/
```

21.1.4 使用游标的 SQL 语句

必须使用游标的SQL语句包括查询结果为多条记录的SELECT语句、CURRENT形式的UPDATE和DELETE语句。

1. 查询结果为多条记录的SELECT语句

一般情况下，SELECT语句的查询结果是多条记录，因此需要使用游标将多条记录一次一条地送给主程序处理，从而把对集合的操作转换为对单个记录的处理。使用游标的步骤如下：

步骤 01 用DECLARE语句为一条SELECT语句定义游标：

```
EXEC SQL DECLARE<游标名>CURSOR FOR <SELECT 语句>;
```

定义游标的语句仅是一条说明性语句，这时关系数据库管理系统并不执行SELECT语句。

步骤 02 用OPEN语句将定义的游标打开：

```
EXEC SQL OPEN<游标名>;
```

打开游标实际上是执行相应的SELECT语句，把查询结果输入缓冲区中。这时游标处于活动状态，指针指向查询结果集中的第一条记录。

步骤 03 用FETCH语句把游标指针向前推进一条记录，同时将缓冲区中的当前记录取出来送至主变量供主语言进一步处理。

```
EXEC SQL FETCH<游标名>
INTO<主变量>[<指示变量>][,<主变量>[<指示变量>]]...;
```

其中主变量必须与SELECT语句中的目标列表达式具有一一对应关系。

通过循环执行FETCH语句逐条取出结果集中的行进行处理。

步骤 04 用CLOSE语句关闭游标，释放结果集占用的缓冲区及其他资源。

```
EXEC SQL CLOSE<游标名>;
```

游标被关闭后就不再和原来的查询结果集相联系。但被关闭的游标可以再次打开，与新的查询结果相联系。

2. CURRENT形式的UPDATE和DELETE语句

UPDATE语句和DELETE语句都是集合操作，如果只想修改或删除其中某个记录，则需要用带游标的SELECT语句查出所有满足条件的记录，从中进一步找出要修改或删除的记录，然后用CURRENT形式的UPDATE和DELETE语句修改或删除。即UPDATE语句和DELETE语句中要用子句——WHERE CURRENT OF<游标名>——来表示修改或删除的是最近一次取出的记录，即游标指针指向的记录。

例如，【例21.1】中的UPDATE就是用CURRENT形式的。

> **注意** 当游标定义中的SELECT语句带有UNION或ORDERBY子句，或者该SELECT语句相当于定义了一个不可更新的视图时，不能使用CURRENT形式的UPDATE语句和DELETE语句。

21.1.5　动态 SQL

前面所讲的嵌入式SQL语句中使用的主变量、查询目标列、条件等都是固定的，属于静态SQL语句。静态嵌入式SQL语句能够满足一般要求，但某些应用可能要到执行时才能够确定要提交的SQL语句、查询的条件，此时就要使用动态SQL语句来解决这类问题。

动态SQL方法允许在程序运行过程中临时"组装"SQL语句。动态SQL支持动态组装SQL语句和动态参数两种形式，给开发者提供设计任意SQL语句的能力。

1. 使用SQL语句主变量

程序主变量包含的内容是SQL语句的内容，而不是原来保存的数据的输入或输出变量，这样的变量称为SQL语句主变量。SQL语句主变量在程序执行期间可以设定不同的SQL语句，然后立即执行。

【例21.6】 创建基本表TEST。

```
EXEC SQL BEGIN DECLARE SECTION;
const char *stmt="CREATE TABLE test(a int);";
/*SQL语句主变量，内容是创建表的SQL语句*/
EXEC SQL END DECLARE SECTION;
...
EXEC SQL EXECUTE IMMEDIATE :stmt;        /*执行动态SQL语句*/
```

2. 动态参数

动态参数是SQL语句中的可变元素，它们用参数符号（?）表示，意味着该位置的数据将在运行时确定。这与前面提到的主变量不同。主变量在编译时就已经绑定了数据，而动态参数则是通过PREPARE语句来准备一个主变量，然后在执行时通过EXECUTE语句将具体的数据绑定到主变量上。使用动态参数的步骤如下：

步骤 01 声明SQL语句主变量。SQL语句主变量的值包含动态参数（？）。

步骤 02 准备SQL语句PREPARE。PREPARE将分析含主变量的SQL语句内容，建立语句中包含的动态参数的内部描述符，并用<语句名>标识它们的整体。

```
EXEC SQL PREPARE<语句名>FROM<SQL语句主变量>;
```

3. 执行准备好的语句（EXECUTE）

EXECUTE将SQL语句中分析出的动态参数和主变量或数据常量绑定，作为语句的输入或输出变量。

```
EXEC SQL EXECUTE<语句名>[INTO<主变量表>][USING<主变量或常量>];
```

【例21.7】向TEST中插入元组。

```
EXEC SQL BEGIN DECLARE SECTION;
const char *stmt="INSERT INTO TEST VALUES(?);";
/*声明SQL主变量内容是INSERT语句*/
EXEC SQL END DECLARE SECTION;
...
EXEC SQL PREPARE mystmt FROM :stmt;  /*准备语句*/
...
EXEC SQL EXECUTE mystmt USING 100;
/*执行语句，设定INSERT语句插入值100*/
EXEC SQL EXECUTE mystmt USING 200;
/*执行语句，设定INSERT 语句插入值200*/
```

21.2 过程化SQL

SQL99标准支持过程和函数的概念，SQL可以使用程序设计语言来定义过程和函数，也可以用关系数据库管理系统自己的过程语言来定义。Oracle的PL/SQL、Microsoft SQLServer的Transact-SQL、IBMDB2的SQLPL、Kingbase的PL/SQL都是过程化的SQL编程语言。

21.2.1 过程化 SQL 的块结构

基本的SQL是高度非过程化的语言。嵌入式SQL将SQL语句嵌入程序设计语言，借助高级语言的控制功能实现过程化。过程化SQL是对SQL的扩展，使其增加了过程化语句功能。

过程化SQL程序的基本结构是块。所有的过程化SQL程序都是由块组成的。这些块之间可以互相嵌套，每个块完成一个逻辑操作。过程化SQL块的基本结构，如图21.2所示。

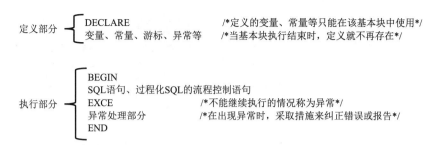

图 21.2 过程化 SQL 块的基本结构

21.2.2 变量和常量的定义

变量的定义如下：

```
变量名 数据类型 [[NOTULL]:=初值表达式]或
变量名数据类型[[NOTNULL]初值表达式]
```

常量的定义如下：

```
常量名 数据类型COSTT:=常量表达式
```

常量必须给一个值，并且该值在存在期间或常量的作用域内不能改变。如果试图修改它，过程化SQL将返回一个异常。

赋值语句如下：

```
变量名:=表达式
```

21.2.3 流程控制

过程化SQL提供了流程控制语句，主要有条件控制语句和循环控制语句。这些语句的语法、语义和一般的高级语言（如C语言）类似，这里只做概要的介绍。读者使用时要参考具体产品手册的语法规则。

1. 条件控制语句

一般有3种形式的IF语句：IF-THEN语句、IF-THEN-ELSE语句和嵌套的IF语句。

1）IF-THEN语句
IF-THEN语句语法形式如下：

```
IF condition THEN
Sequence_of_statements;      /*条件为真时语句序列才被执行*/
END IF;                      /*条件为假或NULL时什么也不做，控制转移至下一条语句*/
```

2）IF-THEN-ELSE语句
IF-THEN-ELSE语句的语法形式如下：

```
IF condition THEN
Sequence_of_statementsl;     /*条件为真时执行语句序列1*/
```

```
ELSE
Sequence_of_statements2;    /*条件为假或NULL 时执行语句序列2*/
END IF;
```

3）嵌套的IF语句

在THEN和ELSE子句中还可以再包含IF语句，即IF语句可以嵌套。

2. 循环控制语句

过程化SQL有3种循环控制语句：LOOP、WHILE-LOOP和FOR-LOOP。

1）最简单的循环语句LOOP

LOOP循环语句的语法形式如下：

```
LOOP
Sequence_of_statements,END LOOP;  /*循环体，一组过程化 SOL 语句*/
```

多数数据库服务器的过程化SQL都提供EXIT、BREAK或LEAVE等循环结束语句，以保证LOOP语句块能够在适当的条件下提前结束。

2）WHILE-LOOP循环语句

WHILE-LOOP循环语句的语法如下：

```
WHILE condition LOOP
Sequence_of_statements;          /*条件为真时执行循环体内的语句序列*/
END LOOP:
```

每次执行循环体语句之前先对条件进行求值，如果条件为真，则执行循环体内的语句序列；如果条件为假，则跳过循环并把控制传递给下一条语句。

3）FOR-LOOP循环语句

FOR-LOOP循环语句的语法形式如下：

```
FOR count  IN  [REVERSE] bound1..bound2  LOOP
Sequence of statements;
END LOOP;
```

FOR-LOOP循环的基本执行过程是：将count设置为循环的下界bound1，检查它是否小于上界bound2；当指定REVERSE时，则将count设置为循环的上界bound2，检查count是否大于下界bound1。如果越界，则跳出循环，否则执行循环体，然后按照步长（+1或-1）更新count的值，再重新判断条件。

3. 错误处理

如果过程化SQL在执行时出现异常，则应该让程序在产生异常的语句处停下来，根据异常的类型去执行异常处理语句。

SQL标准对数据库服务器提供什么样的异常处理做出了建议，要求过程化SQL管理器提供完善的异常处理机制。相对于嵌入式SQL简单地提供执行状态信息SQLCODE，这里的异常处理就复杂多了。读者要根据具体系统的支持情况来进行错误处理。

21.3 ODBC编程

本节介绍如何使用ODBC来进行数据库应用程序的设计。使用ODBC编写的应用程序可移植性好，能同时访问不同的数据库，共享多个数据资源。

21.3.1 ODBC 概述

目前广泛使用的关系数据库管理系统有多种，尽管这些系统都属于关系数据库，也都遵循SQL标准，但是不同的系统有许多差异。因此，在某个关系数据库管理系统下编写的应用程序并不能在另一个关系数据库管理系统下运行，适应性和可移植性较差。例如，运行在Oracle上的应用系统要在MySQL上运行，就必须进行修改移植。这种修改移植比较烦琐，开发人员必须清楚地了解不同关系数据库管理系统的区别，细心地一一进行修改、测试。更重要的是，许多应用程序需要共享多个部门的数据资源，访问不同的关系数据库管理系统。为此，人们开始研究和开发连接不同关系数据库管理系统的方法、技术和软件，使数据库系统"开放"，能够实现"数据库互连"。其中，ODBC就是为了解决这样的问题而由微软公司推出的接口标准。

ODBC是微软公司开放服务体系（Windows Open Services Architecture，WOSA）中有关数据库的一个组成部分，它建立了一组规范，并提供一组访问数据库的应用程序编程接口（application programming interface，API）。ODBC具有两重功效或约束力：一是规范应用开发，二是规范关系数据库管理系统应用接口。

21.3.2 ODBC 工作原理概述

ODBC应用系统的体系结构如图21.3所示，它由4部分构成：用户应用程序、ODBC驱动程序管理器、数据库驱动程序、数据源（如关系数据库管理系统和数据库）。

1. 用户应用程序

用户应用程序提供用户界面、应用逻辑和事务逻辑。使用ODBC开发数据库应用程序时，应用程序调用的是标准的ODBC函数和SQL语句。应用层使用ODBC API调用接口与数据库进行交互。使用ODBC来开发应用系统的程序简称为ODBC应用程序，包括的内容有：

- 请求连接数据库。
- 向数据源发送SQL语句。
- 为SQL语句执行结果分配存储空间，定义所读取的数据格式。
- 获取数据库操作结果或处理错误。
- 进行数据处理并向用户提交处理结果。
- 请求事务的提交和回滚操作。
- 断开与数据源的连接。

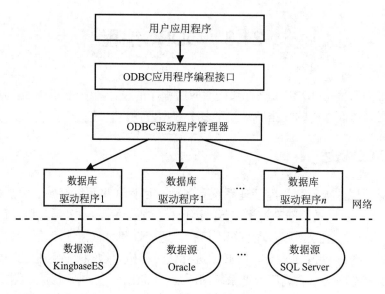

图 21.3　ODBC 应用系统的体系结构

2. ODBC驱动程序管理器

驱动程序管理器用来管理各种驱动程序。ODBC驱动程序管理器由微软公司提供，它包含在ODBC32.DLL中，对用户是透明的，用于管理应用程序和驱动程序之间的通信。ODBC驱动程序管理器的主要功能包括装载ODBC驱动程序、选择和连接正确的驱动程序、管理数据源、检查ODBC调用参数的合法性以及记录ODBC函数的调用等。当应用层需要时，ODBC驱动程序管理器返回驱动程序的有关信息。

ODBC驱动程序管理器可以建立、配置或删除数据源，并查看系统当前安装的数据库驱动程序。

3. 数据库驱动程序

ODBC通过数据库驱动程序来提供应用系统与数据库平台的独立性。

ODBC应用程序不能直接存取数据库，其各种操作请求由驱动程序管理器提交给某个关系数据库管理系统的ODBC驱动程序，通过调用驱动程序所支持的函数来存取数据库。数据库的操作结果也通过驱动程序返回给应用程序。如果应用程序要操作不同的数据库，就要动态地链接到不同的驱动程序上。

目前的ODBC驱动程序主要有单束和多束两类。单束一般是数据源和应用程序在同台机器上，驱动程序直接完成对数据文件的I/O操作，这时驱动程序相当于数据管理器。多束驱动程序支持客户机-服务器、客户机-应用服务器/数据库服务器等网络环境下的数据访问，这时由驱动程序完成数据库访问请求的提交和结果集接收,应用程序使用驱动程序提供的结果集管理接口操作执行后的结果数据。

4. ODBC数据源管理

数据源是最终用户需要访问的数据，包含数据库位置和数据库类型等信息，实际上是一种数据连接的抽象。

ODBC给每个被访问的数据源指定唯一的数据源名（data source name，DSN），并映射到所有必要的、用来存取数据的低层软件。在连接中，用数据源名来代表用户名、服务器名、所连接的数据库名等。最终用户无须知道数据库管理系统或其他数据管理软件、网络以及有关ODBC驱动程序的细节，数据源对用户是透明的。

例如，假设某个学校在SQL Server和MySQL上创建了两个数据库：学校人事数据库和教学科研数据库。学校的信息系统要从这两个数据库中存取数据。为了方便地与这两个数据库连接，在学校人事数据库中创建一个名为PERSON的数据源，在教学科研数据库中创建一个名为EDU的数据源。此后，当要访问数据库时，只要与PERSON和EDU连接即可，不需要记住使用的驱动程序、服务器名称、数据库名等。因此，在开发ODBC数据库应用程序时，首先要建立数据源并给它命名。

21.3.3　ODBC API 基础

各个数据库厂商的ODBC应用程序编程接口（ODBC API）都要符合两方面的一致性：

- API一致性，包含核心级、扩展1级、扩展2级。
- 语法一致性，包含最低限度SQL语法级、核心SQL语法级、扩展SQL语法级。

1. 函数概述

ODBC3.0标准提供了76个函数接口，大致可以分为：

- 分配和释放环境句柄、连接句柄、语句句柄。
- 连接函数（SQLDriverconnect等）
- 与信息相关的函数（SQLGetinfo、SQLGetFuction 等）。
- 事务处理函数（如SQLEndTran）。
- 执行相关函数（SQLExecdirect、SQLExecute等）。
- 编目函数，ODBC3.0提供了11个编目函数，如SQLTables、SQLColumn等。应用程序可以通过对编目函数的调用来获取数据字典的信息，如权限、表结构等。

> **注意** ODBC不同版本上的函数和函数的使用是有差异的，读者必须注意使用的版本，目前最新的版本是ODBC3.8。

2. 句柄及其属性

句柄是32位整数值，代表一个指针。ODBC3.0中句柄可以分为环境句柄、连接句柄、语句句柄和描述符句柄4类。对于每种句柄，不同的驱动程序有不同的数据结构。这4种句柄的关系如图21.4所示。

（1）每个ODBC应用程序需要建立一个ODBC环境，分配一个环境句柄，用于存取数据的全局性背景，如环境状态、当前环境状态诊断、当前在环境上分配的连接句柄等。

（2）一个环境句柄可以建立多个连接句柄，每一个连接句柄实现与一个数据源之间的连接。

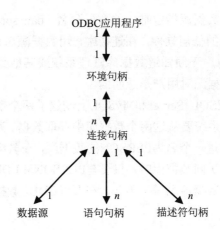

图 21.4 应用程序句柄之间的关系

（3）在一个连接中可以建立多个语句句柄，它不只是一条SQL语句，还包括SQL语句产生的结果集以及相关的信息等。

（4）在ODBC3.0中又提出了描述符句柄的概念，它是描述SQL语句的参数、结果集列的元数据集合。

3. 数据类型

ODBC定义了两套数据类型，即SQL数据类型和C数据类型。SQL数据类型用于数据源，而C数据类型用于应用程序的C代码。它们之间的转换规则如表21.1所示。SQL数据通过SQLBindcol从结果集列中返回到应用程序变量；如果SQL语句含有参数，那么应用程序为每个参数调用SQLBindparameter，并把它们绑定至应用程序变量。应用程序可以通过SQLGetTypeInfo来获取不同的驱动程序对于数据类型的支持情况。

表 21.1 SQL 数据类型和 C 数据类型之间的转换规则

	SQL数据类型	C数据类型
SQL数据类型	数据源之间转换	应用程序变量传送到语句参数（SQLBindparameter）
C数据类型	从结果集列中返回到应用程序变量（SQLBindcol）	应用程序变量之间转换

21.3.4 ODBC 的工作流程

使用ODBC的应用系统大致的工作流程如图21.5所示。下面将结合具体的应用实例来介绍如何使用ODBC开发应用系统。

【例21.8】将KingbaseES数据库中Student表的数据备份到SQL Server数据库中。

该应用涉及两个不同的关系数据库管理系统中的数据源，因此使用ODBC来开发应用程序，只要改变应用程序中连接函数（SQLConnect）的参数，就可以连接不同关系数据库管理系统的驱动程序，从而连接两个数据源。

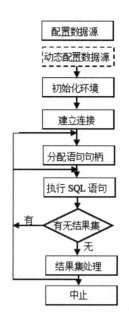

图 21.5　ODBC 的工程流程

在应用程序运行前，已经分别在KingbaseES和SQLServer中建立了Student关系表。应用程序要执行的操作是：在KingbaseES上执行SELECT * FROM Studen;语句，把获取的结果集通过多次执行INSERT语句插入SQLServer的Student表中。

1. 配置数据源

配置数据源有两种方法：

（1）运行数据源管理工具来进行配置。

（2）使用Driver Manager提供的ConfgDsn函数来增加、修改或删除数据源。这种方法特别适用于在应用程序中创建的临时使用的数据源。

采用第一种方法创建数据源。因为要同时用到KingbaseES和SQL Server，所以分别建立两个数据源，将其取名为KingbaseES ODBC和SQL Server。不同的驱动器厂商提供了不同的配置数据源界面，建立这两个数据源的具体步骤从略。程序源码如下：

```
#include <stdlib.h>
#include <stdio.h>
#include <windows.h>
#include <sql.h>
#include <sqlext.h>
#include <sqltypes.h>
#define SNO_LEN 30
#define NAME_LEN 50
#define DEPART_LEN 100
#define SSEX_LEN 5
int main()
{
/*Step 1定义句柄和变量*/
```

```
/*以king开头的表示是连接KingbaseES 的变量*/
/*以server开头的表示是连接SQL Server的变量*/
SQLHENV kinghenv,serverhenv;                        /*环境句柄*/
SQLHDBC kinghdbc,serverhdbc;                        /*连接句柄*/
SQLHSTMT kinghstmt,serverhstmt;                     /*语句句柄*/
SOLRETURN ret;
SQLCHAR sName[NAME_LEN],sDepart[DEPART_LEN],
sSex[SSEX_LEN,sSno[SNO_LEN];
SQLINTEGER sAge;
SQLINTEGER cbAge=0,cbSno=SQL_NTS,cbSex=SQL_NTS,
cbName=SQL_NTS,cbDepart=SQL_NTS;
/*Step2初始化环境*/
ret=SQLAllocHandle(SQL_HANDLE_ENV,SQL_NULL_HANDLE,&kinghenv);
ret=SQLAllocHandIe(SQL_HANDLE_ENV,SQL_NULL_HANDLE,&serverhenv);
ret=SQLSetEnvAttr(kinghenV,SQL_ATTR_ODBC_VERSION,(void*)SQL_OV_ODBC3,0);
ret=SQLSetEnvAttr(serverhenv,SQL_ATTR_ODBC_VERSION,(void*)SQL_OV_ODBC3,0);
/*Step3建立连接*/
ret=SQLAllocHandle(SQL_HANDLE_DBC,kinghenv,&kinghdbc);
ret=SQLAllocHandle(SQL_HANDLE_DBC,serverhenv,&serverhdbc);
ret=SQLConnect(kinghdbc,"KingbaseES_ODBC",SQL_NTS,"SYSTEM",
SQL_NTS,"MANAGER",SQL_NTS);
if(!SQL_SUCCEEDED(ret))                    /*连接失败时返回错误值*/
return -1;
ret=SQLConnect(serverhdbc,"SQLServer",SQL_NTS,"sa",SQL_NTS,"sa",SQL_NTS);
if(!SQL_SUCCEEDED(ret))                    /*连接失败时返回错误值*/
return -1;
/*Step4初始化语句句柄*/
ret=SQLAllocHandle(SQL_HANDLE_STMT, kinghdbc, &kinghstmt);
ret=SQLSetStmtAttr(kinghstmt,SQL_ATTR_ROW_BIND_TYPE,(SQLPOINTER)
SQL_BIND_BY_COLUMN,SQL_IS_INTEGER );
ret=SQLAllocHandle(SQL_HANDLE_STMT, serverhdbc, &serverhstmt);
/*Step5两种方式执行语句*/
/*预编译带有参数的语句*/
ret=SQLPrepare(serverhstmt,"INSERT INTO STUDENT(SNO,SNAME,SSEX,SAGE.
SDEPT) VALUES (?,?,?,?,?)",SQL_NTS);
if(ret==SQL_SUCCESS || ret=-SQL_SUCCESS_WITH_INFO)
{
ret=SQLBindParameter(serverhstmt,1,SQL_PARAM_INPUT,SQL_C_CHAR,
SQL_CHAR,SNO_LEN,0,sSno,0,&cbSno);
ret=SQLBindParameter(serverhstmt,2,SQL_PARAM_INPUT, SQL_C_CHAR,
SQL_CHAR,NAME_LEN, 0,sName, 0, &cbName);
ret=SQLBindParameter(serverhstmt,3,SQL_PARAM_INPUT,SOL_C_CHAR,
SQL_CHAR,2,0,sSex,0,&cbSex);
ret=SQLBindParameter(serverhstmt,4,SQL_PARAM_INPUT,
SQL_C_LONG,SQL_INTEGER,0, 0, &sAge, 0, &cbAge);
ret=SQLBindParameter(serverhstmt,5,SQL_PARAM_INPUT,SQL_C_CHAR,
SQL_CHAR,DEPART_LEN,0,sDepart,0,&cbDepart);
        }
/*执行SQL语句*/
ret=SQLExecDirect(kinghstmt,"SELECT * FROM STUDENT",SQL NTS);
if (ret==SQL SUCCESS || ret==SQL_SUCCESS_WITH_INFO)
```

```
{
ret=SQLBindCol(kinghstmt,1,SQL_C_CHAR,sSno,SNO_LEN,&cbSno);
ret=SQLBindCol(kinghstmt,2,SQL_C_CHAR,sName,NAME_LEN,&cbName);
ret=SQLBindCol(kinghstmt,3,SQL_C_CHAR,sSex,SSEX_LEN,&cbSex);
ret=SQLBindCol(kinghstmt,4,SQL_C_LONG&sAge,0,&cbAge);
ret=SQLBindCol(kinghstmt,5,SQL_C_CHAR,sDepart,DEPART_LEN,&cbDepart);
/*Step6处理结果集并执行预编译后的语句*/
while ( (ret=SQLFetch(kinghstmt))!=SQL_NO_DATA_FOUND)
{ if(ret=SQL_ERROR)  printf("Fetch error\n");
else ret=SQLExecute(serverhstmt);
        }
/*Step7中止处理*/
SQLFreeHandle(SQL_HANDLE_STMT,kinghstmt);
SQLDisconnect(kinghdbc);
SOLFreeHandle(SQL_HANDLE_DBC,kinghdbc);
SQLFreeHandle(SQL_HANDLE_ENV,kinghenv);
SQLFreeHandle(SQL_HANDLE_STMT,serverhstmt);
SQLDisconnect(serverhdbc);
SQLFreeHandle(SQL_HANDLE_DBC,serverhdbc);
SQLFreeHandle(SQL_HANDLE_ENV,serverhenv);
return ();
        }
```

2. 初始化环境

由于还没有和具体的驱动程序相关联，因此不是由具体的数据库管理系统驱动程序来进行管理，而是由Driver Manager来进行控制并配置环境属性。直到应用程序通过调用连接函数和某个数据源进行连接后，Driver Manager才调用所连的驱动程序中的SQLAllocHandle来真正分配环境句柄的数据结构。

3. 建立连接

应用程序调用SQLAllocHandle分配连接句柄，通过SQLConnect、SQLDriverConnect或SQLBrowseConnect与数据源连接。其中SQLConnect是最简单的连接函数，输入参数为配置好的数据源名称、用户ID和口令。本例中KingbaseES ODBC为数据源名字，SYSTEM为用户名，而MANAGER为用户密码。注意系统对用户名和密码的大小写的要求。

4. 分配语句句柄

在处理任何SQL语句之前，应用程序首先分配一个语句句柄。语句句柄含有具体的SQL语句以及输出的结果集等信息。在后面的执行函数中，语句句柄都是必要的输入参数。本例中分配了两个语句句柄，一个用来从KingbaseES中读取数据产生结果集（kinghstmt），另一个用来向SQLServer插入数据（serverhstmt）。应用程序还可以通过 SQLtStmtAttr来设置语句属性（也可以使用默认值）。

5. 执行SQL语句

应用程序处理SQL语句的方式有两种：预处理（SQLPrepare、SQLExecute，适用于语句的多次执行）或直接执行（SQLExecdirect）。如果SQL语句含有参数，应用程序为每个参数调用SQLBindParameter，并把它们绑定至应用程序变量。这样应用程序可以直接通过改变应用程序缓冲区的内容在程序中动态改变SQL语句的具体执行。接下来的操作则会根据语句类型来进行相应处理。

- 对于有结果集的语句（select或是编目函数），进行结果集处理。
- 对于没有结果集的函数，可以直接利用本语句句柄继续执行新的语句，或是获取行计数（本次执行所影响的行数）之后继续执行。

在本例中，使用SQLExecdirect获取KingbaseES中的结果集，并将结果集根据各列不同的数据类型绑定到应用程序缓冲区。

在插入数据时采用了预编译的方式，首先通过SQLPrepare来预处理SQL语句，然后将每一列绑定到应用程序缓冲区。

6. 结果集处理

应用程序可以先通过SQLNumResultCols来获取结果集中的列数，再通过SQLDescribeCol或是SQLColAttrbute函数来获取结果集每一列的名称、数据类型、精度和范围。以上两步对于信息明确的函数是可以省略的。

ODBC中使用游标来处理结果集数据。游标可以分为forward-only游标和可滚动（scroll）游标。forward-only游标只能在结果集中向前滚动，它是ODBC的默认游标类型。可滚动游标又可以分为静态、动态、码集驱动（keyset-driven）和混合型4种。

ODBC游标的打开方式不同于嵌入式SQL，不是显式声明而是系统自动产生一个游标，当结果集刚刚生成时，游标指向第一行数据之前。应用程序通过SQLBindCol把查询结果绑定到应用程序缓冲区中，通过SQLFetch或是SQLFetchScroll来移动游标获取结果集中的每一行数据。对于如图像这类特别的数据类型，当一个缓冲区不足以容纳所有数据时，可以通过SQLGetdata分多次获取。最后通过SQLClosecursor来关闭游标。

7. 中止处理

处理结束后，应用程序将首先释放语句句柄，然后释放数据库连接并与数据库服务器断开，最后释放ODBC环境。

21.4 OLE DB

OLE DB也是微软公司提出的数据库连接访问标准。

1. 什么是OLE DB

OLE DB是基于组件对象模型（component object model，COM）来访问各种数据源的ActiveX的通用接口，它提供访问数据的统一手段，而不管存储数据时使用的方法如何。与ODBC和JDBC类似，OLE DB支持的数据源可以是数据库，也可以是文本文件、Excel 表格、ISAM等各种不同格式的数据存储。OLE DB可以在不同的数据源中进行转换。客户端的开发人员利用OLE DB进行数据访问时，不必关心大量不同数据库的访问协议。

OLE DB基于组件概念来构造、设计各种标准接口，作为COM组件对象的公共方法供开发应用程序使用。OLE DB对各种数据库管理系统服务进行封装，并允许开发者创建软件组件实现这些服务。OLE DB组件包括数据提供程序（包含和表现数据）、数据使用者（使用数据）和服务组件（处理和传送数据，如查询处理器和游标引擎）。OLE DB包含了一个连接ODBC的"桥梁"，对现有的各种ODBC关系数据库驱动程序提供支持。

2. OLE DB的结构

图21.6是一个基于OLE DB体系结构设计程序的编程模型。OLE DB体系结构中包含消费者（consumer）和提供者（provider）两部分。消费者通过提供者可以访问某个数据库中的数据，提供者对应用访问的数据源接口实施标准封装，二者是OLE DB的基础，也是描述OLE DB的一个上下文相关概念。开发人员主要使用OLE DB提供者来实现应用。

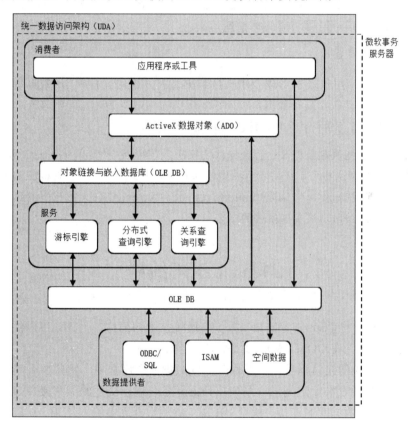

图 21.6　OLE DB 基本体系结构

1）消费者

OLE DB的消费者利用OLE DB提供者提供的接口访问数据源数据的客户端应用程序或其他工具。在OLE DB实现中，OLE DB组件本身也可能作为消费者存在。

2）提供者

OLE DB的提供者是一个由COM组件构成的数据访问中介，位于数据源和消费者应用程序之间，向消费者提供访问数据源数据的各种接口。提供者主要有服务提供者和数据提供者。

- 服务提供者：这类提供者自身没有数据，它通过OLE DB接口封装服务，从下层获取数据并向上层提供数据，具有提供者和消费者双重身份。一个服务提供者还可以和其他服务提供者或组件组合定义新的服务组件。比如，在OLE DB体系中，游标服务（cursor service）就是一个典型的服务类提供者。
- 数据提供者：数据提供者自己拥有数据并通过接口形成表格形式的数据。它不依赖于其他服务类或数据类的提供者，而是直接向消费者提供数据。

此外，OLE DB2.5还引入了一种文档源（document source）提供者，可用来管理文件夹和文档。

消费者的需要可能很复杂，也可能比较简单。针对不同的要求，提供者可以返回原始数据，也可以在数据上进行附加操作。任何OLE DB提供者必须提供数据库所要求的最小功能接口集，不需要支持全部OLE DB接口。除必需接口外的可选接口仅用来提供附加功能，提高易用性。提供的所有接口都是可访问的标准接口。

3. OLE DB编程模型

OLE DB基于COM对象技术形成一个支持数据访问的通用编程模型：数据管理任务必须由消费者访问数据，由提供者发布数据。

OLE DB编程模型有两种：Rowset模型和Binder模型。

- Rowset编程模型假定数据源中的数据比较规范，提供者以行集（recordset）形式发布数据。
- Binder编程模型主要用于提供者不提供标准表格式数据的情况，这时OLE DB采用Binder编程模型将一个统一资源定位符（uniform resource locator，URL）和一个OLE DB对象关联或绑定，并在必要时创建层次结构的对象。

21.5　JDBC编程

JDBC是Java的开发者Sun制定的Java数据库连接技术的简称，为DBMS提供支持无缝连接应用的技术。它是建立在X/Open SQL CLI基础之上的。

JDBC是面向对象的接口标准，一般由具体的数据库厂商提供。它的主要功能是管理存放在数据库中的数据，通过对象定义了一系列与数据库系统进行交互的类和接口。通过接口对象，应用程序可以完成与数据库的连接、执行SQL语句、从数据库中获取结果、获取状态及错误信息、终止事务和连接等。

JDBC与ODBC类似，为Java程序提供统一、无缝地操作各种数据库的接口。因为实际应用中常常无法确定用户想访问什么类型的数据库，程序员在使用JDBC编程时可以不关心用户要操作的数据库是哪个厂家的产品，从而提高了软件的通用性。只要系统上安装了正确的驱动程序，JDBC应用程序就可以访问相关的数据库。

第 22 章

MySQL图书管理系统设计

图书管理系统是一个用于图书馆或书店管理图书信息、借阅记录和读者信息的应用程序。本章设计的图书管理系统使用Java+MySQL框架进行开发，提供直观的用户界面，方便图书馆管理员或书店工作人员对图书信息进行管理。

本章简要描述图书馆管理系统的三要素：系统的观点、数学的方法以及计算机的应用。

图书馆管理系统概念结构主要由四大部分组成，即信息源、信息处理器、信息用户、信息管理者。本书配套资源中提供了实现代码。

22.1 系 统 概 述

要开发出完善的系统，需要根据应用做出详尽的分析，遵循数据库设计原则与步骤，以确保系统的质量和可控性。因此，需要针对系统做出一个明确的需求分析，确定系统实现的功能模块，同时设定功能界面。

需求分析是从客户的需求中提取出软件系统能够帮助客户解决的业务问题。通过对用户业务问题的分析规划出系统的功能模块。

22.1.1 需求分析

图书管理信息系统是典型的信息管理系统，其开发内容主要包括后台数据库的建立和维护以及前端应用程序的开发两方面。对于前者，要求建立数据一致性和完整性强、数据安全性好的库。对于后者，要求应用程序具备功能完备、易使用等特点。系统开发的总体任务是实现各种信息的系统化、规范化和自动化。

随着图书数量的不断扩大，图书的频繁借还操作也不断增加，手工记账的方式已经不能满足现在的需求，特别是网络新媒体时代对图书管理的要求越来越高，必须改变传统的图书管理模式，在时效性、数据流通、准确性上适应新的图书管理方式。

设计图书管理系统时要考虑信息时代的特点，取代原来的计算机管理模式，开发大数据库、自动分类图书、图片展示图书信息及安全性更高的图书管理系统。

基于以上情况，本图书管理系统以简单、安全、快捷的理念设计一款基本型的图书管理系统，预留接口以便扩展功能。本图书管理系统包含以下功能：

- 管理员登录。
- 图书借阅信息管理。
- 图书信息管理。
- 管理员更改密码。
- 退出系统。

22.1.2　功能分析

根据前面的功能分析得到具体的图书管理系统的功能模块划分。本图书管理系统具体包含3个功能模块，分别是分类管理、信息管理和系统管理模块。图书管理系统功能结构图，如图22.1所示。

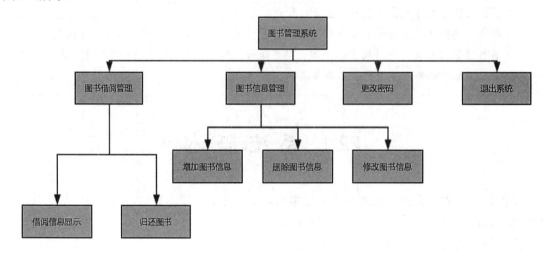

图 22.1　图书管理系统功能结构图

22.2　数据库设计

进行实际的数据库系统开发之前，首先要确定图书管理系统涉及的数据表的类型及其结构。本系统采用MySQL 8.0数据库作为后台数据库。下面详细介绍如何设计数据库的数据表及存储过程。

22.2.1　开发工具及技术选型

基于Spring+Spring MVC+MyBatis的图书馆管理系统，使用Maven进行包管理。

- 数据表现层：HTML+JavaScript+CSS+JavaEx+jQuery。
- 业务逻辑层：Java+Spring+SpringMVC。
- 数据持久层：MySQL+MyBatis。
- 开发工具：IDEA/Eclipse。

开发环境：Windows 10，IntelliJ IDEA 2018.3。使用浏览器访问http://localhost:8080即可进入系统。

运行配置：首先安装MySQL 8.0，设置用户名为root，密码为123456，保证MySQL 8.0在运行状态，并执行library.sql文件导入数据。

然后配置Maven到环境变量中，在源代码目录下运行：

```
#mvn jetty:run
```

22.2.2　概念设计

图书管理系统的主要功能包括：图书查询、图书管理、图书编辑、读者管理、图书的借阅与归还以及借还日志记录等。

用户分为两类：读者、管理员。管理员可以修改读者信息，修改书目信息，查看所有借还日志等；读者仅可以修改个人信息、借阅或归还图书，以及查看自己的借还日志。

读者与管理员的关系图如图22.2所示，它们的E-R图如图22.3所示。

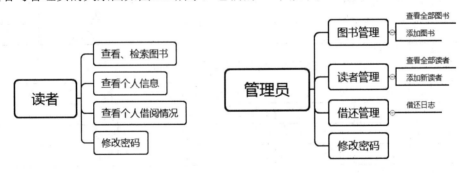

图 22.2　两类用户的关系图

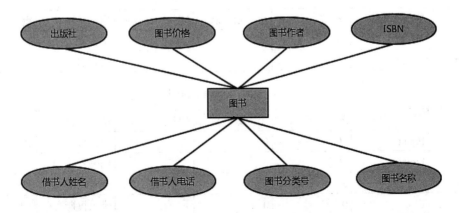

图 22.3　E-R 图

图 22.3　E-R 图（续）

22.2.3　逻辑设计

将图书管理系统的E-R图转换为关系数据模型，结果如表22.1～表22.6所示。

表 22.1　图书书目表 book_info

名	类　　型	长　　度	小　数　点	NULL	用　　途	键
book_id	bigint	20	0	否	图书号	✓
name	varchar	20	0	否	书名	
author	varchar	15	0	否	作者	
publish	varchar	20	0	否	出版社	
ISBN	varchar	15	0	否	标准书号	
introduction	text	0	0	是	简介	
language	varchar	4	0	否	语言	
price	decimal	10	2	否	价格	
pub_date	date	0	0	否	出版时间	
class_id	int	11	0	是	分类号	
number	int	11	0	是	剩余数量	

表 22.2　数据库管理员表 admin

名	类　　型	长　　度	小　数　点	NULL	用　　途	键
admin_id	bigint	20	0	否	账号	✓
password	varchar	15	0	否	密码	
username	varchar	15	0	是	用户名	

表 22.3　图书分类表 class_info

名	类　　型	长　　度	小　数　点	NULL	用　　途	键
class_id	int	11	0	否	类别号	✓
classname	varchar	15	0	否	类别名	

表 22.4　借阅信息表 lend_list

名	类　　型	长　　度	小　数　点	NULL	用　　途	键
ser_num	bigint	20	0	否	流水号	✓
book_id	bigint	20	0	否	图书号	
reader_id	bigint	20	0	否	读者证号	
lend_date	date	0	0	是	借出日期	
back_date	date	0	0	是	归还日期	

表 22.5　借阅卡信息表 reader_card

名	类　　型	长　度	小　数　点	NULL	用　　途	键
reader_id	bigint	20	0	否	账号	✓
password	varchar	15	0	否	密码	
username	varchar	15	0	是	用户名	

表 22.6　读者信息表 reader_info

名	类　　型	长　度	小　数　点	NULL	用　　途	键
reader_id	bigint	20	0	否	读者证号	✓
name	varchar	10	0	否	姓名	
sex	varchar	2	0	否	性别	
birth	date	0	0	否	生日	
address	varchar	50	0	否	地址	
phone	varchar	15	0	否	电话	

1. 转换规则

一个实体型转换为一个关系模式，有一对一、一对多、多对多的联系。不同的联系转换关系模式的方式也不同。

- 一对一：两个一对一的实体可以转换成两个关系模式，也可以合成一个关系模式，它们之间的联系可以单独转换成一个关系模式，也可以合并到与之关联的任一实体中记录下来。
- 一对多：每一个实体还是转换成一个关系模式，可以单独把它们之间的联系转换成一个关系模式，也可把联系记录到多（N）对应的实体中。
- 多对多：每一个实体转换成一个关系模式，它们之间的联系必须转换成一个关系模式。

2. 关系模式

"读者"实体可以转换为一个关系模式；"借阅"需要保存记录，所以也可以转换为一个关系模式，并增加"读者编号"属性；"读者"和"借阅卡"是一对一的联系，必须在属性中体现"读者编号"属性。

22.3　数据库实施

本节进行数据库的实施。项目功能逻辑与流程如下。

1. 规格需求说明书：图书信息

图书信息的规格需要说明书如图22.4所示。

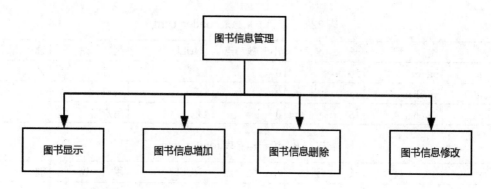

图 22.4　图书信息

2. 规格需求说明书：图书借阅

图书借阅的规格需求说明书如图22.5所示。

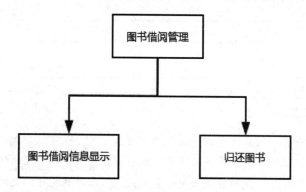

图 22.5　图书借阅

3. 系统需求结构图

系统需求结构图如图22.6所示。

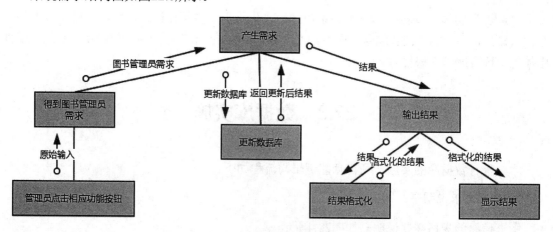

图 22.6　需求结构图

4. 数据流图

数据流图如图22.7所示。

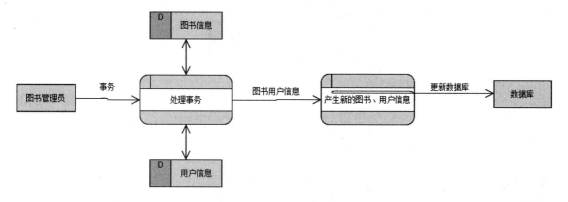

图 22.7　数据流图

5. 状态转换图

状态转换图如图22.8所示。

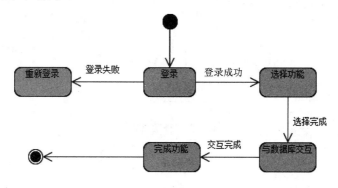

图 22.8　状态转换

6. 系统流程图

系统流程图如图22.9所示。

7. 图书信息管理流程图

图书信息管理流程图如图22.10所示。

8. 图书管理系统流程图

图书管理系统流程图如图22.11所示。

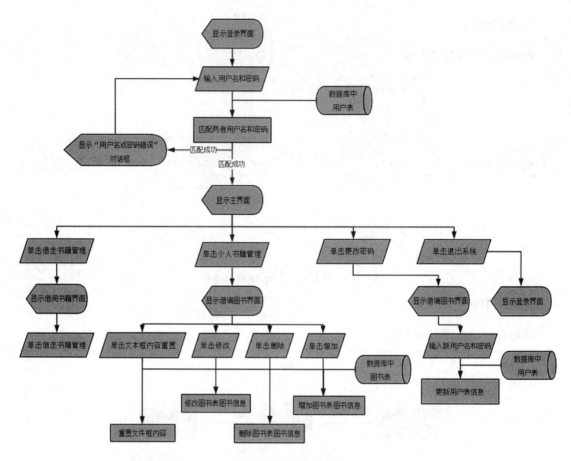

图 22.9　系统流程图

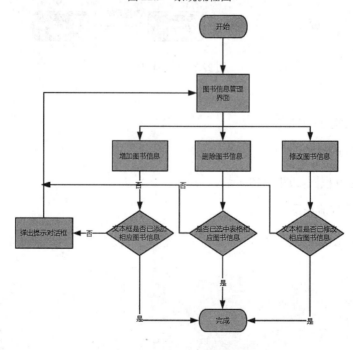

图 22.10　图书信息管理流程图

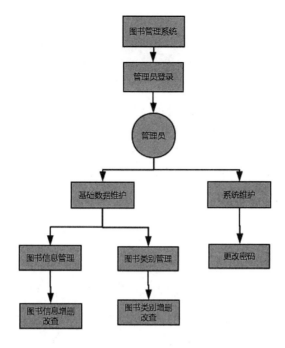

图 22.11　图书管理系统流程图

9. 图书管理系统借阅图书程序流程图

图书管理系统借阅图书程序流程图如图22.12所示。

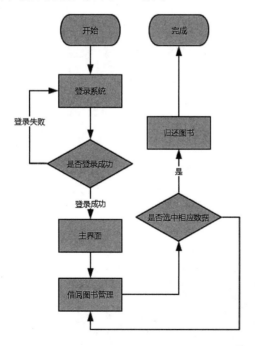

图 22.12　图书管理系统借阅图书程序流程图

具体的代码实现可在本书的配置资源中获取。至此，一个 MySQL 图书管理系统设计完成。